应用技术型高等教育"十三五"精品规划教材

高等数学导学

（上册）

主　编　李文婧　　刘菲菲
副主编　廉立芳　　胡　雷

中国水利水电出版社
www.waterpub.com.cn
·北京·

内 容 提 要

本书分上、下两册。上册内容包括函数与极限、一元函数微分学及其应用、一元函数积分学及其应用、常微分方程；下册内容包括空间解析几何与向量代数、多元函数微分学及其应用、多元函数积分学及其应用、无穷级数。

本书内容按章节编写，与教材同步。每节包含知识点分析、典例解析、习题解答三个部分；每章开头是知识结构图、学习目标，最后配有单元练习题；每册后面附有期末模拟题。本书融入了编者多年来的教学经验，汲取了众多参考书的优点，注重概括总结、由易到难、重点突出，充分考虑到了学生的学习基础和学习能力，同时兼顾了教学要求。

本书是与中国水利水电出版社出版，黄玉娟、李爱芹主编的《高等数学》（第二版）相配套的学习指导书，主要面向使用该教材的教师和学生。同时本书可以单独使用，可作为其他理工科学生学习高等数学的参考书。

图书在版编目（ＣＩＰ）数据

高等数学导学. 上册 / 李文婧，刘菲菲主编. — 北京 ：中国水利水电出版社，2018.2（2019.9重印）
应用技术型高等教育"十三五"精品规划教材
ISBN 978-7-5170-5971-4

Ⅰ．①高… Ⅱ．①李… ②刘… Ⅲ．①高等数学－高等学校－教学参考资料 Ⅳ．①O13

中国版本图书馆CIP数据核字(2017)第257527号

书　名	应用技术型高等教育"十三五"精品规划教材 高等数学导学　GAODENG SHUXUE DAOXUE （上册）
作　者	主　编　李文婧　刘菲菲 副主编　廉立芳　胡　雷
出版发行	中国水利水电出版社 （北京市海淀区玉渊潭南路 1 号 D 座　100038） 网址：www.waterpub.com.cn E-mail：sales@waterpub.com.cn 电话：（010）68367658（营销中心）
经　售	北京科水图书销售中心（零售） 电话：（010）88383994、63202643、68545874 全国各地新华书店和相关出版物销售网点
排　版	北京鑫联必升文化发展有限公司
印　刷	三河市龙大印装有限公司
规　格	170mm×227mm　16 开本　17.5 印张　340 千字
版　次	2018 年 2 月第 1 版　2019 年 9 月第 2 次印刷
印　数	4001—7000 册
定　价	39.80元

凡购买我社图书，如有缺页、倒页、脱页的，本社营销中心负责调换

前　言

　　高等数学是我国高等教育中一门重要的基础课，是绝大部分理工科专业的必修课。与初等数学相比，高等数学的理论更加抽象，推理更加严密，初学者往往感到难以理解，不能很好地把握学习的重点和突破点，缺乏解题的思想和方法，无法灵活运用所学知识。基于这种现状，为了解决学生的学习困扰，帮助学生更好地学习高等数学这门课程，提高教学质量和学习效果，我们编写了本书。

　　本书是与中国水利水电出版社出版，黄玉娟、李爱芹主编的《高等数学》（第二版）相配套的学习指导书，内容按章节编排，与教材同步。每节包含知识点分析、典例解析、习题解答三个部分；每章起始是知识结构图、学习目标，最后配有单元练习题；每册后面附有期末模拟题。

　　知识结构图：展示本章主要知识点及彼此间的内在联系。旨在让学生能更好地掌握学科基本知识结构，对各章节关系有整体的认识；

　　学习目标：明确每章具体的学习任务和学习要求，使学生能够知道重点和难点，有的放矢。使用的动词"掌握""理解""会"表示要求较高，"了解"要求相对较低；

　　知识点分析：梳理每节的知识点，简单明了，重点突出，对教材内容作了概括总结，并适当进行了知识的综合和延伸；

　　典例解析：精心选取典型例题对思想和方法进行剖析、点拨，力求使学生在牢固掌握基础知识和技能的基础上，能够把握问题的实质和规律，做到举一反三，灵活运用。范例选取注重代表性、示范性，注重数学与实际应用相结合，注重对教材的内容作适当的扩展和延伸，是教师上习题课和学生自学的极佳资料；

　　习题解答：对配套教材中的课后习题和每章的复习题作了详细分析和解答。旨在引导学生先独立思考，自己做题，然后通过对照习题解答，对问题有更透彻的理解；

　　单元练习题：每章后面配有单元练习 A 和 B。其中单元练习 A 强调重点，选取的题目注重考查本章必须要掌握的知识点；单元练习 B 强调综合性，以开拓思路，选取的题目有部分考研题，难度比单元练习 A 稍大；

　　期末模拟题：每册后面附有一套期末模拟题，供学生自测。

　　参加本书编写的有李文婧（第 3、4、5 章），刘菲菲（第 1、9、10 章），廉立芳（第 2、7、11 章），胡雷（第 6、8 章）。全书由李文婧和刘菲菲统稿。本书的编写参考和借鉴了许多国内外相关资料，得到了山东交通学院各级领导和同行的支持和帮助。另外，尹金生院长和黄玉娟老师为本书提出了很多中肯的建议，中国水利水电出版社的相关人员为本书的出版付出了辛勤的劳动，在此谨表示衷心的感谢！

　　本书汲取了多年来高等数学教学改革和教学实践的成果，融入了编者多年来的教学经验，但由于编写水平和时间有限，书中难免存在不足，敬请读者批评指正！

编　者

2017 年 12 月

目　　录

第 1 章

函数与极限

知识结构图

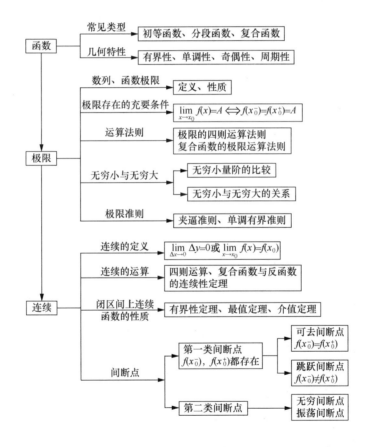

本章学习目标

- 理解函数的概念，会建立简单实际问题的函数关系式；

- 了解极限的概念，掌握基本的极限运算法则；
- 理解无穷小与无穷大的概念，掌握无穷小量的比较，会用等价无穷小替换法求极限；
- 理解函数连续的概念，理解初等函数的连续性和闭区间上连续函数的性质（最值定理、有界性定理和介值定理）.

1.1 函数

1.1.1 知识点分析

1. 函数的概念

$y = f(x), x \in D$，其中 x 叫作自变量，y 叫作因变量，D 叫作函数的定义域，全体函数值的集合 $R_f = \{y \mid y = f(x), x \in D\}$ 称为函数的值域.

注 构成函数的两要素：定义域 D_f 及对应法则 f；当且仅当两个函数的定义域和对应法则完全相同时，两个函数才相同.

例如，函数 $f(x) = x + 1$ 与 $g(x) = \dfrac{x^2 - 1}{x - 1}$ 表示不同的函数，因为定义域不相同，$g(x)$ 的定义域为 $\{x \mid x \neq 1\}$.

2. 函数的几种特性

1) **单调性**

若对于 $\forall x_1, x_2 \in I$，当 $x_1 < x_2$ 时，恒有
$$f(x_1) < f(x_2)(\text{或 } f(x_1) > f(x_2)),$$
则称 $f(x)$ 在 I 上是单调增加（或单调减少）的；单调增加和单调减少的函数统称为单调函数，I 称为单调区间.

2) **奇偶性**

设 $f(x)$ 的定义域 D 关于原点对称，若对于 $\forall x \in D$，都有
$$f(-x) = f(x)(\text{或 } f(-x) = -f(x))$$
恒成立，则称 $f(x)$ 为偶函数（或奇函数）.

偶函数的图形关于 y 轴对称，奇函数的图形关于原点对称.

奇偶函数的运算性质：

（1）奇函数的代数和仍为奇函数，偶函数的代数和仍为偶函数；偶数个奇函数之积为偶函数；奇数个奇函数之积为奇函数.

（2）一个奇函数与一个偶函数之积为奇函数.

3) **周期性**

设函数 $f(x)$ 的定义域为 D，若存在一个正数 T，使得对 $\forall x \in D$，有

$x+T \in D$，且恒有 $f(x+T) = f(x)$，则称 $f(x)$ 为周期函数，T 称为 $f(x)$ 的一个周期.

周期函数不一定存在最小正周期，如常数函数.

4）**有界性**

若存在常数 K_1，使得对 $\forall x \in X$，恒有 $f(x) \leqslant K_1$，则称函数 $f(x)$ 在 X 上有上界，而 K_1 称为 $f(x)$ 在 X 上的一个上界.

若存在常数 K_2，使得对 $\forall x \in X$，恒有 $f(x) \geqslant K_2$，则称函数 $f(x)$ 在 X 上有下界，而 K_2 称为 $f(x)$ 在 X 上的一个下界.

若存在正数 M，使得对 $\forall x \in X$，恒有 $|f(x)| \leqslant M$，则称 $f(x)$ 在 X 上有界. 若这样的 M 不存在，则称 $f(x)$ 在 X 上无界；也就是说，若对于 $\forall M > 0$，总存在 $x_1 \in X$，使得 $|f(x_1)| > M$，则称 $f(x)$ 在 X 上无界（图 1.1，图 1.2）.

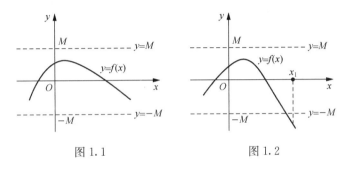

图 1.1　　　　　　　　　图 1.2

注　$f(x)$ 在 X 上有界 $\Leftrightarrow$ $f(x)$ 在 X 上既有上界，又有下界.

3. 分段函数

在自变量的不同变化范围内，对应法则用不同的式子来表示的函数，通常称为分段函数.

常见的分段函数有绝对值函数、符号函数、取整函数.

4. 反函数

$y = f(x)$，$x \in D$ 的反函数为 $x = f^{-1}(y)$，$y \in R$，或称 $y = f(x)$ 与 $x = f^{-1}(y)$ 互为反函数.

习惯上用 x 表示自变量，用 y 表示因变量，因此函数 $y = f(x)$，$x \in D$ 的反函数通常表示为

$$y = f^{-1}(x), \ x \in R.$$

注　（1）$y = f(x)$ 的图像与其反函数 $y = f^{-1}(x)$ 的图像关于直线 $y = x$ 对称.

（2）$y = f(x)$ 的定义域是其反函数 $y = f^{-1}(x)$ 的值域，$y = f(x)$ 的值域是其反函数 $y = f^{-1}(x)$ 的定义域.

（3）单调函数 $y = f(x)$ 必存在单调的反函数 $y = f^{-1}(x)$，且 $y = f(x)$ 与 $y = f^{-1}(x)$ 具有相同的单调性.

5. 复合函数

$y = f(u)$ 和 $u = \varphi(x)$ 复合而成的函数 $y = f[\varphi(x)]$ 称为复合函数，其中 x 称为自变量，y 称为因变量，u 称为中间变量.

f 与 φ 能构成复合函数的条件是：$D_f \cap R_\varphi \neq \varnothing$.

6. 初等函数

1) **基本初等函数**

幂函数、指数函数、对数函数、三角函数、反三角函数.

2) **初等函数**

由常数和基本初等函数经过有限次的四则运算和有限次的函数复合运算所构成，并且可以用一个式子表示的函数.

注 一般地，分段函数不是初等函数.

1.1.2 典例解析

1. 求函数的定义域

例 1 求下列函数的定义域：

(1) $y = \sqrt{16 - x^2} + \ln\sin x$；(2) $y = \arcsin \dfrac{2x}{x+1}$.

解 （1）要使函数有意义，需满足 $\begin{cases} 16 - x^2 \geqslant 0, \\ \sin x > 0. \end{cases}$ 解得

$\begin{cases} -4 \leqslant x \leqslant 4, \\ 2n\pi < x < 2n\pi + \pi, \ n \in Z. \end{cases}$ 则所求函数定义域为 $[-4, -\pi) \cup (0, \pi)$；

（2）要使函数有意义，需满足 $\begin{cases} \left| \dfrac{2x}{x+1} \right| \leqslant 1, \\ 1 + x \neq 0. \end{cases}$ 解得 $\begin{cases} -\dfrac{1}{3} \leqslant x \leqslant 1, \\ x \neq -1. \end{cases}$ 则

所求函数定义域为 $\left[-\dfrac{1}{3}, 1 \right]$.

点拨 求初等函数的定义域通常有下列原则：①分母不能为零；②偶次根式的被开方数须为非负数；③对数的真数须为正数；④ $\arcsin x$ 或 $\arccos x$ 的定义域为 $|x| \leqslant 1$. 求复合函数的定义域，通常将复合函数看成一系列的初等函数的复合，然后考查每个初等函数的定义域和值域，得到对应的不等式组，通过联立求解不等式组，就可以得到复合函数的定义域.

2. 求函数表达式

例 2 设 $f\left(x + \dfrac{1}{x} \right) = x^2 + \dfrac{1}{x^2}$，求 $f(x)$.

解 拼凑法，将原式变形得，$f\left(x+\dfrac{1}{x}\right)=x^2+\dfrac{1}{x^2}=\left(x+\dfrac{1}{x}\right)^2-2$，令 $x+\dfrac{1}{x}=t$，则 $f(t)=t^2-2$，所以 $f(x)=x^2-2$.

例 3 设 $f(\mathrm{e}^x-1)=x^2+1$，求 $f(x)$.

解 变量代换法，令 $\mathrm{e}^x-1=t$，则 $x=\ln(1+t)$，代入原式得，$f(t)=\ln^2(1+t)+1$，从而 $f(x)=\ln^2(1+x)+1$.

点拨 由函数概念的两要素可知，函数的表示法只与定义域和对应法则有关，而与用什么字母表示变量无关，这种特性被称为函数表示法的"无关特性". 据此，求函数 $f(x)$ 表达式有两种方法：一种是拼凑法，将给出的表达式凑成对应符号 $f(\ )$ 内的中间变量的表达式，然后用"无关特性"即可得出 $f(x)$ 的表达式；另一种是先作变量代换，再用"无关特性"可得出 $f(x)$ 的表达式.

例 4 已知 $f(x)=\dfrac{1-x}{1+x}(x\neq-1)$，$g(x)=1-x$，求 $f[g(x)]$.

解 代入法，由题意得，$f[g(x)]=\dfrac{1-g(x)}{1+g(x)}$，$g(x)\neq-1$，再将 $g(x)$ 代入得

$$f[g(x)]=\dfrac{1-(1-x)}{1+(1-x)}=\dfrac{x}{2-x}(x\neq2).$$

例 5 设 $f(x)=\begin{cases}\mathrm{e}^x,&x<1,\\x,&x\geqslant1.\end{cases}$ $g(x)=\begin{cases}x+2,&x<0,\\x^2-1,&x\geqslant0.\end{cases}$ 求 $f[g(x)]$.

解 分析法，由题意得，$f[g(x)]=\begin{cases}\mathrm{e}^{g(x)},&g(x)<1,\\g(x),&g(x)\geqslant1.\end{cases}$

(1) 当 $g(x)<1$ 时，$x<0$，$g(x)=x+2<1$，从而 $\begin{cases}x<0\\x<-1\end{cases}\Rightarrow x<-1$，故 $f[g(x)]=\mathrm{e}^{x+2}$；

$x\geqslant0$，$g(x)=x^2-1<1$，从而 $\begin{cases}x\geqslant0\\x^2<2\end{cases}\Rightarrow0\leqslant x<\sqrt{2}$，故 $f[g(x)]=\mathrm{e}^{x^2-1}$；

(2) 当 $g(x)\geqslant1$ 时，$x<0$，$g(x)=x+2\geqslant1$，从而 $\begin{cases}x<0\\x\geqslant-1\end{cases}\Rightarrow-1\leqslant x<0$，故 $f[g(x)]=x+2$；

$x\geqslant0$，$g(x)=x^2-1\geqslant1$，从而 $\begin{cases}x\geqslant0\\x^2\geqslant2\end{cases}\Rightarrow x\geqslant\sqrt{2}$，故 $f[g(x)]=x^2-1$；

综上所述可得，$f[g(x)] = \begin{cases} e^{x+2}, & x < -1, \\ x+2, & -1 \leqslant x < 0, \\ e^{x^2-1}, & 0 \leqslant x < \sqrt{2}, \\ x^2-1, & x \geqslant \sqrt{2}. \end{cases}$

点拨　复合函数求解的方法主要有两种．①代入法：将一个函数中的自变量用另一个函数的表达式来代替，适用于初等函数的复合；②分析法：抓住最外层函数定义域的各区间段，结合中间变量的表达式及中间变量的定义域进行分析，适用于初等函数与分段函数的复合或两个分段函数的复合．

3. 求反函数

例 6　求 $y = \sqrt{\pi + 4\arcsin x}$ 的反函数．

解　函数的定义域为 $\left[-\dfrac{\sqrt{2}}{2}, 1\right]$，值域为 $\left[0, \sqrt{3\pi}\right]$，由

$y = \sqrt{\pi + 4\arcsin x}$ ，解得 $x = \sin\dfrac{1}{4}(y^2 - \pi)$，故反函数为

$$y = \sin\frac{1}{4}(x^2 - \pi), x \in \left[0, \sqrt{3\pi}\right].$$

点拨　由函数 $y = f(x)$ 出发解出 x 的表达式，然后交换 x 与 y 的位置，即可求出反函数 $y = f^{-1}(x)$．

例 7　已知 $y = f(x) = \begin{cases} x^2 + 1, & x > 0, \\ 0, & x = 0, \\ -x^2 - 1, & x < 0. \end{cases}$ 求 $f^{-1}(x)$．

解　当 $x > 0$ 时，由 $y = x^2 + 1$ 解得 $x = \pm\sqrt{y-1}$，且 $x > 0$，所以 $x = \sqrt{y-1}, y > 1$；当 $x = 0$ 时，$y = 0$；当 $x < 0$ 时，由 $y = -x^2 - 1$，解得 $x = \pm\sqrt{-y-1}$，且 $x < 0$，所以 $x = -\sqrt{-y-1}, y < -1$. 综上所述可得，

$$x = f^{-1}(y) = \begin{cases} \sqrt{y-1}, & y > 1, \\ 0, & y = 0, \\ -\sqrt{-y-1}, & y < -1. \end{cases}$$ 从而所求反函数为

$$f^{-1}(x) = \begin{cases} \sqrt{x-1}, & x > 1, \\ 0, & x = 0, \\ -\sqrt{-x-1}, & x < -1. \end{cases}$$

点拨　求分段函数的反函数，只要求出各区间段的反函数及定义域即可．

4. 有关函数性质的问题

例 8　判定下列函数的奇偶性：

(1) $f(x) = \ln(x + \sqrt{x^2 + 1})$，(2) $f(x) = \varphi(x)\left(\dfrac{1}{e^x - 1} + \dfrac{1}{2}\right)$，其中 $\varphi(x)$ 为奇函数.

解 (1) $f(-x) = \ln(-x + \sqrt{x^2 + 1})$，从而
$$f(x) + f(-x) = \ln(x + \sqrt{x^2 + 1}) + \ln(-x + \sqrt{x^2 + 1})$$
$$= \ln(x + \sqrt{x^2 + 1})(-x + \sqrt{x^2 + 1}) = \ln 1 = 0,$$
所以 $f(-x) = -f(x)$，故 $f(x)$ 为奇函数.

(2) 令 $F(x) = \dfrac{1}{e^x - 1} + \dfrac{1}{2}$，则 $F(-x) = \dfrac{1}{e^{-x} - 1} + \dfrac{1}{2} = \dfrac{-e^x}{e^x - 1} + \dfrac{1}{2}$，从而 $F(x) + F(-x) = \dfrac{1}{e^x - 1} + \dfrac{1}{2} + \dfrac{-e^x}{e^x - 1} + \dfrac{1}{2} = 0$，所以 $F(-x) = -F(x)$，故 $F(x)$ 为奇函数，又 $\varphi(x)$ 为奇函数，所以 $f(x)$ 为偶函数.

点拨 判定函数奇偶性常用的方法：①根据奇偶性的定义或者利用运算性质；②证明 $f(x) + f(-x) = 0$ 或者 $f(x) - f(-x) = 0$.

例 9 设 $[x]$ 是表示不超过 x 的最大整数，则函数 $y = x - [x]$ 是 _____.

A. 无界函数

B. 周期为 1 的周期函数

C. 单调函数

D. 偶函数

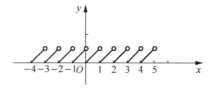

解 $y = x - [x]$ 的图像如图 1.3 所示，故应选 B.

图 1.3

5. 建立函数关系式

例 10 某商场以每件 a 元的价格出售某商品，若顾客一次购买 50 件以上，则超出 50 件的商品以每件 $0.8a$ 元的优惠价出售. (1) 试将一次成交的销售收入 R 表示成销售量 x 的函数；(2) 若每件商品的进价为 b 元，试写出一次成交的销售利润 L 与销售量 x 之间的函数关系式.

解 (1) 由题意知，当 $0 \leqslant x \leqslant 50$ 时，售价为 a 元/件，故
$$R(x) = ax;$$
当 $x > 50$ 时，50 件内售价为 a 元/件，其余 $(x - 50)$ 件售价 $0.8a$ 元/件，故
$$R(x) = 50a + 0.8a(x - 50) = 0.8ax + 10a.$$
即
$$R(x) = \begin{cases} ax, & 0 \leqslant x \leqslant 50, \\ 0.8ax + 10a, & x > 50. \end{cases}$$

(2) 易知销售 x 件商品的成本为 bx 元，故

$$L(x) = R(x) - bx = \begin{cases} ax - bx, & 0 \leqslant x \leqslant 50, \\ 0.8ax - bx + 10a, & x > 50. \end{cases}$$

1.1.3 习题解答

1. 求下列函数定义域.

(1) $y = \sqrt{3x+2}$;

(2) $y = \ln(x^2 - 3x + 2)$;

(3) $y = \arcsin \dfrac{x-1}{2}$;

(4) $y = \ln(x-1) + \dfrac{1}{\sqrt{x+1}}$;

(5) $y = \sqrt{3-x} + \arctan \dfrac{1}{x}$.

解 （1）函数的定义域为 $\left\{ x \,\middle|\, x \geqslant -\dfrac{2}{3} \right\}$, 即 $x \in \left[-\dfrac{2}{3}, +\infty \right)$;

（2）函数的定义域为 $\{x \,|\, x < 1 \text{ 或 } x > 2\}$, 即 $x \in (-\infty, 1) \bigcup (2, +\infty)$;

（3）函数的定义域为 $\{x \,|\, -1 \leqslant x \leqslant 3\}$, 即 $x \in [-1, 3]$;

（4）函数的定义域为 $\{x \,|\, x > 1\}$, 即 $x \in (1, +\infty)$;

（5）函数的定义域为 $\{x \,|\, x \leqslant 3 \text{ 且 } x \neq 0\}$, 即 $x \in (-\infty, 0) \bigcup (0, 3]$.

2. 已知 $f(x) = \begin{cases} x-1, & x > 0, \\ 0, & x = 0, \\ x+1, & x < 0. \end{cases}$ 求 $f(-1)$, $f(2)$ 和 $f(a)$.

解 当 $x = -1$ 时, $f(-1) = 0$, 当 $x = 2$ 时, $f(2) = 1$,

当 $x = a$ 时, $f(a) = \begin{cases} a-1, & a > 0, \\ 0, & a = 0, \\ a+1, & a < 0. \end{cases}$

3. 判断下列函数的单调性.

(1) $y = 2x + 1$; (2) $y = 1 + x^2$; (3) $y = \ln(x+2)$.

解 （1）函数的定义域为 $x \in (-\infty, +\infty)$, 在 $(-\infty, +\infty)$ 上单调增加;

（2）函数的定义域为 $x \in (-\infty, +\infty)$, 在 $(-\infty, 0]$ 上单调减少, 在 $[0, +\infty)$ 上单调增加;

（3）函数的定义域为 $x \in (-2, +\infty)$, 在 $(-2, +\infty)$ 上单调增加.

4. 判断下列函数的奇偶性.

(1) $y = \dfrac{e^x + e^{-x}}{2}$;

(2) $y = 2\cos x + 1$;

(3) $y = \sin x + x^3$;

(4) $y = \ln(x + \sqrt{1+x^2})$.

解 （1）函数的定义域为 $x \in (-\infty, +\infty)$, 函数在定义域上为偶函数;

（2）函数的定义域为 $x \in (-\infty, +\infty)$，关于原点对称，函数在定义域上为偶函数；

（3）函数的定义域为 $x \in (-\infty, +\infty)$，关于原点对称，函数在定义域上为奇函数；

（4）函数的定义域为 $x \in (-\infty, +\infty)$，关于原点对称，令 $f(x) = \ln(x + \sqrt{1+x^2})$，则 $f(-x) + f(x) = \ln(-x + \sqrt{1+x^2}) + \ln(x + \sqrt{1+x^2})$ $= \ln 1 = 0$，从而 $f(-x) = -f(x)$，故函数在定义域上为奇函数．

5. 设 $f(x+1) = x^2 + 3x + 1$，求 $f(x)$ 和 $f(1-x)$．

解 令 $x+1 = t$，即 $x = t-1$，则 $f(t) = (t-1)^2 + 3(t-1) + 1 = t^2 + t - 1$，故 $f(x) = x^2 + x - 1$，$f(1-x) = (1-x)^2 + (1-x) - 1 = x^2 - 3x + 1$．

6. 求下列函数的反函数．

（1）$y = \sqrt[3]{x+1}$； （2）$y = x^2 - 2x$，$x \in [1, +\infty)$；

（3）$y = 1 + \ln(x+2)$； （4）$y = \dfrac{1}{3}\sin 2x$，$x \in \left(-\dfrac{\pi}{4}, \dfrac{\pi}{4}\right)$．

解 （1）因为 $y = \sqrt[3]{x+1}, x \in (-\infty, +\infty)$，解得 $x = y^3 - 1$，$y \in (-\infty, +\infty)$，从而反函数为 $y = x^3 - 1, x \in (-\infty, +\infty)$；

（2）因为 $y = (x-1)^2 - 1, x \in [1, +\infty)$，解得 $x = \sqrt{y+1} + 1$，$y \in [-1, +\infty)$，从而反函数为 $y = \sqrt{x+1} + 1, x \in [-1, +\infty)$；

（3）因为 $y = 1 + \ln(x+2), x \in (-2, +\infty)$，解得 $x = e^{y-1} - 2$，$y \in (-\infty, +\infty)$，从而反函数为 $y = e^{x-1} - 2, x \in (-\infty, +\infty)$；

（4）因为 $y = \dfrac{1}{3}\sin 2x, x \in \left(-\dfrac{\pi}{4}, \dfrac{\pi}{4}\right)$，解得 $x = \dfrac{1}{2}\arcsin 3y$，$y \in \left(-\dfrac{1}{3}, \dfrac{1}{3}\right)$，从而反函数为 $y = \dfrac{1}{2}\arcsin 3x, x \in \left(-\dfrac{1}{3}, \dfrac{1}{3}\right)$．

7. 在下列各题中，求由所给函数复合而成的复合函数．

（1）$y = \sqrt{u}, u = 1 - x^2$； （2）$y = u^3$，$u = \ln v$，$v = x+1$；

（3）已知 $f(x) = x^2$，$\varphi(x) = \sin x$，求 $f[\varphi(x)]$ 与 $\varphi[f(x)]$．

解 （1）$y = \sqrt{1-x^2}, x \in [-1, 1]$；

（2）$y = \ln^3(1+x), x \in (-1, +\infty)$；

（3）因为 $f(x) = x^2, \varphi(x) = \sin x$，则 $f[\varphi(x)] = \sin^2 x$，$\varphi[f(x)] = \sin x^2$，$x \in (-\infty, +\infty)$．

8. 求下列反三角函数值．

(1) $\arcsin\left(-\dfrac{1}{2}\right)$;　　(2) $\arccos\left(-\dfrac{\sqrt{3}}{2}\right)$;　　(3) $\arcsin\left(\dfrac{\sqrt{3}}{2}\right)$;

(4) $\arctan(-1)$;　　(5) $\arctan\sqrt{3}$;　　(6) $\operatorname{arccot}\left(-\dfrac{\sqrt{3}}{3}\right)$.

解　(1) $\arcsin\left(-\dfrac{1}{2}\right)=-\dfrac{\pi}{6}$;　(2) $\arccos\left(-\dfrac{\sqrt{3}}{2}\right)=\dfrac{5\pi}{6}$;

(3) $\arcsin\left(\dfrac{\sqrt{3}}{2}\right)=\dfrac{\pi}{3}$;　(4) $\arctan(-1)=-\dfrac{\pi}{4}$;

(5) $\arctan\sqrt{3}=\dfrac{\pi}{3}$;　(6) $\operatorname{arccot}\left(-\dfrac{\sqrt{3}}{3}\right)=\dfrac{2\pi}{3}$.

9. 将一块半径为 R 的半圆形钢板，以其直径为下底裁成等腰梯形的形状，上底的两端在半圆周上，求该等腰梯形的周长 y 与腰长 x 的函数关系式.

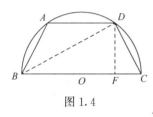

图 1.4

解　如图 1.4 所示，设等腰梯形的腰长为 x，周长为 y，利用三角形的性质可知，$CF=\dfrac{x^2}{2R}$，

$AD=2R-2\cdot\dfrac{x^2}{2R}=2R-\dfrac{x^2}{R}$，从而所求周长为

$$y=2x+2R+2R-\dfrac{x^2}{R}=-\dfrac{1}{R}x^2+2x+4R,\ x>0.$$

10. 收音机每台售价为 90 元，成本为 60 元，厂商为鼓励销售商大量采购，决定凡是订购量超过 100 台以上的，每多订购 1 台，售价就降低 1 分，但最低价为每台 75 元.

(1) 将每台的实际售价 p 表示成订购量 x 的函数；

(2) 将厂方所获得的利润 L 表示成订购量 x 的函数；

解　(1) 由题意可知，当 $0\leqslant x\leqslant 100$ 时，$p=90$；当 $100<x<1\,600$ 时，$p=90-(x-100)\cdot 0.01=91-0.01x$；当 $x\geqslant 1\,600$ 时，$p=75$. 从而每台的实际售价 p 与订购量 x 的函数关系为

$$p=\begin{cases}90, & 0\leqslant x\leqslant 100,\\ 91-0.01x, & 100<x<1\,600,\\ 75, & x\geqslant 1\,600.\end{cases}$$

(2) 厂方所获得的利润与订购量 x 的函数关系为

$$L=(p-60)x=\begin{cases}30x, & 0\leqslant x\leqslant 100,\\ 31x-0.01x^2, & 100<x<1\,600,\\ 15x, & x\geqslant 1\,600.\end{cases}$$

1.2 数列的极限

1.2.1 知识点分析

1. 数列极限的定义

（1）设 $\{u_n\}$ 为一数列，若当 n 无限增大时，u_n 无限接近于某个确定的常数 a，则称数列 $\{u_n\}$ 收敛，并称 a 为数列 $\{u_n\}$ 的极限，记作

$$\lim_{n \to \infty} u_n = a \text{ 或 } u_n \to a(n \to \infty).$$

当 $n \to \infty$ 时，若不存在这样的常数 a，则称数列 $\{u_n\}$ 发散，也称 $\lim\limits_{n \to \infty} u_n$ 不存在.

（2）（$\varepsilon - N$ 定义）$\lim\limits_{n \to \infty} u_n = a \Leftrightarrow \forall \varepsilon > 0$，$\exists N \in Z^+$，当 $n > N$ 时，有 $|u_n - a| < \varepsilon$.

2. 收敛数列的性质

1）极限的唯一性

如果数列 $\{u_n\}$ 收敛，则其极限必唯一.

2）收敛数列的有界性

如果数列 $\{u_n\}$ 收敛，则 $\{u_n\}$ 一定有界.

3）收敛数列的保号性

如果 $\lim\limits_{n \to \infty} u_n = a$，且 $a > 0$（或 $a < 0$），则存在正整数 N，当 $n > N$ 时，有 $u_n > 0$（或 $u_n < 0$）.

4）收敛数列与其子数列间的关系. 如果数列 $\{u_n\}$ 收敛于 a，则其任一子数列也收敛，且极限也是 a.

注 如果数列 $\{u_n\}$ 有一个子数列发散，则数列 $\{u_n\}$ 也一定发散. 而如果数列 $\{u_n\}$ 有两个收敛于不同极限的子数列，则数列 $\{u_n\}$ 也一定发散.

1.2.2 典例解析

1. 与数列极限定义有关的问题

例1 数列极限 $\lim\limits_{n \to \infty} u_n = A$ 的几何意义是_____.

  A. 在点 A 的某一邻域内部含有 $\{u_n\}$ 中的无穷多个点

  B. 在点 A 的某一邻域外部含有 $\{u_n\}$ 中的无穷多个点

  C. 在点 A 的任何一个邻域外部含有 $\{u_n\}$ 中的无穷多个点

  D. 在点 A 的任何一个邻域外部至多含有 $\{u_n\}$ 中的有限多个点

点拨 根据定义可知，对于任给的 $\varepsilon > 0$，无论它多么小，都存在正整数 N，在数列 $\{u_n\}$ 中，从第 $N+1$ 项开始后面的所有项 $u_{N+1}, u_{N+2}, \cdots$ 都落在区

间 $(A-\varepsilon, A+\varepsilon)$ 中，而在该区间之外至多有 $\{u_n\}$ 的有限项 $u_1, u_2, u_3, \cdots, u_N$，故应该选 D.

例 2 根据数列极限的定义证明：

(1) $\lim\limits_{n\to\infty}\dfrac{3n+1}{2n+1}=\dfrac{3}{2}$； (2) $\lim\limits_{n\to\infty}\dfrac{n}{n^2+1}\sin(2n-1)=0$.

证明 验证数列极限的方法一般为：

$\forall \varepsilon>0$，关键找 N，使得当 $n>N$ 时，恒有 $|u_n-a|<\varepsilon$.

(1) **证法 1** $\forall \varepsilon>0\left(\varepsilon<\dfrac{1}{2}\right)$，要使 $\left|\dfrac{3n+1}{2n+1}-\dfrac{3}{2}\right|=\dfrac{1}{2(2n+1)}<\varepsilon$，

只要 $n>\dfrac{1}{2}\left(\dfrac{1}{2\varepsilon}-1\right)$，取正整数 $N=\left[\dfrac{1}{2}\left(\dfrac{1}{2\varepsilon}-1\right)\right]$，则当 $n>N$ 时，恒有

$\left|\dfrac{3n+1}{2n+1}-\dfrac{3}{2}\right|<\varepsilon$ 成立.

证法 2 $\forall \varepsilon>0$，要使 $\left|\dfrac{3n+1}{2n+1}-\dfrac{3}{2}\right|=\dfrac{1}{2(2n+1)}<\dfrac{1}{4n}<\varepsilon$，只要

$n>\dfrac{1}{4\varepsilon}$，取正整数 $N=\left[\dfrac{1}{4\varepsilon}\right]$，则当 $n>N$ 时，恒有 $\left|\dfrac{3n+1}{2n+1}-\dfrac{3}{2}\right|<\varepsilon$ 成立.

(2) $\forall \varepsilon>0$，要使 $\left|\dfrac{n}{n^2+1}\sin(2n-1)\right|\leqslant\dfrac{n}{n^2+1}<\dfrac{1}{n}<\varepsilon$，只要 $n>\dfrac{1}{\varepsilon}$，

取正整数 $N=\left[\dfrac{1}{\varepsilon}\right]$，则当 $n>N$ 时，恒有 $\left|\dfrac{n}{n^2+1}\sin(2n-1)\right|<\varepsilon$ 成立.

点拨 这种通过解不等式 $|u_n-a|<\varepsilon$ 来求 N 的方法，是一种基本方法. 有时计算比较复杂，可通过"放大"的技巧来求得一个较大的 N，因为定义中只需要存在这样的 N 即可.

2. 证明数列极限不存在

例 3 证明数列 $x_n=(-1)^n\cdot\dfrac{n+1}{n}$ 是发散的.

证明 考查子数列 $x_{2n-1}=-\dfrac{n+1}{n}=-1-\dfrac{1}{n}\to-1(n\to\infty)$，

$$x_{2n}=\dfrac{n+1}{n}=1+\dfrac{1}{n}\to1(n\to\infty),$$

由于两个子列的极限不同，因此原数列 $\{x_n\}$ 没有极限，是发散的.

点拨 根据收敛数列的性质 4 可知，证明或判定数列发散，可采用下列两种方法：

①找两个极限不相等的子数列；②找一个发散的子数列.

1.2.3 习题解答

1. 观察下列数列的变化趋势，如果有极限，写出其极限.

(1) $u_n = \dfrac{1}{2^n}$；   (2) $u_n = (-1)^n \dfrac{1}{n}$；

(3) $u_n = (-1)^{n-1} n^2$；   (4) $u_n = \cos \dfrac{1}{n}$．

解 (1) 当 $n \to \infty$ 时，$u_n = \dfrac{1}{2^n} \to 0$；

(2) 当 $n \to \infty$ 时，$u_n = (-1)^n \dfrac{1}{n} \to 0$；

(3) 当 $n \to \infty$ 时，$u_n = (-1)^{n-1} n^2$，不接近于确定的数值，因此没有极限；

(4) 当 $n \to \infty$ 时，$u_n = \cos \dfrac{1}{n} \to 1$．

2. 用数列极限的定义证明下列极限．

(1) $\lim\limits_{n \to \infty} \dfrac{1}{n^2} = 0$；   (2) $\lim\limits_{n \to \infty} \dfrac{2n+1}{n+2} = 2$；   (3) $\lim\limits_{n \to \infty} \dfrac{\sin n}{n} = 0$．

证明 (1) 令 $u_n = \dfrac{1}{n^2}$，则 $|u_n - 0| = \left| \dfrac{1}{n^2} - 0 \right| = \dfrac{1}{n^2}$．

$\forall \varepsilon > 0$，要使 $|u_n - 0| = \dfrac{1}{n^2} < \varepsilon$ 成立，只需 $n > \dfrac{1}{\sqrt{\varepsilon}}$．取正整数 $N = \left[\dfrac{1}{\sqrt{\varepsilon}} \right]$，则当 $n > N$ 时，恒有 $|u_n - 0| < \varepsilon$ 成立．由定义知，$\lim\limits_{n \to \infty} \dfrac{1}{n^2} = 0$．

(2) 令 $u_n = \dfrac{2n+1}{n+2}$，则 $|u_n - 2| = \left| \dfrac{2n+1}{n+2} - 2 \right| = \dfrac{3}{n+2}$．

$\forall \varepsilon > 0$（设 $\varepsilon < \dfrac{3}{2}$），要使 $|u_n - 2| = \dfrac{3}{n+2} < \varepsilon$ 成立，只需 $n > \dfrac{3}{\varepsilon} - 2$．取正整数 $N = \left[\dfrac{3}{\varepsilon} - 2 \right]$，则当 $n > N$ 时，恒有 $|u_n - 2| < \varepsilon$ 成立．由定义知，$\lim\limits_{n \to \infty} \dfrac{2n+1}{n+2} = 2$．

(3) 令 $u_n = \dfrac{\sin n}{n}$，则 $|u_n - 0| = \left| \dfrac{\sin n}{n} - 0 \right| = \left| \dfrac{\sin n}{n} \right| \leqslant \dfrac{1}{n}$．

$\forall \varepsilon > 0$，要使 $|u_n - 0| \leqslant \dfrac{1}{n} < \varepsilon$ 成立，只需 $n > \dfrac{1}{\varepsilon}$．取正整数 $N = \left[\dfrac{1}{\varepsilon} \right]$，则当 $n > N$ 时，恒有 $|u_n - 0| < \varepsilon$ 成立．由定义知，$\lim\limits_{n \to \infty} \dfrac{\sin n}{n} = 0$．

3. 如果 $\lim\limits_{n \to \infty} u_n = a$，证明：$\lim\limits_{n \to \infty} |u_n| = |a|$，举例说明反之未必．

证明 因为 $\lim\limits_{n \to \infty} u_n = a$，由数列极限的定义可知，$\forall \varepsilon > 0$，存在正整数 N，当 $n > N$ 时，有 $|u_n - a| < \varepsilon$．而 $\big| |u_n| - |a| \big| \leqslant |u_n - a| < \varepsilon$，所以

$\lim\limits_{n\to\infty}|u_n| = |a|$. 反之结论不一定成立，如：$u_n = (-1)^n$，虽然 $\lim\limits_{n\to\infty}|u_n| = 1$，但是 $\lim\limits_{n\to\infty}u_n$ 不存在.

4. 设数列 $\{u_n\}$ 有界，且 $\lim\limits_{n\to\infty}v_n = 0$，证明：$\lim\limits_{n\to\infty}u_nv_n = 0$.

证明 因为数列 $\{u_n\}$ 有界，所以存在正数 $M > 0$，使得对 $\forall n \in N$，有 $|u_n| \leqslant M$，又因为 $\lim\limits_{n\to\infty}v_n = 0$，由数列极限的定义可知，$\forall \varepsilon > 0$，存在正整数 N，当 $n > N$ 时，有 $|v_n| < \dfrac{\varepsilon}{M}$. 于是，$|u_nv_n - 0| = |u_n||v_n| < M \cdot \dfrac{\varepsilon}{M} = \varepsilon$，所以 $\lim\limits_{n\to\infty}u_nv_n = 0$.

5. 设数列 $\{u_{2k-1}\}$ 和 $\{u_{2k}\}$ 均为数列 $\{u_n\}$ 的子数列，若 $\lim\limits_{k\to\infty}u_{2k-1} = \lim\limits_{k\to\infty}u_{2k} = a$，证明：$\lim\limits_{n\to\infty}u_n = a$.

证明 因为 $\lim\limits_{k\to\infty}u_{2k-1} = \lim\limits_{k\to\infty}u_{2k} = a$，所以 $\forall \varepsilon > 0$，存在正整数 K_1，当 $n > K_1$ 时，有 $|u_{2k-1} - a| < \varepsilon$，存在正整数 K_2，当 $n > K_2$ 时，有 $|u_{2k} - a| < \varepsilon$. 取 $N = \max\{K_1, K_2\}$，则当 $n > N$ 时，有 $|u_n - a| < \varepsilon$，所以 $\lim\limits_{n\to\infty}u_n = a$.

1.3　函数的极限

1.3.1　知识点分析

1. 函数极限的定义

(1) 设 $f(x)$ 在 x_0 的某邻域内有定义，若存在常数 A，当 x 无限接近于 x_0 时，函数 $f(x)$ 无限接近于 A，则称 A 为 $f(x)$ 当 $x \to x_0$ 时的极限. 记作
$$\lim\limits_{x\to x_0}f(x) = A \text{ 或 } f(x) \to A\,(x \to x_0).$$
显然，函数 $f(x)$ 当 $x \to x_0$ 时极限是否存在与函数 $f(x)$ 在 x_0 处有无定义无关.

$(1')$（$\varepsilon-\delta$ **定义**）$\lim\limits_{x\to x_0}f(x) = A \Leftrightarrow \forall \varepsilon > 0, \exists \delta > 0$，当 $0 < |x - x_0| < \delta$ 时，恒有 $|f(x) - A| < \varepsilon$.

(2) 左极限 $\lim\limits_{x\to x_0^-}f(x) = f(x_0^-) = A \Leftrightarrow$ 当 $x \to x_0^-$ 时，$f(x) \to A$；
右极限 $\lim\limits_{x\to x_0^+}f(x) = f(x_0^+) = A \Leftrightarrow$ 当 $x \to x_0^+$ 时，$f(x) \to A$.

注 极限 $\lim\limits_{x\to x_0}f(x)$ 存在 $\Leftrightarrow$ 左极限 $f(x_0^-)$ 和右极限 $f(x_0^+)$ 都存在并且相等. 因此，如果 $f(x_0^-)$ 和 $f(x_0^+)$ 有一个不存在或者即使都存在，但不相等，则极限 $\lim\limits_{x\to x_0}f(x)$ 亦不存在.

（3）若当 $|x|$ 无限增大时，函数 $f(x)$ 无限接近于确定的常数 A，则称 A 为函数 $f(x)$ 当 $x \rightarrow \infty$ 时的极限，记作 $\lim\limits_{x \rightarrow \infty} f(x) = A$ 或 $f(x) \rightarrow A(x \rightarrow \infty)$.

$(3')$（$\varepsilon - X$ **定义**）$\lim\limits_{x \rightarrow \infty} f(x) = A \Leftrightarrow \forall \varepsilon > 0$，$\exists X > 0$，当 $|x| > X$ 时，恒有 $|f(x) - A| < \varepsilon$.

类似地，$\lim\limits_{x \rightarrow -\infty} f(x) = A \Leftrightarrow \forall \varepsilon > 0$，$\exists X > 0$，当 $x < -X$ 时，恒有 $|f(x) - A| < \varepsilon$. $\lim\limits_{x \rightarrow +\infty} f(x) = A \Leftrightarrow \forall \varepsilon > 0$，$\exists X > 0$，当 $x > X$ 时，恒有 $|f(x) - A| < \varepsilon$. 从而可知，$\lim\limits_{x \rightarrow \infty} f(x) = A \Leftrightarrow \lim\limits_{x \rightarrow -\infty} f(x) = \lim\limits_{x \rightarrow +\infty} f(x) = A$.

2. 函数极限的性质（以 $x \rightarrow x_0$ 为例）

1）**唯一性**

如果 $\lim\limits_{x \rightarrow x_0} f(x)$ 存在，则其极限必唯一.

2）**局部有界性**

如果 $\lim\limits_{x \rightarrow x_0} f(x) = A$，则存在常数 $M > 0$ 和 $\delta > 0$，使得当 $0 < |x - x_0| < \delta$ 时，有 $|f(x)| \leqslant M$.

3）**局部保号性**

如果 $\lim\limits_{x \rightarrow x_0} f(x) = A$，且 $A > 0$（或 $A < 0$），则存在常数 $\delta > 0$，使得当 $0 < |x - x_0| < \delta$ 时，有 $f(x) > 0$（或 $f(x) < 0$）.

1.3.2 典例解析

1. 利用定义证明函数极限的存在性

例 1 根据函数极限的定义证明：

（1）$\lim\limits_{x \rightarrow 1}(3x - 1) = 2$； （2）$\lim\limits_{x \rightarrow 3} x^2 = 9$； （3）$\lim\limits_{x \rightarrow \infty} \dfrac{x^2 + 1}{2x^2} = \dfrac{1}{2}$.

证明 用定义验证函数极限，关键在于对 $\forall \varepsilon > 0$，找到 $\delta > 0$（或 $X > 0$）.

（1）$\forall \varepsilon > 0$，要使 $|(3x - 1) - 2| = 3|x - 1| < \varepsilon$，只要 $|x - 1| < \dfrac{\varepsilon}{3}$，取 $\delta = \dfrac{\varepsilon}{3}$，则当 $0 < |x - 1| < \delta$ 时，恒有 $|(3x - 1) - 2| < \varepsilon$ 成立. 所以 $\lim\limits_{x \rightarrow 1}(3x - 1) = 2$.

（2）$\forall \varepsilon > 0$，$|x^2 - 9| = |(x - 3)(x + 3)|$，限制 $|x - 3| < 1$，则
$$|x + 3| = |(x - 3) + 6| \leqslant |x - 3| + 6 < 1 + 6 = 7,$$
要使 $|x^2 - 9| = |(x - 3)(x + 3)| < 7|x - 3| < \varepsilon$，只要 $|x - 3| < \dfrac{\varepsilon}{7}$，取 $\delta = \min\left\{1, \dfrac{\varepsilon}{7}\right\}$，则当 $0 < |x - 3| < \delta$ 时，恒有 $|x^2 - 9| < \varepsilon$ 成立. 所以

$$\lim_{x \to 3} x^2 = 9.$$

（3）$\forall \varepsilon > 0$，要使 $\left| \dfrac{x^2+1}{2x^2} - \dfrac{1}{2} \right| = \dfrac{1}{2x^2} < \varepsilon$，只要 $|x| > \dfrac{1}{\sqrt{2\varepsilon}}$，取

$X = \dfrac{1}{\sqrt{2\varepsilon}}$，则当 $|x| > X$ 时，恒有 $\left| \dfrac{x^2+1}{2x^2} - \dfrac{1}{2} \right| < \varepsilon$ 成立. 所以

$$\lim_{x \to \infty} \frac{x^2+1}{2x^2} = \frac{1}{2}.$$

例2 设 $f(x) = \begin{cases} -x+1, & 0 \leqslant x < 1, \\ 1, & x = 1, \\ -x+3, & 1 < x \leqslant 2. \end{cases}$ 问 $\lim\limits_{x \to 1} f(x)$ 是否存在?

解 $\lim\limits_{x \to 1^-} f(x) = \lim\limits_{x \to 1^-}(-x+1) = 0, \lim\limits_{x \to 1^+} f(x) = \lim\limits_{x \to 1^+}(-x+3) = 2$，由函数极限和左右极限的关系可知，$\lim\limits_{x \to 1} f(x)$ 不存在.

点拨 本题中函数是分段表达式，因此要讨论 $x \to 1$ 时 $f(x)$ 的极限值必须从左、右极限入手，然后再利用函数极限与左右极限的关系.

例3 设 $f(x) = \begin{cases} \arctan\dfrac{1}{x-1}, & x > 1, \\ ax, & x \leqslant 1. \end{cases}$ 如果极限 $\lim\limits_{x \to 1} f(x)$ 存在，那么 a

为何值?

解 $\lim\limits_{x \to 1^-} f(x) = \lim\limits_{x \to 1^-} ax = a, \lim\limits_{x \to 1^+} f(x) = \lim\limits_{x \to 1^+}\arctan\dfrac{1}{x-1} = \dfrac{\pi}{2}$，由于极限

$\lim\limits_{x \to 1} f(x)$ 存在，根据函数极限与左右极限的关系可知 $a = \dfrac{\pi}{2}$.

点拨 本题属于极限的反问题，求出左、右极限之后，利用函数极限与左右极限的关系即可得出 a 的值.

1.3.3 习题解答

1. 对图 1.5 所示的函数 $f(x)$，下列陈述中哪些是对的、哪些是错的?

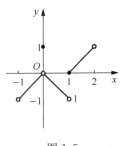

图 1.5

（1）$\lim\limits_{x \to 0} f(x)$ 不存在; （2）$\lim\limits_{x \to 1} f(x) = 0$;

（3）$\lim\limits_{x \to 2^-} f(x) = 1$; （4）$\lim\limits_{x \to -1^+} f(x)$ 不存在;

（5）对每个 $x_0 \in (-1,1), \lim\limits_{x \to x_0} f(x)$ 存在;

（6）对每个 $x_0 \in (1,2), \lim\limits_{x \to x_0} f(x)$ 存在.

解 （1）因为 $\lim\limits_{x \to 0} f(x) = 0$，所以陈述是错的;

（2）因为 $\lim\limits_{x \to 1^-} f(x) = -1, \lim\limits_{x \to 1^+} f(x) = 0$，所以

$\lim\limits_{x\to 1} f(x)$ 不存在，从而陈述是错的；

（3）因为 $\lim\limits_{x\to 2^{-}} f(x) = 1$，所以陈述是对的；

（4）因为 $\lim\limits_{x\to -1^{+}} f(x) = -1$，所以陈述是错的；

（5）因为对每个 $x_0 \in (-1,1)$，$\lim\limits_{x\to x_0} f(x)$ 存在，所以陈述是对的；

（6）因为对每个 $x_0 \in (1,2)$，$\lim\limits_{x\to x_0} f(x)$ 存在，所以陈述是对的.

2. 用函数极限的定义证明下列极限.

（1）$\lim\limits_{x\to \infty} \dfrac{2x+1}{x} = 2$；　　　　　（2）$\lim\limits_{x\to +\infty} \dfrac{\sin x}{x} = 0$；

（3）$\lim\limits_{x\to 2}(x+1) = 3$；　　　　　（4）$\lim\limits_{x\to -2} \dfrac{x^2-4}{x+2} = -4$.

证明　（1）$\forall \varepsilon > 0$，要使不等式 $\left| \dfrac{2x+1}{x} - 2 \right| = \dfrac{1}{|x|} < \varepsilon$ 成立，只要 $|x| > \dfrac{1}{\varepsilon}$. 因此，取 $X = \dfrac{1}{\varepsilon}$，则当 $|x| > X$ 时，不等式 $\left| \dfrac{2x+1}{x} - 2 \right| < \varepsilon$ 成立，所以 $\lim\limits_{x\to \infty} \dfrac{2x+1}{x} = 2$.

（2）$\forall \varepsilon > 0$，要使不等式 $\left| \dfrac{\sin x}{x} - 0 \right| \leqslant \dfrac{1}{|x|} < \varepsilon$ 成立，只要 $|x| > \dfrac{1}{\varepsilon}$. 因此，取 $X = \dfrac{1}{\varepsilon}$，则当 $|x| > X$ 时，不等式 $\left| \dfrac{\sin x}{x} - 0 \right| < \varepsilon$ 成立，所以 $\lim\limits_{x\to +\infty} \dfrac{\sin x}{x} = 0$.

（3）$\forall \varepsilon > 0$，要使 $|(x+1) - 3| = |x-2| < \varepsilon$ 成立，只要 $|x-2| < \varepsilon$. 因此，取 $\delta = \varepsilon$，则当 $0 < |x-2| < \delta$ 时，就有 $|(x+1) - 3| < \varepsilon$. 这就证明了 $\lim\limits_{x\to 2}(x+1) = 3$.

（4）$\forall \varepsilon > 0$，要使 $\left| \dfrac{x^2-4}{x+2} - (-4) \right| = |x+2| < \varepsilon$，只要 $|x-(-2)| < \varepsilon$，因此，取 $\delta = \varepsilon$，则当 $0 < |x-(-2)| < \delta$ 时，就有 $\left| \dfrac{x^2-4}{x+2} - (-4) \right| < \varepsilon$. 这就证明了 $\lim\limits_{x\to -2} \dfrac{x^2-4}{x+2} = -4$.

3. 设函数 $f(x) = \begin{cases} \dfrac{1}{x-1}, & x < 0, \\ x, & 0 \leqslant x \leqslant 1, \\ 1, & x > 1. \end{cases}$ 问极限 $\lim\limits_{x\to 0} f(x)$ 与 $\lim\limits_{x\to 1} f(x)$ 是否存在？

解　由题意可知，$\lim\limits_{x\to 0^{-}} f(x) = \lim\limits_{x\to 0^{-}} \dfrac{1}{x-1} = -1$，$\lim\limits_{x\to 0^{+}} f(x) = \lim\limits_{x\to 0^{+}} x = 0$，所

以 $\lim\limits_{x\to0}f(x)$ 不存在；$\lim\limits_{x\to1^-}f(x)=\lim\limits_{x\to1^-}x=1$，$\lim\limits_{x\to1^+}f(x)=\lim\limits_{x\to1^+}1=1$，所以 $\lim\limits_{x\to1}f(x)$ 存在，且等于 1.

4. 已知函数 $f(x)=\begin{cases}x^2, & x\leqslant1,\\x+k, & x>1.\end{cases}$ 确定常数 k 的值，使极限 $\lim\limits_{x\to1}f(x)$ 存在.

解 由题意可知，$\lim\limits_{x\to1^-}f(x)=\lim\limits_{x\to1^-}x^2=1$，$\lim\limits_{x\to1^+}f(x)=\lim\limits_{x\to1^+}(x+k)=1+k$，要使 $\lim\limits_{x\to1}f(x)$ 存在，必有 $\lim\limits_{x\to1^-}f(x)=\lim\limits_{x\to1^+}f(x)$，即 $1=1+k$，所以 $k=0$.

5. 设函数 $f(x)=|x|$，证明：$\lim\limits_{x\to0}f(x)=0$.

证明 $f(x)=|x|=\begin{cases}x, & x\geqslant0,\\-x, & x<0.\end{cases}$ 从而 $\lim\limits_{x\to0^-}f(x)=\lim\limits_{x\to0^-}(-x)=0$，$\lim\limits_{x\to0^+}f(x)=\lim\limits_{x\to0^+}x=0$，所以 $\lim\limits_{x\to0}f(x)=0$.

6. 求函数 $f(x)=\dfrac{x}{x}$，$\varphi(x)=\dfrac{|x|}{x}$ 当 $x\to0$ 时的左、右极限，并说明它们在 $x\to0$ 时的极限是否存在.

解 $\lim\limits_{x\to0^-}f(x)=\lim\limits_{x\to0^-}\dfrac{x}{x}=1$，同理，$\lim\limits_{x\to0^+}f(x)=1$，所以 $\lim\limits_{x\to0}f(x)=1$.

$\lim\limits_{x\to0^-}\varphi(x)=\lim\limits_{x\to0^-}\dfrac{-x}{x}=-1$，$\lim\limits_{x\to0^+}\varphi(x)=\lim\limits_{x\to0^+}\dfrac{x}{x}=1$，所以 $\lim\limits_{x\to0}\varphi(x)$ 不存在.

7. 证明：$\lim\limits_{x\to x_0}f(x)=A$ 的充要条件是 $\lim\limits_{x\to x_0^-}f(x)=\lim\limits_{x\to x_0^+}f(x)=A$.

证明 必要性：设 $\lim\limits_{x\to x_0}f(x)=A$，则对 $\forall\varepsilon>0$，$\exists\delta>0$，当 $0<|x-x_0|<\delta$，即 $0<x-x_0<\delta$ 或 $-\delta<x-x_0<0$ 时，恒有 $|f(x)-A|<\varepsilon$. 从而由左、右极限的定义可知，$\lim\limits_{x\to x_0^-}f(x)=\lim\limits_{x\to x_0^+}f(x)=A$.

充分性：设 $\lim\limits_{x\to x_0^-}f(x)=\lim\limits_{x\to x_0^+}f(x)=A$，则对 $\forall\varepsilon>0$，$\exists\delta_1>0$，当 $0<x-x_0<\delta_1$ 时，有 $|f(x)-A|<\varepsilon$；$\exists\delta_2>0$，当 $-\delta_2<x-x_0<0$ 时，有 $|f(x)-A|<\varepsilon$，取 $\delta=\min\{\delta_1,\delta_2\}$，则当 $0<x-x_0<\delta$ 且 $-\delta<x-x_0<0$，即 $0<|x-x_0|<\delta$ 时，恒有 $|f(x)-A|<\varepsilon$. 所以 $\lim\limits_{x\to x_0}f(x)=A$.

1.4 无穷小与无穷大

1.4.1 知识点分析

1. 无穷小

以零为极限的变量称为无穷小.

注 无穷小是绝对值无限减小的变量，不能把它和很小的数混为一谈.
零是可以作为无穷小的唯一常数.

性质 1 有限个无穷小的和、差、乘积仍是无穷小.

性质 2 无穷小与有界函数的乘积仍是无穷小.

推论 常数与无穷小的乘积仍是无穷小.

注 （1）两个无穷小的商未必是无穷小.

（2）任意多个无穷小的和、差、乘积未必是无穷小.

2．无穷大

在自变量的某一变化过程中，如果 $|f(x)|$ 无限增大，则称函数 $f(x)$ 为该变化过程中的无穷大.

注 （1）无穷大是绝对值无限增大的变量，不能把它和很大的数混为一谈.

（2）当 $x \to x_0$（或 $x \to \infty$）时的无穷大函数 $f(x)$，按照函数极限的定义，极限是不存在的，但为了便于叙述函数的这种性态，也说"函数的极限是无穷大".

（3）无穷大必无界，而无界未必是无穷大.

3．无穷小与无穷大的关系

在自变量的同一变化过程中，如果 $f(x)$ 为无穷大，则 $\dfrac{1}{f(x)}$ 为无穷小；

反之，如果 $f(x)$ 为无穷小且 $f(x) \neq 0$，则 $\dfrac{1}{f(x)}$ 为无穷大.

1.4.2 典例解析

1．有关无穷小与无穷大的定义

例1 下列变量在给定的变化过程中为无穷小量的是_____.

A. $\sin \dfrac{1}{x}$ $(x \to 0)$

B. $\mathrm{e}^{\frac{1}{x}}$ $(x \to 0)$

C. $\ln(1 + x^2)$ $(x \to 0)$

D. $\dfrac{x-1}{x^2-1}$ $(x \to 1)$

解 正确选项为 C. 因为当 $x \to 0$ 时，$\ln(1 + x^2) \to 0$，所以 $\ln(1 + x^2)$ 是当 $x \to 0$ 时的无穷小，但是当 $x \to 0$ 时，$\sin \dfrac{1}{x}$ 极限不存在，所以 A 错；当 $x \to 0^-$ 时，$\mathrm{e}^{\frac{1}{x}} \to 0$，当 $x \to 0^+$ 时，$\mathrm{e}^{\frac{1}{x}} \to \infty$，从而当 $x \to 0$ 时，$\mathrm{e}^{\frac{1}{x}}$ 极限不存在，所以 B 错；当 $x \to 1$ 时，$\dfrac{x-1}{x^2-1} \to \dfrac{1}{2}$，所以 D 错.

例2 下列命题正确的是_____.

A. 无穷小量的倒数是无穷大量

B. 无穷小量是绝对值很小很小的数

C. 无穷小量是以零为极限的变量

D. 无界变量一定是无穷大量

解 正确选项为 C. 非零的无穷小的倒数是无穷大，所以 A 错，无穷小是以零为极限的变量，也即是绝对值无限减小的变量，不能把它和很小的数混为一谈，所以 B 错，C 对，无穷大必为无界，而无界未必是无穷大，所以 D 错.

2. 利用无穷小的性质求极限

例 3 求极限 $\lim\limits_{x \to 0} x^2 \arctan \dfrac{1}{x}$.

解 因为 $\lim\limits_{x \to 0} x^2 = 0$，所以 x^2 为当 $x \to 0$ 时的无穷小；而

$\left| \arctan \dfrac{1}{x} \right| \leqslant \dfrac{\pi}{2}$，故 $\arctan \dfrac{1}{x}$ 为有界函数；由无穷小的性质可知，

$x^2 \arctan \dfrac{1}{x}$ 为当 $x \to 0$ 时的无穷小，从而 $\lim\limits_{x \to 0} x^2 \arctan \dfrac{1}{x} = 0$.

点拨 无穷小与有界函数的乘积仍是无穷小.

1.4.3 习题解答

1. 两个无穷小的商是否一定是无穷小？举例说明.

解 不一定，如：x, x^2 均为当 $x \to 0$ 时的无穷小，但是 $\lim\limits_{x \to 0} \dfrac{x}{x^2} = \infty$.

2. 两个无穷大的和是否一定是无穷大？举例说明.

解 不一定，如：$\dfrac{1}{x}, -\dfrac{1}{x}$ 均为当 $x \to 0$ 时的无穷大，但是

$\lim\limits_{x \to 0} \left(\dfrac{1}{x} - \dfrac{1}{x} \right) = 0$，不是无穷大.

3. 下列函数在什么变化过程中是无穷小，在什么变化过程中是无穷大？

(1) $y = \dfrac{1}{(x-1)^2}$; (2) $y = 2^x$; (3) $y = \dfrac{x+2}{x^2-1}$.

解 (1) 因为 $\lim\limits_{x \to \infty} \dfrac{1}{(x-1)^2} = 0$，所以 $y = \dfrac{1}{(x-1)^2}$ 当 $x \to \infty$ 时为无穷

小；因为 $\lim\limits_{x \to 1} \dfrac{1}{(x-1)^2} = \infty$，所以 $y = \dfrac{1}{(x-1)^2}$ 当 $x \to 1$ 时为无穷大.

(2) 因为 $\lim\limits_{x \to -\infty} 2^x = 0$，所以 $y = 2^x$ 当 $x \to -\infty$ 时为无穷小；因为

$\lim\limits_{x \to +\infty} 2^x = +\infty$，所以 $y = 2^x$ 当 $x \to +\infty$ 时为无穷大.

(3) 因为 $\lim\limits_{x \to -2} \dfrac{x+2}{x^2-1} = 0$，所以 $y = \dfrac{x+2}{x^2-1}$ 当 $x \to -2$ 时为无穷小；因为 $\lim\limits_{x \to 1} \dfrac{x+2}{x^2-1} = \infty$，$\lim\limits_{x \to -1} \dfrac{x+2}{x^2-1} = \infty$，所以 $y = \dfrac{x+2}{x^2-1}$ 当 $x \to 1$ 或 $x \to -1$ 时为无穷大.

4. 下列各题中，哪些是无穷小，哪些是无穷大？

(1) $\ln x$，当 $x \to 0^+$ 时；　　　　　　(2) $\dfrac{1+(-1)^n}{n}$，当 $n \to \infty$ 时；

(3) $\dfrac{1}{\sqrt{x-2}}$，当 $x \to 2^+$ 时；　　　(4) e^x，当 $x \to +\infty$ 及 $x \to -\infty$ 时.

解 (1) 因为 $\lim\limits_{x \to 0^+} \ln x = -\infty$，所以 $\ln x$ 当 $x \to 0^+$ 时为无穷大；

(2) 因为 $\lim\limits_{n \to \infty} \dfrac{1+(-1)^n}{n} = 0$，所以 $\dfrac{1+(-1)^n}{n}$ 当 $n \to \infty$ 时为无穷小；

(3) 因为 $\lim\limits_{x \to 2^+} \dfrac{1}{\sqrt{x-2}} = \infty$，所以 $\dfrac{1}{\sqrt{x-2}}$ 当 $x \to 2^+$ 时为无穷大；

(4) 因为 $\lim\limits_{x \to -\infty} e^x = 0$，所以 e^x 当 $x \to -\infty$ 时为无穷小；因为 $\lim\limits_{x \to +\infty} e^x = +\infty$，所以 e^x 当 $x \to +\infty$ 时为无穷大.

5. 求下列函数的极限.

(1) $\lim\limits_{x \to \infty} \dfrac{1+\cos x}{x}$；　　　　　　(2) $\lim\limits_{x \to 0}(x^2+x)\arctan x$.

解 (1) 因为 $\lim\limits_{x \to \infty} \dfrac{1}{x} = 0$，且 $|1+\cos x| \leqslant 2$，所以由无穷小的性质可知，$\lim\limits_{x \to \infty} \dfrac{1+\cos x}{x} = 0$；

(2) 因为 $\lim\limits_{x \to 0}(x^2+x) = 0$，且 $|\arctan x| \leqslant \dfrac{\pi}{2}$，所以由无穷小的性质可知，$\lim\limits_{x \to 0}(x^2+x)\arctan x = 0$.

1.5　极限的运算法则

1.5.1　知识点分析

1. 极限的四则运算法则

设 $\lim f(x) = A, \lim g(x) = B$，那么

(1) $\lim[f(x) \pm g(x)] = \lim f(x) \pm \lim g(x) = A \pm B$；

(2) $\lim[f(x) \cdot g(x)] = \lim f(x) \cdot \lim g(x) = A \cdot B$；

（3）若 $B \neq 0$，则 $\lim \dfrac{f(x)}{g(x)} = \dfrac{\lim f(x)}{\lim g(x)} = \dfrac{A}{B}$．

注　① 法则成立的前提条件：极限 $\lim f(x), \lim g(x)$ 都存在；

② 结论（1）（2）可以推广到有限个函数的情形．

③ 若 $\lim f(x)$ 存在，C 为常数，则 $\lim Cf(x) = C \lim f(x)$．

④ 若 $\lim f(x)$ 存在，$n \in N$，则 $\lim [f(x)]^n = [\lim f(x)]^n$．

关于数列，也有类似的极限四则运算法则．

2. 复合函数的极限运算法则

若 $\lim\limits_{x \to x_0} \varphi(x) = u_0$，$\lim\limits_{u \to u_0} f(u) = A$，且当 $x \in \mathring{U}(x_0)$ 时，$\varphi(x) \neq u_0$，则

$\lim\limits_{x \to x_0} f[\varphi(x)] = \lim\limits_{u \to u_0} f(u) = A.$

1.5.2 典例解析

1. 利用极限的四则运算法则求极限

例1　求 $\lim\limits_{x \to 1} \dfrac{x^n - 1}{x^m - 1}$，其中 $m, n \in N$．

解　$\lim\limits_{x \to 1} \dfrac{x^n - 1}{x^m - 1} = \lim\limits_{x \to 1} \dfrac{(x-1)(x^{n-1} + x^{n-2} + \cdots + x + 1)}{(x-1)(x^{m-1} + x^{m-2} + \cdots + x + 1)}$

$= \lim\limits_{x \to 1} \dfrac{x^{n-1} + x^{n-2} + \cdots + x + 1}{x^{m-1} + x^{m-2} + \cdots + x + 1} = \dfrac{n}{m}.$

点拨　此时分母极限为零，不能直接运用极限运算法则，通常应设法去掉分母中的"零因子"，本题通过分解因式约分的方法去掉分母中的"零因子"．且有公式

$$a^n - b^n = (a-b)(a^{n-1} + a^{n-2}b + \cdots + ab^{n-2} + b^{n-1}).$$

例2　求 $\lim\limits_{x \to 2} \dfrac{\sqrt{x+7} - 3}{x - 2}$．

解　$\lim\limits_{x \to 2} \dfrac{\sqrt{x+7} - 3}{x - 2} = \lim\limits_{x \to 2} \dfrac{(\sqrt{x+7} - 3)(\sqrt{x+7} + 3)}{(x-2)(\sqrt{x+7} + 3)}$

$= \lim\limits_{x \to 2} \dfrac{x - 2}{(x-2)(\sqrt{x+7} + 3)}$

$= \lim\limits_{x \to 2} \dfrac{1}{\sqrt{x+7} + 3} = \dfrac{1}{6}.$

点拨　此时分母极限为零，可采用分子有理化的办法去掉分母中的"零因子"．

例3　求 $\lim\limits_{n \to \infty} \dfrac{2^n + 3^n}{2^{n+1} + 3^{n+1}}$．

解 $\lim\limits_{n \to \infty} \dfrac{2^n + 3^n}{2^{n+1} + 3^{n+1}} = \lim\limits_{n \to \infty} \dfrac{\left(\dfrac{2}{3}\right)^n + 1}{2\left(\dfrac{2}{3}\right)^n + 3} = \dfrac{1}{3}.$

点拨 分子分母均为无穷大，此极限为"$\dfrac{\infty}{\infty}$"型，不能直接用极限运算法则，通过生成无穷小量的方法进行转化.

例 4 求 $\lim\limits_{x \to -\infty} x(\sqrt{x^2 + 100} + x).$

解 $\lim\limits_{x \to -\infty} x(\sqrt{x^2 + 100} + x) = \lim\limits_{x \to -\infty} \dfrac{x\left(\sqrt{x^2 + 100}\right)^2 - x^2}{\sqrt{x^2 + 100} - x}$

$$= \lim\limits_{x \to -\infty} \dfrac{100x}{\sqrt{x^2 + 100} - x}$$

$$= \lim\limits_{x \to -\infty} \dfrac{100}{-\sqrt{1 + \dfrac{100}{x^2}} - 1} = -50.$$

点拨 本题中 $x \to -\infty$，则 $x < 0$.

例 5 求 $\lim\limits_{x \to \infty} \dfrac{x^2 + 2x + 4}{2x^2 - 3}.$

解 $\lim\limits_{x \to \infty} \dfrac{x^2 + 2x + 4}{2x^2 - 3} = \lim\limits_{x \to \infty} \dfrac{1 + \dfrac{2}{x} + \dfrac{4}{x^2}}{2 - \dfrac{3}{x^2}} = \dfrac{1}{2}.$

点拨 分子分母均为无穷大，此极限为"$\dfrac{\infty}{\infty}$"型，因此也不能直接运用极限运算法则，通常应设法将其变形.

注 当 $a_0, b_0 \neq 0$ 时，$\lim\limits_{x \to \infty} \dfrac{a_0 x^m + a_1 x^{m-1} + \cdots + a_m}{b_0 x^n + b_1 x^{n-1} + \cdots + b_n} = \begin{cases} \infty, & m > n, \\ \dfrac{a_0}{b_0}, & m = n, \\ 0, & m < n. \end{cases}$

例 6 求 $\lim\limits_{x \to -1} \left(\dfrac{1}{x+1} - \dfrac{3}{x^3 + 1}\right).$

解 $\lim\limits_{x \to -1} \left(\dfrac{1}{x+1} - \dfrac{3}{x^3 + 1}\right) = \lim\limits_{x \to -1} \dfrac{x^2 - x - 2}{(x+1)(x^2 - x + 1)}$

$$= \lim\limits_{x \to -1} \dfrac{(x+1)(x-2)}{(x+1)(x^2 - x + 1)}$$

$$= \lim\limits_{x \to -1} \dfrac{x-2}{x^2 - x + 1} = -1.$$

点拨 此极限为"$\infty - \infty$"型，不能直接用极限的运算法则，通过通分的方法进行转化，然后分解因式约分去掉分母中的"零因子".

例 7 求 $\lim\limits_{x \to 0} \dfrac{\sqrt[3]{x+1}-1}{x}$.

解 令 $\sqrt[3]{x+1}=t$，则 $x=t^3-1$，$t \to 1$，从而

$$\lim\limits_{x \to 0} \frac{\sqrt[3]{x+1}-1}{x}=\lim\limits_{t \to 1}\frac{t-1}{t^3-1}=\lim\limits_{t \to 1}\frac{t-1}{(t-1)(t^2+t+1)}$$

$$=\lim\limits_{t \to 1}\frac{1}{t^2+t+1}=\frac{1}{3}.$$

点拨 此时分母极限为零，不能直接用极限的运算法则，通过变量代换进行转化，然后分解因式约分去掉分母中的"零因子".

2. 极限的反问题

例 8 已知 $\lim\limits_{x \to -1}\dfrac{2x^2+ax+b}{x+1}=3$，其中 a,b 为常数，则 $a=$ _____，

$b=$ _____.

解 因为 $\lim\limits_{x \to -1}(x+1)=0$，由题意可知，$\lim\limits_{x \to -1}(2x^2+ax+b)=0$，

则 $2-a+b=0$，即 $a=2+b$，代入原极限得，

$$\lim\limits_{x \to -1}\frac{2x^2+ax+b}{x+1}=\lim\limits_{x \to -1}\frac{2x^2+(2+b)x+b}{x+1}$$

$$=\lim\limits_{x \to -1}\frac{(2x+b)(x+1)}{x+1}$$

$$=\lim\limits_{x \to -1}(2x+b)=3,$$

从而 $-2+b=3$，即 $b=5$，$a=7$，故应填 $a=7,b=5$.

例 9 已知 $\lim\limits_{x \to -\infty}(x+\sqrt{ax^2+bx-2})=1$，求 a,b.

解 $\lim\limits_{x \to -\infty}(x+\sqrt{ax^2+bx-2})=\lim\limits_{x \to -\infty}\dfrac{x^2-(\sqrt{ax^2+bx-2})^2}{x-\sqrt{ax^2+bx-2}}$

$$=\lim\limits_{x \to -\infty}\frac{(1-a)x^2-bx+2}{x-\sqrt{ax^2+bx-2}},$$

由题意知，$1-a=0$，即 $a=1$，代入上述极限得

$$\lim\limits_{x \to -\infty}\frac{-bx+2}{x-\sqrt{x^2+bx-2}}=\lim\limits_{x \to -\infty}\frac{-b+\dfrac{2}{x}}{1+\sqrt{1+\dfrac{b}{x}-\dfrac{2}{x^2}}}=-\frac{b}{2}=1,$$

故 $b=-2$，$a=1$.

点拨 此题中 $x \to -\infty$，则 $x<0$.

1.5.3 习题解答

1. 求下列极限.

(1) $\lim\limits_{x\to 2}\dfrac{x-1}{x^2+1}$;　　　　(2) $\lim\limits_{x\to\infty}\dfrac{2x^2-x-1}{x^2+3x+1}$;　　　(3) $\lim\limits_{x\to 1}\dfrac{x^2-3x+2}{1-x^2}$;

(4) $\lim\limits_{h\to 0}\dfrac{(x+h)^2-x^2}{h}$;　(5) $\lim\limits_{x\to\infty}\dfrac{x-1}{x^2+x+1}$;　　(6) $\lim\limits_{x\to 1}\dfrac{x^n-1}{x-1}$;

(7) $\lim\limits_{n\to\infty}\dfrac{(-1)^n+3^{n+1}}{(-2)^{n+1}+3^n}$;　　　　　(8) $\lim\limits_{x\to\infty}\dfrac{(2x-1)^{30}\cdot(3x-2)^{20}}{(2x+1)^{50}}$;

(9) $\lim\limits_{x\to 1}\left(\dfrac{3}{1-x^3}-\dfrac{1}{1-x}\right)$;　　　　(10) $\lim\limits_{x\to 0}\dfrac{x}{\sqrt{x+1}-1}$;

(11) $\lim\limits_{x\to 1}\dfrac{\sqrt{3-x}-\sqrt{1+x}}{x^2-1}$;　　　(12) $\lim\limits_{x\to+\infty}x(\sqrt{1+x^2}-x)$;

(13) $\lim\limits_{n\to\infty}\left(1+\dfrac{1}{2}+\dfrac{1}{4}+\cdots+\dfrac{1}{2^n}\right)$;

(14) $\lim\limits_{n\to\infty}\left(\dfrac{1}{1\cdot 2}+\dfrac{1}{2\cdot 3}+\cdots+\dfrac{1}{n(n+1)}\right)$.

解　(1) $\lim\limits_{x\to 2}\dfrac{x-1}{x^2+1}=\lim\limits_{x\to 2}\dfrac{2-1}{4+1}=\dfrac{1}{5}$;

(2) $\lim\limits_{x\to\infty}\dfrac{2x^2-x-1}{x^2+3x+1}=2$;

(3) $\lim\limits_{x\to 1}\dfrac{x^2-3x+2}{1-x^2}=\lim\limits_{x\to 1}\dfrac{(x-1)(x-2)}{(1-x)(1+x)}=\lim\limits_{x\to 1}\dfrac{-x+2}{1+x}=\dfrac{1}{2}$;

(4) $\lim\limits_{h\to 0}\dfrac{(x+h)^2-x^2}{h}=\lim\limits_{h\to 0}\dfrac{2xh+h^2}{h}=\lim\limits_{h\to 0}(2x+h)=2x$;

(5) $\lim\limits_{x\to\infty}\dfrac{x-1}{x^2+x+1}=0$;

(6) $\lim\limits_{x\to 1}\dfrac{x^n-1}{x-1}=\lim\limits_{x\to 1}\dfrac{(x-1)(x^{n-1}+x^{n-2}+\cdots+x+1)}{x-1}$

$\qquad\qquad=\lim\limits_{x\to 1}(x^{n-1}+x^{n-2}+\cdots+x+1)=n$;

(7) $\lim\limits_{n\to\infty}\dfrac{(-1)^n+3^{n+1}}{(-2)^{n+1}+3^n}=\lim\limits_{n\to\infty}\dfrac{\left(-\dfrac{1}{3}\right)^n+3}{-2\left(-\dfrac{2}{3}\right)^n+1}=3$;

(8) $\lim\limits_{x\to\infty}\dfrac{(2x-1)^{30}\cdot(3x-2)^{20}}{(2x+1)^{50}}=\lim\limits_{x\to\infty}\dfrac{\left(2-\dfrac{1}{x}\right)^{30}\cdot\left(3-\dfrac{2}{x}\right)^{20}}{\left(2+\dfrac{1}{x}\right)^{50}}$

$\qquad\qquad=\dfrac{2^{30}\cdot 3^{20}}{2^{50}}=\left(\dfrac{3}{2}\right)^{20}$;

$(9)\ \lim\limits_{x\to 1}\left(\dfrac{3}{1-x^3}-\dfrac{1}{1-x}\right)=\lim\limits_{x\to 1}\dfrac{-x^2-x+2}{(1-x)(1+x+x^2)}$

$$=\lim\limits_{x\to 1}\dfrac{(1-x)(x+2)}{(1-x)(1+x+x^2)}$$

$$=\lim\limits_{x\to 1}\dfrac{x+2}{1+x+x^2}=1;$$

$(10)\ \lim\limits_{x\to 0}\dfrac{x}{\sqrt{x+1}-1}=\lim\limits_{x\to 0}\dfrac{x(\sqrt{x+1}+1)}{(\sqrt{x+1}-1)(\sqrt{x+1}+1)}$

$$=\lim\limits_{x\to 0}(\sqrt{x+1}+1)=2;$$

$(11)\ \lim\limits_{x\to 1}\dfrac{\sqrt{3-x}-\sqrt{1+x}}{x^2-1}$

$$=\lim\limits_{x\to 1}\dfrac{(\sqrt{3-x}-\sqrt{1+x})(\sqrt{3-x}+\sqrt{1+x})}{(x^2-1)(\sqrt{3-x}+\sqrt{1+x})}$$

$$=\lim\limits_{x\to 1}\dfrac{2-2x}{(x-1)(x+1)(\sqrt{3-x}+\sqrt{1+x})}$$

$$=\lim\limits_{x\to 1}\dfrac{-2}{(x+1)(\sqrt{3-x}+\sqrt{1+x})}=-\dfrac{\sqrt{2}}{4};$$

$(12)\ \lim\limits_{x\to +\infty}x(\sqrt{1+x^2}-x)=\lim\limits_{x\to +\infty}\dfrac{x(\sqrt{x^2+1}-x)(\sqrt{x^2+1}+x)}{\sqrt{x^2+1}+x}$

$$=\lim\limits_{x\to +\infty}\dfrac{x}{\sqrt{x^2+1}+x}$$

$$=\lim\limits_{x\to +\infty}\dfrac{1}{\sqrt{1+\dfrac{1}{x^2}}+1}=\dfrac{1}{2};$$

$(13)\ \lim\limits_{n\to \infty}\left(1+\dfrac{1}{2}+\dfrac{1}{4}+\cdots+\dfrac{1}{2^n}\right)=\lim\limits_{n\to \infty}\dfrac{1-\dfrac{1}{2^{n+1}}}{1-\dfrac{1}{2}}=\lim\limits_{n\to \infty}\left(2-\dfrac{1}{2^n}\right)=2;$

$(14)\ \lim\limits_{n\to \infty}\left[\dfrac{1}{1\cdot 2}+\dfrac{1}{2\cdot 3}+\cdots+\dfrac{1}{n(n+1)}\right]$

$$=\lim\limits_{n\to \infty}\left(1-\dfrac{1}{2}+\dfrac{1}{2}-\dfrac{1}{3}+\cdots+\dfrac{1}{n}-\dfrac{1}{n+1}\right)$$

$$=\lim\limits_{n\to \infty}\left(1-\dfrac{1}{n+1}\right)=1.$$

2. 若极限 $\lim\limits_{x\to 1}\dfrac{x^2+ax-b}{1-x}=5$，求常数 a,b 的值.

解 因为 $\lim\limits_{x \to 1}(1-x) = 0$，而 $\lim\limits_{x \to 1}\dfrac{x^2+ax-b}{1-x} = 5$，所以

$\lim\limits_{x \to 1}(x^2+ax-b) = 0$，从而 $1+a-b=0$，即 $b=1+a$，代入原极限得

$\lim\limits_{x \to 1}\dfrac{x^2+ax-(1+a)}{1-x} = \lim\limits_{x \to 1}\dfrac{(x-1)(x+1+a)}{1-x} = -2-a$，从而 $-2-a=5$，

所以 $a=-7, b=-6$.

3. 若函数 $f(x) = \dfrac{4x^2+3}{x-1} + ax + b$，按下列所给条件确定 a, b 值.

(1) $\lim\limits_{x \to \infty} f(x) = 0$；　　　　　　(2) $\lim\limits_{x \to \infty} f(x) = \infty$；

(3) $\lim\limits_{x \to \infty} f(x) = 2$；　　　　　　(4) $\lim\limits_{x \to 0} f(x) = 1$.

解 因为 $f(x) = \dfrac{4x^2+3}{x-1} + ax + b = \dfrac{(4+a)x^2+(b-a)x+3-b}{x-1}$.

(1) 由于 $\lim\limits_{x \to \infty} f(x) = 0$ 可知，$4+a=0, b-a=0$，所以 $a=b=-4$；

(2) 由于 $\lim\limits_{x \to \infty} f(x) = \infty$ 可知，$4+a \neq 0$，即 $a \neq -4, b$ 取任意值；

(3) 由于 $\lim\limits_{x \to \infty} f(x) = 2$ 可知，$4+a=0, b-a=2$，所以 $a=-4, b=-2$；

(4) 由于 $\lim\limits_{x \to 0} f(x) = 1$ 可知，$-(3-b)=1$，所以 $b=4, a$ 取任意值.

4. 下列陈述中，哪些是对的，哪些是错的？如果是对的，说明理由；如果是错的，试举出一个反例.

(1) 如果 $\lim\limits_{x \to x_0} f(x)$ 存在，但 $\lim\limits_{x \to x_0} g(x)$ 不存在，那么 $\lim\limits_{x \to x_0}[f(x)+g(x)]$ 不存在.

(2) 如果 $\lim\limits_{x \to x_0} f(x)$ 和 $\lim\limits_{x \to x_0} g(x)$ 都不存在，那么 $\lim\limits_{x \to x_0}[f(x)+g(x)]$ 不存在.

(3) 如果 $\lim\limits_{x \to x_0} f(x)$ 存在，但 $\lim\limits_{x \to x_0} g(x)$ 不存在，那么 $\lim\limits_{x \to x_0} f(x)g(x)$ 不存在.

解 (1) 对，反证法. 假设 $\lim\limits_{x \to x_0}[f(x)+g(x)]$ 存在，而 $\lim\limits_{x \to x_0} f(x)$ 存在，所以 $\lim\limits_{x \to x_0} g(x) = \lim\limits_{x \to x_0}[f(x)+g(x)-f(x)]$ 存在，产生矛盾，假设不成立.

(2) 错，如：$f(x) = \sin\dfrac{1}{x}, g(x) = -\sin\dfrac{1}{x}$，虽然 $\lim\limits_{x \to 0} f(x)$ 和 $\lim\limits_{x \to 0} g(x)$ 都不存在，但是 $\lim\limits_{x \to 0}[f(x)+g(x)] = 0$.

(3) 错，如：$f(x) = x, g(x) = \dfrac{1}{2x}$，且 $\lim\limits_{x \to 0} f(x) = 0, \lim\limits_{x \to 0} g(x)$ 不存在，但 $\lim\limits_{x \to 0} f(x)g(x) = \dfrac{1}{2}$.

1.6　极限存在准则　两个重要极限

1.6.1　知识点分析

1. 夹逼准则 I

若数列 $\{x_n\},\{y_n\}$ 及 $\{z_n\}$ 满足下列条件：

(1) $y_n \leqslant x_n \leqslant z_n$ $(n=1,2,3,\cdots)$；　(2) $\lim\limits_{n\to\infty} y_n = a$，$\lim\limits_{n\to\infty} z_n = a$，则数列 $\{x_n\}$ 的极限存在，且 $\lim\limits_{n\to\infty} x_n = a$.

夹逼准则 I′　设函数 $f(x)$ 与 $g(x)$ 满足下列条件：

(1) 当 $x \in \overset{o}{\bigcup}(x_0, r)$（或 $|x| > M$）时，有 $g(x) \leqslant f(x) \leqslant h(x)$.

(2) $\lim g(x) = \lim h(x) = A$，则 $\lim f(x)$ 存在且等于 A.

注　夹逼准则不仅可以证明极限存在，而且还可以求极限.

2. 单调有界准则

单调有界的数列必有极限.

注　若数列 $\{x_n\}$ 单调增加且有上界，则该数列必有极限；若数列 $\{x_n\}$ 单调减少且有下界，则该数列必有极限.

3. 两个重要极限

$$\lim_{x\to 0}\frac{\sin x}{x} = 1;\ \lim_{x\to\infty}\left(1+\frac{1}{x}\right)^x = \mathrm{e}\ \text{或}\ \lim_{x\to 0}(1+x)^{\frac{1}{x}} = \mathrm{e}.$$

推广形式：$\lim\limits_{\square\to 0}\dfrac{\sin\square}{\square} = 1$；$\lim\limits_{\square\to\infty}\left(1+\dfrac{1}{\square}\right)^{\square} = \mathrm{e}$ 或 $\lim\limits_{\square\to 0}(1+\square)^{\frac{1}{\square}} = \mathrm{e}$，其中 $\square$ 代表同一个函数.

1.6.2　典例解析

1. 利用极限的两个准则验证极限

例 1　利用极限存在准则证明：

$$\lim_{n\to\infty}\left(\frac{1}{\sqrt{n^2+1}}+\frac{1}{\sqrt{n^2+2}}+\cdots+\frac{1}{\sqrt{n^2+n}}\right) = 1.$$

证明　因为 $\dfrac{n}{\sqrt{n^2+n}} \leqslant \dfrac{1}{\sqrt{n^2+1}}+\dfrac{1}{\sqrt{n^2+2}}+\cdots+\dfrac{1}{\sqrt{n^2+n}} \leqslant \dfrac{n}{\sqrt{n^2+1}}$，

且 $\lim\limits_{n\to\infty}\dfrac{n}{\sqrt{n^2+n}} = 1$，$\lim\limits_{n\to\infty}\dfrac{n}{\sqrt{n^2+1}} = 1$，故由夹逼准则可知，

$$\lim_{n\to\infty}\left(\frac{1}{\sqrt{n^2+1}}+\frac{1}{\sqrt{n^2+2}}+\cdots+\frac{1}{\sqrt{n^2+n}}\right) = 1.$$

点拨　求和式的极限常用方法：①夹逼准则；②定积分的定义；③级数

求和；④裂项求和，方法②、③待以后再作介绍．利用夹逼准则验证极限时，关键是要将所给数列进行适当的放大和缩小，且放大和缩小后的数列具有相同的极限，通常在求无穷多项和或积的极限时，夹逼准则是一种较有效的方法．

例 2　设 $x_1 = 10$，$x_{n+1} = \sqrt{6 + x_n}$（$n = 1, 2, \cdots$）．试证明数列 $\{x_n\}$ 的极限存在，并求此极限．

证明　因为 $x_1 = 10$，$x_{n+1} = \sqrt{6 + x_n}$，所以有 $x_n > 0$（$n = 1, 2, \cdots$），$x_2 = \sqrt{6 + x_1} = 4 < x_1$ 显然成立，假设对正整数 k 有 $x_{k+1} < x_k$，则有

$$x_{k+2} = \sqrt{6 + x_{k+1}} < \sqrt{6 + x_k} = x_{k+1}.$$

由数学归纳法可知，对一切 n，均有 $x_{n+1} < x_n$，即 $\{x_n\}$ 单调递减，由 $x_n > 0$ 可知数列 $\{x_n\}$ 有下界，故由极限存在准则可知，$\lim\limits_{n \to \infty} x_n$ 存在．

设 $\lim\limits_{n \to \infty} x_n = a$，则 $\lim\limits_{n \to \infty} x_{n+1} = \sqrt{6 + \lim\limits_{n \to \infty} x_n}$，可得 $a = \sqrt{6 + a}$，从而 $a^2 - a - 6 = 0$，所以 $a = 3, a = -2$，而 $x_n > 0$，所以 $a = -2$ 不合题意，舍去．故 $\lim\limits_{n \to \infty} x_n = 3$．

点拨　此题型一般利用单调有界准则先证 $\lim\limits_{n \to \infty} x_n$ 存在，然后利用极限运算性质，求出 $\lim\limits_{n \to \infty} x_n$．

2. 利用重要极限求极限

例 3　求下列函数的极限：

(1) $\lim\limits_{x \to 0} \dfrac{1 - \cos 2x}{x \sin x}$；　　(2) $\lim\limits_{x \to \infty} \dfrac{3x^2 + 5}{5x + 3} \sin \dfrac{2}{x}$；　　(3) $\lim\limits_{x \to \infty} \left(1 - \dfrac{1}{x}\right)^{3x}$；

(4) $\lim\limits_{x \to 0} (1 + 3x)^{\frac{2}{x}}$；　　(5) $\lim\limits_{x \to \infty} \left(\dfrac{x + 2}{x - 2}\right)^x$．

解　(1) $\lim\limits_{x \to 0} \dfrac{1 - \cos 2x}{x \sin x} = \lim\limits_{x \to 0} \dfrac{2 \sin^2 x}{x \sin x} = \lim\limits_{x \to 0} \dfrac{2 \sin x}{x} = 2$．

点拨　利用三角函数公式 $\dfrac{1 - \cos 2x}{2} = \sin^2 x$ 变形之后，再用第一个重要的极限．

(2) $\lim\limits_{x \to \infty} \dfrac{3x^2 + 5}{5x + 3} \sin \dfrac{2}{x} = \lim\limits_{x \to \infty} \dfrac{3x^2 + 5}{5x + 3} \cdot \dfrac{2}{x} \cdot \dfrac{\sin \dfrac{2}{x}}{\dfrac{2}{x}}$

$$= \lim\limits_{x \to \infty} \dfrac{6x^2 + 10}{5x^2 + 3x} \cdot \lim\limits_{x \to \infty} \dfrac{\sin \dfrac{2}{x}}{\dfrac{2}{x}} = \dfrac{6}{5} \cdot 1 = \dfrac{6}{5}.$$

点拨 利用了第一个重要极限的推广形式：$\lim\limits_{\square\to 0}\dfrac{\sin\square}{\square}=1$.

(3) $\lim\limits_{x\to\infty}\left(1-\dfrac{1}{x}\right)^{3x}=\lim\limits_{x\to\infty}\left[\left(1+\dfrac{1}{-x}\right)^{-x}\right]^{-3}=\mathrm{e}^{-3}$.

(4) $\lim\limits_{x\to 0}(1+3x)^{\frac{2}{x}}=\lim\limits_{x\to 0}\left[(1+3x)^{\frac{1}{3x}}\right]^{6}=\mathrm{e}^{6}$.

(5) $\lim\limits_{x\to\infty}\left(\dfrac{x+2}{x-2}\right)^{x}=\lim\limits_{x\to\infty}\left(1+\dfrac{4}{x-2}\right)^{\frac{x-2}{4}\cdot 4}\cdot\left(1+\dfrac{4}{x-2}\right)^{2}$

$=\lim\limits_{x\to\infty}\left(1+\dfrac{4}{x-2}\right)^{\frac{x-2}{4}\cdot 4}\cdot\lim\limits_{x\to\infty}\left(1+\dfrac{4}{x-2}\right)^{2}=\mathrm{e}^{4}\cdot 1=\mathrm{e}^{4}$.

点拨 (3)(4)(5) 利用了第二个重要极限的推广形式：$\lim\limits_{\square\to\infty}\left(1+\dfrac{1}{\square}\right)^{\square}=\mathrm{e}$

或 $\lim\limits_{\square\to 0}(1+\square)^{\frac{1}{\square}}=\mathrm{e}$.

1.6.3 习题解答

1. 求下列极限.

(1) $\lim\limits_{x\to 0}x\cot 2x$；

(2) $\lim\limits_{n\to\infty}2^{n}\sin\dfrac{x}{2^{n}}$（$x$ 为不等于零的常数）；

(3) $\lim\limits_{x\to 0}\dfrac{1-\cos 2x}{x\sin x}$；

(4) $\lim\limits_{x\to 0}\dfrac{\sin 2x}{\sin 3x}$；

(5) $\lim\limits_{x\to 0}\dfrac{x-\sin x}{x+\sin x}$；

(6) $\lim\limits_{x\to 0}\dfrac{\tan x-\sin x}{x}$；

(7) $\lim\limits_{x\to 0^{+}}\dfrac{x}{\sqrt{1-\cos x}}$；

(8) $\lim\limits_{x\to\pi}\dfrac{\sin x}{\pi-x}$.

解 (1) $\lim\limits_{x\to 0}x\cot 2x=\lim\limits_{x\to 0}\dfrac{x\cos 2x}{\sin 2x}=\dfrac{1}{2}\lim\limits_{x\to 0}\dfrac{2x}{\sin 2x}\cdot\lim\limits_{x\to 0}\cos 2x=\dfrac{1}{2}$；

(2) $\lim\limits_{n\to\infty}2^{n}\sin\dfrac{x}{2^{n}}=x\lim\limits_{n\to\infty}\dfrac{\sin\dfrac{x}{2^{n}}}{\dfrac{x}{2^{n}}}=x$；

(3) $\lim\limits_{x\to 0}\dfrac{1-\cos 2x}{x\sin x}=\lim\limits_{x\to 0}\dfrac{2\sin^{2}x}{x\sin x}=\lim\limits_{x\to 0}\dfrac{2\sin x}{x}=2$；

(4) $\lim\limits_{x\to 0}\dfrac{\sin 2x}{\sin 3x}=\lim\limits_{x\to 0}\dfrac{\sin 2x}{2x}\cdot\dfrac{3x}{\sin 3x}\cdot\dfrac{2}{3}=\dfrac{2}{3}$；

(5) $\lim\limits_{x\to 0}\dfrac{x-\sin x}{x+\sin x}=\lim\limits_{x\to 0}\dfrac{1-\dfrac{\sin x}{x}}{1+\dfrac{\sin x}{x}}=0$；

(6) $\lim\limits_{x\to 0}\dfrac{\tan x-\sin x}{x}=\lim\limits_{x\to 0}\dfrac{\sin x}{x}\cdot\left(\dfrac{1}{\cos x}-1\right)$

$$= \lim_{x \to 0} \frac{\sin x}{x} \cdot \lim_{x \to 0} \left(\frac{1}{\cos x} - 1 \right) = 0;$$

(7) $\lim\limits_{x \to 0^+} \dfrac{x}{\sqrt{1 - \cos x}} = \lim\limits_{x \to 0^+} \dfrac{x}{\sqrt{2 \sin^2 \dfrac{x}{2}}} = \lim\limits_{x \to 0^+} \dfrac{x}{\sqrt{2} \sin \dfrac{x}{2}}$

$$= \sqrt{2} \lim_{x \to 0^+} \frac{\dfrac{x}{2}}{\sin \dfrac{x}{2}} = \sqrt{2};$$

(8) 令 $\pi - x = t$，即 $x = \pi - t$，则

$$\lim_{x \to \pi} \frac{\sin x}{\pi - x} = \lim_{t \to 0} \frac{\sin(\pi - t)}{t} = \lim_{t \to 0} \frac{\sin t}{t} = 1.$$

2. 求下列极限.

(1) $\lim\limits_{x \to \infty} \left(1 - \dfrac{3}{x} \right)^x$；　　　　(2) $\lim\limits_{x \to 0} (1 - 3x)^{\frac{2}{x}}$；

(3) $\lim\limits_{x \to 0} \left(\dfrac{2 - x}{2} \right)^{\frac{1}{x}}$；　　　　(4) $\lim\limits_{x \to \infty} \left(\dfrac{x + 2}{x - 1} \right)^{x - 1}$；

(5) $\lim\limits_{x \to 0} (1 + \tan x)^{\cot x}$；　　　　(6) $\lim\limits_{x \to 0} (\cos x)^{\frac{1}{1 - \cos x}}$.

解　(1) $\lim\limits_{x \to \infty} \left(1 - \dfrac{3}{x} \right)^x = \lim\limits_{x \to \infty} \left[\left(1 - \dfrac{3}{x} \right)^{\frac{-x}{3}} \right]^{-3} = \mathrm{e}^{-3}$；

(2) $\lim\limits_{x \to 0} (1 - 3x)^{\frac{2}{x}} = \lim\limits_{x \to 0} \left[(1 - 3x)^{\frac{1}{-3x}} \right]^{-6} = \mathrm{e}^{-6}$；

(3) $\lim\limits_{x \to 0} \left(\dfrac{2 - x}{2} \right)^{\frac{1}{x}} = \lim\limits_{x \to 0} \left[\left(1 - \dfrac{x}{2} \right)^{\frac{-2}{x}} \right]^{-\frac{1}{2}} = \mathrm{e}^{-\frac{1}{2}}$；

(4) $\lim\limits_{x \to \infty} \left(\dfrac{x + 2}{x - 1} \right)^{x - 1} = \lim\limits_{x \to \infty} \left(1 + \dfrac{3}{x - 1} \right)^{x - 1} = \lim\limits_{x \to \infty} \left[\left(1 + \dfrac{3}{x - 1} \right)^{\frac{x - 1}{3}} \right]^3 = \mathrm{e}^3$；

(5) $\lim\limits_{x \to 0} (1 + \tan x)^{\cot x} = \lim\limits_{x \to 0} (1 + \tan x)^{\frac{1}{\tan x}} = \mathrm{e}$；

(6) $\lim\limits_{x \to 0} (\cos x)^{\frac{1}{1 - \cos x}} = \lim\limits_{x \to 0} \left[1 + (\cos x - 1) \right]^{\frac{1}{\cos x - 1} \cdot (-1)} = \dfrac{1}{\mathrm{e}}$.

3. 利用夹逼准则求下列极限.

(1) $\lim\limits_{n \to \infty} \left(\dfrac{n}{n^2 + 1} + \dfrac{n}{n^2 + 2} + \cdots + \dfrac{n}{n^2 + n} \right)$；

(2) $\lim\limits_{n \to \infty} (1 + 2^n + 3^n)^{\frac{1}{n}}$；　　　　(3) $\lim\limits_{x \to 0} \sqrt[n]{1 + x}$.

解　(1) 由于 $\dfrac{n}{n^2 + n} \cdot n \leqslant \dfrac{n}{n^2 + 1} + \dfrac{n}{n^2 + 2} + \cdots + \dfrac{n}{n^2 + n} \leqslant \dfrac{n}{n^2 + 1} \cdot n$，即

$\dfrac{n^2}{n^2 + n} \leqslant \dfrac{n}{n^2 + 1} + \dfrac{n}{n^2 + 2} + \cdots + \dfrac{n}{n^2 + n} \leqslant \dfrac{n^2}{n^2 + 1}$，而 $\lim\limits_{n \to \infty} \dfrac{n^2}{n^2 + n} = 1, \lim\limits_{n \to \infty} \dfrac{n^2}{n^2 + 1} = 1$，

所以由夹逼准则可知，$\lim\limits_{n\to\infty}\left(\dfrac{n}{n^2+1}+\dfrac{n}{n^2+2}+\cdots+\dfrac{n}{n^2+n}\right)=1$；

（2）由于 $3^n\leqslant1+2^n+3^n\leqslant3\cdot3^n$，所以 $3\leqslant(1+2^n+3^n)^{\frac{1}{n}}\leqslant3\cdot3^{\frac{1}{n}}$，而 $\lim\limits_{n\to\infty}3\cdot3^{\frac{1}{n}}=3$，所以由夹逼准则可知，$\lim\limits_{n\to\infty}(1+2^n+3^n)^{\frac{1}{n}}=3$；

（3）由于 $1\leqslant\sqrt[n]{1+x}\leqslant1+x$，且 $\lim\limits_{x\to0}(1+x)=1$，所以 $\lim\limits_{x\to0}\sqrt[n]{1+x}=1$.

4. 设 $x_1=\sqrt{2}$，$x_{n+1}=\sqrt{2+x_n}$，$n=1,2,\cdots$. 证明数列 $\{x_n\}$ 的极限存在，并求出极限值.

证明 由于 $0<x_1=\sqrt{2}<2$，假设 $x_k<2$，则 $x_{k+1}=\sqrt{2+x_k}<\sqrt{2+2}=2$，从而由数学归纳法可知 $0<x_n<2$，即数列 $\{x_n\}$ 有界；由于 $x_1<x_2=\sqrt{2+x_1}=\sqrt{2+\sqrt{2}}$，假设 $x_{k-1}<x_k$，则 $x_k=\sqrt{2+x_{k-1}}<x_{k+1}=\sqrt{2+x_k}$，从而由数学归纳法可知，数列 $\{x_n\}$ 单调增加，由单调有界准则可知，数列 $\{x_n\}$ 的极限存在. 设 $\lim\limits_{n\to\infty}x_n=a$，在等式 $x_{n+1}=\sqrt{2+x_n}$ 两边取极限可得，$\lim\limits_{n\to\infty}x_{n+1}=\sqrt{2+\lim\limits_{n\to\infty}x_n}$，即 $a=\sqrt{2+a}$，解得 $a=2$ 或 $a=-1$（舍去），故 $\lim\limits_{n\to\infty}x_n=2$.

1.7 无穷小的比较

1.7.1 知识点分析

1. 无穷小阶的概念

设 α,β 都是同一个自变量变化过程中的无穷小，且 $\alpha\neq0$，

（1）如果 $\lim\dfrac{\beta}{\alpha}=0$，则称 β 是比 α 高阶的无穷小，记作 $\beta=o(\alpha)$；

（2）如果 $\lim\dfrac{\beta}{\alpha}=\infty$，则称 β 是比 α 低阶的无穷小；

（3）如果 $\lim\dfrac{\beta}{\alpha}=c(c\neq0)$，则称 β 与 α 是同阶的无穷小；

（4）如果 $\lim\dfrac{\beta}{\alpha^k}=c\neq0$，则称 β 是 α 的 k 阶无穷小；

（5）如果 $\lim\dfrac{\beta}{\alpha}=1$，则称 β 与 α 是等价无穷小，记作 $\alpha\sim\beta$.

2. 等价无穷小替换

结论 1 α 与 β 是等价无穷小的充要条件为 $\beta=\alpha+o(\alpha)$.

注 $\alpha + o(\alpha) \sim \alpha$.

例如，当 $x \to 0$ 时，$x + x^2 \sim x$，$\sin x + 2x^3 \sim x$.

结论 2 设 $\alpha \sim \alpha'$，$\beta \sim \beta'$，且 $\lim \frac{\alpha'}{\beta'}$ 存在，则 $\lim \frac{\alpha}{\beta} = \lim \frac{\alpha'}{\beta'}$.

结论 2 表明，在求两个无穷小之比的极限时，分子及分母都可用其等价无穷小替换，简化计算.

常用的等价无穷小：

当 $x \to 0$ 时，$\sin x \sim x$，$\tan x \sim x$，$\arcsin x \sim x$，$\arctan x \sim x$，$1 - \cos x \sim \frac{x^2}{2}$，$e^x - 1 \sim x$，$a^x - 1 \sim x\ln a$，$\ln(1+x) \sim x$，$(1+x)^{\frac{1}{\alpha}} - 1 \sim \frac{1}{\alpha}x$，$\sec x - 1 \sim \frac{x^2}{2}$.

注 上述公式成立的前提条件：当 $x \to 0$ 时.

1.7.2 典例解析

1. 无穷小的比较

例 1 当 $x \to 0$ 时，下列四个无穷小量中比其他三个更高阶的无穷小量是 _____.

    A. $\ln(1+x)$ B. $e^x - 1$

    C. $\tan x - \sin x$ D. $1 - \cos x$

解 正确选项为 C，因为当 $x \to 0$ 时，$\ln(1+x) \sim x$，$e^x - 1 \sim x$，$1 - \cos x \sim \frac{x^2}{2}$，$\tan x - \sin x = \tan x(1 - \cos x) \sim \frac{x^3}{2}$，由高阶无穷小的定义可知，应选 C.

例 2 当 $x \to 0$ 时，$(1 - ax^2)^{\frac{1}{4}} - 1$ 与 $x\sin x$ 是等价无穷小，则 $a = $ _____.

解 正确答案为 $a = -4$，当 $x \to 0$ 时，$(1 - ax^2)^{\frac{1}{4}} - 1 \sim -\frac{1}{4}ax^2$，$x\sin x \sim x^2$，从而 $\lim\limits_{x \to 0} \frac{(1 - ax^2)^{\frac{1}{4}} - 1}{x\sin x} = \lim\limits_{x \to 0} \frac{-\frac{1}{4}ax^2}{x^2} = -\frac{1}{4}a = 1$，所以 $a = -4$.

例 3 当 $x \to 0$ 时，$(1 - \cos x)\ln(1 + x^2)$ 是比 $x\sin x^n$ 高阶的无穷小，而 $x\sin x^n$ 是比 $(e^{x^2} - 1)$ 高阶的无穷小，则正整数 $n = $ _____.

A. 1   B. 2   C. 3   D. 4

解 正确选项为 B，当 $x \to 0$ 时，$\ln(1 + x^2) \sim x^2$，$1 - \cos x \sim \frac{x^2}{2}$，$e^{x^2} - 1 \sim x^2$，$x\sin x^n \sim x^{n+1}$，从而由高阶无穷小的定义可知，

$$\lim_{x\to0}\frac{(1-\cos x)\ln(1+x^2)}{x\sin x^n}=\lim_{x\to0}\frac{\frac{1}{2}x^4}{x^{n+1}}=\frac{1}{2}\lim_{x\to0}\frac{1}{x^{n-3}}=0, \text{ 故 } n<3; \text{ 而}$$

$$\lim_{x\to0}\frac{x\sin x^n}{e^{x^2}-1}=\lim_{x\to0}\frac{x^{n+1}}{x^2}=\lim_{x\to0}x^{n-1}=0, \text{ 故 } n>1;$$

综上可知，$1<n<3$，且 n 为正整数，故 $n=2$，故应选 B.

2. 利用等价无穷小替换求极限

例 4 求下列函数的极限.

$(1) \lim_{x\to0}\dfrac{\sqrt{1+\tan x}-1}{x-x^2}; \quad (2) \lim_{x\to0^+}\dfrac{1-\sqrt{\cos x}}{x(1-\cos\sqrt{x})}; \quad (3) \lim_{x\to0}\dfrac{x^2+\tan x}{e^{x-x^2}-1}.$

解 $(1) \lim_{x\to0}\dfrac{\sqrt{1+\tan x}-1}{x-x^2}=\lim_{x\to0}\dfrac{\frac{\tan x}{2}}{x}=\lim_{x\to0}\dfrac{\frac{x}{2}}{x}=\dfrac{1}{2};$

$(2) \lim_{x\to0^+}\dfrac{1-\sqrt{\cos x}}{x(1-\cos\sqrt{x})}=\lim_{x\to0^+}\dfrac{1-\cos x}{x(1-\cos\sqrt{x})(1+\sqrt{\cos x})}$

$$=\lim_{x\to0^+}\dfrac{\frac{1}{2}x^2}{x\cdot\frac{1}{2}x\cdot(1+\sqrt{\cos x})}$$

$$=\lim_{x\to0^+}\dfrac{1}{1+\sqrt{\cos x}}=\dfrac{1}{2};$$

$(3) \lim_{x\to0}\dfrac{x^2+\tan x}{e^{x-x^2}-1}=\lim_{x\to0}\dfrac{\tan x}{x-x^2}=\lim_{x\to0}\dfrac{x}{x}=1.$

点拨 常用的等价无穷小公式可以推广为：当 $\square\to0$ 时，$\sin\square\sim\square$，$\tan\square\sim\square$，$\arcsin\square\sim\square$，$\arctan\square\sim\square$，$1-\cos\square\sim\dfrac{\square^2}{2}$，$e^{\square}-1\sim\square$，$a^{\square}-1\sim\square\ln a$，$\ln(1+\square)\sim\square$，$(1+\square)^{\frac{1}{a}}-1\sim\dfrac{1}{a}\square$，其中 $\square$ 代表同一个函数.

例如，当 $x\to0$ 时，$\sqrt{1+\tan x}-1\sim\dfrac{1}{2}\tan x$，$1-\cos\sqrt{x}\sim\dfrac{(\sqrt{x})^2}{2}$，$e^{x-x^2}-1\sim x-x^2.$

例 5 求极限 $\lim_{x\to+\infty}\dfrac{x^2\sin\frac{1}{x}}{\sqrt{2x^2-1}}.$

解 $\lim_{x\to+\infty}\dfrac{x^2\sin\frac{1}{x}}{\sqrt{2x^2-1}}=\lim_{x\to+\infty}\dfrac{x^2\cdot\frac{1}{x}}{\sqrt{2x^2-1}}=\lim_{x\to+\infty}\dfrac{x}{\sqrt{2x^2-1}}$

$$= \lim_{x \to +\infty} \frac{1}{\sqrt{2 - \dfrac{1}{x^2}}} = \frac{\sqrt{2}}{2}.$$

点拨 当 $x \to \infty$ 时，$\dfrac{1}{x} \to 0$，则 $\sin\dfrac{1}{x} \sim \dfrac{1}{x}$.

例 6 求 $\lim\limits_{x \to 0} \dfrac{\tan x - \sin x}{x^2 \sin x}$.

解 $\lim\limits_{x \to 0} \dfrac{\tan x - \sin x}{x^2 \sin x} = \lim\limits_{x \to 0} \dfrac{\tan x(1 - \cos x)}{x^3} = \lim\limits_{x \to 0} \dfrac{x \cdot \dfrac{1}{2}x^2}{x^3} = \dfrac{1}{2}$.

点拨 利用等价无穷小替换求极限，一般是积商时进行整体代换，而在和差中要慎用.

结论 若 $\alpha \sim \alpha', \beta \sim \beta'$，且 α 与 β 不等价，则 $\alpha - \beta \sim \alpha' - \beta'$.

例 7 求 $\lim\limits_{x \to 0} \dfrac{\tan 2x - \tan x}{3\sin x - \sin 2x}$.

解 当 $x \to 0$ 时，$\tan 2x \sim 2x$，$\tan x \sim x$，$3\sin x \sim 3x$，$\sin 2x \sim 2x$，且 $\tan 2x$ 与 $\tan x$ 不等价，$3\sin x$ 与 $\sin 2x$ 不等价，则

$$\lim_{x \to 0} \frac{\tan 2x - \tan x}{3\sin x - \sin 2x} = \lim_{x \to 0} \frac{2x - x}{3x - 2x} = \lim_{x \to 0} \frac{x}{x} = 1.$$

1.7.3 习题解答

1. 比较下列无穷小的阶.

(1) 当 $x \to 0$ 时，$x^3 + 100x$ 与 x^2；

(2) 当 $x \to 0$ 时，$(1+x)^{\frac{1}{3}} - 1$ 与 $\dfrac{x}{3}$；

(3) 当 $x \to 1$ 时，$1 - x$ 与 $1 - \sqrt[3]{x}$；

(4) 当 $x \to 0$ 时，$\sec x - 1$ 与 $\dfrac{x^2}{2}$.

解 (1) 因为 $\lim\limits_{x \to 0} \dfrac{x^3 + 100x}{x^2} = \lim\limits_{x \to 0} \dfrac{x^2 + 100}{x} = \infty$，所以当 $x \to 0$ 时，$x^3 + 100x$ 是 x^2 的低阶无穷小；

(2) 因为 $\lim\limits_{x \to 0} \dfrac{(1+x)^{\frac{1}{3}} - 1}{\dfrac{x}{3}} = \lim\limits_{x \to 0} \dfrac{\dfrac{x}{3}}{\dfrac{x}{3}} = 1$，所以当 $x \to 0$ 时，$(1+x)^{\frac{1}{3}} - 1$ 与 $\dfrac{x}{3}$ 是等价无穷小；

(3) 令 $\sqrt[3]{x} = t$，即 $x = t^3$，则

$$\lim_{x \to 1} \frac{1-x}{1-\sqrt[3]{x}} = \lim_{t \to 1} \frac{1-t^3}{1-t} = \lim_{t \to 1} \frac{(1-t)(1+t+t^2)}{1-t} = \lim_{t \to 1}(1+t+t^2) = 3,$$

所以当 $x \to 1$ 时，$1-x$ 与 $1-\sqrt[3]{x}$ 是同阶无穷小；

（4）因为 $\lim_{x \to 0} \dfrac{\sec x - 1}{\dfrac{x^2}{2}} = \lim_{x \to 0} \dfrac{2\left(\dfrac{1}{\cos x} - 1\right)}{x^2} = \lim_{x \to 0} \dfrac{2(1-\cos x)}{x^2 \cos x} =$

$\lim_{x \to 0} \dfrac{x^2}{x^2 \cos x} = 1$，所以当 $x \to 0$ 时，$\sec x - 1$ 与 $\dfrac{x^2}{2}$ 是等价无穷小.

2. 利用无穷小的等价代换，求下列极限.

（1）$\lim_{x \to 0} \dfrac{1-\cos 2x}{\sin^2 x}$；　（2）$\lim_{x \to 0} \dfrac{\ln(1-2x)}{\tan 3x}$；　（3）$\lim_{x \to 0} \dfrac{\tan x - \sin x}{\sin^3 x}$；

（4）$\lim_{x \to 1} \dfrac{\sqrt[3]{1+(x-1)^2} - 1}{\sin^2(x-1)}$；　（5）$\lim_{x \to 0} \dfrac{e^{5x}-1}{\tan 2x}$；　（6）$\lim_{x \to 0} \dfrac{5x + \sin^2 x - 2x^3}{\tan x + 4x^3}$.

解　（1）$\lim_{x \to 0} \dfrac{1-\cos 2x}{\sin^2 x} = \lim_{x \to 0} \dfrac{\dfrac{1}{2}(2x)^2}{x^2} = 2$；

（2）$\lim_{x \to 0} \dfrac{\ln(1-2x)}{\tan 3x} = \lim_{x \to 0} \dfrac{-2x}{3x} = -\dfrac{2}{3}$；

（3）$\lim_{x \to 0} \dfrac{\tan x - \sin x}{\sin^3 x} = \lim_{x \to 0} \dfrac{\tan x(1-\cos x)}{x^3} = \lim_{x \to 0} \dfrac{x \cdot \dfrac{1}{2}x^2}{x^3} = \dfrac{1}{2}$；

（4）$\lim_{x \to 1} \dfrac{\sqrt[3]{1+(x-1)^2} - 1}{\sin^2(x-1)} = \lim_{x \to 1} \dfrac{\dfrac{1}{3}(x-1)^2}{(x-1)^2} = \dfrac{1}{3}$；

（5）$\lim_{x \to 0} \dfrac{e^{5x}-1}{\tan 2x} = \lim_{x \to 0} \dfrac{5x}{2x} = \dfrac{5}{2}$；

（6）$\lim_{x \to 0} \dfrac{5x + \sin^2 x - 2x^3}{\tan x + 4x^3} = \lim_{x \to 0} \dfrac{5x}{\tan x} = \lim_{x \to 0} \dfrac{5x}{x} = 5$.

3. 证明：当 $x \to 0$ 时，有

（1）$\arctan x \sim x$；　　　　　　　　（2）$\sqrt{1+x^2} - \sqrt{1-x^2} \sim x^2$.

证明　（1）令 $\arctan x = t$，则 $\lim_{x \to 0} \dfrac{\arctan x}{x} = \lim_{t \to 0} \dfrac{t}{\tan t} = \lim_{t \to 0} \dfrac{t}{t} = 1$，所以

当 $x \to 0$ 时，有 $\arctan x \sim x$；

（2）$\lim_{x \to 0} \dfrac{\sqrt{1+x^2} - \sqrt{1-x^2}}{x^2} = \lim_{x \to 0} \dfrac{2x^2}{x^2(\sqrt{1+x^2} + \sqrt{1-x^2})} =$

$\lim_{x \to 0} \dfrac{2}{\sqrt{1+x^2} + \sqrt{1-x^2}} = 1$，所以当 $x \to 0$ 时，有 $\sqrt{1+x^2} - \sqrt{1-x^2} \sim x^2$.

4. 证明无穷小的等价关系具有下列性质.

（1）自反性：$\alpha \sim \alpha$；

（2）对称性：若 $\alpha \sim \beta$，则 $\beta \sim \alpha$；

（3）传递性：若 $\alpha \sim \beta$，$\beta \sim \gamma$，则 $\alpha \sim \gamma$.

证明 （1）设 α 为自变量在某一过程中的无穷小，即 $\lim \alpha = 0$，由于 $\lim \dfrac{\alpha}{\alpha} = 1$，所以 $\alpha \sim \alpha$；

（2）设 α, β 是自变量在某一过程中的等价无穷小，即 $\lim \dfrac{\alpha}{\beta} = 1$，则 $\lim \dfrac{\beta}{\alpha} = \lim \dfrac{1}{\dfrac{\alpha}{\beta}} = 1$，即若 $\alpha \sim \beta$，则 $\beta \sim \alpha$；

（3）设 $\alpha \sim \beta$，$\beta \sim \gamma$，即 $\lim \dfrac{\alpha}{\beta} = 1$，$\lim \dfrac{\beta}{\gamma} = 1$，则 $\lim \dfrac{\alpha}{\gamma} = \lim \dfrac{\alpha}{\beta} \cdot \dfrac{\beta}{\gamma} = 1$，从而 $\alpha \sim \gamma$.

1.8　函数的连续性与间断点

1.8.1　知识点分析

1. 函数在一点处连续

若 $\lim\limits_{x \to x_0} f(x) = f(x_0)$，则称函数 $y = f(x)$ 在点 x_0 处连续. 若函数 $f(x)$ 在区间 I 内每一点都连续，则称函数 $f(x)$ 在区间 I 内连续.

注　函数 $f(x)$ 在点 x_0 处连续的等价条件：①函数 $y = f(x)$ 在点 x_0 处有定义；②极限 $\lim\limits_{x \to x_0} f(x)$ 存在；③ $\lim\limits_{x \to x_0} f(x) = f(x_0)$；三个条件缺一不可，同时成立.

2. 左、右连续

若 $\lim\limits_{x \to x_0^-} f(x) = f(x_0)$，则称函数 $f(x)$ 在点 x_0 处左连续；若 $\lim\limits_{x \to x_0^+} f(x) = f(x_0)$，则称函数 $f(x)$ 在点 x_0 处右连续.

注　函数 $f(x)$ 在点 x_0 处连续 $\Leftrightarrow$ 函数 $f(x)$ 在点 x_0 处既左连续又右连续.

3. 间断点的定义

若函数 $f(x)$ 在点 x_0 处不满足下列三个条件之一：①函数 $y = f(x)$ 在点 x_0 处有定义；②极限 $\lim\limits_{x \to x_0} f(x)$ 存在；③ $\lim\limits_{x \to x_0} f(x) = f(x_0)$；则称点 x_0 是函数 $f(x)$ 的间断点.

4. 间断点的分类

$$\text{间断点的分类}\begin{cases}\text{第一类间断点}\begin{cases}\text{可去间断点（左右极限都存在，且相等）}\\\text{跳跃间断点（左右极限都存在，且不相等）}\end{cases}\\\text{第二类间断点（左右极限中至少有一个不存在）}\end{cases}$$

其中第二类间断点包含无穷间断点、振荡间断点及其他.

5. 连续函数的运算法则

（1）连续函数的四则运算性质　若函数 $f(x),g(x)$ 均在点 x_0 处连续，则函数 $f(x)\pm g(x)$，$f(x)\cdot g(x)$，$\dfrac{f(x)}{g(x)}(g(x)\neq0)$ 也在点 x_0 处连续；

（2）复合函数的连续性　若函数 $u=\varphi(x)$ 在点 x_0 处连续，而 $y=f(u)$ 在点 $u_0=\varphi(x_0)$ 处连续，则复合函数 $y=f[\varphi(x)]$ 在点 x_0 处也连续；

（3）反函数的连续性　连续函数的反函数也是连续的函数；

（4）初等函数的连续性　初等函数在其定义区间内都连续，所谓定义区间是包含在定义域内的区间.

1.8.2　典例解析

1. 函数在一点处连续的定义

例1　讨论函数 $f(x)=\begin{cases}\dfrac{1-\mathrm{e}^x}{\arcsin 2x},&x>0,\\2\mathrm{e}^{2x},&x\leqslant0.\end{cases}$ 在点 $x=0$ 处的连续性.

解　因为 $\lim\limits_{x\to0^-}f(x)=\lim\limits_{x\to0^-}2\mathrm{e}^{2x}=2$；$\lim\limits_{x\to0^+}f(x)=\lim\limits_{x\to0^+}\dfrac{1-\mathrm{e}^x}{\arcsin 2x}=\lim\limits_{x\to0^+}\dfrac{-x}{2x}=-\dfrac{1}{2}$；所以 $\lim\limits_{x\to0}f(x)$ 不存在，从而 $f(x)$ 在点 $x=0$ 处不连续.

点拨　函数 $f(x)$ 在点 x_0 处连续的等价条件：①函数 $y=f(x)$ 在点 x_0 处有定义；②极限 $\lim\limits_{x\to x_0}f(x)$ 存在；③ $\lim\limits_{x\to x_0}f(x)=f(x_0)$；验证三个条件是否都满足即可.

例2　确定常数 a,b，使函数 $f(x)=\begin{cases}\dfrac{\sin ax}{\sqrt{1-\cos x}},&x<0,\\-1,&x=0,\\\dfrac{\ln(1+bx)}{x},&x>0.\end{cases}$ 在 $x=0$ 处连续.

解　由题意知，$f(x)$ 在 $x=0$ 处连续，则 $\lim\limits_{x\to0^-}f(x)=\lim\limits_{x\to0^+}f(x)=f(0)$，

因为 $\lim\limits_{x\to0^-}f(x)=\lim\limits_{x\to0^-}\dfrac{\sin ax}{\sqrt{1-\cos x}}=\lim\limits_{x\to0^-}\dfrac{ax}{\sqrt{\dfrac{1}{2}x^2}}=\lim\limits_{x\to0^-}\dfrac{\sqrt{2}ax}{-x}=-\sqrt{2}a,$

$$\lim_{x \to 0^+} f(x) = \lim_{x \to 0^+} \frac{\ln(1+bx)}{x} = \lim_{x \to 0^+} \frac{bx}{x} = b, \quad f(0) = -1, \quad \text{所以}$$

$$-\sqrt{2}a = b = -1, \quad \text{从而} \quad a = \frac{\sqrt{2}}{2}, b = -1.$$

2. 求函数的间断点并判断类型

求函数的间断点并判定其类型的思路为：

（1）根据间断点的定义找出间断点 $x_1, x_2, \cdots x_k$；

（2）对每一个间断点 x_i，求左右极限 $\lim\limits_{x \to x_i^-} f(x), \lim\limits_{x \to x_i^+} f(x)$；

（3）由间断点的特点判定类型.

例3 设函数 $f(x) = \dfrac{1}{\mathrm{e}^{\frac{x}{x-1}} - 1}$，则_____.

    A. $x = 0, x = 1$ 都是 $f(x)$ 的第一类间断点

    B. $x = 0, x = 1$ 都是 $f(x)$ 的第二类间断点

    C. $x = 0$ 是 $f(x)$ 的第一类间断点，$x = 1$ 是 $f(x)$ 的第二类间断点

    D. $x = 0$ 是 $f(x)$ 的第二类间断点，$x = 1$ 是 $f(x)$ 的第一类间断点

解 由于函数 $f(x)$ 在点 $x = 0, x = 1$ 处无定义，因此 $x = 0, x = 1$ 是间

断点；而 $\lim\limits_{x \to 0} f(x) = \lim\limits_{x \to 0} \dfrac{1}{\mathrm{e}^{\frac{x}{x-1}} - 1} = \lim\limits_{x \to 0} \dfrac{1}{\dfrac{x}{x-1}} = \lim\limits_{x \to 0} \dfrac{x-1}{x} = \infty$，所以 $x = 0$

为函数的第二类间断点；

又 $\lim\limits_{x \to 1^-} f(x) = \lim\limits_{x \to 1^-} \dfrac{1}{\mathrm{e}^{\frac{x}{x-1}} - 1} = -1, \lim\limits_{x \to 1^+} f(x) = \lim\limits_{x \to 1^+} \dfrac{1}{\mathrm{e}^{\frac{x}{x-1}} - 1} = 0$，所以 $x = 1$ 为

函数的第一类间断点中的跳跃间断点，故应选 D.

点拨 常见错误 $\mathrm{e}^{\infty} \to \infty$，应为 $\mathrm{e}^{+\infty} \to +\infty, \mathrm{e}^{-\infty} \to 0$.

例 4 讨论下列函数的连续性，若有间断点，判定其类型.

    （1）$f(x) = \begin{cases} x^2, & 0 \leqslant x \leqslant 1, \\ 3 - x, & 1 < x \leqslant 2; \end{cases}$ （2）$f(x) = \dfrac{x^2 - 1}{x^2 - 3x + 2}$.

解 （1）由初等函数的连续性可知，$f(x)$ 在 $[0,1), (1,2]$ 上连续，故只

需考察分段点 $x = 1$ 处的连续性.

    因为 $\lim\limits_{x \to 1^-} f(x) = \lim\limits_{x \to 1^-} x^2 = 1, \lim\limits_{x \to 1^+} f(x) = \lim\limits_{x \to 1^+} (3 - x) = 2$，所以

$\lim\limits_{x \to 1^-} f(x) \neq \lim\limits_{x \to 1^+} f(x)$，从而点 $x = 1$ 是函数 $f(x)$ 的跳跃间断点.

    （2）$f(x)$ 的定义域为 $\{x \mid x^2 - 3x + 2 \neq 0\}$，即 $\{x \mid x \neq 1, 2\}$，由初等

函数的连续性可知，$f(x)$ 在 $(-\infty, 1), (1, 2), (2, +\infty)$ 上连续，所以 $x = 1$，

$x = 2$ 是 $f(x)$ 的间断点.

又 $\lim\limits_{x \to 1} f(x) = \lim\limits_{x \to 1} \dfrac{x^2 - 1}{x^2 - 3x + 2} = \lim\limits_{x \to 1} \dfrac{(x+1)(x-1)}{(x-1)(x-2)} = \lim\limits_{x \to 1} \dfrac{x+1}{x-2} = -2$，

所以 $x = 1$ 是 $f(x)$ 的可去间断点.

而 $\lim\limits_{x \to 2} f(x) = \lim\limits_{x \to 2} \dfrac{x^2 - 1}{x^2 - 3x + 2} = \infty$，所以 $x = 2$ 是 $f(x)$ 的无穷间断点，属于第二类间断点.

例 5 设 $f(x) = \lim\limits_{n \to \infty} \dfrac{(n-1)x}{nx^2 + 1}$，则 $f(x)$ 的间断点为 $x = $ _____.

解 先求 $f(x)$ 的表达式，$f(x) = \lim\limits_{n \to \infty} \dfrac{(n-1)x}{nx^2 + 1} = \lim\limits_{n \to \infty} \dfrac{\left(1 - \dfrac{1}{n}\right)x}{x^2 + \dfrac{1}{n}} = \dfrac{1}{x}$；

而 $f(x) = \dfrac{1}{x}$ 在 $x = 0$ 处无定义，所以 $x = 0$ 为 $f(x)$ 的间断点. 故应填 0.

点拨 这种题型关键是先求极限，得到函数 $f(x)$ 的表达式.

3. 利用连续性求函数的极限

例 6 求下列函数的极限：

(1) $\lim\limits_{x \to 1} \cos \dfrac{x^2 - 1}{x - 1}$；

(2) $\lim\limits_{x \to 0} (1 + 2 \tan^2 x)^{\frac{1}{x^2}}$；

(3) $\lim\limits_{x \to 0} \left[1 + \ln(1 + x)\right]^{\frac{3}{x}}$；

(4) $\lim\limits_{x \to \infty} \left(\dfrac{x-1}{x+1}\right)^{2x}$.

解 (1) $\lim\limits_{x \to 1} \cos \dfrac{x^2 - 1}{x - 1} = \cos\left(\lim\limits_{x \to 1} \dfrac{x^2 - 1}{x - 1}\right) = \cos\left[\lim\limits_{x \to 1}(x + 1)\right] = \cos 2$；

(2) $\lim\limits_{x \to 0} (1 + 2\tan^2 x)^{\frac{1}{x^2}} = \lim\limits_{x \to 0} \left[(1 + 2\tan^2 x)^{\frac{1}{2\tan^2 x}}\right]^{\frac{2\tan^2 x}{x^2}}$

$$= e^{\lim\limits_{x \to 0} \frac{2\tan^2 x}{x^2}} = e^{\lim\limits_{x \to 0} \frac{2x^2}{x^2}} = e^2；$$

(3) $\lim\limits_{x \to 0} \left[1 + \ln(1 + x)\right]^{\frac{1}{2x}} = \lim\limits_{x \to 0} \left[1 + \ln(1 + x)\right]^{\frac{1}{\ln(1+x)} \cdot \frac{\ln(1+x)}{2x}}$

$$= e^{\lim\limits_{x \to 0} \frac{\ln(1+x)}{2x}} = e^{\lim\limits_{x \to 0} \frac{x}{2x}} = e^{\frac{1}{2}}；$$

(4) $\lim\limits_{x \to \infty} \left(\dfrac{x-1}{x+1}\right)^{2x} = \lim\limits_{x \to \infty} \left(1 - \dfrac{2}{x+1}\right)^{2x} = e^{\lim\limits_{x \to \infty} \frac{-4x}{x+1}} = e^{-4}$.

点拨 (2) (3) (4) 属于 "1^∞" 型极限. 求 1^∞ 型的极限常用的方法有两种：①利用第二个重要的极限；②利用下面的公式：

若 $\lim u(x) = 0$，$\lim v(x) = \infty$，则 $\lim \left[1 + u(x)\right]^{v(x)} = e^{\lim u(x)v(x)}$，

其中第 (2) (3) 题利用了方法①，第 (4) 题利用了方法②.

1.8.3 习题解答

1. 讨论下列函数的连续区间.

(1) $f(x) = \begin{cases} x, & -1 \leqslant x \leqslant 1, \\ 1, & x < -1 \text{ 或 } x > 1; \end{cases}$

(2) $f(x) = \begin{cases} \dfrac{\arcsin x}{x}, & -1 < x < 0, \\ 2 - x, & 0 \leqslant x < 1, \\ (x-1)\sin x, & x \geqslant 1; \end{cases}$

(3) $f(x) = \dfrac{\ln(1 - x^2)}{x(1 - 2x)}.$

解 (1) 显然 $f(x)$ 在 $(-\infty, -1)$, $(-1, 1)$, $(1, +\infty)$ 内连续, 又 $\lim\limits_{x \to 1^-} f(x) = \lim\limits_{x \to 1^-} x = 1$, $\lim\limits_{x \to 1^+} f(x) = 1$, $\lim\limits_{x \to -1^-} f(x) = 1$, $\lim\limits_{x \to -1^+} f(x) = \lim\limits_{x \to -1^+} x = -1$, 所以 $\lim\limits_{x \to 1} f(x) = 1 = f(1)$, $\lim\limits_{x \to -1} f(x)$ 不存在, 因此 $f(x)$ 在 $x = 1$ 处连续, 在 $x = -1$ 处不连续, 故函数 $f(x)$ 在 $(-\infty, -1)$, $(-1, +\infty)$ 内连续.

(2) 显然 $f(x)$ 在 $(-1, 0)$, $(0, 1)$, $(1, +\infty)$ 内连续, 又 $\lim\limits_{x \to 0^-} f(x) = \lim\limits_{x \to 0^-} \dfrac{\arcsin x}{x} = 1$, $\lim\limits_{x \to 0^+} f(x) = \lim\limits_{x \to 0^+} (2 - x) = 2$, $\lim\limits_{x \to 1^-} f(x) = \lim\limits_{x \to 1^-} (2 - x) = 1$, $\lim\limits_{x \to 1^+} f(x) = \lim\limits_{x \to 1^+} (x-1)\sin x = 0$, 所以 $\lim\limits_{x \to 0} f(x)$, $\lim\limits_{x \to 1} f(x)$ 均不存在, 因此 $f(x)$ 在 $x = 0$, $x = 1$ 处均不连续, 故 $f(x)$ 在 $(-1, 0)$, $(0, 1)$, $(1, +\infty)$ 内连续.

(3) 函数的定义域为 $(-1, 0) \bigcup (0, \dfrac{1}{2}) \bigcup (\dfrac{1}{2}, 1)$, $f(x)$ 在定义域内都连续.

2. 求下列函数的间断点, 并指出其类型, 如果是可去间断点, 则补充或改变函数的定义使其连续.

(1) $f(x) = x\sin \dfrac{1}{x}$;

(2) $f(x) = \dfrac{x^2 - 1}{x^2 - 3x + 2}$;

(3) $f(x) = \begin{cases} e^{\frac{1}{x}}, & x \neq 0, \\ 1, & x = 0; \end{cases}$

(4) $f(x) = \begin{cases} \dfrac{\sin x}{x}, & x < 0, \\ x^2 - 1, & x \geqslant 0. \end{cases}$

解 (1) $f(x)$ 在 $x = 0$ 处无定义, 所以 $x = 0$ 为函数的间断点, 且 $\lim\limits_{x \to 0} x\sin \dfrac{1}{x} = 0$, 从而 $x = 0$ 为函数的可去间断点, 可以补充定义 $f(0) = 0$ 使其连续.

(2) $f(x)$ 在 $x = 1, x = 2$ 处无定义, 所以 $x = 1, x = 2$ 为函数的间断点,

$$\lim_{x\to1}\frac{x^2-1}{x^2-3x+2}=\lim_{x\to1}\frac{(x+1)(x-1)}{(x-1)(x-2)}=\lim_{x\to1}\frac{x+1}{x-2}=-2,\lim_{x\to2}\frac{x^2-1}{x^2-3x+2}=$$

$\lim\limits_{x\to2}\dfrac{x+1}{x-2}=\infty$，从而 $x=1$ 为函数的可去间断点，补充定义 $f(1)=-2$ 使其连续；$x=2$ 为函数的无穷间断点.

(3) $\lim\limits_{x\to0^-}f(x)=\lim\limits_{x\to0^-}\mathrm{e}^{\frac{1}{x}}=0$，$\lim\limits_{x\to0^+}f(x)=\lim\limits_{x\to0^+}\mathrm{e}^{\frac{1}{x}}=+\infty$，所以 $\lim\limits_{x\to0}f(x)$ 不存在，从而 $x=0$ 为函数的间断点，且为无穷间断点.

(4) $\lim\limits_{x\to0^-}f(x)=\lim\limits_{x\to0^-}\dfrac{\sin x}{x}=1$，$\lim\limits_{x\to0^+}f(x)=\lim\limits_{x\to0^+}(x^2-1)=-1$，所以 $\lim\limits_{x\to0}f(x)$ 不存在，从而 $x=0$ 为函数的间断点，且为跳跃间断点.

3. 确定常数 a,b，使下列函数在其定义域内连续.

(1) $f(x)=\begin{cases}\mathrm{e}^x, & x<0,\\ x+a, & x\geqslant0;\end{cases}$ (2) $f(x)=\begin{cases}\dfrac{\sin ax}{x}, & x<0,\\ 2, & x=0,\\ x\sin\dfrac{1}{x}-b, & x>0.\end{cases}$

解 (1) 由题意可知，$f(x)$ 在 $(-\infty,0),(0,+\infty)$ 内连续，而 $\lim\limits_{x\to0^-}f(x)$ $=\lim\limits_{x\to0^-}\mathrm{e}^x=1$，$\lim\limits_{x\to0^+}f(x)=\lim\limits_{x\to0^+}(x+a)=a$，$f(0)=a$，要使 $f(x)$ 在 $x=0$ 处连续，需满足 $\lim\limits_{x\to0^-}f(x)=\lim\limits_{x\to0^+}f(x)=f(0)$，即 $a=1$，故当 $a=1$ 时，$f(x)$ 在定义域内连续.

(2) 由题意可知，$f(x)$ 在 $(-\infty,0),(0,+\infty)$ 内连续，而 $\lim\limits_{x\to0^-}f(x)=$ $\lim\limits_{x\to0^-}\dfrac{\sin ax}{x}=a$，$\lim\limits_{x\to0^+}f(x)=\lim\limits_{x\to0^+}(x\sin\dfrac{1}{x}-b)=-b$，$f(0)=2$，要使 $f(x)$ 在 $x=0$ 处连续，需满足 $\lim\limits_{x\to0^-}f(x)=\lim\limits_{x\to0^+}f(x)=f(0)$，即 $a=-b=2$，故当 $a=2,b=-2$ 时，$f(x)$ 在定义域内连续.

4. 求下列函数的极限.

(1) $\lim\limits_{x\to0}\ln\dfrac{\sin x}{x}$； (2) $\lim\limits_{x\to0}\sqrt{x^2-2x+5}$； (3) $\lim\limits_{x\to1}\dfrac{\sqrt{5x-4}-\sqrt{x}}{x-1}$；

(4) $\lim\limits_{x\to0}(2+x\mathrm{e}^x)^{\sin x}$； (5) $\lim\limits_{x\to0}\dfrac{\mathrm{e}^x-\mathrm{e}^{2x}}{x}$； (6) $\lim\limits_{x\to0}(\cos x)^{\frac{1}{x^2}}$；

(7) $\lim\limits_{x\to+\infty}(\sqrt{x^2+x}-\sqrt{x^2-x})$； (8) $\lim\limits_{x\to0}(1+3\tan^2x)^{\cot^2x}$.

解 (1) $\lim\limits_{x\to0}\ln\dfrac{\sin x}{x}=\ln\left(\lim\limits_{x\to0}\dfrac{\sin x}{x}\right)=\ln1=0$；

(2) $\lim\limits_{x\to0}\sqrt{x^2-2x+5}=\sqrt{0^2-2\cdot0+5}=\sqrt{5}$；

(3) $\lim\limits_{x \to 1} \dfrac{\sqrt{5x-4}-\sqrt{x}}{x-1} = \lim\limits_{x \to 1} \dfrac{(\sqrt{5x-4}-\sqrt{x})(\sqrt{5x-4}+\sqrt{x})}{(x-1)(\sqrt{5x-4}+\sqrt{x})}$

$\qquad = \lim\limits_{x \to 1} \dfrac{4(x-1)}{(x-1)(\sqrt{5x-4}+\sqrt{x})} = \lim\limits_{x \to 1} \dfrac{4}{\sqrt{5x-4}+\sqrt{x}} = 2;$

(4) $\lim\limits_{x \to 0} (2+x\mathrm{e}^x)^{\sin x} = 2^0 = 1;$

(5) $\lim\limits_{x \to 0} \dfrac{\mathrm{e}^x - \mathrm{e}^{2x}}{x} = \lim\limits_{x \to 0} \dfrac{\mathrm{e}^x(1-\mathrm{e}^x)}{x} = \lim\limits_{x \to 0} \dfrac{-x}{x} = -1;$

(6) $\lim\limits_{x \to 0} (\cos x)^{\frac{1}{x^2}} = \lim\limits_{x \to 0} [1+(\cos x - 1)]^{\frac{1}{x^2}} = \mathrm{e}^{\lim\limits_{x \to 0} \frac{\cos x - 1}{x^2}} = \mathrm{e}^{\lim\limits_{x \to 0} \frac{-\frac{1}{2}x^2}{x^2}} = \mathrm{e}^{-\frac{1}{2}}.$

(7) $\lim\limits_{x \to +\infty} (\sqrt{x^2+x}-\sqrt{x^2-x})$

$\qquad = \lim\limits_{x \to +\infty} \dfrac{(\sqrt{x^2+x}+\sqrt{x^2-x})(\sqrt{x^2+x}-\sqrt{x^2-x})}{\sqrt{x^2+x}+\sqrt{x^2-x}}$

$\qquad = \lim\limits_{x \to +\infty} \dfrac{2x}{\sqrt{x^2-x}+\sqrt{x^2+x}} = \lim\limits_{x \to +\infty} \dfrac{2}{\sqrt{1-\dfrac{1}{x}}+\sqrt{1+\dfrac{1}{x}}} = 1;$

(8) $\lim\limits_{x \to 0} (1+3\tan^2 x)^{\cot^2 x} = \mathrm{e}^{\lim\limits_{x \to 0} 3\tan^2 x \cdot \cot^2 x} = \mathrm{e}^3.$

1.9 闭区间上连续函数的性质

1.9.1 知识点分析

闭区间上的连续函数性质

若函数 $f(x)$ 在闭区间 $[a,b]$ 上连续，则下列结论成立：

(1)（**最值定理**）$f(x)$ 在闭区间 $[a,b]$ 上有最大值 M 和最小值 m；

(2)（**有界定理**）$f(x)$ 在闭区间 $[a,b]$ 上有界；

(3)（**介值定理**）对介于 $f(a)$ 与 $f(b)$ 之间的任意实数 C，在开区间 (a,b) 内至少存在一点 ξ，使 $f(\xi) = C$.

推论 1（**零点定理**）若函数 $f(x)$ 在闭区间 $[a,b]$ 上连续，且 $f(a)f(b) < 0$，则在开区间 (a,b) 内至少存在一点 ξ，使 $f(\xi) = 0$.

注 利用零点定理可以证明方程 $f(x) = 0$ 根的存在性.

推论 2 闭区间上的连续函数必取得介于最大值与最小值之间的任何值.

1.9.2 典例解析

1. 证明根的存在性

例 1 证明方程 $x^5 - 3x = 1$ 至少有一个根介于 1 与 -1 之间.

证明 令 $f(x) = x^5 - 3x - 1$，则 $f(x)$ 在 $[-1,1]$ 上连续，且 $f(-1) = 1 > 0$，$f(1) = -3 < 0$，由零点定理可知，至少存在一点 $\xi \in (-1,1)$，使 $f(\xi) = 0$，即 $\xi^5 - 3\xi = 1$，从而方程 $x^5 - 3x = 1$ 至少有一个根介于 1 与 -1 之间.

例 2 设 $f(x)$ 在 $[0,2a]$ 上连续，且 $f(0) = f(2a)$，证明在区间 $[0,a]$ 上至少存在一点 ξ，使 $f(\xi) = f(\xi + a)$.

证明 令 $F(x) = f(x) - f(x+a)$，则 $F(x)$ 在 $[0,a]$ 上连续，且 $F(0) = f(0) - f(a)$，$F(a) = f(a) - f(2a) = -[f(0) - f(a)]$.

当 $f(0) = f(a)$ 时，则 $f(a) = f(0) = f(2a)$，即 $f(0) = f(0+a)$，$f(a) = f(a+a)$，所以 $0, a$ 为函数的零点.

当 $f(0) \neq f(a)$ 时，$F(0)F(a) < 0$，由零点定理知，至少存在一点 $\xi \in (0,a)$，使 $F(\xi) = 0$，即 $f(\xi) = f(\xi + a)$.

2. 介值定理的应用

例 3 若 $f(x)$ 在 $[a,b]$ 上连续，且 $x_i \in [a,b]$，$t_i > 0$（$i = 1, 2, \cdots, n$），且 $\sum_{i=1}^{n} t_i = 1$，证明：至少存在一点 $\xi \in (a,b)$，使 $f(\xi) = t_1 f(x_1) + t_2 f(x_2) + \cdots + t_n f(x_n)$.

证明 因为函数 $f(x)$ 在 $[a,b]$ 上连续，所以 $f(x)$ 在 $[a,b]$ 上必有最大值 M 和最小值 m，即 $m \leqslant f(x) \leqslant M$.

又 $x_i \in [a,b]$，$t_i > 0$（$i = 1, 2, \cdots, n$），则

$$m = \sum_{i=1}^{n} m t_i \leqslant t_1 f(x_1) + t_2 f(x_2) + \cdots + t_n f(x_n) \leqslant \sum_{i=1}^{n} M t_i = M.$$

由介值定理的推论可知，至少存在一点 $\xi \in (a,b)$，使得

$$f(\xi) = t_1 f(x_1) + t_2 f(x_2) + \cdots + t_n f(x_n).$$

1.9.3 习题解答

1. 证明：方程 $x = e^x - 2$ 在区间 $(0, 2)$ 内必有实根.

证明 令 $f(x) = e^x - 2 - x$，则 $f(x)$ 在 $[0,2]$ 上连续，且 $f(0) = -1 < 0$，$f(2) = e^2 - 4 > 0$，由零点定理可知，至少存在一点 $\xi \in (0,2)$，使 $f(\xi) = 0$，即 $e^\xi - 2 - \xi = 0$，所以方程 $e^x - 2 = x$ 在区间 $(0,2)$ 内至少有一个实根.

2. 若 $a > 0, b > 0$. 证明：方程 $x = a\sin x + b$ 至少有一个正根，并且它不超过 $a + b$.

证明 令 $f(x) = a\sin x + b - x$，则 $f(x)$ 在 $[0, a+b]$ 上连续，且 $f(0) = b > 0$，$f(a+b) = a - a\sin(a+b) \leqslant 0$，分两种情况讨论：

(1) 若 $f(a+b) = 0$ 时，则 $a+b$ 就是方程 $x = a\sin x + b$ 的根；

（2）若 $f(a+b)<0$ 时，则由零点定理可知，至少存在一点 $\xi\in(0,a+b)$，使 $f(\xi)=0$，即 $\xi=a\sin\xi+b$. 综上所述，方程 $x=a\sin x+b$ 至少有一个正根，并且它不超过 $a+b$.

3. 设 $f(x)$ 在 $[a,b]$ 上连续且没有零点，证明：$f(x)$ 在 $[a,b]$ 上不变号.

证明　反证法　假设 $f(x)$ 在 $[a,b]$ 上变号，即存在两点 $x_1,x_2\in[a,b]$，使得 $f(x_1)>0,f(x_2)<0$. 则由零点定理可知，至少存在一点 $\xi\in[x_1,x_2]\subset[a,b]$，使得 $f(\xi)=0$，这与 $f(x)$ 在 $[a,b]$ 上没有零点矛盾，从而假设不成立，即 $f(x)$ 在 $[a,b]$ 上不变号.

4. 设 $f(x)$ 在 $[a,b]$ 上连续，且 $f(a)<a,f(b)>b$，证明：在 (a,b) 内至少有一点 ξ，使得 $f(\xi)=\xi$.

证明　令 $F(x)=f(x)-x$，则 $F(x)$ 在 $[a,b]$ 上连续，且 $F(a)=f(a)-a<0$，$F(b)=f(b)-b>0$，由零点定理可知，至少存在一点 $\xi\in(a,b)$，使 $F(\xi)=0$，即 $f(\xi)=\xi$.

5. 证明：若 $f(x)$ 在 $[a,b]$ 上连续，$a<x_1<x_2<\cdots<x_n<b$，则在区间 (a,b) 内至少有一点 ξ，使得 $f(\xi)=\dfrac{f(x_1)+f(x_2)+\cdots+f(x_n)}{n}$.

证明　因为函数 $f(x)$ 在 $[a,b]$ 上连续，且 $[x_1,x_n]\subset[a,b]$，故 $f(x)$ 在 $[x_1,x_n]$ 上连续. 设 M 和 m 分别是 $f(x)$ 在区间 $[x_1,x_n]$ 上的最大值和最小值，则 $m\leqslant f(x_i)\leqslant M\ (i=1,2,\cdots,n)$，于是

$$m\leqslant\frac{f(x_1)+f(x_2)+\cdots+f(x_n)}{n}\leqslant M.$$

由介值定理的推论可知，至少存在一点 $\xi\in(x_1,x_n)$，使得

$$f(\xi)=\frac{f(x_1)+f(x_2)+\cdots+f(x_n)}{n}.$$

复习题 1 解答

1. 在"充分""必要"和"充分必要"三者中选择一个正确的填入下列空格内.

（1）数列 $\{x_n\}$ 有界是数列 $\{x_n\}$ 收敛的<u>必要</u>条件. 数列 $\{x_n\}$ 收敛是数列 $\{x_n\}$ 有界的<u>充分</u>条件.

（2）$f(x)$ 当 $x\to x_0$ 时右极限 $f(x_0^+)$ 及左极限 $f(x_0^-)$ 都存在且相等是 $\lim\limits_{x\to x_0}f(x)$ 存在的<u>充分必要</u>条件.

2. 单项选择题.

（1）函数 $y=1+\sin x$ 是（D）.

A. 无界函数　　　　　　　　B. 单调减少函数

C. 单调增加函数　　　　　　D. 有界函数

（2）下列极限正确的是（C）.

A. $\lim\limits_{x \to 1} e^{\frac{1}{x-1}} = \infty$　　　　　　B. $\lim\limits_{x \to 1^-} e^{\frac{1}{x-1}} = \infty$

C. $\lim\limits_{x \to 1^+} e^{\frac{1}{x-1}} = \infty$　　　　　　D. $\lim\limits_{x \to \infty} e^{\frac{1}{x-1}} = \infty$

（3）若极限 $\lim\limits_{x \to 0} \dfrac{ax + 2\sin x}{x} = 3$，则常数 $a =$（D）.

A. 3　　　　　　　　　　　B. 0

C. 任意实数　　　　　　　　D. 1

（4）下列变量在给定变化过程中（D）是无穷小.

A. $\dfrac{\sin 2x}{x}$（$x \to 0$）　　　　　B. $\dfrac{x}{\sqrt{x+1}}$（$x \to +\infty$）

C. $2^{-x} - 1$（$x \to +\infty$）　　　D. $\dfrac{x^2}{x+1}\left(2 + \cos\dfrac{1}{x}\right)$（$x \to 0$）

（5）下列变量在给定变化过程中（C）是无穷大.

A. $\dfrac{x}{\sqrt{x^2+1}}$（$x \to +\infty$）　　B. $e^{\frac{1}{x}}$（$x \to 0^-$）

C. $\ln x$（$x \to 0^+$）　　　　　D. $\dfrac{\ln(1+x^2)}{\sin x}$（$x \to 0$）

（6）若函数 $f(x) = \begin{cases} (1+kx)^{\frac{m}{x}}, & x \neq 0 \\ a, & x = 0, \end{cases}$ 在 $x = 0$ 处连续，则常数 $a =$（D）.

A. e^m　　　　B. e^k　　　　C. e^{-km}　　　　D. e^{km}

（7）设 $f(x) = \begin{cases} e^{\frac{1}{x}}, & x < 0 \\ 1, & x \geqslant 0, \end{cases}$ 则 $x = 0$ 是 $f(x)$ 的（B）.

A. 连续点　　　　　　　　　B. 跳跃间断点

C. 可去间断点　　　　　　　D. 无穷间断点

（8）当 $x \to 0$ 时，$x - \sin x$ 是 x 的（B）.

A. 低阶无穷小　　　　　　　B. 高阶无穷小

C. 等价无穷小　　　　　　　D. 同阶但非等价无穷小

3. 求下列极限.

（1）$\lim\limits_{x \to 1} \dfrac{x-1}{e^x - e}$；　（2）$\lim\limits_{x \to \infty}\left(\dfrac{x-2}{x+1}\right)^x$；　（3）$\lim\limits_{x \to +\infty} x(\sqrt{4x^2+1} - 2x)$；

（4）$\lim\limits_{x \to 1} x^{\frac{1}{1-x}}$；　（5）$\lim\limits_{x \to 0}\left(\dfrac{a^x + b^x + c^x}{3}\right)^{\frac{1}{x}}$（$a,b,c > 0$）；　（6）$\lim\limits_{x \to 0} \dfrac{e^{r\sin x} - 1}{\ln^2(1+2x)}$；

(7) $\lim\limits_{x\to 0}\dfrac{\sin(x^n)}{(\sin x)^m}$; (8) $\lim\limits_{x\to 0}\dfrac{\sin x-\tan x}{(\sqrt[3]{1+x^2}-1)(\sqrt{1+\sin x}-1)}$.

解 (1) $\lim\limits_{x\to 1}\dfrac{x-1}{\mathrm{e}^x-\mathrm{e}}=\lim\limits_{x\to 1}\dfrac{x-1}{\mathrm{e}(\mathrm{e}^{x-1}-1)}=\dfrac{1}{\mathrm{e}}\lim\limits_{x\to 1}\dfrac{x-1}{x-1}=\dfrac{1}{\mathrm{e}}$;

(2) $\lim\limits_{x\to\infty}\left(\dfrac{x-2}{x+1}\right)^x=\lim\limits_{x\to\infty}\left(1+\dfrac{-3}{x+1}\right)^x=\mathrm{e}^{\lim\limits_{x\to\infty}\frac{-3x}{x+1}}=\mathrm{e}^{-3}$;

(3) $\lim\limits_{x\to+\infty}x(\sqrt{4x^2+1}-2x)=\lim\limits_{x\to+\infty}\dfrac{x\left[(\sqrt{4x^2+1})^2-(2x)^2\right]}{\sqrt{4x^2+1}+2x}$

$=\lim\limits_{x\to+\infty}\dfrac{x}{\sqrt{4x^2+1}+2x}=\lim\limits_{x\to+\infty}\dfrac{1}{\sqrt{4+\dfrac{1}{x^2}}+2}=\dfrac{1}{4}$;

(4) $\lim\limits_{x\to 1}x^{\frac{1}{1-x}}=\lim\limits_{x\to 1}\left[(1+x-1)^{\frac{1}{x-1}}\right]^{-1}=\mathrm{e}^{-1}$;

(5) $\lim\limits_{x\to 0}\left(\dfrac{a^x+b^x+c^x}{3}\right)^{\frac{1}{x}}=\lim\limits_{x\to 0}\left[\left(1+\dfrac{a^x+b^x+c^x-3}{3}\right)^{\frac{3}{a^x+b^x+c^x-3}}\right]^{\frac{a^x+b^x+c^x-3}{3x}}$

$=\mathrm{e}^{\lim\limits_{x\to 0}\frac{a^x+b^x+c^x-3}{3x}}=\mathrm{e}^{\lim\limits_{x\to 0}\frac{(a^x-1)+(b^x-1)+(c^x-1)}{3x}}=\mathrm{e}^{\lim\limits_{x\to 0}\frac{x\ln a+x\ln b+x\ln c}{3x}}=\mathrm{e}^{\frac{1}{3}\ln(abc)}=\sqrt[3]{abc}$;

(6) $\lim\limits_{x\to 0}\dfrac{\mathrm{e}^{x\sin x}-1}{\ln^2(1+2x)}=\lim\limits_{x\to 0}\dfrac{x\sin x}{(2x)^2}=\lim\limits_{x\to 0}\dfrac{x^2}{(2x)^2}=\dfrac{1}{4}$;

(7) $\lim\limits_{x\to 0}\dfrac{\sin(x^n)}{(\sin x)^m}=\lim\limits_{x\to 0}\dfrac{x^n}{x^m}=\lim\limits_{x\to 0}x^{n-m}=\begin{cases}0,n>m,\\1,n=m,\\\infty,n<m;\end{cases}$

(8) $\lim\limits_{x\to 0}\dfrac{\sin x-\tan x}{(\sqrt[3]{1+x^2}-1)(\sqrt{1+\sin x}-1)}=\lim\limits_{x\to 0}\dfrac{\tan x(\cos x-1)}{\dfrac{1}{3}x^2\cdot\dfrac{1}{2}\sin x}$

$=\lim\limits_{x\to 0}\dfrac{x\cdot\left(-\dfrac{1}{2}x^2\right)}{\dfrac{1}{6}x^3}=-3$.

4. 根据已知极限，确定常数 a 和 b 的值.

(1) $\lim\limits_{x\to\infty}\left(ax+b-\dfrac{x^3+1}{x^2+1}\right)=1$;   (2) $\lim\limits_{x\to 1}\dfrac{x^2+ax+b}{x+1}=5$.

解 (1) 因为 $\lim\limits_{x\to\infty}\left(ax+b-\dfrac{x^3+1}{x^2+1}\right)=\lim\limits_{x\to\infty}\dfrac{(a-1)x^3+bx^2+ax+b-1}{x^2+1}$

$=1$，所以 $a-1=0$，$b=1$；即 $a=1$，$b=1$.

(2) 因为 $\lim\limits_{x\to 1}(x+1)=0$，$\lim\limits_{x\to 1}\dfrac{x^2+ax+b}{x+1}=5$，所以 $\lim\limits_{x\to 1}(x^2+ax+b)$

$=0$，从而 $1-a+b=0$，即 $a=1+b$. 代入原极限得，

$$\lim_{x \to -1} \frac{x^2 + (1+b)x + b}{x+1} = \lim_{x \to -1} \frac{(x+1)(x+b)}{x+1} = \lim_{x \to -1}(x+b) = -1+b = 5,$$

所以 $b = 6, a = 7$.

5. 已知当 $x \to 0$ 时，$\sqrt{1 + ax^2} - 1$ 与 $\sin^2 x$ 是等价无穷小，求 a 的值.

解 由题意知，$\lim\limits_{x \to 0} \dfrac{\sqrt{1+ax^2}-1}{\sin^2 x} = \lim\limits_{x \to 0} \dfrac{\frac{1}{2}ax^2}{x^2} = \dfrac{1}{2}a = 1$，所以 $a = 2$.

6. 设函数 $f(x) = \begin{cases} \mathrm{e}^{\frac{1}{x-1}}, & x > 0, \\ \ln(1+x), & -1 < x \leqslant 0. \end{cases}$ 求 $f(x)$ 的间断点，并判别其类型.

解 $\lim\limits_{x \to 0^-} f(x) = \lim\limits_{x \to 0^-} \ln(1+x) = 0$，$\lim\limits_{x \to 0^+} f(x) = \lim\limits_{x \to 0^+} \mathrm{e}^{\frac{1}{x-1}} = \dfrac{1}{\mathrm{e}}$，所以 $\lim\limits_{x \to 0^-} f(x) \neq \lim\limits_{x \to 0^+} f(x)$，从而 $x = 0$ 为函数的间断点，且为跳跃间断点. $\lim\limits_{x \to 1^-} f(x) = \lim\limits_{x \to 1^-} \mathrm{e}^{\frac{1}{x-1}} = 0$，$\lim\limits_{x \to 1^+} f(x) = \lim\limits_{x \to 1^+} \mathrm{e}^{\frac{1}{x-1}} = +\infty$，所以 $x = 1$ 为函数的间断点，且为无穷间断点.

7. 讨论函数 $f(x) = \lim\limits_{n \to \infty} \dfrac{1 - x^{2n}}{1 + x^{2n}} x$（$n \in N^+$）的连续性，若存在间断点，判别其类型.

解 $f(x) = \lim\limits_{n \to \infty} \dfrac{1 - x^{2n}}{1 + x^{2n}} x = \begin{cases} x, & -1 < x < 1, \\ 0, & x = \pm 1, \\ -x, & x > 1 \text{ 或 } x < -1. \end{cases}$ 显然 $f(x)$ 在 $(-\infty, -1), (-1, 1), (1, +\infty)$ 内连续. 因为 $\lim\limits_{x \to 1^-} f(x) = 1$，$\lim\limits_{x \to 1^+} f(x) = -1$，所以 $x = 1$ 是函数的跳跃间断点，因为 $\lim\limits_{x \to -1^-} f(x) = 1$，$\lim\limits_{x \to -1^+} f(x) = -1$，所以 $x = -1$ 是函数的跳跃间断点.

8. 用夹逼准则证明 $\lim\limits_{n \to \infty} \left(\dfrac{1}{\sqrt{n^2+1}} + \dfrac{1}{\sqrt{n^2+2}} + \cdots + \dfrac{1}{\sqrt{n^2+n}} \right) = 1$.

证明 因为 $\dfrac{n}{\sqrt{n^2+n}} \leqslant \dfrac{1}{\sqrt{n^2+1}} + \dfrac{1}{\sqrt{n^2+2}} + \cdots + \dfrac{1}{\sqrt{n^2+n}} \leqslant \dfrac{n}{\sqrt{n^2+1}}$，

且 $\lim\limits_{n \to \infty} \dfrac{n}{\sqrt{n^2+n}} = 1$，$\lim\limits_{n \to \infty} \dfrac{n}{\sqrt{n^2+1}} = 1$，故由夹逼准则可知，

$\lim\limits_{n \to \infty} \left(\dfrac{1}{\sqrt{n^2+1}} + \dfrac{1}{\sqrt{n^2+2}} + \cdots + \dfrac{1}{\sqrt{n^2+n}} \right) = 1$.

9. 证明：曲线 $y = \sin x + x + 1$ 在区间 $\left(-\dfrac{\pi}{2}, \dfrac{\pi}{2} \right)$ 内与 x 轴至少有一个交点.

证明 令 $f(x)=\sin x+x+1$ 在 $\left[-\dfrac{\pi}{2},\dfrac{\pi}{2}\right]$ 上连续，且

$f\left(-\dfrac{\pi}{2}\right)=-\dfrac{\pi}{2}<0$，$f\left(\dfrac{\pi}{2}\right)=\dfrac{\pi}{2}+2>0$，由零点定理可知，在 $\left(-\dfrac{\pi}{2},\dfrac{\pi}{2}\right)$

内至少存在一点 ξ，使得 $f(\xi)=0$. 即曲线 $y=\sin x+x+1$ 在区间 $\left(-\dfrac{\pi}{2},\dfrac{\pi}{2}\right)$

内与 x 轴至少有一个交点.

10. 证明：方程 $x\cdot 3^{x}=2$ 至少有一个小于 1 的正根.

证明 令 $f(x)=x\cdot 3^{x}-2$，显然 $f(x)$ 在 $[0,1]$ 上连续，且

$f(0)=-2<0$，$f(1)=1>0$，由零点定理可知，在 $(0,1)$ 内至少存在一点

ξ，使得 $f(\xi)=0$. 即方程 $x\cdot 3^{x}=2$ 至少有一个小于 1 的正根.

单元练习 A

1. 选择题.

(1) 函数 $y=\ln\dfrac{x}{x-2}+\arcsin\dfrac{x}{4}$ 的定义域为（　　）.

    A. $(-\infty,-4)\bigcup(-4,2)$ B. $(0,4)$

    C. $[-4,0)\bigcup(2,4]$ D. $(-\infty,+\infty)$

(2) 下列各式中正确的是（　　）.

    A. $\lim\limits_{x\to 0^{+}}\left(1-\dfrac{1}{x}\right)^{x}=\mathrm{e}$ B. $\lim\limits_{x\to 0^{+}}\left(1+\dfrac{1}{x}\right)^{x}=\mathrm{e}$

    C. $\lim\limits_{x\to\infty}\left(1-\dfrac{1}{x}\right)^{x}=-\mathrm{e}$ D. $\lim\limits_{x\to\infty}\left(1+\dfrac{1}{x}\right)^{-x}=\mathrm{e}^{-1}$

(3) 若函数 $f(x)$ 在某点 x_{0} 处极限存在，则（　　）.

    A. $f(x)$ 在点 x_{0} 处的函数值必存在且等于该点极限值

    B. $f(x)$ 在点 x_{0} 处的函数值必存在，但不一定等于该点极限值

    C. $f(x)$ 在点 x_{0} 处的函数值可以不存在

    D. 若 $f(x)$ 在点 x_{0} 处的函数值存在，必等于该点极限值

(4) 当 $x\to 0$ 时，$1-\cos 2x$ 与 ax^{2} 是等价无穷小，则 $a=$（　　）.

    A. 2   B. $-\dfrac{1}{2}$

    C. $\dfrac{1}{2}$ D. -2

(5) 当 $x\to 0$ 时，$\tan x(1-\cos x)$ 是 x^{3} 的（　　）无穷小.

    A. 同阶但不等价   B. 等价

C. 高阶   D. 低阶

2. 填空题.

(1) 设函数 $f(x+1) = x^2 - x$，则 $f(x) =$ _____.

(2) 设 $f(x) = \begin{cases} -x^2, x \geqslant 0, \\ e^x, x < 0, \end{cases} \varphi(x) = \ln x$，则复合函数 $f[\varphi(x)] =$ _____.

(3) 极限 $\lim\limits_{x \to \infty} \left(x\sin\dfrac{1}{x} - \dfrac{1}{x}\sin x \right) =$ _____.

(4) 已知 $\lim\limits_{x \to \infty} \left(\dfrac{x+a}{x-2a} \right)^x = 8$，则常数 $a =$ _____.

(5) 设函数 $f(x) = \begin{cases} \dfrac{1 - e^{\tan x}}{\arcsin 2x}, x > 0, \\ ae^{2x}, x \leqslant 0, \end{cases}$ 在 $x = 0$ 处连续，则

$a =$ _____.

3. 求极限 $\lim\limits_{x \to -\infty} x(\sqrt{100 + x^2} + x)$.

4. 求极限 $\lim\limits_{x \to 0} \dfrac{\ln(1 + \sin^2 x)}{(1 + \cos x)\tan^2 x}$.

5. 求极限 $\lim\limits_{x \to 0} (1 + 3x)^{\frac{2}{\sin x}}$.

6. 求极限 $\lim\limits_{x \to \infty} \left(\cos\dfrac{2}{x} \right)^{x^2}$.

7. 求函数 $f(x) = \dfrac{\ln|x|}{x^2 - 3x - 4}$ 的间断点，并指出其类型.

8. 证明方程 $x^3 - 9x - 1 = 0$ 恰有 3 个实根.

单元练习 B

1. 选择题.

(1) 设 $g(x) = \begin{cases} 2-x, x \leqslant 0, \\ x+2, x > 0, \end{cases} f(x) = \begin{cases} x^2, & x < 0, \\ -x, & x \geqslant 0, \end{cases}$ 则 $g[f(x)] =$ (   ).

A. $\begin{cases} 2+x^2, x < 0 \\ 2-x, x \geqslant 0 \end{cases}$ B. $\begin{cases} 2-x^2, x < 0 \\ 2+x, x \geqslant 0 \end{cases}$

C. $\begin{cases} 2-x^2, x < 0 \\ 2-x, x \geqslant 0 \end{cases}$ D. $\begin{cases} 2+x^2, x < 0 \\ 2+x, x \geqslant 0 \end{cases}$

(2) 函数 $f(x) = |x\sin x|\, e^{\cos x}$，$x \in (-\infty, +\infty)$ 是 (   ).

A. 有界函数   B. 单调函数

C. 周期函数   D. 偶函数

（3）当 $x \to 0$ 时，$(1-ax^2)^{\frac{1}{4}}-1$ 与 $x\sin x$ 是等价无穷小，则 $a=($ 　　）.

A. -4 　　B. $-\dfrac{1}{4}$ 　　C. $\dfrac{1}{4}$ 　　D. 4

（4）设 $x \to 0$ 时，$e^{x\cos x^2}-e^x$ 与 x^n 是同阶无穷小，则 $n=($ 　　）.

A. 5 　　B. 4 　　C. $\dfrac{5}{2}$ 　　D. 2

（5）设 $f(x)$ 在 $(-\infty,+\infty)$ 上有定义，且 $\lim\limits_{x\to\infty}f(x)=a$，

$$g(x)=\begin{cases} f\left(\dfrac{1}{x}\right), & x\neq 0, \\ 0, & x=0, \end{cases}$$ 则（ 　　）.

A. $x=0$ 是 $g(x)$ 的第一类间断点

B. $x=0$ 是 $g(x)$ 的第二类间断点

C. $x=0$ 是 $g(x)$ 的连续点

D. $g(x)$ 在点 $x=0$ 处的连续性与 a 的取值有关

2. 填空题.

（1）函数 $f(x)=\sin\dfrac{\pi x}{2(1+x^2)}$ 的值域是_____.

（2）$\lim\limits_{n\to\infty}\left(\dfrac{1}{n^2+n+1}+\dfrac{2}{n^2+n+2}+\cdots+\dfrac{n}{n^2+n+n}\right)=$ _____.

（3）$\lim\limits_{n\to\infty}\left(\dfrac{n+1}{n}\right)^{(-1)^n}=$ _____.

（4）已知 $\lim\limits_{x\to\infty}\left(\dfrac{x^2}{x+1}-ax+b\right)=1$，则 $a=$ _____，$b=$ _____.

（5）设 $f(x)$ 在点 $x=2$ 处连续，且 $\lim\limits_{x\to 2}\dfrac{f(x)-3}{x-2}$ 存在，则 $f(2)=$ _____.

3. 求极限 $\lim\limits_{x\to 0}\dfrac{3\sin x+x^2\cos\dfrac{1}{x}}{(1+\cos x)\ln(1+x)}$.

4. 求极限 $\lim\limits_{x\to-\infty}\dfrac{\sqrt{4x^2+x-1}+x+1}{\sqrt{x^2+\sin x}}$.

5. 求极限 $\lim\limits_{x\to 0}\left[1+\ln(1+x)\right]^{\frac{2}{x}}$.

6. 求极限 $\lim\limits_{x\to 0}\dfrac{\left(\dfrac{2+\cos x}{3}\right)^x-1}{x^3}$.

7. 求函数 $f(x)=\dfrac{x}{\sin x}$ 的间断点，并指出其类型.

8. 设 $f(x) = \lim\limits_{n \to \infty} \dfrac{x^{2n-1} + ax^2 + bx}{x^{2n} + 1}$ 为连续函数，求常数 a, b.

单元练习 A 答案

1. (1) C　(2) D　(3) C　(4) A　(5) A.

2. (1) $x^2 - 3x + 2$　(2) $\begin{cases} -\ln^2 x, & x \geqslant 1, \\ x, & 0 < x < 1. \end{cases}$　(3) 1　(4) ln2

(5) $-\dfrac{1}{2}$.

3. 解　$\lim\limits_{x \to -\infty} x(\sqrt{100 + x^2} + x) = \lim\limits_{x \to -\infty} \dfrac{100x}{\sqrt{100 + x^2} - x}$

$$= \lim\limits_{x \to -\infty} \dfrac{100}{-\sqrt{\dfrac{100}{x^2} + 1} - 1} = -50.$$

4. 解　$\lim\limits_{x \to 0} \dfrac{\ln(1 + \sin^2 x)}{(1 + \cos x)\tan^2 x} = \lim\limits_{x \to 0} \dfrac{1}{(1 + \cos x)} \cdot \lim\limits_{x \to 0} \dfrac{\ln(1 + \sin^2 x)}{\tan^2 x}$

$$= \dfrac{1}{2} \lim\limits_{x \to 0} \dfrac{\sin^2 x}{x^2} = \dfrac{1}{2}.$$

5. 解　$\lim\limits_{x \to 0} (1 + 3x)^{\frac{2}{\sin x}} = \lim\limits_{x \to 0} (1 + 3x)^{\frac{1}{3x} \cdot \frac{6x}{\sin x}} = e^{\lim\limits_{x \to 0} \frac{6x}{\sin x}} = e^6.$

6. 解　$\lim\limits_{x \to \infty} \left(\cos \dfrac{2}{x}\right)^{x^2} = \lim\limits_{x \to \infty} \left[1 + \left(\cos \dfrac{2}{x} - 1\right)\right]^{\frac{1}{\cos \frac{2}{x} - 1} \cdot x^2 (\cos \frac{2}{x} - 1)} =$

$e^{\lim\limits_{x \to \infty} x^2 (\cos \frac{2}{x} - 1)}$，而 $\lim\limits_{x \to \infty} x^2 \left(\cos \dfrac{2}{x} - 1\right) = \lim\limits_{x \to \infty} x^2 \cdot \left(-\dfrac{2}{x^2}\right) = -2$，所以原式 $= e^{-4}$.

7. 解　由 $\ln|x|$ 的定义域可知，$x \neq 0$，由 $x^2 - 3x - 4 = 0$，得 $x = -1$，$x = 4$，而 $f(x)$ 在 $(-\infty, -1), (-1, 0), (0, 4), (4, +\infty)$ 内是初等函数，所以连续；故 $f(x)$ 的间断点为 $x = -1, x = 0, x = 4$.

因为 $\lim\limits_{x \to 0} \dfrac{\ln|x|}{x^2 - 3x - 4} = \infty$，所以 $x = 0$ 是 $f(x)$ 的无穷间断点.

因为 $\lim\limits_{x \to -1} \dfrac{\ln|x|}{x^2 - 3x - 4} = \dfrac{1}{5}$，所以 $x = -1$ 是 $f(x)$ 的可去间断点.

因为 $\lim\limits_{x \to 4} \dfrac{\ln|x|}{x^2 - 3x - 4} = \infty$，所以 $x = 4$ 是 $f(x)$ 的无穷间断点.

8. 证明　令 $f(x) = x^3 - 9x - 1$，因为 $f(-3) = -1 < 0$，$f(-2) = 9 > 0$，$f(0) = -1 < 0$，$f(4) = 27 > 0$；

又因为 $f(x)$ 在 $[-3,-2],[-2,0],[0,4]$ 上连续，所以由零点定理知，至少存在一点 $\xi_1 \in (-3,-2), \xi_2 \in (-2,0), \xi_3 \in (0,4)$ 使得 $f(\xi_1)=0$，$f(\xi_2)=0$，$f(\xi_3)=0$，即方程 $x^3-9x-1=0$ 至少有 3 个实根．又因为方程 $x^3-9x-1=0$ 是一元三次方程，所以方程 $x^3-9x-1=0$ 至多有 3 个实根，综上可知，方程恰有 3 个实根．

单元练习 B 答案

1. (1) D　(2) D　(3) A　(4) A　(5) D.

2. (1) $\left[-\dfrac{\sqrt{2}}{2}, \dfrac{\sqrt{2}}{2}\right]$　(2) $\dfrac{1}{2}$　(3) 1　(4) $a=1, b=2$　(5) 3.

3. **解**　$\lim\limits_{x\to 0} \dfrac{3\sin x + x^2 \cos \dfrac{1}{x}}{(1+\cos x)\ln(1+x)} = \lim\limits_{x\to 0} \dfrac{1}{1+\cos x} \cdot \lim\limits_{x\to 0} \dfrac{3\sin x + x^2 \cos \dfrac{1}{x}}{\ln(1+x)}$

$= \dfrac{1}{2} \lim\limits_{x\to 0} \dfrac{3\sin x + x^2 \cos \dfrac{1}{x}}{x} = \dfrac{1}{2}\left(\lim\limits_{x\to 0} \dfrac{3\sin x}{x} + \lim\limits_{x\to 0} x\cos \dfrac{1}{x}\right) = \dfrac{3}{2}.$

4. **解**　$\lim\limits_{x\to -\infty} \dfrac{\sqrt{4x^2+x-1}+x+1}{\sqrt{x^2+\sin x}}$

$= \lim\limits_{x\to -\infty} \dfrac{3x^2-x-2}{\sqrt{x^2+\sin x}(\sqrt{4x^2+x-1}-x-1)}$

$= \lim\limits_{x\to -\infty} \dfrac{3-\dfrac{1}{x}-\dfrac{2}{x^2}}{\sqrt{1+\dfrac{\sin x}{x^2}}\left(\sqrt{4+\dfrac{1}{x}-\dfrac{1}{x^2}}+1+\dfrac{1}{x}\right)} = 1.$

5. **解**　$\lim\limits_{x\to 0}\left[1+\ln(1+x)\right]^{\frac{2}{x}} = \mathrm{e}^{\lim\limits_{x\to 0}\frac{2\ln(1+x)}{x}} = \mathrm{e}^{\lim\limits_{x\to 0}\frac{2x}{x}} = \mathrm{e}^2.$

6. **解**　$\lim\limits_{x\to 0} \dfrac{\left(\dfrac{2+\cos x}{3}\right)^x - 1}{x^3} = \lim\limits_{x\to 0} \dfrac{\mathrm{e}^{x\ln\frac{2+\cos x}{3}}-1}{x^3},$

因为当 $x \to 0$ 时，$\mathrm{e}^{x\ln\frac{2+\cos x}{3}}-1 \sim x\ln\dfrac{2+\cos x}{3}$，则

上式 $= \lim\limits_{x\to 0} \dfrac{x\ln\dfrac{2+\cos x}{3}}{x^3} = \lim\limits_{x\to 0} \dfrac{\ln\left(1+\dfrac{\cos x-1}{3}\right)}{x^2} = \lim\limits_{x\to 0} \dfrac{\cos x-1}{3x^2} = -\dfrac{1}{6}.$

7. **解**　函数 $f(x)$ 在点 $x=n\pi(n\in Z)$ 处无定义，所以函数 $f(x)$ 的间断点为 $x=n\pi(n\in Z)$．当 $n=0$ 时，有 $\lim\limits_{x\to 0} \dfrac{x}{\sin x} = 1$，所以 $x=0$ 为函数 $f(x)$

的可去间断点. 当 $n \neq 0$ 时，有 $\lim\limits_{x \to n\pi} \dfrac{x}{\sin x} = \infty$，所以 $x = n\pi(n \neq 0)$ 为函数 $f(x)$ 的无穷间断点.

8. **解** 当 $|x| < 1$ 时，$f(x) = ax^2 + bx$，

当 $|x| > 1$ 时，$f(x) = \lim\limits_{n \to \infty} \dfrac{\dfrac{1}{x} + \dfrac{a}{x^{2n-2}} + \dfrac{b}{x^{2n-1}}}{1 + \dfrac{1}{x^{2n}}} = \dfrac{1}{x}$，

当 $x = 1$ 时，$f(x) = \dfrac{1+a+b}{2}$，当 $x = -1$ 时，$f(x) = \dfrac{-1+a-b}{2}$，

所以 $f(x) = \begin{cases} ax^2 + bx, & -1 < x < 1, \\ \dfrac{1}{x}, & x < -1 \text{ 或 } x > 1, \\ \dfrac{-1+a-b}{2}, & x = -1, \\ \dfrac{1+a+b}{2}, & x = 1, \end{cases}$ 因为 $f(x)$ 为连续函数，所以

$f(x)$ 在点 $x = \pm 1$ 处连续. 又 $\lim\limits_{x \to 1^+} f(x) = \lim\limits_{x \to 1^+} \dfrac{1}{x} = 1, \lim\limits_{x \to 1^-} f(x) = \lim\limits_{x \to 1^-}(ax^2 + bx)$ $= a + b$，从而 $a + b = 1$；又 $\lim\limits_{x \to -1^+} f(x) = \lim\limits_{x \to -1^+}(ax^2 + bx) = a - b, \lim\limits_{x \to -1^-} f(x) =$ $\lim\limits_{x \to -1^-} \dfrac{1}{x} = -1$，从而 $a - b = -1$；故 $a = 0, b = 1$.

第 2 章

导数与微分

知识结构图

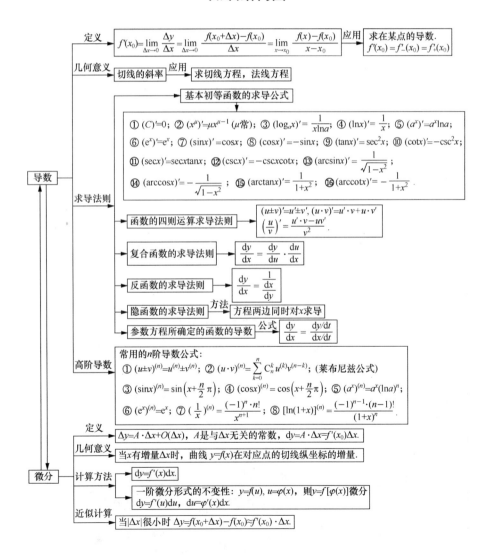

定义 $f'(x_0)=\lim\limits_{\Delta x\to 0}\dfrac{\Delta y}{\Delta x}=\lim\limits_{\Delta x\to 0}\dfrac{f(x_0+\Delta x)-f(x_0)}{\Delta x}=\lim\limits_{x\to x_0}\dfrac{f(x)-f(x_0)}{x-x_0}$ 应用   求在某点的导数. $f'(x_0)=f'_-(x_0)=f'_+(x_0)$

几何意义   切线的斜率   应用   求切线方程,法线方程

基本初等函数的求导公式

① $(C)'=0$; ② $(x^\mu)'=\mu x^{\mu-1}$ (μ常); ③ $(\log_a x)'=\dfrac{1}{x\ln a}$; ④ $(\ln x)'=\dfrac{1}{x}$; ⑤ $(a^x)'=a^x\ln a$;

⑥ $(e^x)'=e^x$; ⑦ $(\sin x)'=\cos x$; ⑧ $(\cos x)'=-\sin x$; ⑨ $(\tan x)'=\sec^2 x$; ⑩ $(\cot x)'=-\csc^2 x$;

⑪ $(\sec x)'=\sec x\tan x$; ⑫ $(\csc x)'=-\csc x\cot x$; ⑬ $(\arcsin x)'=\dfrac{1}{\sqrt{1-x^2}}$;

⑭ $(\arccos x)'=-\dfrac{1}{\sqrt{1-x^2}}$; ⑮ $(\arctan x)'=\dfrac{1}{1+x^2}$; ⑯ $(\operatorname{arccot} x)'=-\dfrac{1}{1+x^2}$.

导数

求导法则

函数的四则运算求导法则 $(u\pm v)'=u'\pm v'$, $(u\cdot v)'=u'\cdot v+u\cdot v'$ $\left(\dfrac{u}{v}\right)'=\dfrac{u'\cdot v-uv'}{v^2}$.

复合函数的求导法则 $\dfrac{\mathrm{d}y}{\mathrm{d}x}=\dfrac{\mathrm{d}y}{\mathrm{d}u}\cdot\dfrac{\mathrm{d}u}{\mathrm{d}x}$

反函数的求导法则 $\dfrac{\mathrm{d}y}{\mathrm{d}x}=\dfrac{1}{\dfrac{\mathrm{d}x}{\mathrm{d}y}}$

隐函数的求导法则   方法   方程两边同时对x求导

参数方程所确定的函数的导数   公式 $\dfrac{\mathrm{d}y}{\mathrm{d}x}=\dfrac{\mathrm{d}y/\mathrm{d}t}{\mathrm{d}x/\mathrm{d}t}$

高阶导数   常用的n阶导数公式:

① $(u\pm v)^{(n)}=u^{(n)}\pm v^{(n)}$; ② $(u\cdot v)^{(n)}=\sum\limits_{k=0}^{n}C_n^k u^{(k)}v^{(n-k)}$; (莱布尼兹公式)

③ $(\sin x)^{(n)}=\sin\left(x+\dfrac{n}{2}\pi\right)$; ④ $(\cos x)^{(n)}=\cos\left(x+\dfrac{n}{2}\pi\right)$; ⑤ $(a^x)^{(n)}=a^x(\ln a)^n$;

⑥ $(e^x)^{(n)}=e^x$; ⑦ $\left(\dfrac{1}{x}\right)^{(n)}=\dfrac{(-1)^n\cdot n!}{x^{n+1}}$; ⑧ $[\ln(1+x)]^{(n)}=\dfrac{(-1)^{n-1}\cdot(n-1)!}{(1+x)^n}$

定义 $\Delta y=A\cdot\Delta x+O(\Delta x)$, A是与Δx无关的常数, $\mathrm{d}y=A\cdot\Delta x=f'(x_0)\Delta x$.

几何意义   当x有增量Δx时,曲线 $y=f(x)$ 在对应点的切线纵坐标的增量.

微分

计算方法 $\mathrm{d}y=f'(x)\mathrm{d}x$.

一阶微分形式的不变性: $y=f(u)$, $u=\varphi(x)$, 则$y=f[\varphi(x)]$微分 $\mathrm{d}y=f'(u)\mathrm{d}u$, $\mathrm{d}u=\varphi'(x)\mathrm{d}x$.

近似计算   当$|\Delta x|$很小时 $\Delta y=f(x_0+\Delta x)-f(x_0)\approx f'(x_0)\cdot\Delta x$.

本章学习目标

- 理解导数的概念及其几何意义，理解函数可导性与连续性的关系，会用导数描述一些物理量；
- 掌握导数的四则运算和复合函数的求导法则，掌握基本初等函数的导数公式，会求反函数的导数；
- 了解高阶导数的概念，掌握初等函数一阶、二阶导数的求法，会求隐函数、参数方程所确定函数的一阶导数及这两类函数中较简单函数的二阶导数；
- 理解微分的概念及几何意义，理解函数可微与可导的关系，了解微分的四则运算法则和一阶微分形式不变性，及利用微分计算函数的增量及在近似计算中的应用.

2.1 导数的概念

2.1.1 知识点分析

1. 导数的概念

1）**函数在一点处的导数定义**

$$f'(x_0) = \lim_{\Delta x \to 0} \frac{\Delta y}{\Delta x} = \lim_{\Delta x \to 0} \frac{f(x_0 + \Delta x) - f(x_0)}{\Delta x} = \lim_{x \to x_0} \frac{f(x) - f(x_0^*)}{x - x_0},$$

也记作 $y'|_{x=x_0}$，$\left.\dfrac{\mathrm{d}y}{\mathrm{d}x}\right|_{x=x_0}$ 或 $\left.\dfrac{\mathrm{d}f}{\mathrm{d}x}\right|_{x=x_0}$.

2）**导函数**

$$f'(x) = \lim_{\Delta x \to 0} \frac{f(x + \Delta x) - f(x)}{\Delta x}.$$

也记作 y'，$\dfrac{\mathrm{d}y}{\mathrm{d}x}$ 或 $\dfrac{\mathrm{d}f}{\mathrm{d}x}$，简称为导数，且 $f'(x_0) = f'(x)|_{x=x_0}$.

2. 单侧导数

1）**左导数**

$$f'_-(x_0) = \lim_{\Delta x \to 0^-} \frac{f(x_0 + \Delta x) - f(x_0)}{\Delta x} = \lim_{x \to x_0^-} \frac{f(x) - f(x_0)}{x - x_0}.$$

2）**右导数**

$$f'_+(x_0) = \lim_{\Delta x \to 0^+} \frac{f(x_0 + \Delta x) - f(x_0)}{\Delta x} = \lim_{x \to x_0^+} \frac{f(x) - f(x_0)}{x - x_0}.$$

左右导数都称为单侧导数，$f'(x_0)$ 存在的充分必要条件是 $f'_-(x_0)$，$f'_+(x_0)$ 都存在且相等.

3. 导数的几何意义

函数 $f(x)$ 在点 x_0 处的导数 $f'(x_0)$ 在几何上表示曲线 $y = f(x)$ 在点 $(x_0, f(x_0))$ 处的切线的斜率. 从而曲线 $y = f(x)$ 在点 $(x_0, f(x_0))$ 处的切线方程为

$$y - f(x_0) = f'(x_0)(x - x_0).$$

法线方程为

$$y - f(x_0) = -\frac{1}{f'(x_0)}(x - x_0)(f'(x_0) \neq 0).$$

4. 可导与连续的关系

如果函数 $y = f(x)$ 在点 x_0 处可导，则 $f(x)$ 在点 x_0 处连续，反之不成立.

5. 在某点处导数 $f'(x_0)$ 的求法

（1）先求 $f'(x)$，然后把 x_0 的值代入.

（2）如果 x_0 是分段函数 $y = f(x)$ 的分段点，要利用导数的定义.

2.1.2 典例解析

1. 利用导数的定义计算某一点处的导数

例 1 设 $f(x) = \begin{cases} \dfrac{1-\cos x}{\sqrt{x}}, & x > 0, \\ x^2 \sin x, & x \leqslant 0, \end{cases}$ 讨论 $f(x)$ 在 $x = 0$ 处是否可导.

解 由于 $x = 0$ 为分段点，从而在 $x = 0$ 点的导数需要用定义来判断.

$$f'_-(0) = \lim_{x \to 0^-} \frac{f(x) - f(0)}{x} = \lim_{x \to 0^-} \frac{x^2 \sin x}{x} = \lim_{x \to 0^-} x \sin x = 0,$$

$$f'_+(0) = \lim_{x \to 0^+} \frac{f(x) - f(0)}{x} = \lim_{x \to 0^+} \frac{1 - \cos x}{x \sqrt{x}} = \lim_{x \to 0^+} \frac{\frac{1}{2} x^2}{x \sqrt{x}} = \lim_{x \to 0^+} \frac{1}{2} \sqrt{x} = 0;$$

由于 $f'_-(0) = f'_+(0) = 0$，从而 $f(x)$ 在 $x = 0$ 处可导，且 $f'(0) = 0$.

点拨 分段点的导数需要借助导数的定义，看两个单侧导数是否存在、相等.

例 2 求函数 $f(x) = x(x+1)(x+2)\cdots(x+2017)$ 在 $x = 0$ 处的导数.

解 由于 $f(x)$ 的乘积因子比较多，可采用导数定义来计算.

$$f'(0) = \lim_{x \to 0} \frac{f(x) - f(0)}{x} = \lim_{x \to 0} \frac{x(x+1)(x+2)\cdots(x+2017)}{x}$$

$$= \lim_{x \to 0}(x+1)(x+2)\cdots(x+2017) = 2017!$$

例 3 设 $f(x) = \begin{cases} 2\mathrm{e}^x, & x > 0, \\ ax+b, & x \leqslant 0. \end{cases}$ 当 a,b 为何值时，$f(x)$ 在 $x = 0$ 处可导？

解 由 $f(x)$ 在 $x = 0$ 处可导，得 $f(x)$ 在 $x = 0$ 处连续，即 $\lim_{x \to 0^-} f(x) = \lim_{x \to 0^+} f(x)$，即 $\lim_{x \to 0^-}(ax+b) = b = \lim_{x \to 0^+} 2\mathrm{e}^x = 2$，故 $b = 2$，$f(0) = b = 2.$

因为 $f(x)$ 在 $x = 0$ 处可导，所以 $f'_-(0) = f'_+(0)$，即

$$f'_-(0) = \lim_{x \to 0^-} \frac{f(x) - f(0)}{x} = \lim_{x \to 0^-} \frac{(ax+2) - 2}{x} = a,$$

$$f'_+(0) = \lim_{x \to 0^+} \frac{2\mathrm{e}^x - 2}{x} = \lim_{x \to 0^+} \frac{2x}{x} = 2,\ 从而\ a = 2,\ b = 2.$$

点拨 利用可导与连续的关系，可导一定连续.

例 4 设 $f(x)$ 在 $x = x_0$ 处连续，且 $\lim_{x \to x_0} \frac{f(x)}{x - x_0} = 1$，求 $f'(x_0)$.

解 由 $\lim_{x \to x_0} \frac{f(x)}{x - x_0} = 1$ 得 $\lim_{x \to x_0} f(x) = 0$，由 $f(x)$ 在 $x = x_0$ 处连续，得 $f(x_0) = 0$；由导数定义可知，$f'(x_0) = \lim_{x \to x_0} \frac{f(x) - f(x_0)}{x - x_0} = \lim_{x \to x_0} \frac{f(x)}{x - x_0} = 1$，故 $f'(x_0) = 1.$

点拨 导数的定义是一个极限，很多题目会把极限和导数联系起来.

2. 导数几何意义的应用

例 5 求过点 $\left(\frac{3}{2}, -3\right)$ 且与抛物线 $y = -x^2 - 4x + 3$ 相切的切线方程.

解 设切点为 (x_0, y_0)，满足 $y_0 = -x_0^2 - 4x_0 + 3$，根据导数的几何意义，得切线斜率 $k = y'|_{x = x_0} = -2x_0 - 4$，从而对应的切线方程为

$$y - y_0 = (-2x_0 - 4)(x - x_0);$$

把点 $\left(\frac{3}{2}, -3\right)$ 代入切线方程，得 $x_0 = 0$ 或者 $x_0 = 3$，故切点为 $(0,3)$ 或者 $(3, -18)$，从而切线方程为 $4x + y - 3 = 0$ 或者 $10x + y - 12 = 0.$

点拨 根据导数的几何意义，会求曲线的切线方程和法线方程.

2.1.3 习题解答

1. 将一高温物体置于室温中，物体就会不断冷却而使温度下降. 若物体的温度 T 与时间 t 的函数关系为 $T = T(t)$，则物体在某时刻 t 的冷却速度是多少？

解　$v(t) = \lim\limits_{\Delta t \to 0} \dfrac{T(t + \Delta t) - T(t)}{\Delta t}$.

2. 求下列函数的导数.

(1) $y = \log_3 x$；　　　　　　　　　(2) $y = 3^x \mathrm{e}^x$.

解　(1) $(\log_3 x)' = \lim\limits_{\Delta x \to 0} \dfrac{\log_3 (x + \Delta x) - \log_3 x}{\Delta x} = \lim\limits_{\Delta x \to 0} \log_3 \left(\dfrac{x + \Delta x}{x}\right)^{\frac{1}{\Delta x}}$

$= \lim\limits_{\Delta x \to 0} \log_3 \left(1 + \dfrac{\Delta x}{x}\right)^{\frac{x}{\Delta x}\frac{1}{x}} = \dfrac{1}{x \ln 3}$；

(2) $(3^x \mathrm{e}^x)' = \left[(3\mathrm{e})^x\right]' = \lim\limits_{\Delta x \to 0} \dfrac{(3\mathrm{e})^{x + \Delta x} - (3\mathrm{e})^x}{\Delta x} = \lim\limits_{\Delta x \to 0} (3\mathrm{e})^x \dfrac{(3\mathrm{e})^{\Delta x} - 1}{\Delta x}$

$= (3\mathrm{e})^x \ln(3\mathrm{e}) = 3^x \mathrm{e}^x (1 + \ln 3)$.

3. 设 $f'(x_0)$ 存在，利用导数定义求下列极限.

(1) $\lim\limits_{\Delta x \to 0} \dfrac{f(x_0 - \Delta x) - f(x_0)}{\Delta x}$；　　　(2) $\lim\limits_{h \to 0} \dfrac{f(x_0 + h) - f(x_0 - h)}{h}$.

解　(1) $\lim\limits_{\Delta x \to 0} \dfrac{f(x_0 - \Delta x) - f(x_0)}{\Delta x} = -\lim\limits_{\Delta x \to 0} \dfrac{f(x_0 - \Delta x) - f(x_0)}{-\Delta x}$

$= -f'(x_0)$；

(2) $\lim\limits_{h \to 0} \dfrac{f(x_0 + h) - f(x_0 - h)}{h}$

$= \lim\limits_{h \to 0} \dfrac{f(x_0 + h) - f(x_0) + f(x_0) - f(x_0 - h)}{h}$

$= \lim\limits_{h \to 0} \dfrac{f(x_0 + h) - f(x_0)}{h} + \lim\limits_{h \to 0} \dfrac{f(x_0 - h) - f(x_0)}{-h} = 2f'(x_0)$.

4. 求曲线 $y = \dfrac{1}{x^2}$ 在点 $(1, 1)$ 处的切线方程与法线方程.

解　因为 $y'|_{x=1} = -\dfrac{2}{x^3}\bigg|_{x=1} = -2$，所以切线方程为

$y - 1 = -2(x - 1)$，即 $2x + y - 3 = 0$；法线方程为 $y - 1 = \dfrac{1}{2}(x - 1)$，

即 $x - 2y + 1 = 0$.

5. 讨论下列函数在 $x = 0$ 处是否连续、是否可导.

(1) $f(x) = |\sin x|$；　　　　　　　(2) $y = \begin{cases} x\sin \dfrac{1}{x}, & x \neq 0, \\ 0, & x = 0. \end{cases}$

解　(1) $\lim\limits_{x \to 0} f(x) = \lim\limits_{x \to 0} |\sin x| = 0 = f(0)$，所以 $f(x)$ 在 $x = 0$ 处连续；

又 $f'_-(0) = \lim\limits_{x \to 0^-} \dfrac{f(x) - f(0)}{x} = \lim\limits_{x \to 0^-} \dfrac{-\sin x}{x} = -1$，$f'_+(0) = \lim\limits_{x \to 0^+} \dfrac{f(x) - f(0)}{x}$

$= \lim\limits_{x \to 0^+} \dfrac{\sin x}{x} = 1$，即 $f'_-(0) \neq f'_+(0)$，所以 $f'(0)$ 不存在，从而 $f(x)$ 在 $x=0$ 处不可导.

（2）$\lim\limits_{x \to 0} f(x) = \lim\limits_{x \to 0} x\sin\dfrac{1}{x} = 0 = f(0)$，所以 $f(x)$ 在 $x=0$ 处连续；

$f'(0) = \lim\limits_{x \to 0} \dfrac{f(x)-f(0)}{x} = \lim\limits_{x \to 0} \dfrac{x\sin\dfrac{1}{x}}{x} = \lim\limits_{x \to 0}\sin\dfrac{1}{x}$ 不存在，故 $f(x)$ 在 $x=0$ 处不可导.

6. 设 $f(x) = \begin{cases} x^2, & x \leqslant 1, \\ ax+b, & x > 1, \end{cases}$ 求 a,b 的值，使得 $f(x)$ 在 $x=1$ 处可导.

解 由 $f(x)$ 在 $x=1$ 处可导，则 $f(x)$ 在 $x=1$ 处连续，故

$\lim\limits_{x \to 1^-} f(x) = \lim\limits_{x \to 1^+} f(x)$，即 $a+b=1$；又 $f'_-(1) = \lim\limits_{x \to 1^-}\dfrac{x^2-1}{x-1} = 2$，

$f'_+(1) = \lim\limits_{x \to 1^+}\dfrac{(ax+b)-1}{x-1} = \lim\limits_{x \to 1^+}\dfrac{ax-a}{x-1} = a$，由 $f'_-(1) = f'_+(1)$，得 $a=2$，所以 $b=-1$；即 $a=2$，$b=-1$ 时，$f(x)$ 在 $x=1$ 处可导.

7. 设 $f(0)=1$，$f'(0)=-1$，求极限 $\lim\limits_{x \to 1}\dfrac{f(\ln x)-1}{1-x}$.

解 $\lim\limits_{x \to 1}\dfrac{f(\ln x)-1}{1-x} \xlongequal{\text{令}\ln x=t} \lim\limits_{t \to 0}\dfrac{f(t)-1}{1-e^t} = \lim\limits_{t \to 0}\dfrac{f(t)-f(0)}{-(e^t-1)}$

$= \lim\limits_{t \to 0}\dfrac{f(t)-f(0)}{-t} = -f'(0) = 1$.

2.2 函数的求导法则

2.2.1 知识点分析

1. 函数的和、差、积、商的求导法则

设函数 $u=u(x)$ 与 $v=v(x)$ 在点 x 处均可导，则它们的和、差、积、商（当分母不为零时）都在点 x 处可导，且

（1）$(u \pm v)' = u' \pm v'$；　　　　（2）$(uv)' = u'v + uv'$；

（3）$\left(\dfrac{u}{v}\right)' = \dfrac{u'v - uv'}{v^2}(v \neq 0)$.

2. 复合函数的求导法则

如果函数 $u=\varphi(x)$ 在 x 处可导，而函数 $y=f(u)$ 在对应的 u 处可导，那么复合函数 $y=f[\varphi(x)]$ 在 x 处可导，且有

$$\frac{\mathrm{d}y}{\mathrm{d}x} = \frac{\mathrm{d}y}{\mathrm{d}u} \cdot \frac{\mathrm{d}u}{\mathrm{d}x} \quad 或 \quad y'_x = y'_u \cdot u'_x.$$

利用复合函数求导法则要注意：①要弄清复合函数的结构，即由哪些函数复合而成的；②对复合函数求导时要从外到内逐层求导，每层导数相乘得到复合函数的导数.

3. 反函数的求导法则

如果单调连续函数 $x = f(y)$ 在某区间内可导，且 $f'(y) \neq 0$，则它的反函数 $y = \varphi(x)$ 在对应的区间内可导，且有

$$\varphi'(x) = \frac{1}{f'(y)} \quad 或 \quad \frac{\mathrm{d}y}{\mathrm{d}x} = \frac{1}{\dfrac{\mathrm{d}x}{\mathrm{d}y}}.$$

4. 需要熟记的初等函数的导数

(1) $(C)' = 0$（C 为常数）；

(2) $(x^\mu)' = \mu x^{\mu-1}$（μ 为常数）；

(3) $(\log_a x)' = \dfrac{1}{x\ln a}$；

(4) $(\ln x)' = \dfrac{1}{x}$；

(5) $(a^x)' = a^x \ln a$；

(6) $(\mathrm{e}^x)' = \mathrm{e}^x$；

(7) $(\sin x)' = \cos x$；

(8) $(\cos x)' = -\sin x$；

(9) $(\tan x)' = \sec^2 x = \dfrac{1}{\cos^2 x}$；

(10) $(\cot x)' = -\csc^2 x = -\dfrac{1}{\sin^2 x}$；

(11) $(\sec x)' = \sec x \tan x$；

(12) $(\csc x)' = -\csc x \cot x$；

(13) $(\arcsin x)' = \dfrac{1}{\sqrt{1-x^2}}$；

(14) $(\arccos x)' = -\dfrac{1}{\sqrt{1-x^2}}$；

(15) $(\arctan x)' = \dfrac{1}{1+x^2}$；

(16) $(\operatorname{arccot} x)' = -\dfrac{1}{1+x^2}.$

2.2.2 典例解析

1. 函数求导法则的应用

例 1 求下列函数的导数.

(1) $y = \dfrac{x^2 + 2x - \sqrt{x}}{\sqrt[3]{x}}$；　(2) $y = x^2 \sin x$；　(3) $y = \dfrac{\ln x}{\tan x}$.

解　(1) $y = \dfrac{x^2 + 2x - \sqrt{x}}{\sqrt[3]{x}} = x^{\frac{5}{3}} + 2x^{\frac{2}{3}} - x^{\frac{1}{6}}$，利用和、差的求导法则，得

$$y' = (x^{\frac{5}{3}})' + (2x^{\frac{2}{3}})' - (x^{\frac{1}{6}})' = \frac{5}{3}x^{\frac{2}{3}} + \frac{4}{3}x^{-\frac{1}{3}} - \frac{1}{6}x^{-\frac{5}{6}}.$$

(2) 由乘积的求导法则，得

$$y' = (x^2)' \sin x + x^2 (\sin x)' = 2x\sin x + x^2 \cos x.$$

（3）由商的求导法则，得

$$y' = \left(\frac{\ln x}{\tan x}\right)' = \frac{(\ln x)' \tan x - \ln x (\tan x)'}{\tan^2 x} = \frac{\dfrac{1}{x}\tan x - \ln x \sec^2 x}{\tan^2 x}$$

$$= \frac{\tan x - x\ln x \sec^2 x}{x \tan^2 x}.$$

点拨 需要熟练掌握函数和、差、积、商的求导法则及常见初等函数的导数. 有些函数的导数要注意区分，容易混淆，比如 $y = \tan x$ 与 $y = \arctan x$ 的导数，$(\tan x)' = \sec^2 x = \dfrac{1}{\cos^2 x}$，$(\arctan x)' = \dfrac{1}{1+x^2}$.

例 2 求下列函数的导数.

（1）$y = \sin \sqrt{x}$；   （2）$y = e^{\arctan(\ln x)}$.

解 （1）$y = \sin \sqrt{x}$ 可以看作由 $y = \sin u$ 和 $u = \sqrt{x}$ 复合而成的复合函数. 利用复合函数的求导法则，从外到内逐层求导，得

$$y' = (\sin u)'_u (\sqrt{x})'_x = \cos u \cdot \frac{1}{2\sqrt{x}} = \frac{\cos \sqrt{x}}{2\sqrt{x}}.$$

（2）$y = e^{\arctan(\ln x)}$ 可以看作由 $y = e^u$，$u = \arctan v$ 和 $v = \ln x$ 复合而成的复合函数. 利用复合函数的求导法则，从外到内逐层求导，得

$$y' = (e^u)'_u \cdot (\arctan v)'_v \cdot (\ln x)'_x = e^u \cdot \frac{1}{1+v^2} \cdot \frac{1}{x} = \frac{e^{\arctan(\ln x)}}{x(1+\ln^2 x)}.$$

点拨 需要熟练掌握复合函数的求导法则. 求导时要注意对复合函数的每一层都要求导，然后让每一层的导数相乘.

例 3 求函数 $y = \dfrac{\sqrt{2+x} - \sqrt{2-x}}{\sqrt{2+x} + \sqrt{2-x}}$ 的导数 y'.

解 由于函数的表现形式比较复杂，可以先简化，再求导.

$$y = \frac{\sqrt{2+x} - \sqrt{2-x}}{\sqrt{2+x} + \sqrt{2-x}} = \frac{(\sqrt{2+x} - \sqrt{2-x})^2}{(\sqrt{2+x} + \sqrt{2-x})(\sqrt{2+x} - \sqrt{2-x})}$$

$$= \frac{4 - 2\sqrt{4-x^2}}{2x} = \frac{2}{x} - \frac{\sqrt{4-x^2}}{x},$$

对 $y = \dfrac{2}{x} - \dfrac{\sqrt{4-x^2}}{x}$ 求导，得

$$y' = \left(\frac{2}{x}\right)' - \left(\frac{\sqrt{4-x^2}}{x}\right)' = -\frac{2}{x^2} - \frac{\left(\dfrac{-2x}{2\sqrt{4-x^2}}\right) \cdot x - \sqrt{4-x^2}}{x^2}$$

$$= -\frac{2}{x^2} + \frac{4}{x^2\sqrt{4-x^2}}.$$

点拨 对于形式比较复杂的函数，尽量先简化再求导，否则直接利用求导法则求导可能形式上会越来越麻烦，更容易出错.

2. 抽象复合函数的导数

例 4 已知函数 $y = f(u)$ 可导，求 $y = f(\ln x)$ 的导数 y'.

解 $y = f(\ln x)$ 是抽象的复合函数，可以看作由 $y = f(u)$ 和 $u = \ln x$ 复合而成. 利用复合函数的求导法则，得

$$y' = f'(u) \cdot (\ln x)' = \frac{f'(u)}{x} = \frac{f'(\ln x)}{x}.$$

点拨 对于抽象的复合函数，求导时和具体函数方法一样，还是弄清复合函数的结构，从外到内逐层求导.

2.2.3 习题解答

1. 求下列函数的导数.

(1) $y = xa^x + e^x$; (2) $y = 3x\tan x + 2\sec x - 4$;

(3) $y = 3x^3 - 2^x + 3e^x$; (4) $y = x^2 \ln x$;

(5) $y = 5e^x \cos x$; (6) $y = \dfrac{\ln x}{x}$;

(7) $y = \dfrac{e^x}{x^2} + \ln 3$; (8) $y = \dfrac{1 - \ln x}{1 + \ln x} + \dfrac{2}{x}$;

(9) $y = \dfrac{x^2 - x}{x + \sqrt{x}}$; (10) $y = \dfrac{x^2 - x + 1}{x + 2}$;

(11) $y = x^2 \log_2 x$; (12) $y = x \arctan x$.

解 (1) $y' = (xa^x + e^x)' = a^x + xa^x \ln a + e^x$;

(2) $y' = (3x\tan x + 2\sec x - 4)' = 3\tan x + 3x\sec^2 x + 2\sec x \tan x$;

(3) $y' = (3x^3 - 2^x + 3e^x)' = 9x^2 - 2^x \ln 2 + 3e^x$;

(4) $y' = (x^2 \ln x)' = 2x\ln x + x$;

(5) $y' = (5e^x \cos x)' = 5e^x \cos x - 5e^x \sin x = 5e^x(\cos x - \sin x)$;

(6) $y' = \left(\dfrac{\ln x}{x}\right)' = \dfrac{1 - \ln x}{x^2}$;

(7) $y' = \left(\dfrac{e^x}{x^2} + \ln 3\right)' = \dfrac{e^x x^2 - 2xe^x}{x^4} = \dfrac{e^x(x - 2)}{x^3}$;

(8) $y' = \left(\dfrac{1 - \ln x}{1 + \ln x}\right)' + \left(\dfrac{2}{x}\right)' = \dfrac{-\dfrac{1}{x}(1 + \ln x) - \dfrac{1}{x}(1 - \ln x)}{(1 + \ln x)^2} - \dfrac{2}{x^2}$

$\qquad = \dfrac{-2}{x(1 + \ln x)^2} - \dfrac{2}{x^2}$;

(9) $y' = \left(\dfrac{x^2 - x}{x + \sqrt{x}}\right)' = (x - \sqrt{x})' = 1 - \dfrac{1}{2\sqrt{x}}$;

(10) $y' = \left(\dfrac{x^2-x+1}{x+2}\right)' = \dfrac{(2x-1)(x+2)-(x^2-x+1)}{(x+2)^2}$

$\qquad = \dfrac{x^2+4x-3}{(x+2)^2};$

(11) $y' = (x^2\log_2 x)' = 2x\log_2 x + \dfrac{x}{\ln 2};$

(12) $y' = (x\arctan x)' = \arctan x + \dfrac{x}{1+x^2}.$

2. 设 $f(x)$ 可导，求下列函数的导数.

(1) $y = [f(x)]^2;$

(2) $y = e^{f(x)};$

(3) $y = \arctan[f(x)];$

(4) $y = \ln[1+f^2(x)];$

解 (1) $y' = 2f(x)f'(x);$

(2) $y' = e^{f(x)}f'(x);$

(3) $y' = \dfrac{f'(x)}{1+f^2(x)};$

(4) $y' = \dfrac{2f(x)f'(x)}{1+f^2(x)}.$

3. 求下列函数的导数.

(1) $y = (x^2-x)^5;$

(2) $y = 2\sin(3x+6);$

(3) $y = \sqrt{1+\ln x};$

(4) $y = e^{-3x^2};$

(5) $y = \ln(\tan x);$

(6) $y = \arctan\dfrac{x+1}{x-1};$

(7) $y = \tan x^2;$

(8) $y = \arccos\dfrac{1}{x}.$

解 (1) $y' = 5(x^2-x)^4(x^2-x)' = 5(x^2-x)^4(2x-1);$

(2) $y' = 2\cos(3x+6)(3x+6)' = 6\cos(3x+6);$

(3) $y' = \dfrac{1}{2\sqrt{1+\ln x}}(1+\ln x)' = \dfrac{1}{2x\sqrt{1+\ln x}};$

(4) $y' = e^{-3x^2}(-3x^2)' = -6xe^{-3x^2};$

(5) $y' = \dfrac{1}{\tan x}(\tan x)' = \dfrac{\sec^2 x}{\tan x} = 2\csc 2x;$

(6) $y' = \dfrac{1}{1+\left(\dfrac{x+1}{x-1}\right)^2}\left(\dfrac{x+1}{x-1}\right)'$

$\qquad = \dfrac{(x-1)^2}{(x-1)^2+(x+1)^2}\dfrac{x-1-(x+1)}{(x-1)^2} = -\dfrac{1}{1+x^2};$

(7) $y' = \sec^2 x^2(x^2)' = 2x\sec^2 x^2;$

(8) $y' = -\dfrac{1}{\sqrt{1-\left(\dfrac{1}{x}\right)^2}}\left(-\dfrac{1}{x^2}\right) = \dfrac{1}{\sqrt{x^4-x^2}}.$

4. 求下列函数的导数.

(1) $y = (1 + 2x^2)\sqrt{1 + 3x^2}$;   (2) $y = \ln(2^{-x} + 3^{-x} + 4^{-x})$;

(3) $y = 2^{\sqrt{x+1}} - \ln(\sin x)$;   (4) $y = \left(\arcsin\dfrac{x}{2}\right)^2$;

(5) $y = \sqrt{1 + \ln^2 x}$;   (6) $y = e^{2\arctan x}$;

(7) $y = e^{-x}(x^2 - 2x + 3)$;   (8) $y = \ln(x + \sqrt{a^2 + x^2})$;

(9) $y = \dfrac{\sqrt{1+x} - \sqrt{1-x}}{\sqrt{1+x} + \sqrt{1-x}}$;   (10) $y = \dfrac{e^x - e^{-x}}{e^x + e^{-x}}$.

解 (1) $y' = 4x\sqrt{1 + 3x^2} + \dfrac{3x(1 + 2x^2)}{\sqrt{1 + 3x^2}} = \dfrac{7x + 18x^3}{\sqrt{1 + 3x^2}}$;

(2) $y' = \dfrac{1}{2^{-x} + 3^{-x} + 4^{-x}}(2^{-x} + 3^{-x} + 4^{-x})' = -\dfrac{2^{-x}\ln 2 + 3^{-x}\ln 3 + 4^{-x}\ln 4}{2^{-x} + 3^{-x} + 4^{-x}}$;

(3) $y' = (2^{\sqrt{x+1}})' - (\ln\sin x)' = 2^{\sqrt{x+1}}\ln 2 (\sqrt{x+1})' - \dfrac{(\sin x)'}{\sin x}$

$\quad = \dfrac{2^{\sqrt{x+1}}\ln 2}{2\sqrt{x+1}} - \cot x$;

(4) $y' = 2\arcsin\dfrac{x}{2}\left(\arcsin\dfrac{x}{2}\right)' = 2\arcsin\dfrac{x}{2}\dfrac{1}{\sqrt{1 - \dfrac{x^2}{4}}} \cdot \dfrac{1}{2} = \dfrac{2\arcsin\dfrac{x}{2}}{\sqrt{4 - x^2}}$;

(5) $y' = \dfrac{1}{2\sqrt{1 + \ln^2 x}}(1 + \ln^2 x)' = \dfrac{1}{2\sqrt{1 + \ln^2 x}}2\ln x (\ln x)'$

$\quad = \dfrac{\ln x}{x\sqrt{1 + \ln^2 x}}$;

(6) $y' = e^{2\arctan x}(2\arctan x)' = \dfrac{2e^{2\arctan x}}{1 + x^2}$;

(7) $y' = -e^{-x}(x^2 - 2x + 3) + e^{-x}(2x - 2) = e^{-x}(-x^2 + 4x - 5)$;

(8) $y' = \dfrac{(x + \sqrt{a^2 + x^2})'}{x + \sqrt{a^2 + x^2}} = \dfrac{1}{x + \sqrt{a^2 + x^2}}\left(1 + \dfrac{x}{\sqrt{a^2 + x^2}}\right) = \dfrac{1}{\sqrt{a^2 + x^2}}$;

(9) $y = \dfrac{\sqrt{1+x} - \sqrt{1-x}}{\sqrt{1+x} + \sqrt{1-x}} = \dfrac{(\sqrt{1+x} - \sqrt{1-x})^2}{(\sqrt{1+x} + \sqrt{1-x})(\sqrt{1+x} - \sqrt{1-x})}$

$\quad = \dfrac{1}{x} - \dfrac{\sqrt{1 - x^2}}{x}$,

$y' = -\dfrac{1}{x^2} - \dfrac{-\dfrac{x^2}{\sqrt{1 - x^2}} - \sqrt{1 - x^2}}{x^2} = \dfrac{1 - \sqrt{1 - x^2}}{x^2\sqrt{1 - x^2}}$;

(10) $y = \dfrac{e^x - e^{-x}}{e^x + e^{-x}} = \dfrac{e^{2x} - 1}{e^{2x} + 1} = 1 - \dfrac{2}{e^{2x} + 1}$,

$$y' = -\dfrac{-4e^{2x}}{(e^{2x} + 1)^2} = \dfrac{4e^{2x}}{(e^{2x} + 1)^2}.$$

5. 设函数 $f(x)$ 和 $\varphi(x)$ 可导, 且 $f^2(x) + \varphi^2(x) \neq 0$, 求函数 $y = \sqrt{f^2(x) + \varphi^2(x)}$ 的导数.

解 $y' = \left[\sqrt{f^2(x) + \varphi^2(x)} \right]' = \dfrac{1}{2\sqrt{f^2(x) + \varphi^2(x)}} \left[f^2(x) + \varphi^2(x) \right]'$

$\qquad = \dfrac{f(x)f'(x) + \varphi(x)\varphi'(x)}{\sqrt{f^2(x) + \varphi^2(x)}}.$

6. 将一物体以初速度 v_0 竖直上抛, 其上升高度 h 与时间 t 的关系是

$$h = v_0 t - \frac{1}{2}gt^2.$$

求：(1) 该物体在上升过程中的速度 $v(t)$;

(2) 该物体在到达最高点的时刻 t.

解 (1) $v(t) = h'(t) = v_0 - gt$;

(2) 当 $v(t) = 0$ 时达到最高点, 即 $v_0 - gt = 0$, $t = \dfrac{v_0}{g}$.

2.3 高阶导数

2.3.1 知识点分析

1. 高阶导数的概念

若函数 $y = f(x)$ 的导函数 $y' = f'(x)$ 仍是 x 的可导函数, 则称 $y' = f'(x)$ 的导数为函数 $y = f(x)$ 的**二阶导数**, 记作 y'', $f''(x)$, $\dfrac{d^2 y}{dx^2}$ 或 $\dfrac{d^2 f(x)}{dx^2}$, 即

$$y'' = (y')', f''(x) = [f'(x)]' \text{ 或 } \dfrac{d^2 y}{dx^2} = \dfrac{d}{dx}\left(\dfrac{dy}{dx}\right).$$

类似地, 二阶导数的导数, 叫作**三阶导数**, 三阶导数的导数叫作**四阶导数**, $\cdots$, 一般地, $(n-1)$ 阶导数的导数称为 **n 阶导数**, 分别记作

$$y''', y^{(4)}, \cdots, y^{(n)} \text{ 或 } \dfrac{d^3 y}{dx^3}, \dfrac{d^4 y}{dx^4}, \cdots, \dfrac{d^n y}{dx^n}.$$

2. 高阶导数的求法

函数的高阶导数就是将函数逐次求导.

求 n 阶导数时，可以先求出前几阶导数，然后归纳出 n 阶导数；也可以利用一些已知常见初等函数的 n 阶导数间接地求其他函数的 n 阶导数.

常见初等函数的 n 阶导数：

(1) $(a^x)^{(n)} = a^x (\ln a)^n$，　(2) $(e^x)^{(n)} = e^x$，

(3) $(x^n)^{(n)} = n!$，$(x^n)^{(n+1)} = 0$，　(4) $(\sin x)^{(n)} = \sin\left(x + \dfrac{n\pi}{2}\right)$，

(5) $(\cos x)^{(n)} = \cos\left(x + \dfrac{n\pi}{2}\right)$，　(6) $\left[\ln(1+x)\right]^{(n)} = (-1)^{n-1} \dfrac{(n-1)!}{(1+x)^n}$.

3. 莱布尼兹公式

若函数 $u = u(x)$ 及 $v = v(x)$ 都在点 x 处具有 n 阶导数，则

$$(uv)^{(n)} = u^{(n)}v + nu^{(n-1)}v' + \frac{n(n-1)}{2!}u^{(n-2)}v'' + \cdots +$$

$$\frac{n(n-1)\cdots(n-k+1)}{k!}u^{(n-k)}v^{(k)} + \cdots + uv^{(n)}$$

$$= \sum_{k=0}^{n} C_n^k u^{(n-k)} v^{(k)}.$$

2.3.2　典例解析

1. 高阶导数的计算

例 1　求 $y = xe^x$ 的 n 阶导数.

解　$y' = e^x + xe^x = (x+1)e^x$，$y'' = e^x + (x+1)e^x = (x+2)e^x$，$y''' = e^x + (x+2)e^x = (x+3)e^x$，$\cdots$，$y^{(n)} = (x+n)e^x$.

例 2　求 $y = \dfrac{x^3}{x+1}$ 的 n 阶导数 $(n \geqslant 3)$.

解　$y = \dfrac{x^3}{x+1} = \dfrac{(x^3+1)-1}{x+1} = x^2 - x + 1 - \dfrac{1}{x+1}$；接连 n 次求导，得

$$y^{(n)} = \left(-\frac{1}{x+1}\right)^{(n)} = -(-1)(-2)(-3)\cdots(-n)\frac{1}{(x+1)^{n+1}}$$

$$= \frac{(-1)^{n+1}n!}{(x+1)^{n+1}}(n \geqslant 3).$$

点拨　求 n 阶导数时，对函数依次求导，一般求到 3 阶导数，就可以看出规律，归纳出 n 阶导数即可. 对于表达式复杂的函数，可以先简化，尽量把函数的乘除运算转化成加减运算，再求导.

例 3　求 $y = x^2 \sin 2x$ 的二阶导数.

解　$y' = (x^2 \sin 2x)' = 2x\sin 2x + 2x^2\cos 2x = 2x(\sin 2x + x\cos 2x)$，

$y'' = 2(\sin 2x + x\cos 2x) + 2x(2\cos 2x + \cos 2x - 2x\sin 2x)$

$\quad = (2 - 4x^2)\sin 2x + 8x\cos 2x.$

例 4　设函数 $y = f(u)$ 二阶可导，求 $y = f(\ln x)$ 的二阶导数.

解　$y = f(\ln x)$ 可以看作由 $y = f(u)$ 和 $u = \ln x$ 复合而成. 利用复合函数的求导法则，得 $y' = f'(u) \cdot (\ln x)' = \dfrac{f'(u)}{x} = \dfrac{f'(\ln x)}{x}$.

再求二阶导数，得

$$y'' = \left[\frac{f'(\ln x)}{x}\right]' = \frac{x\left[f'(\ln x)\right]' - f'(\ln x)}{x^2} = \frac{xf''(\ln x)(\ln x)' - f'(\ln x)}{x^2}$$

$$= \frac{xf''(\ln x)\dfrac{1}{x} - f'(\ln x)}{x^2} = \frac{f''(\ln x) - f'(\ln x)}{x^2}.$$

点拨　对于抽象复合函数求二阶导数时要注意：

（1）函数 $t = f'(\ln x)$ 求导时看作 $t = f'(u)$ 和 $u = \ln x$ 复合而成的复合函数；

（2）要注意符号 $f'(\ln x)$ 与 $\left[f(\ln x)\right]'$ 的区别，$f'(\ln x)$ 是对中间变量 $\ln x$ 的导数，而 $\left[f(\ln x)\right]'$ 是对 x 的导数.

2. 莱布尼兹公式的应用

例 5　已知 $y = x^2 \ln(1+x)$，求 $y^{(20)}(0)$.

解　令 $u = \ln(1+x)$，$v = x^2$，则

$$u^{(k)} = \left[\ln(1+x)\right]^{(k)} = \frac{(-1)^{k-1}(k-1)!}{(1+x)^k}, \quad v' = 2x, v'' = 2, \cdots, v^{(k)} = 0,$$

$k \geqslant 3$.

由莱布尼兹公式 $(uv)^{(n)} = \sum\limits_{k=0}^{n} C_n^k u^{(n-k)} v^{(k)}$，得

$$y^{(20)} = x^2\left[\ln(1+x)\right]^{(20)} + 20 \cdot 2x \cdot \left[\ln(1+x)\right]^{(19)}$$

$$+ \frac{20 \times 19}{2} \cdot 2 \cdot \left[\ln(1+x)\right]^{(18)}$$

$$= x^2 \frac{(-1)^{19} 19!}{(1+x)^{20}} + 40x \frac{(-1)^{18} 18!}{(1+x)^{19}} + 380 \frac{(-1)^{17} 17!}{(1+x)^{18}},$$

从而 $y^{(20)}(0) = -380 \times 17!$.

2.3.3　习题解答

1. 求下列函数的二阶导数.

（1）$y = \mathrm{e}^{3x-2}$；

（2）$y = \tan x$；

（3）$y = (x^2 + 1)\arctan x$；

（4）$y = x\sin x$；

（5）$y = \dfrac{\mathrm{e}^x}{x^2} + \ln 5$；

（6）$y = x\mathrm{e}^{x^2}$；

（7）$y = x\arctan x$；

（8）$y = 3\mathrm{e}^x \cos x$；

(9) $y = \dfrac{1}{x^2+1}$;　　　　　　(10) $y = \ln(1-x^2)$;

(11) $y = \ln(x+\sqrt{1+x^2})$;　　(12) $y = \arcsin x + \arccos x$.

解　(1) $y' = 3\mathrm{e}^{3x-2}$，$y'' = 9\mathrm{e}^{3x-2}$;

(2) $y' = \sec^2 x$，$y'' = 2\sec^2 x \tan x$;

(3) $y' = 2x\arctan x + 1$，$y'' = 2\arctan x + \dfrac{2x}{1+x^2}$;

(4) $y' = \sin x + x\cos x$，$y'' = 2\cos x - x\sin x$;

(5) $y' = \dfrac{\mathrm{e}^x}{x^2} - \dfrac{2\mathrm{e}^x}{x^3}$，$y'' = \dfrac{\mathrm{e}^x(x^2-4x+6)}{x^4}$;

(6) $y' = (1+2x^2)\mathrm{e}^{x^2}$，$y'' = 2x(2x^2+3)\mathrm{e}^{x^2}$;

(7) $y' = \arctan x + \dfrac{x}{1+x^2}$，$y'' = \dfrac{2}{(1+x^2)^2}$;

(8) $y' = 3\mathrm{e}^x(\cos x - \sin x)$，$y'' = -6\mathrm{e}^x \sin x$;

(9) $y' = -\dfrac{2x}{(x^2+1)^2}$，$y'' = \dfrac{6x^2-2}{(x^2+1)^3}$;

(10) $y' = \dfrac{2x}{x^2-1}$，$y'' = -\dfrac{2(1+x^2)}{(1-x^2)^2}$;

(11) $y' = \dfrac{1}{\sqrt{1+x^2}}$，$y'' = -\dfrac{x}{\sqrt{(1+x^2)^3}}$;

(12) $y' = 0$，$y'' = 0$.

2. 设 $f(x) = (x+10)^6$，求 $f'''(2)$.

解　$f'(x) = 6(x+10)^5$，$f''(x) = 30(x+10)^4$，

$f'''(x) = 120(x+10)^3$，$f'''(2) = 207360$.

3. 设 $f''(x)$ 存在，求下列函数的二阶导数 $\dfrac{\mathrm{d}^2 y}{\mathrm{d}x^2}$.

(1) $y = f(x^2)$;　(2) $y = \ln[f(x)]$.

解　(1) $y' = 2xf'(x^2)$，$y'' = 2f'(x^2) + 4x^2 f''(x^2)$;

(2) $y' = \dfrac{f'(x)}{f(x)}$，$y'' = \dfrac{f''(x)f(x) - [f'(x)]^2}{[f(x)]^2}$.

4. 证明 $y = \mathrm{e}^x \sin x$ 满足方程 $y'' - 2y' + 2y = 0$.

证明　$y' = \mathrm{e}^x(\sin x + \cos x)$，$y'' = 2\mathrm{e}^x \cos x$，将 y, y', y'' 代入

$y'' - 2y' + 2y = 0$ 成立.

5. 当密度大的陨石进入大气层，距离地心为 s 千米时的速度与 $\sqrt{s}$ 成反比，试证陨石的加速度与 s^2 成反比.

证明　$v = \dfrac{k}{\sqrt{s}}$（k 为常数），

$$a = \frac{\mathrm{d}v}{\mathrm{d}t} = -\frac{1}{2}ks^{-\frac{3}{2}} \cdot \frac{\mathrm{d}s}{\mathrm{d}t} = -\frac{1}{2}ks^{-\frac{3}{2}}v = -\frac{1}{2}k^2s^{-2} = -\frac{k^2}{2s^2},$$

即陨石的加速度与 s^2 成反比.

6. 假设质点的运动规律为 $s = A\sin\omega t$（A，ω 是常数），试求质点运动的加速度.

解　$a = s'' = (A\sin\omega t)'' = (A\omega\cos\omega t)' = -A\omega^2\sin\omega t.$

7. 求下列函数所指定阶的导数.

(1) $y = \mathrm{e}^x\cos x$，求 $y^{(4)}$；

(2) $y = x^2\sin 2x$，求 $y^{(50)}$.

解　(1) $y^{(4)} = \mathrm{e}^x(\cos x)^{(4)} + 4(\mathrm{e}^x)'(\cos x)''' + 6(\mathrm{e}^x)''(\cos x)''$
$$+ 4(\mathrm{e}^x)'''(\cos x)' + (\mathrm{e}^x)^{(4)}\cos x$$
$$= \mathrm{e}^x\cos x + 4\mathrm{e}^x\sin x - 6\mathrm{e}^x\cos x - 4\mathrm{e}^x\sin x + \mathrm{e}^x\cos x$$
$$= -4\mathrm{e}^x\cos x;$$

(2) $y^{(50)} = x^2 2^{50}\sin(2x + 25\pi) + 50 \cdot 2x \cdot 2^{49}\sin\left(2x + \frac{49}{2}\pi\right) +$
$$\frac{50 \times 49}{2} \cdot 2 \cdot 2^{48}\sin(2x + 24\pi)$$
$$= 2^{50}\left(-x^2\sin 2x + 50x\cos 2x + \frac{1225}{2}\sin 2x\right).$$

8. 求函数 $f(x) = x^2\ln(1+x)$ 在 $x = 0$ 处的 n 阶导数 $f^{(n)}(0)$（$n \geqslant 3$）.

解　$f^{(n)}(x) = x^2[\ln(1+x)]^{(n)} + n(x^2)'[\ln(1+x)]^{(n-1)} +$
$$\frac{n(n-1)}{2}(x^2)''[\ln(1+x)]^{(n-2)}$$
$$= (-1)^{n-1}\frac{(n-1)!}{(1+x)^n}x^2 + (-1)^{n-2}\frac{n(n-2)!}{(1+x)^{n-1}} \cdot 2x +$$
$$(-1)^{n-3}\frac{n(n-1)}{2}\frac{(n-3)!}{(1+x)^{n-2}} \cdot 2,$$

所以 $f^{(n)}(0) = (-1)^{n-3}n(n-1) \cdot (n-3)! = (-1)^{n-1}\frac{n!}{n-2}.$

2.4　隐函数及由参数方程所确定的函数的导数

2.4.1　知识点分析

1. 隐函数及其求导方法

1) 隐函数的概念

如果变量 x 和 y 满足一个方程 $F(x,y) = 0$，在一定条件下，当 x 取某区间内的任一值时，总有满足这方程的唯一的 y 与之对应，那么就说方程 $F(x,y)=0$ 在该区间内确定了一个隐函数.

2）隐函数求导方法

方程 $F(x,y)=0$ 两边同时对变量 x 求导，一定要注意变量 y 不是独立的变量，是变量 x 的函数.

2. 对数求导法

对数求导法就是对所给函数先取对数再求导，在计算幂指函数的导数以及某些连乘、连除、带根号函数的导数时，可以采用对数求导法.

3. 由参数方程所确定的函数的导数

若方程 $x=\varphi(t)$ 和 $y=\psi(t)$ 确定 y 与 x 间的函数关系，则称此函数关系所表达的函数为由参数方程 $\begin{cases} x=\varphi(t), \\ y=\psi(t), \end{cases} t\in(\alpha,\beta)$ 所确定的函数.

由参数方程所确定的函数 $y=y(x)$ 的一阶导数和二阶导数为

$$\frac{\mathrm{d}y}{\mathrm{d}x}=\frac{\dfrac{\mathrm{d}y}{\mathrm{d}t}}{\dfrac{\mathrm{d}x}{\mathrm{d}t}}=\frac{y_t'}{x_t'}=\frac{\psi'(t)}{\varphi'(t)}, \quad \frac{\mathrm{d}^2y}{\mathrm{d}x^2}=\frac{\dfrac{\mathrm{d}}{\mathrm{d}t}\left(\dfrac{\mathrm{d}y}{\mathrm{d}x}\right)}{\dfrac{\mathrm{d}x}{\mathrm{d}t}}=\frac{\psi''(t)\varphi'(t)-\psi'(t)\varphi''(t)}{[\varphi'(t)]^3}.$$

2.4.2 典例解析

1. 隐函数的导数

例 1 设方程 $\mathrm{e}^y-\mathrm{e}^x=\sin(xy)$ 确定了隐函数 $y=y(x)$，求 $\left.\dfrac{\mathrm{d}y}{\mathrm{d}x}\right|_{x=0}$.

解 方程两边同时对变量 x 求导，一定要注意 $y=y(x)$，得

$$\mathrm{e}^y\frac{\mathrm{d}y}{\mathrm{d}x}-\mathrm{e}^x=\cos(xy)\left(y+x\frac{\mathrm{d}y}{\mathrm{d}x}\right), \quad \text{解得} \frac{\mathrm{d}y}{\mathrm{d}x}=\frac{y\cos(xy)+\mathrm{e}^x}{\mathrm{e}^y-x\cos(xy)}; \quad \text{当} \ x=0$$

时，代入原方程得 $y=0$，从而 $\left.\dfrac{\mathrm{d}y}{\mathrm{d}x}\right|_{x=0}=1$.

点拨 隐函数求导时，一定要注意 y 不是独立的变量，是 x 的函数. 当 $x=0$ 时，有确定的值和 y 相对应.

例 2 设方程 $x^3+y^3-3xy=0$ 确定了隐函数 $y=y(x)$，求 $\dfrac{\mathrm{d}^2y}{\mathrm{d}x^2}$.

解 方程两边同时对变量 x 求导，得 $3x^2+3y^2y'-3y-3xy'=0$，

解得 $\dfrac{\mathrm{d}y}{\mathrm{d}x}=\dfrac{y-x^2}{y^2-x}$；

$$\frac{\mathrm{d}^2y}{\mathrm{d}x^2}=\frac{\mathrm{d}\left(\dfrac{y-x^2}{y^2-x}\right)}{\mathrm{d}x}=\frac{(y'-2x)(y^2-x)-(y-x^2)(2yy'-1)}{(y^2-x)^2},$$

代入 y'，得 $\dfrac{\mathrm{d}^2 y}{\mathrm{d}x^2} = \dfrac{2xy(3xy - x^3 - y^3 - 1)}{(y^2 - x)^3}$.

点拨　隐函数求二阶导数时，按照求导法则求导时，仍然要把 y 看作 x 的函数.

2. 对数求导法的应用

例 3　求下列函数的导数 y'.

(1) $y = (x^2 + 1)^{\sin x}$；(2) $y = \sqrt{x(x+1)(x+2)(x+3)}$.

解　(1) 等式两边取对数，得 $\ln y = \sin x \ln(x^2 + 1)$，利用隐函数求导的方法，两边对 x 求导，得

$$\frac{y'}{y} = \cos x \ln(x^2 + 1) + \sin x \frac{2x}{x^2 + 1},$$

解得 $y' = (x^2 + 1)^{\sin x}\left[\cos x \ln(x^2 + 1) + \dfrac{2x \sin x}{x^2 + 1}\right]$.

(2) 等式两边取对数，得

$$\ln y = \frac{1}{2}(\ln|x| + \ln|x+1| + \ln|x+2| + \ln|x+3|),$$

两边对 x 求导，注意 $(\ln|x|)' = \dfrac{1}{x}$，得

$$\frac{y'}{y} = \frac{1}{2}\left(\frac{1}{x} + \frac{1}{x+1} + \frac{1}{x+2} + \frac{1}{x+3}\right),$$

解得 $y' = \dfrac{1}{2}\left(\dfrac{1}{x} + \dfrac{1}{x+1} + \dfrac{1}{x+2} + \dfrac{1}{x+3}\right)\sqrt{x(x+1)(x+2)(x+3)}$.

点拨　在利用对数求导法时，两边取对数就要保证真数大于零，为了避免讨论变量 x 的范围，由于 $(\ln x)' = (\ln|x|)' = \dfrac{1}{x}$，可以给每个因式添加绝对值.

3. 由参数方程所确定的函数的导数

例 4　设 $\begin{cases} x = \ln(1 + t^2), \\ y = 2\arctan t - t^2 - 2t, \end{cases}$ 求 $\dfrac{\mathrm{d}y}{\mathrm{d}x}$，$\dfrac{\mathrm{d}^2 y}{\mathrm{d}x^2}$.

解　$\dfrac{\mathrm{d}y}{\mathrm{d}x} = \dfrac{\dfrac{\mathrm{d}y}{\mathrm{d}t}}{\dfrac{\mathrm{d}x}{\mathrm{d}t}} = \dfrac{\dfrac{2}{1+t^2} - 2t - 2}{\dfrac{2t}{1+t^2}} = -(t^2 + t + 1)$；

$$\frac{\mathrm{d}^2 y}{\mathrm{d}x^2} = \frac{\dfrac{\mathrm{d}}{\mathrm{d}t}\left(\dfrac{\mathrm{d}y}{\mathrm{d}x}\right)}{\dfrac{\mathrm{d}x}{\mathrm{d}t}} = \frac{-(2t+1)}{\dfrac{2t}{1+t^2}} = \frac{-(2t+1)(1+t^2)}{2t}.$$

点拨 对参数方程所确定的函数求二阶导数时要注意 $\dfrac{d^2y}{dx^2}=\dfrac{d\left(\frac{dy}{dx}\right)}{dx}$，是 $\dfrac{dy}{dx}$ 对 x 的导数，不是 $\dfrac{dy}{dx}$ 对 t 的导数.

例 5 设 $y=f(x)$ 是由方程组 $\begin{cases} x=3t^2+2t+3, \\ e^y\sin t-y+1=0, \end{cases}$ 确定的，求曲线 $y=f(x)$ 在 $t=0$ 处的切线方程.

解 要求切线方程，关键求斜率 k，由导数的几何意义可知 $k=\dfrac{dy}{dx}\Big|_{t=0}$.
第二个方程两边对 t 求导，得 $e^y\dfrac{dy}{dt}\sin t+e^y\cos t-\dfrac{dy}{dt}=0$，解得

$$\frac{dy}{dt}=\frac{e^y\cos t}{1-e^y\sin t};\quad \text{所以} \frac{dy}{dx}=\frac{\dfrac{dy}{dt}}{\dfrac{dx}{dt}}=\frac{\dfrac{e^y\cos t}{1-e^y\sin t}}{6t+2}=\frac{e^y\cos t}{(1-e^y\sin t)(6t+2)};$$

又当 $t=0$ 时 $x=3,y=1$，所以 $k=\dfrac{dy}{dx}\Big|_{t=0}=\dfrac{e^y\cos t}{(1-e^y\sin t)(6t+2)}\Big|_{t=0}=\dfrac{e}{2}$；

从而切线方程为 $y-1=\dfrac{e}{2}(x-3)$，即 $y=\dfrac{e}{2}x-\dfrac{3e}{2}+1$.

2.4.3 习题解答

1. 求下列方程所确定的隐函数的导数 $\dfrac{dy}{dx}$.

(1) $xy=e^{x+y}$；　　(2) $y=1-xe^y$；　　(3) $\arctan\dfrac{y}{x}=\ln\sqrt{x^2+y^2}$.

解 (1) 两边同时对 x 求导，得 $y+xy'=e^{x+y}(1+y')$，解得

$$\frac{dy}{dx}=\frac{e^{x+y}-y}{x-e^{x+y}};$$

(2) 两边同时对 x 求导，得 $y'=-e^y-xe^yy'$，解得 $\dfrac{dy}{dx}=-\dfrac{e^y}{1+xe^y}$；

(3) 两边同时对 x 求导，得 $\dfrac{1}{1+\dfrac{y^2}{x^2}}\cdot\dfrac{xy'-y}{x^2}=\dfrac{1}{2}\cdot\dfrac{2x+2yy'}{x^2+y^2}$，解得

$$\frac{dy}{dx}=\frac{x+y}{x-y}.$$

2. 求曲线 $x^{\frac{2}{3}}+y^{\frac{2}{3}}=a^{\frac{2}{3}}$ 在点 $\left(\dfrac{\sqrt{2}}{4}a,\dfrac{\sqrt{2}}{4}a\right)$ 处的切线方程和法线方程.

解 两边同时对 x 求导，得 $\frac{2}{3}x^{-\frac{1}{3}}+\frac{2}{3}y^{-\frac{1}{3}}y'=0$，将点 $\left(\frac{\sqrt{2}}{4}a,\frac{\sqrt{2}}{4}a\right)$ 代入

上式，得 $y'\Big|_{\left(\frac{\sqrt{2}}{4}a,\frac{\sqrt{2}}{4}a\right)}=k=-1$，所以切线方程为 $y-\frac{\sqrt{2}}{4}a=-\left(x-\frac{\sqrt{2}}{4}a\right)$，即

$x+y=\frac{\sqrt{2}}{2}a$；法线方程为 $y-\frac{\sqrt{2}}{4}a=x-\frac{\sqrt{2}}{4}a$，即 $y=x$.

3. 求由下列方程所确定的隐函数的二阶导数.

(1) $x^2-y^2=1$；　　　　　　　　(2) $y=1+xe^y$.

解 (1) 两边对 x 求导，得 $2x-2yy'=0$，解得 $y'=\frac{x}{y}$，

$y''=\dfrac{y-y'x}{y^2}=-\dfrac{1}{y^3}$；

(2) 两边对 x 求导，得 $y'=e^y+xe^yy'$，解得 $y'=\dfrac{e^y}{2-y}$，

$y''=\dfrac{e^yy'(2-y)+e^yy'}{(2-y)^2}=\dfrac{e^{2y}(3-y)}{(2-y)^3}$.

4. 设方程 $e^y+xy-e^x=0$ 确定函数 $y=y(x)$，求 $y''(0)$.

解 两边对 x 求导，得 $y'e^y+y+xy'-e^x=0$，将 $x=0,y=0$ 代入上式，

得 $y'(0)=1$；上式两边对 x 连续求导，得 $(y')^2e^y+e^yy''+2y'+xy''-e^x=0$，

将 $x=0,y=0$，$y'(0)=1$ 代入，得 $y''(0)=-2$.

5. 用对数求导法求下列函数的导数.

(1) $y=\left(\dfrac{x}{1+x}\right)^x$；　　　　　　　(2) $y=\dfrac{\sqrt{x+2}\,(3-x)^4}{(x+1)^5}$；

(3) $y=\sqrt{x\sin x\,\sqrt{1-e^x}}$；　　　　(4) $y=\dfrac{\sqrt{x^2+2x}}{\sqrt[3]{x^3-2}}$.

解 (1) 两边取对数，得 $\ln y=x\ln\dfrac{x}{1+x}=x\ln x-x\ln(1+x)$，上式两

边对 x 求导，得 $\dfrac{y'}{y}=\ln\dfrac{x}{1+x}+\dfrac{x}{x}\,\dfrac{1}{(1+x)}$，即 $y'=\left(\dfrac{x}{1+x}\right)^x\left(\ln\dfrac{x}{1+x}+\dfrac{1}{1+x}\right)$；

(2) 两边取对数，得 $\ln|y|=\dfrac{1}{2}\ln(x+2)+4\ln|3-x|-5\ln|x+1|$，

两边对 x 求导，得 $\dfrac{y'}{y}=\dfrac{1}{2(x+2)}+\dfrac{4}{x-3}-\dfrac{5}{x+1}$，即

$$y'=\dfrac{\sqrt{x+2}\,(3-x)^4}{(x+1)^5}\left[\dfrac{1}{2(x+2)}+\dfrac{4}{x-3}-\dfrac{5}{x+1}\right];$$

(3) 两边取对数，得 $\ln y=\dfrac{1}{2}(\ln|x|+\ln|\sin x|)+\dfrac{1}{4}\ln(1-e^x)$，两边

对 x 求导，得 $\dfrac{y'}{y}=\dfrac{1}{2}\left(\dfrac{1}{x}+\cot x\right)+\dfrac{1}{4}\dfrac{-\mathrm{e}^x}{1-\mathrm{e}^x}$，即

$$y'=\dfrac{1}{4}\sqrt{x\sin x\sqrt{1-\mathrm{e}^x}}\left(\dfrac{2}{x}+2\cot x-\dfrac{\mathrm{e}^x}{1-\mathrm{e}^x}\right);$$

（4）两边取对数，得 $\ln|y|=\dfrac{1}{2}\ln(x^2+2x)-\dfrac{1}{3}\ln|x^3-2|$，两边对 x 求

导，得 $\dfrac{y'}{y}=\dfrac{1}{2}\dfrac{2x+2}{x^2+2x}-\dfrac{1}{3}\dfrac{3x^2}{x^3-2}$，即 $y'=\dfrac{\sqrt{x^2+2x}}{\sqrt[3]{x^3-2}}\left(\dfrac{x+1}{x^2+2x}-\dfrac{x^2}{x^3-2}\right)$.

6. 求参数方程 $\begin{cases}x=\sin t,\\ y=\cos 2t,\end{cases}$ 所确定的函数 $y=y(x)$ 在 $t=\dfrac{\pi}{4}$ 时的导数.

解 $\dfrac{\mathrm{d}y}{\mathrm{d}x}=\dfrac{\dfrac{\mathrm{d}y}{\mathrm{d}t}}{\dfrac{\mathrm{d}x}{\mathrm{d}t}}=\dfrac{-2\sin 2t}{\cos t}=-4\sin t$，$\dfrac{\mathrm{d}y}{\mathrm{d}x}\bigg|_{t=\frac{\pi}{4}}=-2\sqrt{2}.$

7. 求曲线 $\begin{cases}x=\dfrac{3at}{1+t^2},\\ y=\dfrac{3at^2}{1+t^2},\end{cases}$ 在 $t=2$ 处的切线方程和法线方程.

解 $\dfrac{\mathrm{d}y}{\mathrm{d}x}=\dfrac{\dfrac{\mathrm{d}y}{\mathrm{d}t}}{\dfrac{\mathrm{d}x}{\mathrm{d}t}}=\dfrac{\dfrac{6at}{(1+t^2)^2}}{\dfrac{3a(1-t^2)}{(1+t^2)^2}}=\dfrac{2t}{1-t^2}$，将 $t=2$ 代入上式，得

$y'\big|_{t=2}=k=-\dfrac{4}{3}$，切点为 $\left(\dfrac{6}{5}a,\dfrac{12}{5}a\right)$，所以切线方程为

$y-\dfrac{12}{5}a=-\dfrac{4}{3}\left(x-\dfrac{6}{5}a\right)$，即 $4x+3y-12a=0$；

法线方程为 $y-\dfrac{12}{5}a=\dfrac{3}{4}\left(x-\dfrac{6}{5}a\right)$，即 $3x-4y+6a=0$.

8. 求下列参数方程所确定的函数的二阶导数 $\dfrac{\mathrm{d}^2y}{\mathrm{d}x^2}$.

（1）$\begin{cases}x=a\cos t,\\ y=b\sin t,\end{cases}$ （2）$\begin{cases}x=f'(t),\\ y=tf'(t)-f(t),\end{cases}$ 设 $f''(t)$ 存在且不为零.

解 （1）$\dfrac{\mathrm{d}y}{\mathrm{d}x}=\dfrac{\dfrac{\mathrm{d}y}{\mathrm{d}t}}{\dfrac{\mathrm{d}x}{\mathrm{d}t}}=\dfrac{b\cos t}{-a\sin t}=-\dfrac{b}{a}\cot t$，

$$\dfrac{\mathrm{d}^2y}{\mathrm{d}x^2}=\dfrac{\dfrac{\mathrm{d}}{\mathrm{d}t}\left(\dfrac{\mathrm{d}y}{\mathrm{d}x}\right)}{\dfrac{\mathrm{d}x}{\mathrm{d}t}}=\dfrac{-\dfrac{b}{a}(-\csc^2 t)}{-a\sin t}=-\dfrac{b}{a^2\sin^3 t};$$

(2) $\dfrac{\mathrm{d}y}{\mathrm{d}x} = \dfrac{\dfrac{\mathrm{d}y}{\mathrm{d}t}}{\dfrac{\mathrm{d}x}{\mathrm{d}t}} = \dfrac{f'(t) + tf''(t) - f'(t)}{f''(t)} = t$, $\dfrac{\mathrm{d}^2 y}{\mathrm{d}x^2} = \dfrac{\dfrac{\mathrm{d}}{\mathrm{d}t}\left(\dfrac{\mathrm{d}y}{\mathrm{d}x}\right)}{\dfrac{\mathrm{d}x}{\mathrm{d}t}} = \dfrac{1}{f''(t)}$.

9. 求参数方程 $\begin{cases} x = \ln(1 + t^2), \\ y = t - \arctan t, \end{cases}$ 所确定的函数的二阶导数 $\dfrac{\mathrm{d}^2 y}{\mathrm{d}x^2}$.

解　$\dfrac{\mathrm{d}y}{\mathrm{d}x} = \dfrac{\dfrac{\mathrm{d}y}{\mathrm{d}t}}{\dfrac{\mathrm{d}x}{\mathrm{d}t}} = \dfrac{1 - \dfrac{1}{1 + t^2}}{\dfrac{2t}{1 + t^2}} = \dfrac{t}{2}$, $\dfrac{\mathrm{d}^2 y}{\mathrm{d}x^2} = \dfrac{\dfrac{\mathrm{d}}{\mathrm{d}t}\left(\dfrac{\mathrm{d}y}{\mathrm{d}x}\right)}{\dfrac{\mathrm{d}x}{\mathrm{d}t}} = \dfrac{\dfrac{1}{2}}{\dfrac{2t}{1 + t^2}} = \dfrac{1 + t^2}{4t}$.

2.5　函数的微分

2.5.1　知识点分析

1. 微分的概念

如果 $\Delta y = f(x_0 + \Delta x) - f(x_0)$ 可以表示为 $\Delta y = A\Delta x + o(\Delta x)$，其中 A 是与 Δx 无关的常数，则称函数 $f(x)$ 在点 x_0 处可微，$A\Delta x$ 称为 $f(x)$ 在点 x_0 处的微分，记作

$$\mathrm{d}y\big|_{x=x_0}, \quad \text{即 } \mathrm{d}y\big|_{x=x_0} = A\Delta x.$$

2. 可微与可导的关系

函数 $y = f(x)$ 在点 x_0 处可微的充分必要条件是函数 $y = f(x)$ 在点 x_0 处可导，且 $\mathrm{d}y = f'(x_0)\Delta x$，记作 $\mathrm{d}y = f'(x_0)\mathrm{d}x$.

3. 微分的几何意义

微分 $\mathrm{d}y = f'(x)\Delta x$ 几何上表示当 x 有增量 Δx 时，曲线 $y = f(x)$ 在对应点处的切线的纵坐标的增量.

4. 一阶微分形式的不变性

设函数 $y = f(u), u = \varphi(x)$ 都是可导函数，则复合函数 $y = f[\varphi(x)]$ 的微分为 $\mathrm{d}y = f'[\varphi(x)]\varphi'(x)\mathrm{d}x$ 或 $\mathrm{d}y = f'(u)\mathrm{d}u$，其中 $\mathrm{d}u = \varphi'(x)\mathrm{d}x$.

可见，不论 u 是自变量还是中间变量，函数 $y = f(u)$ 的微分总保持同一形式，这个性质称为一阶微分形式的不变性.

5. 求函数微分的方法

（1）利用微分公式 $\mathrm{d}y = f'(x)\mathrm{d}x$；

（2）利用一阶微分形式不变性先求对中间变量的微分.

2.5.2　典例解析

1. 各类函数微分的计算

例 1　求函数 $y = \ln\sin\sqrt{x}$ 的微分 $\mathrm{d}y$.

解法 1 利用微分公式 $\mathrm{d}y = f'(x)\mathrm{d}x$，先求导数 y'.

利用复合函数求导法则，得 $y' = \dfrac{1}{\sin\sqrt{x}} \cdot \cos\sqrt{x} \cdot \dfrac{1}{2\sqrt{x}} = \dfrac{\cot\sqrt{x}}{2\sqrt{x}}$，所以

$$\mathrm{d}y = \frac{\cot\sqrt{x}}{2\sqrt{x}}\mathrm{d}x.$$

解法 2 利用一阶微分形式不变性.

函数 $y = \ln\sin\sqrt{x}$ 可以看作由 $y = \ln u$，$u = \sin v$ 和 $v = \sqrt{x}$ 复合而成. 利用一阶微分形式不变性，得

$$\mathrm{d}y = \frac{1}{u}\mathrm{d}u = \frac{1}{u}\mathrm{d}\sin v = \frac{\cos v}{u}\mathrm{d}v = \frac{\cos v}{u}\mathrm{d}\sqrt{x} = \frac{\cos v}{u}\frac{1}{2\sqrt{x}}\mathrm{d}x = \frac{\cot\sqrt{x}}{2\sqrt{x}}\mathrm{d}x,$$

所以 $\mathrm{d}y = \dfrac{\cot\sqrt{x}}{2\sqrt{x}}\mathrm{d}x$.

点拨 两种方法都是常用的求微分的方法，特别是利用一阶微分形式不变性，先对各个中间变量求微分，有的可能过程稍微麻烦一些，但不容易出错.

例 2 设方程 $xy^2 + \mathrm{e}^y = \sin(x + y^2)$ 确定了隐函数 $y = f(x)$，求 $\mathrm{d}y$.

解法 1 利用微分公式 $\mathrm{d}y = f'(x)\mathrm{d}x$.

利用隐函数求导方法，方程两边对 x 求导，得

$$y^2 + x \cdot 2y \cdot y' + \mathrm{e}^y \cdot y' = \cos(x + y^2)(1 + 2y \cdot y'),$$

解得 $y' = \dfrac{y^2 - \cos(x + y^2)}{2y\cos(x + y^2) - 2xy - \mathrm{e}^y}$，所以

$$\mathrm{d}y = \frac{y^2 - \cos(x + y^2)}{2y\cos(x + y^2) - 2xy - \mathrm{e}^y}\mathrm{d}x.$$

解法 2 方程两边同时取微分，利用微分的运算法则，得

$$\mathrm{d}(xy^2 + \mathrm{e}^y) = \mathrm{d}\sin(x + y^2),$$

$$\mathrm{d}(xy^2) + \mathrm{d}\mathrm{e}^y = \cos(x + y^2)\mathrm{d}(x + y^2),$$

$$y^2\mathrm{d}x + x\mathrm{d}y^2 + \mathrm{d}\mathrm{e}^y = \cos(x + y^2)(\mathrm{d}x + \mathrm{d}y^2),$$

$$y^2\mathrm{d}x + x \cdot 2y\mathrm{d}y + \mathrm{e}^y\mathrm{d}y = \cos(x + y^2)\mathrm{d}x + 2y\cos(x + y^2)\mathrm{d}y,$$

整理得 $\quad [y^2 - \cos(x + y^2)]\mathrm{d}x = [2y\cos(x + y^2) - 2xy - \mathrm{e}^y]\mathrm{d}y.$

从而 $\mathrm{d}y = \dfrac{y^2 - \cos(x + y^2)}{2y\cos(x + y^2) - 2xy - \mathrm{e}^y}\mathrm{d}x.$

例 3 设 $\begin{cases} x = t^2 + 2t, \\ y = \ln(1 + t), \end{cases}$ 求 $\mathrm{d}y$.

解法 1 利用微分公式 $\mathrm{d}y = f'(x)\mathrm{d}x$，先求导数 $\dfrac{\mathrm{d}y}{\mathrm{d}x}$.

由 $\dfrac{\mathrm{d}y}{\mathrm{d}x} = \dfrac{\dfrac{\mathrm{d}y}{\mathrm{d}t}}{\dfrac{\mathrm{d}x}{\mathrm{d}t}} = \dfrac{\dfrac{1}{1+t}}{2t+2} = \dfrac{1}{2(1+t)^2}$，从而 $\mathrm{d}y = \dfrac{1}{2(1+t)^2}\mathrm{d}x$.

解法 2 由 $\mathrm{d}y = \dfrac{1}{1+t}\mathrm{d}t$，$\mathrm{d}x = (2t+2)\mathrm{d}t$，所以

$$\mathrm{d}y = \frac{1}{1+t}\mathrm{d}t = \frac{1}{1+t} \cdot \frac{\mathrm{d}x}{2t+2} = \frac{1}{2(1+t)^2}\mathrm{d}x.$$

2.5.3 习题解答

1. 已知 $y = x^3 - x$，计算在 $x = 2$ 处，当 Δx 分别等于 1，0.1，0.01 时的 Δy 及 $\mathrm{d}y$.

解 $\Delta y = (2+\Delta x)^3 - (2+\Delta x) - (2^3-2) = (\Delta x)^3 + 6(\Delta x)^2 + 11\Delta x$，$\mathrm{d}y = (x^3-x)'|_{x=2}\Delta x = 11\Delta x$；所以当 $\Delta x = 1$ 时，$\Delta y = 18, \mathrm{d}y = 11$；当 $\Delta x = 0.1$ 时，$\Delta y = 1.161, \mathrm{d}y = 1.1$；当 $\Delta x = 0.01$ 时，$\Delta y = 0.110\,601$，$\mathrm{d}y = 0.11$.

2. 求下列函数的微分.

(1) $y = x\sin2x$；　　　　　　　(2) $y = \dfrac{1}{x} + 2\sqrt{x}$；

(3) $y = \ln^2(1-x)$；　　　　　　(4) $y = \dfrac{x}{\sqrt{x^2+1}}$；

(5) $y = \mathrm{e}^{-x}\cos(3-x)$；　　　　(6) $y = x^2\mathrm{e}^{2x}$；

(7) $y = \arcsin\sqrt{1-x^2}$；　　　(8) $y = \dfrac{1}{\sqrt{x}}\ln x$.

解 (1) $\dfrac{\mathrm{d}y}{\mathrm{d}x} = \sin2x + 2x\cos2x$，$\mathrm{d}y = (\sin2x + 2x\cos2x)\mathrm{d}x$；

(2) $\dfrac{\mathrm{d}y}{\mathrm{d}x} = -\dfrac{1}{x^2} + \dfrac{\sqrt{x}}{x}$，$\mathrm{d}y = \left(-\dfrac{1}{x^2} + \dfrac{\sqrt{x}}{x}\right)\mathrm{d}x$；

(3) $\dfrac{\mathrm{d}y}{\mathrm{d}x} = \dfrac{2\ln(1-x)}{x-1}$，$\mathrm{d}y = \dfrac{2\ln(1-x)}{x-1}\mathrm{d}x$；

(4) $\dfrac{\mathrm{d}y}{\mathrm{d}x} = (x^2+1)^{-\frac{3}{2}}$，$\mathrm{d}y = (x^2+1)^{-\frac{3}{2}}\mathrm{d}x$；

(5) $\dfrac{\mathrm{d}y}{\mathrm{d}x} = \mathrm{e}^{-x}[\sin(3-x) - \cos(3-x)]$，

$\qquad \mathrm{d}y = \mathrm{e}^{-x}[\sin(3-x) - \cos(3-x)]\mathrm{d}x$；

(6) $\dfrac{\mathrm{d}y}{\mathrm{d}x} = 2x(1+x)\mathrm{e}^{2x}$，$\mathrm{d}y = 2x(1+x)\mathrm{e}^{2x}\mathrm{d}x$；

(7) $\dfrac{\mathrm{d}y}{\mathrm{d}x} = -\dfrac{x}{|x|\sqrt{1-x^2}}$，$\mathrm{d}y = -\dfrac{x}{|x|\sqrt{1-x^2}}\mathrm{d}x$；

(8) $\dfrac{\mathrm{d}y}{\mathrm{d}x} = x^{-\frac{3}{2}}\left(1 - \dfrac{1}{2}\ln x\right)$, $\mathrm{d}y = x^{-\frac{3}{2}}\left(1 - \dfrac{1}{2}\ln x\right)\mathrm{d}x$.

3. 求下列微分关系式中的未知函数 $f(x)$.

(1) $\mathrm{e}^{-2x}\mathrm{d}x = \mathrm{d}f(x)$;　　　　　　(2) $\dfrac{\mathrm{d}x}{1+x^2} = \mathrm{d}f(x)$;

(3) $\sec^2 3x\mathrm{d}x = \mathrm{d}f(x)$;　　　　　　(4) $\dfrac{\mathrm{d}x}{\sqrt{1-x^2}} = \mathrm{d}f(x)$.

解　(1) $f(x) = -\dfrac{1}{2}\mathrm{e}^{-2x} + C$;　(2) $f(x) = \arctan x + C$;

(3) $f(x) = \dfrac{1}{3}\tan 3x + C$;　(4) $f(x) = \arcsin x + C$.

4. 设 $y = y(x)$ 是由方程 $\ln(x^2 + y^2) = x + y$ 所确定的隐函数，求 $\mathrm{d}y$.

解　方程两边求微分，得 $\dfrac{1}{x^2 + y^2}\mathrm{d}(x^2 + y^2) = \mathrm{d}x + \mathrm{d}y$, 即

$\dfrac{1}{x^2 + y^2}(2x\mathrm{d}x + 2y\mathrm{d}y) = \mathrm{d}x + \mathrm{d}y$, 从而 $\mathrm{d}y = \dfrac{2x - x^2 - y^2}{x^2 + y^2 - 2y}\mathrm{d}x$.

5. 求下列各式的近似值（精确到 10^{-4} ）：

(1) $\sqrt[6]{65}$;　　　　　　　　　　(2) $\lg 11$.

解　(1) $\sqrt[6]{65} = (2^6 + 1)^{\frac{1}{6}} = 2\left(1 + \dfrac{1}{2^6}\right)^{\frac{1}{6}} \approx 2\left(1 + \dfrac{1}{6 \times 2^6}\right) \approx 2.005\,2$;

(2) $\lg 11 = \lg(1 + 10) = \lg 10 + \lg\left(1 + \dfrac{1}{10}\right) \approx 1 + \dfrac{1}{\ln 10}\dfrac{1}{10} \approx 1.043\,4$.

复习题 2 解答

1. 在"充分""必要"和"充分必要"三者中选择一个正确的填入下列空格内：

(1) $f(x)$ 在点 x_0 可导是 $f(x)$ 在点 x_0 连续的<u>充分</u>条件；$f(x)$ 在点 x_0 连续是 $f(x)$ 在点 x_0 可导的<u>必要</u>条件；

(2) $f(x)$ 在点 x_0 的左导数 $f'_-(x_0)$ 及右导数 $f'_+(x_0)$ 都存在且相等是 $f(x)$ 在点 x_0 可导的<u>充分必要</u>条件；

(3) $f(x)$ 在点 x_0 可导是 $f(x)$ 在点 x_0 可微的<u>充分必要</u>条件.

2. 设 $f(x) = x(x+1)(x+2)\cdots(x+n)$ $(n \geqslant 2)$，求 $f'(0)$.

解　$f'(x) = (x+1)(x+2)\cdots(x+n) + x\left[(x+1)(x+2)\cdots(x+n)\right]'$, 所以 $f'(0) = n!$.

3. 选择下述题中给出的四个结论中一个正确的结论：

设 $f(x)$ 在 $x=a$ 的某个邻域内有定义，则 $f(x)$ 在 $x=a$ 处可导的一个充分条件是（D）.

A. $\lim\limits_{h\to+\infty} h\left[f(a+\dfrac{1}{h})-f(a)\right]$ 存在

B. $\lim\limits_{h\to 0}\dfrac{f(a+2h)-f(a+h)}{h}$ 存在

C. $\lim\limits_{h\to 0}\dfrac{f(a+h)-f(a-h)}{h}$ 存在

D. $\lim\limits_{h\to 0}\dfrac{f(a)-f(a-h)}{h}$ 存在

4. 在抛物线 $y=x^2$ 上取横坐标 $x=1$ 及 $x=3$ 的两点，过这两点作直线的割线，问抛物线上哪一点处的切线与这条割线平行？

解　割线的斜率为 $\dfrac{9-1}{3-1}=4$，令 $y'=2x=4$，得 $x=2$，即 $(2,4)$ 点处的切线与这条割线平行.

5. 求下列函数 $f(x)$ 的 $f'_-(0)$、$f'_+(0)$ 及 $f'(0)$ 是否存在.

(1) $f(x)=\begin{cases}\sin x, & x<0, \\ \ln(1+x), & x\geqslant 0;\end{cases}$ 　(2) $f(x)=\begin{cases}\dfrac{x}{1+\mathrm{e}^{\frac{1}{x}}}, & x\neq 0, \\ 0, & x=0.\end{cases}$

解　(1) $f'_-(0)=\lim\limits_{x\to 0^-}\dfrac{f(x)-f(0)}{x}=\lim\limits_{x\to 0^-}\dfrac{\sin x}{x}=1$,

$f'_+(0)=\lim\limits_{x\to 0^+}\dfrac{\ln(1+x)}{x}=1$，从而 $f'_-(0)=f'_+(0)=f'(0)=1$;

(2) $f'_-(0)=\lim\limits_{x\to 0^-}\dfrac{\dfrac{x}{1+\mathrm{e}^{\frac{1}{x}}}}{x}=\lim\limits_{x\to 0^-}\dfrac{1}{1+\mathrm{e}^{\frac{1}{x}}}=1$，$f'_+(0)=\lim\limits_{x\to 0^+}\dfrac{1}{1+\mathrm{e}^{\frac{1}{x}}}=0$,

从而 $f'_-(0)=1$，$f'_+(0)=0$，$f'_-(0)\neq f'_+(0)$，故 $f'(0)$ 不存在.

6. 讨论函数

$$f(x)=\begin{cases}x^2+1, & 0\leqslant x\leqslant 1, \\ 3x-1, & x\geqslant 1,\end{cases}$$

在 $x=1$ 处的连续性与可导性.

解　$f(1^-)=\lim\limits_{x\to 1^-}f(x)=\lim\limits_{x\to 1^-}(x^2+1)=2$,

$f(1^+)=\lim\limits_{x\to 1^+}f(x)=\lim\limits_{x\to 1^+}(3x-1)=2$，所以 $f(1^-)=f(1^+)=f(1)$,

$f(x)$ 在 $x=1$ 处连续;

$f'_-(1)=\lim\limits_{x\to 1^-}\dfrac{f(x)-f(1)}{x-1}=\lim\limits_{x\to 1^-}\dfrac{x^2+1-2}{x-1}=\lim\limits_{x\to 1^-}(x+1)=2$,

$$f'_+(1) = \lim_{x \to 1^+} \frac{f(x) - f(1)}{x - 1} = \lim_{x \to 1^+} \frac{(3x - 1) - 2}{x - 1} = 3,$$

从而 $f'_-(1) \neq f'_+(1)$，$f(x)$ 在 $x = 1$ 处不可导.

7. 求 a, b 的值，使得函数 $f(x) = \begin{cases} b(1 + \sin x) + a - 1, & x > 0, \\ e^{ax} - 1, & x \leqslant 0, \end{cases}$ 在 $x = 0$ 处可导.

解 由 $f(x)$ 在 $x = 0$ 处可导，则 $f(0^-) = f(0^+), f'_-(0) = f'_+(0)$，由于 $f(0^-) = \lim_{x \to 0^-}(e^{ax} - 1) = 0$，$f(0^+) = \lim_{x \to 0^+}[b(1 + \sin x) + a - 1] = b + a - 1$，故 $b + a - 1 = 0$；又 $f'_-(0) = \lim_{x \to 0^-} \frac{e^{ax} - 1}{x} = a$，$f'_+(0) = \lim_{x \to 0^+} \frac{b(1 + \sin x) + a - 1}{x} = \lim_{x \to 0^+} \frac{b \sin x}{x} = b$，故 $a = b$；所以 $a = b = \frac{1}{2}$.

8. 求下列函数的导数.

(1) $y = \dfrac{2\sec x}{1 + x^2}$; (2) $y = \sqrt{x + \sqrt{x}}$;

(3) $y = \dfrac{1 + x + x^2}{1 + x}$; (4) $y = x(\sin x + 1)\csc x$;

(5) $y = x^{\frac{1}{x}} \ (x > 0)$; (6) $y = \dfrac{1}{1 + \sqrt{x}} - \dfrac{1}{1 - \sqrt{x}}$;

(7) $y = e^{\tan \frac{1}{x}}$; (8) $y = \tan^3(1 - 2x)$.

解 (1) $y' = \dfrac{2\sec x \tan x}{1 + x^2} - \dfrac{4x \sec x}{(1 + x^2)^2}$;

(2) $y' = \dfrac{1}{2\sqrt{x + \sqrt{x}}}\left(1 + \dfrac{1}{2\sqrt{x}}\right) = \dfrac{2\sqrt{x} + 1}{4\sqrt{x^2 + x\sqrt{x}}}$;

(3) $y' = \left(x + \dfrac{1}{1 + x}\right)' = \dfrac{2x + x^2}{(1 + x)^2}$;

(4) $y' = 1 + \csc x - x \csc x \cot x$;

(5) $y' = (e^{\frac{1}{x}\ln x})' = e^{\frac{1}{x}\ln x}\left(\dfrac{\ln x}{x}\right)' = x^{\frac{1}{x} - 2}(1 - \ln x)$;

(6) $y' = -\dfrac{1 + x}{(1 - x)^2 \sqrt{x}}$;

(7) $y' = e^{\tan \frac{1}{x}} \sec^2 \dfrac{1}{x}\left(-\dfrac{1}{x^2}\right) = -\dfrac{1}{x^2} e^{\tan \frac{1}{x}} \sec^2 \dfrac{1}{x}$;

(8) $y' = 3\tan^2(1 - 2x)\sec^2(1 - 2x)(-2) = -6\tan^2(1 - 2x)\sec^2(1 - 2x)$.

9. 求下列函数的二阶导数.

(1) $y = x^2 \ln x$;　　　(2) $y = \cos^2 x \cdot \ln x$;　(3) $y = \dfrac{1}{\sqrt{1-x^2}}$.

解　(1) $y' = 2x\ln x + x$, $y'' = 2\ln x + 3$;

(2) $y' = -\sin 2x \cdot \ln x + \dfrac{\cos^2 x}{x}$, $y'' = -2\cos 2x \cdot \ln x - \dfrac{2\sin 2x}{x} - \dfrac{\cos^2 x}{x^2}$;

(3) $y' = x(1-x^2)^{-\frac{3}{2}}$, $y'' = \dfrac{1+2x^2}{(1-x^2)^{\frac{5}{2}}}$.

10. 求下列函数的 n 阶导数.

(1) $y = \sqrt[m]{1+x}$;　　　(2) $y = \dfrac{1-x}{1+x}$.

解　(1) $y = (1+x)^{\frac{1}{m}}$, $y' = \dfrac{1}{m}(1+x)^{\frac{1}{m}-1}$,

$$y'' = \dfrac{1}{m}\left(\dfrac{1}{m}-1\right)(1+x)^{\frac{1}{m}-2}, \cdots,$$

$$y^{(n)} = \dfrac{1}{m}\left(\dfrac{1}{m}-1\right)\cdots\left(\dfrac{1}{m}-n+1\right)(1+x)^{\frac{1}{m}-n};$$

(2) $y = -1 + \dfrac{2}{1+x}$, $y' = -\dfrac{2}{(1+x)^2}$, $y'' = \dfrac{2 \cdot (-2) \cdot (-1)}{(1+x)^3}$,

$$y''' = \dfrac{2 \cdot (-3) \cdot (-2) \cdot (-1)}{(1+x)^4}, \cdots, y^{(n)} = (-1)^n \dfrac{2n!}{(1+x)^{n+1}}.$$

11. 求由下列方程所确定的隐函数的导数 $\dfrac{\mathrm{d}y}{\mathrm{d}x}$.

(1) $ye^x + \ln y = 1$;　(2) $2^{xy} = x + y$.

解　(1) 方程两边同时对 x 求导，得 $ye^x + e^x y' + \dfrac{y'}{y} = 0$，解得

$$\dfrac{\mathrm{d}y}{\mathrm{d}x} = -\dfrac{y^2 e^x}{1 + ye^x};$$

(2) 方程两边同时对 x 求导，得 $2^{xy}\ln 2(y + xy') = 1 + y'$，解得

$$\dfrac{\mathrm{d}y}{\mathrm{d}x} = \dfrac{y2^{xy}\ln 2 - 1}{1 - x2^{xy}\ln 2}.$$

12. 求由方程 $x - y + \dfrac{1}{2}\sin y = 0$ 所确定的隐函数的二阶导数 $\dfrac{\mathrm{d}^2 y}{\mathrm{d}x^2}$.

解　方程两边同时对 x 求导，得 $1 - y' + \dfrac{1}{2}\cos y \cdot y' = 0$，解得

$$\dfrac{\mathrm{d}y}{\mathrm{d}x} = \dfrac{2}{2-\cos y}; \quad \dfrac{\mathrm{d}^2 y}{\mathrm{d}x^2} = \dfrac{0 - 2\sin y \cdot y'}{(2-\cos y)^2} = -\dfrac{4\sin y}{(2-\cos y)^3}.$$

13. 求下列参数方程所确定的函数的一阶导数 $\dfrac{\mathrm{d}y}{\mathrm{d}x}$ 及二阶导数 $\dfrac{\mathrm{d}^2 y}{\mathrm{d}x^2}$.

(1) $\begin{cases} x = 1 - t^2, \\ y = t - t^3; \end{cases}$ (2) $\begin{cases} x = \ln \sqrt{1 + t^2}, \\ y = \arctan t. \end{cases}$

解 (1) $\dfrac{\mathrm{d}y}{\mathrm{d}x} = \dfrac{(t - t^3)'}{(1 - t^2)'} = \dfrac{3t^2 - 1}{2t}$, $\dfrac{\mathrm{d}^2 y}{\mathrm{d}x^2} = \dfrac{\left(\frac{3t^2 - 1}{2t} \right)'}{(1 - t^2)'} = -\dfrac{3t^2 + 1}{4t^3}$;

(2) $\dfrac{\mathrm{d}y}{\mathrm{d}x} = \dfrac{(\arctan t)'}{(\ln \sqrt{1 + t^2})'} = \dfrac{\frac{1}{1 + t^2}}{\frac{t}{1 + t^2}} = \dfrac{1}{t}$, $\dfrac{\mathrm{d}^2 y}{\mathrm{d}x^2} = \dfrac{-\frac{1}{t^2}}{\frac{t}{1 + t^2}} = -\dfrac{1 + t^2}{t^3}$.

14. 求曲线 $\begin{cases} x = 2\mathrm{e}^t, \\ y = \mathrm{e}^{-t}, \end{cases}$ 在 $t = 0$ 相应的点处的切线方程及法线方程.

解 $\dfrac{\mathrm{d}y}{\mathrm{d}x} = \dfrac{(\mathrm{e}^{-t})'}{(2\mathrm{e}^t)'} = -\dfrac{\mathrm{e}^{-t}}{2\mathrm{e}^t}$, 切线斜率为 $k = \dfrac{\mathrm{d}y}{\mathrm{d}x} \Big|_{t=0} = -\dfrac{1}{2}$, 又 $t = 0$ 时

$x = 2, y = 1$, 所以切线方程为 $y - 1 = -\dfrac{1}{2}(x - 2)$, 即 $x + 2y - 4 = 0$;

法线方程为 $y - 1 = 2(x - 2)$, 即 $2x - y - 3 = 0$.

15. 求下列函数的微分.

(1) $y = \arcsin \sqrt{1 - x^2}$;   (2) $y = \tan^2(1 + 2x)$.

解 (1) $\dfrac{\mathrm{d}y}{\mathrm{d}x} = \dfrac{1}{\sqrt{1 - (1 - x^2)}} \cdot \dfrac{-2x}{2\sqrt{1 - x^2}} = -\dfrac{x}{|x| \sqrt{1 - x^2}}$,

$\qquad \mathrm{d}y = -\dfrac{x}{|x| \sqrt{1 - x^2}} \mathrm{d}x$;

(2) $\dfrac{\mathrm{d}y}{\mathrm{d}x} = 2\tan(1 + 2x) \cdot \sec^2(1 + 2x) \cdot 2 = 4\tan(1 + 2x)\sec^2(1 + 2x)$,

$\qquad \mathrm{d}y = 4\tan(1 + 2x) \sec^2(1 + 2x)\mathrm{d}x$.

16. 利用函数的微分代替函数的增量求 $\sqrt[3]{1.02}$ 的近似值（精确到 10^{-4}）.

解 $\sqrt[3]{1.02} = (1 + 0.02)^{\frac{1}{3}} \approx 1 + \dfrac{1}{150} \approx 1.006\,7$.

单元练习 A

1. 选择题.

(1) 设 $f(x)$ 在 $x = x_0$ 可导, 则 (   ).

  A. $f(x)$ 在 x_0 点的某邻域内可导

  B. $f(x)$ 在 x_0 点的某邻域内连续

  C. $f(x)$ 在 x_0 点连续

D. $f(x)$ 在 x_0 点的任意邻域内都连续

（2）设 $y = f(x)$ 在 $x = x_0$ 可导，则在 x_0 处的微分 $\mathrm{d}y$ 是指 （　　）.

A. $f'(x_0)$ 　　　　　　　　　　 B. $\Delta y = f(x_0 + \Delta x) - f(x_0)$

C. 很小的量 　　　　　　　　　 D. $f'(x_0)\Delta x$

（3）设 $y = f(x)$ 在 $x = 0$ 可导，且 $f'(0) = 2$，则当 $x \to 0$ 时，$f(x) - f(0)$ 是关于 x 的 （　　）.

A. 等价无穷小 　　　　　　　　 B. 同阶无穷小

C. 高阶无穷小 　　　　　　　　 D. 低阶无穷小

（4）设 $f(x) = \begin{cases} x, & x < 0, \\ x\mathrm{e}^x, & x \geqslant 0, \end{cases}$ 则 $f(x)$ 在 $x = 0$ 处 （　　）.

A. 不连续 　　　　　　　　　　 B. 可导

C. 连续但不可导 　　　　　　　 D. 不能判断

2. 填空题.

（1）设 $f(x) = x^3 + 3x^2 + x + 1$，则 $f'''(0) =$ _____ .

（2）设 $\Delta y = \dfrac{x}{1+x}\Delta x + o(\Delta x)$，则 $y'|_{x=1} =$ _____ .

（3）设 $f(x)$ 在 $x = a$ 点可导，且 $\lim\limits_{\Delta x \to 0}\dfrac{f(a + 2\Delta x) - f(a)}{\Delta x} = 2$，则 $f'(a) =$ _____ .

（4）设 $y = f(u)$ 可导，则 $\mathrm{d}f\left(\dfrac{1}{x}\right) =$ _____ .

（5）曲线 $y = \dfrac{1}{x}$ 在点 $(1,1)$ 处的切线方程为_____ .

3. 讨论函数 $f(x) = \begin{cases} x - 1, & x \leqslant 0, \\ 2x, & 0 < x \leqslant 1, \\ x^2 + 1, & 1 < x \leqslant 2, \\ \dfrac{1}{2}x + 4, & x > 2, \end{cases}$ 分别在 $x = 0$，$x = 1$，$x = 2$ 处的连续性与可导性.

4. 求下列函数的微分 $\mathrm{d}y$.

（1）$y = \sqrt{x} \cdot \sin x + \cos x \cdot \ln x$；　（2）$y = \arcsin(2x^2)$；　（3）$y = \arctan\dfrac{1}{x}$；

（4）$y = \dfrac{x}{1 - \cos x}$；　（5）$y = \arcsin x + \arccos x$.

5. 求下列函数的二阶导数 y''.

（1）$y = \ln(1 + x^2)$；　（2）$y = \dfrac{x}{\sqrt{1 - x^2}}$.

6. 设方程 $\sin(xy) + \ln(y-x) = x$ 确定了隐函数 $y = y(x)$，求 $\dfrac{\mathrm{d}y}{\mathrm{d}x}\Big|_{x=0}$.

7. 已知 $\begin{cases} x = \ln(1+t^2), \\ y = \arctan t, \end{cases}$ 求 $\dfrac{\mathrm{d}y}{\mathrm{d}x}$, $\dfrac{\mathrm{d}^2 y}{\mathrm{d}x^2}$.

8. 设 $f(x)$ 是偶函数，且在 $x = 0$ 点导数存在，证明 $f'(0) = 0$.

9. 在曲线 $y = \dfrac{1}{1+x^2}$ 上求一点，使通过该点的切线与 x 轴平行.

单元练习 B

1. 选择题.

(1) 设 $f(x)$ 在 $x = 0$ 连续，则下列命题错误的是（　　）.

  A. 若 $\lim\limits_{x \to 0} \dfrac{f(x)}{x} = 0$，则 $f(0) = 0$

  B. 若 $\lim\limits_{x \to 0} \dfrac{f(x)}{x} = 0$，则 $f'(0) = 0$

  C. 若 $\lim\limits_{x \to 0} \dfrac{f(x) + f(-x)}{x}$ 存在，则 $f(0) = 0$

  D. 若 $\lim\limits_{x \to 0} \dfrac{f(x) + f(-x)}{x}$ 存在，则 $f'(0) = 0$

(2) 设 $g(x) = \begin{cases} \dfrac{2}{3} x^3, & x \leqslant 1, \\ x^2, & x > 1, \end{cases}$ 则 $g(x)$ 在 $x = 1$ 处（　　）.

  A. 左右导数都存在   B. 左右导数都不存在

  C. 左导数存在，右导数不存在   D. 左导数不存在，右导数存在

(3) 设 $\lim\limits_{x \to x_0} \dfrac{f(x) - f(x_0)}{x - x_0} = A$，$A$ 为常数，则下列说法错误的是（　　）.

  A. $f(x)$ 在 $x = x_0$ 连续

  B. $f(x)$ 在 $x = x_0$ 可导

  C. $\lim\limits_{x \to x_0} f(x)$ 不存在

  D. $f(x) - f(x_0) = A(x - x_0) + o(x - x_0)$

(4) 若 $f(x)$ 是可导的奇函数，则 $f'(x)$ 是（　　）.

  A. 奇函数   B. 偶函数   C. 非奇非偶函数   D. 不能确定

2. 填空题.

(1) 设曲线 $y = ax^2$ 与 $y = \ln x$ 相切，则 $a = $ ＿＿＿＿＿＿.

(2) 设 $f'(0) = 1$，则 $\lim\limits_{x \to 0} \dfrac{f(2x) - f(3x)}{x} = $ _____ .

(3) 设 $y = \ln\sqrt{\dfrac{1-x}{1+x^2}}$ 在 $x = 0$ 点的二阶导数为 _____ .

(4) 设 $y = \dfrac{x^2}{1-x}$，则 $y^{(n)} = $ _____ $(n > 1)$.

(5) 曲线 $\begin{cases} x = \mathrm{e}^t \sin t \\ y = \mathrm{e}^t \cos t \end{cases}$ 在点 $(0,1)$ 处的切线方程为 _____ .

3. 求下列函数的导数 y'.

(1) $y = \ln(\cos x^2)$;　　　　　　(2) $y = \mathrm{e}^{\tan\frac{1}{x}}$;

(3) $y = \dfrac{\arcsin x}{\sqrt{1-x^2}}$;　　　　　(4) $y = (2 + \sin x)^{\cos x}$.

4. 设 $y = \sin f(x^2)$，其中 f 二阶可导，求 $\dfrac{\mathrm{d}^2 y}{\mathrm{d}x^2}$.

5. 设方程 $\mathrm{e}^{2x+y} - \cos(xy) = \mathrm{e} - 1$ 确定了隐函数 $y = y(x)$，求曲线 $y = y(x)$ 在点 $(0,1)$ 处的切线方程.

6. 已知 $\begin{cases} x = \arctan t, \\ 2y - ty^2 + \mathrm{e}^t = 5, \end{cases}$ 确定了函数 $y = y(x)$，求 $\dfrac{\mathrm{d}y}{\mathrm{d}x}$.

7. 讨论 $f(x) = \begin{cases} x^n \sin\dfrac{1}{x}, & x \neq 0, \\ 0, & x = 0, \end{cases}$ 在 $x = 0$ 点的连续性与可导性 $(n > 0)$.

8. 已知 $f(x)$ 在 $x = 0$ 点可导，且 $\lim\limits_{x \to 0} \dfrac{\arctan x}{\mathrm{e}^{f(x)} - 1} = 2$，求 $f(0)$ 与 $f'(0)$.

9. 已知 $f(x)$ n 阶可导，求 $\left[f(ax + b) \right]^{(n)}$.

单元练习 A 答案

1. (1) C　　(2) D　　(3) B　　(4) B.

2. (1) 6　　(2) $\dfrac{1}{2}$　　(3) 1　　(4) $-\dfrac{1}{x^2} f'\left(\dfrac{1}{x}\right)\mathrm{d}x$　　(5) $x + y - 2 = 0$.

3. **解**　在 $x = 0$ 处，$\lim\limits_{x \to 0^-} f(x) = \lim\limits_{x \to 0^-}(x-1) = -1$，$\lim\limits_{x \to 0^+} f(x) = \lim\limits_{x \to 0^+} 2x = 0$，从而在 $x = 0$ 点不连续，在 $x = 0$ 点不可导；在 $x = 1$ 处，$\lim\limits_{x \to 1^-} f(x) = \lim\limits_{x \to 1^-} 2x = 2$，$\lim\limits_{x \to 1^+} f(x) = \lim\limits_{x \to 1^+}(x^2 + 1) = 2$，从而在 $x = 1$ 点连续，又

$f'_-(1) = \lim\limits_{x \to 1^-} \dfrac{2x-2}{x-1} = 2$，$f'_+(1) = \lim\limits_{x \to 1^+} \dfrac{(x^2+1)-2}{x-1} = \lim\limits_{x \to 1^+}(x+1) = 2$，从

而在 $x=1$ 点可导，且 $f'(1)=2$；在 $x=2$ 处，$\lim\limits_{x\to 2^+}f(x)=\lim\limits_{x\to 2^+}\left(\dfrac{1}{2}x+4\right)=$

$5=f(2)$，$\lim\limits_{x\to 2^-}f(x)=\lim\limits_{x\to 2^-}(x^2+1)=5=f(2)$，从而在 $x=2$ 点连续，又

$$f'_-(2)=\lim_{x\to 2^-}\frac{f(x)-f(2)}{x-2}=\lim_{x\to 2^-}\frac{x^2-4}{x-2}=4,\ \ f'_+(2)=\lim_{x\to 2^+}\frac{f(x)-f(2)}{x-2}=$$

$$\lim_{x\to 2^+}\frac{\left(\dfrac{1}{2}x+4\right)-5}{x-2}=\frac{1}{2},\ \ f'_-(2)\neq f'_+(2)，从而在 x=2 点不可导.$$

4. **解** (1) $y'=\sqrt{x}\cdot\cos x+\dfrac{\sin x}{2\sqrt{x}}+\dfrac{\cos x}{x}-\ln x\sin x,$

$$\mathrm{d}y=\left(\sqrt{x}\cdot\cos x+\frac{\sin x}{2\sqrt{x}}+\frac{\cos x}{x}-\ln x\sin x\right)\mathrm{d}x;$$

(2) $\mathrm{d}y=\dfrac{4x}{\sqrt{1-4x^4}}\mathrm{d}x;$

(3) $y'=\dfrac{1}{1+\dfrac{1}{x^2}}\left(-\dfrac{1}{x^2}\right)=-\dfrac{1}{1+x^2},\ \ \mathrm{d}y=-\dfrac{1}{1+x^2}\mathrm{d}x;$

(4) $\mathrm{d}y=\dfrac{1-\cos x-x\sin x}{(1-\cos x)^2}\mathrm{d}x;$ (5) $\mathrm{d}y=\left(\dfrac{1}{\sqrt{1-x^2}}-\dfrac{1}{\sqrt{1-x^2}}\right)\mathrm{d}x=0.$

5. **解** (1) $y'=\dfrac{2x}{1+x^2},\ \ y''=\dfrac{2(1+x^2)-4x^2}{(1+x^2)^2}=\dfrac{2-2x^2}{(1+x^2)^2};$

(2) $y'=\dfrac{\sqrt{1-x^2}-x\dfrac{-x}{\sqrt{1-x^2}}}{1-x^2}=\dfrac{1}{(1-x^2)^{\frac{3}{2}}},$

$$y''=\frac{-\dfrac{3}{2}(1-x^2)^{\frac{1}{2}}(-2x)}{(1-x^2)^3}=\frac{3x}{(1-x^2)^{\frac{5}{2}}}.$$

6. **解** 方程两边对 x 求导，得 $\cos(xy)(y+xy')+\dfrac{1}{y-x}(y'-1)=1$，解

得 $y'=\dfrac{1+\dfrac{1}{y-x}-y\cos(xy)}{x\cos(xy)+\dfrac{1}{y-x}}$，又当 $x=0$ 时 $y=1$，代入上式，得

$\dfrac{\mathrm{d}y}{\mathrm{d}x}\Big|_{x=0}=1.$

7. **解** $\dfrac{\mathrm{d}y}{\mathrm{d}x}=\dfrac{\dfrac{\mathrm{d}y}{\mathrm{d}t}}{\dfrac{\mathrm{d}x}{\mathrm{d}t}}=\dfrac{\dfrac{1}{1+t^2}}{\dfrac{2t}{1+t^2}}=\dfrac{1}{2t},\ \ \dfrac{\mathrm{d}^2y}{\mathrm{d}x^2}=\dfrac{\dfrac{\mathrm{d}}{\mathrm{d}t}\left(\dfrac{\mathrm{d}y}{\mathrm{d}x}\right)}{\dfrac{\mathrm{d}x}{\mathrm{d}t}}=\dfrac{\dfrac{-1}{2t^2}}{\dfrac{2t}{1+t^2}}=-\dfrac{1+t^2}{4t^3}.$

8. **证明**　由 $f(x)$ 是偶函数，所以 $f(-x)=f(x)$，
所以$-f'(-x)=f'(x)$，当 $x=0$ 时，$f'(0)=0$.

9. **解**　设所求点 (x_0,y_0)，要使通过该点的切线与 x 轴平行，即
$y'|_{(x_0,y_0)}=0$. 由 $y'|_{(x_0,y_0)}=\dfrac{-2x}{(1+x^2)^2}\Big|_{(x_0,y_0)}=\dfrac{-2x_0}{(1+x_0^2)^2}$，得 $x_0=0$，
$y_0=1$.

单元练习 B 答案

1. (1) D　　(2) C　　(3) C　　(4) B.

2. (1) $\dfrac{1}{2\mathrm{e}}$　　(2) -1　　(3) $-\dfrac{3}{2}$　　(4) $\dfrac{(-1)^{n+1}n!}{(x-1)^{n+1}}$
(5) $y-x-1=0$.

3. **解**　(1) $y'=\dfrac{1}{\cos x^2}(-\sin x^2)(2x)=-2x\tan x^2$；

(2) $y'=\mathrm{e}^{\tan\frac{1}{x}}\sec^2\dfrac{1}{x}\left(-\dfrac{1}{x^2}\right)$；

(3) $y'=\dfrac{1-\arcsin x\cdot\dfrac{-x}{\sqrt{1-x^2}}}{1-x^2}=\dfrac{\sqrt{1-x^2}+x\arcsin x}{(1-x^2)^{\frac{3}{2}}}$；

(4) $y=(2+\sin x)^{\cos x}=\mathrm{e}^{\cos x\ln(2+\sin x)}$，

$\quad y'=\mathrm{e}^{\cos x\ln(2+\sin x)}\left[-\sin x\ln(2+\sin x)+\cos x\dfrac{\cos x}{2+\sin x}\right]$

$\quad =(2+\sin x)^{\cos x}\left[-\sin x\ln(2+\sin x)+\dfrac{\cos^2 x}{2+\sin x}\right]$.

4. **解** $y'=\cos f(x^2)\cdot f'(x^2)\cdot 2x=2x\cos f(x^2)f'(x^2)$，

$y''=2\cos f(x^2)f'(x^2)+2x[-\sin f(x^2)\cdot f'(x^2)2x]f'(x^2)+$
$\quad 2x\cos f(x^2)f''(x^2)2x$
$\quad =4x^2\cos f(x^2)f''(x^2)-4x^2\sin f(x^2)[f'(x^2)]^2+2\cos f(x^2)f'(x^2)$.

5. **解**　方程两边对 x 求导，得 $\mathrm{e}^{2x+y}(2+y')+\sin(xy)(y+xy')=0$，解得
$y'=-\dfrac{2\mathrm{e}^{2x+y}+y\sin(xy)}{\mathrm{e}^{2x+y}+x\sin(xy)}$；又当 $x=0$ 时 $y=1$，代入上式，得

$\dfrac{\mathrm{d}y}{\mathrm{d}x}\Big|_{x=0}=-2$；从而曲线 $y=y(x)$ 在 $(0,1)$ 处的切线方程为 $y+2x-1=0$.

6. **解**　第二个方程两边对 t 求导，得 $2\dfrac{\mathrm{d}y}{\mathrm{d}t}-y^2-2ty\dfrac{\mathrm{d}y}{\mathrm{d}t}+\mathrm{e}^t=0$，解得

$$\frac{\mathrm{d}y}{\mathrm{d}t} = \frac{y^2 - \mathrm{e}^t}{2 - 2ty}; \quad \text{从而} \frac{\mathrm{d}y}{\mathrm{d}x} = \frac{\dfrac{\mathrm{d}y}{\mathrm{d}t}}{\dfrac{\mathrm{d}x}{\mathrm{d}t}} = \frac{\dfrac{y^2 - \mathrm{e}^t}{2 - 2ty}}{\dfrac{1}{1 + t^2}} = \frac{(y^2 - \mathrm{e}^t)(1 + t^2)}{2 - 2ty}.$$

7. **解** $\lim\limits_{x \to 0} f(x) = \lim\limits_{x \to 0} x^n \sin\dfrac{1}{x} = 0$，所以 $f(x)$ 在 $x = 0$ 连续；由导数定

义，$f'(0) = \lim\limits_{x \to 0} \dfrac{f(x) - f(0)}{x} = \lim\limits_{x \to 0} x^{n-1} \sin\dfrac{1}{x}$，所以当 $n - 1 > 0$，即 $n > 1$

时，$f'(0) = \lim\limits_{x \to 0} x^{n-1} \sin\dfrac{1}{x} = 0$；当 $n - 1 < 0$，即 $0 < n < 1$ 时，

$f'(0) = \lim\limits_{x \to 0} x^{n-1} \sin\dfrac{1}{x} = 0$ 不存在.

8. **解** 由 $\lim\limits_{x \to 0} \dfrac{\arctan x}{\mathrm{e}^{f(x)} - 1} = 2$ 可得 $\mathrm{e}^{f(x)} - 1 \to 0$，即 $f(x) \to 0$（$x \to 0$），从

而 $f(0) = 0$；由导数的定义和等价无穷小可得

$$\lim_{x \to 0} \frac{\arctan x}{\mathrm{e}^{f(x)} - 1} = \lim_{x \to 0} \frac{x}{f(x)} = \lim_{x \to 0} \frac{x}{f(x) - f(0)} = 2;$$

从而 $f'(0) = \lim\limits_{x \to 0} \dfrac{f(x) - f(0)}{x} = \dfrac{1}{2}$.

9. **解** $[f(ax + b)]' = af'(ax + b)$，

$[f(ax + b)]'' = a^2 f''(ax + b)$，

$[f(ax + b)]''' = a^3 f'''(ax + b)$，

$\cdots$，

$[f(ax + b)]^{(n)} = a^n f^{(n)}(ax + b)$.

第3章

微分中值定理与导数的应用

知识结构图

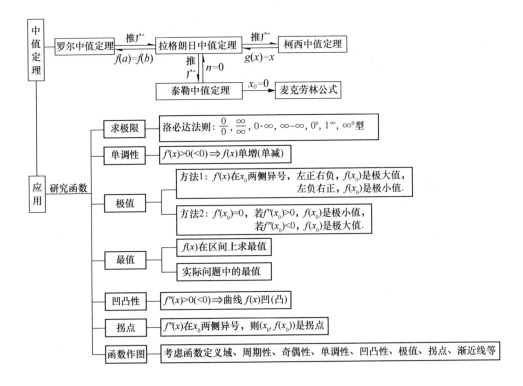

本章学习目标

- 理解罗尔定理、拉格朗日中值定理及其几何意义，了解柯西中值定理，会用罗尔定理判定方程根的存在性，会用罗尔定理证明含导数的等式问题，会用拉格朗日中值定理证明不等式；
- 熟练掌握用洛必达法则求未定式极限的方法；

- 掌握用导数判断函数的单调性和求极值的方法，掌握利用函数单调性证明不等式的方法，理解函数极值的概念；
- 会用导数判定曲线的凹凸性，会求曲线的拐点，会求曲线的渐近线；
- 会求解较简单的最大值和最小值的应用问题；
- 理解曲率和曲率半径的概念，会计算曲率和曲率半径.

3.1　微分中值定理

3.1.1　知识点分析

1. 罗尔（Rolle）定理

若 $f(x)$ 满足：①在 $[a,b]$ 上连续；②在 (a,b) 内可导；③ $f(a)=f(b)$，则至少存在一点 $\xi \in (a,b)$，使得 $f'(\xi)=0$.

注　（1）罗尔定理的条件是充分而非必要的.

（2）几何意义：在两端高度相同的一段连续曲线上，如果除端点外，处处都有不垂直于 x 轴的切线，那么在这条曲线上至少有一个点处的切线是水平的.

（3）罗尔定理经常用来判定方程 $f'(x)=0$ 根的存在性或者证明含有导数的等式成立，证明等式时要建立辅助函数.

2. 拉格朗日（Lagrange）中值定理

若 $f(x)$ 满足：①在 $[a,b]$ 上连续；②在 (a,b) 内可导，则至少存在一点 $\xi \in (a,b)$，使得 $f(b)-f(a)=f'(\xi)(b-a)$.

注　（1）结论的形式也可以写成 $f'(\xi) = \dfrac{f(b)-f(a)}{b-a}$ 或者

$$f(x+\Delta x)-f(x)=f'(x+\theta\Delta x)\Delta x(0<\theta<1);$$

（2）几何意义：如果在一段连续曲线 AB 上，除端点外，处处都有不垂直于 x 轴的切线，那么在这条曲线上至少一点处的切线与弦 AB 平行；

（3）推论：若在区间 I 内 $f'(x)\equiv 0$，则 $f(x)\equiv C$，

　　　　　若在区间 I 内 $f'(x)\equiv g'(x)$，则 $f(x)=g(x)+C$；

（4）拉格朗日中值定理将区间端点与区间内部某点 ξ 联系在一起，该定理经常用来证明恒等式或不等式.

3. 柯西（Cauchy）中值定理

若 $f(x)$ 和 $g(x)$ 满足：①在 $[a,b]$ 上连续；②在 (a,b) 内可导；③ $x \in (a,b)$ 时，$g'(x) \neq 0$，则至少存在一点 $\xi \in (a,b)$，使得

$$\frac{f(b)-f(a)}{g(b)-g(a)}=\frac{f'(\xi)}{g'(\xi)}.$$

4. 三个中值定理的关系

罗尔定理 $\underset{f(a)=f(b)}{\overset{推广}{\rightleftharpoons}}$ 拉格朗日中值定理 $\underset{g(x)=x}{\overset{推广}{\rightleftharpoons}}$ 柯西中值定理.

3.1.2　典例解析

1. 罗尔定理应用

例1　证明方程 $4ax^3+3bx^2+2cx=a+b+c$ 在区间 $(0,1)$ 内至少有一个实根.

证明　设 $f(x)=ax^4+bx^3+cx^2-(a+b+c)x$，容易验证 $f(x)$ 在 $[0,1]$ 上连续，在 $(0,1)$ 内可导且 $f(0)=f(1)=0$，$f(x)$ 满足罗尔定理的条件，故至少存在一点 $\xi\in(0,1)$，使 $f'(\xi)=0$，即方程 $4ax^3+3bx^2+2cx=a+b+c$ 在区间 $(0,1)$ 内至少有一个实根.

点拨　把要证明的式子 $4ax^3+3bx^2+2cx=a+b+c$ 看作 $f'(x)=0$，则对应的 $f(x)=ax^4+bx^3+cx^2-(a+b+c)x$，只要验证 $f(x)$ 满足罗尔定理的条件，即可得证.

例2　已知 $f(x)$ 在 $[0,1]$ 上连续，在 $(0,1)$ 内可导，且 $f(0)=1$，$f(1)=0$. 求证：在 $(0,1)$ 内至少存在一点 ξ，使得 $f'(\xi)=-\dfrac{nf(\xi)}{\xi}$.

证明　作辅助函数 $F(x)=x^nf(x)$，则 $F(x)$ 在 $[0,1]$ 上连续，在 $(0,1)$ 内可导，又 $F(0)=F(1)=0$，由罗尔定理知，在 $(0,1)$ 内至少存在一点 ξ，使得 $F'(\xi)=0$，即 $n\xi^{n-1}f(\xi)+\xi^nf'(\xi)=0$，即 $f'(\xi)=-\dfrac{nf(\xi)}{\xi}$.

点拨　用罗尔定理证明含 $f'(\xi)$ 的等式问题，一般需要从结论出发构造辅助函数 $F(x)$，且 $F'(x)|_{x=\xi}$ 是要证明的结论或者包含结论. 然后验证 $F(x)$ 满足罗尔定理条件得出结论即可. 常用的辅助函数有 $f(x)-kx$，$x^kf(x)$，$e^{\lambda x}f(x)$. 该题结论 $f'(\xi)=-\dfrac{nf(\xi)}{\xi}$ 可以变形成 $\xi f'(\xi)+nf(\xi)=0$，即 $[xf'(x)+nf(x)]|_{x=\xi}=0$，可以想到是 $F(x)=x^nf(x)$ 导数的一部分.

2. 拉格朗日中值定理的应用

例3　在曲线 $y=x^3-3x(-1\leqslant x\leqslant 1)$ 上求平行于连接曲线弧两端点弦的切线方程.

解　设切点为 $(\xi,f(\xi))$，由拉格朗日中值定理的几何意义得

$$f'(\xi)=\frac{f(1)-f(-1)}{1-(-1)}=-2，即 3\xi^2-3=-2，所以 \xi=\pm\frac{\sqrt{3}}{3}. 于是有$$

$$\xi=\frac{\sqrt{3}}{3} 时，f(\xi)=-\frac{8}{9}\sqrt{3}，弦上该点处切线为 y+2x=-\frac{2}{9}\sqrt{3}.$$

$\xi = -\dfrac{\sqrt{3}}{3}$ 时，$f(\xi) = \dfrac{8}{9}\sqrt{3}$，弦上该点处切线为 $y + 2x = \dfrac{2}{9}\sqrt{3}$.

例 4 证明等式 $\arctan x = \arcsin \dfrac{x}{\sqrt{1+x^2}}$.

证明 令 $f(x) = \arctan x - \arcsin \dfrac{x}{\sqrt{1+x^2}}$，则

$$f'(x) = \frac{1}{1+x^2} - \frac{1}{\sqrt{1 - \dfrac{x^2}{1+x^2}}} \cdot \frac{\sqrt{1+x^2} - \dfrac{x^2}{\sqrt{1+x^2}}}{1+x^2} = \frac{1}{1+x^2} - \frac{1}{1+x^2} = 0,$$

由推论知 $f(x)$ 是常数，即 $f(x) = \arctan x - \arcsin \dfrac{x}{\sqrt{1+x^2}} \equiv C$.

又 $f(0) = 0$，所以 $C = 0$，$\arctan x = \arcsin \dfrac{x}{\sqrt{1+x^2}}$.

点拨 证明在某区间内 $f(x) \equiv C$，只需证明在该区间内 $f'(x) \equiv 0$，然后在该区间内取某特殊点 x_0，算出 $f(x_0)$，即可确定 C.

例 5 证明：$|\arctan x - \arctan y| \leqslant |x - y|$.

证明 令 $f(t) = \arctan t$，显然 $f(t)$ 在区间 $[y, x]$（或 $[x, y]$）上满足拉格朗日中值定理条件，于是有 $f(x) - f(y) = f'(\xi)(x - y)$，$\xi$ 介于 x 和 y 之间.

即 $\arctan x - \arctan y = \dfrac{1}{1+\xi^2}(x - y)$. 由于 $0 < \dfrac{1}{1+\xi^2} \leqslant 1$，所以，

$$|\arctan x - \arctan y| \leqslant |x - y|.$$

点拨 用拉格朗日中值定理证明不等式问题，需要从不等式出发构造函数 $f(x)$ 和相应的区间 $[a, b]$，然后对函数在区间上运用拉格朗日中值定理得出等式，根据 ξ 的变化范围得出不等式.

3.1.3 习题解答

1. 验证罗尔定理对函数 $y = \sin x$ 在区间 $[0, \pi]$ 上的正确性.

解 $y = \sin x$ 在 $[0, \pi]$ 上连续，在 $(0, \pi)$ 内可导，且 $\sin 0 = \sin \pi = 0$. 由 $y' = \cos x = 0$，得 $x = n\pi + \dfrac{\pi}{2}$，$n \in Z$. 当 $n = 0$ 时，$x = \dfrac{\pi}{2} \in (0, \pi)$. 即在 $(0, \pi)$ 内，存在一点 $\xi = \dfrac{\pi}{2}$，使得 $y'(\xi) = 0$，罗尔定理正确.

2. 验证拉格朗日中值定理对函数 $y = 2x^3 - 9x^2 + 12x$ 在区间 $[0, 3]$ 上的正确性.

解 $y = 2x^3 - 9x^2 + 12x$ 在 $[0, 3]$ 上连续，在 $(0, 3)$ 内可导，且

$y(0)=0$，$y(3)=9$. $y'=6x^2-18x+12$，解方程 $y'(\xi)=\dfrac{y(3)-y(0)}{3-0}$，即

$2\xi^2-6\xi+3=0$，所以，$\xi=\dfrac{3\pm\sqrt{3}}{2}\in(0,3)$，拉格朗日中值定理正确.

*3. 验证柯西定理对函数 $f(x)=x^3$ 及 $g(x)=x^2+1$ 在区间 $[0,1]$ 上的正确性.

解 $f(x)$，$g(x)$ 在 $[0,1]$ 上连续，在 $(0,1)$ 内可导，且 $x\in(0,1)$ 时 $g'(x)=2x\neq0$. $f'(x)=3x^2$，$g'(x)=2x$. 解方程 $\dfrac{f(1)-f(0)}{g(1)-g(0)}=\dfrac{f'(\xi)}{g'(\xi)}$，

即 $\dfrac{1}{1}=\dfrac{3\xi^2}{2\xi}$，得 $\xi=\dfrac{2}{3}\in(0,1)$，柯西定理正确.

4. 15 世纪郑和下西洋最大的宝船能在 12 小时内一次航行 110 海里. 试解释为什么在航行过程中的某时刻船速一定超过 9 海里/小时.

解 该船行驶路程 S 与时间 t 的关系为 $S(t)$，则 $S(t)$ 在 $[0,12]$ 上连续，$(0,12)$ 内可导. 由 Lagrange 定理，$\exists\xi\in(0,12)$，使得

$$V=S'(\xi)=\frac{S(12)-S(0)}{12}=\frac{110}{12}>9,$$

即船行驶过程中的某时刻船速一定超过 9 海里/小时.

5. 试证明对函数 $y=px^2+qx+r$ 应用拉格朗日中值定理时，所求得的点 ξ 总是位于区间的正中间.

证明 $y=px^2+qx+r$ 在任意区间 $[a,b]$ 上连续，(a,b) 内可导，且 $y'=2px+q$，则由 Lagrange 定理，存在 $\xi\in(a,b)$ 使得

$$(2p\xi+q)(b-a)=p(b^2-a^2)+q(b-a).$$

解得 $\xi=\dfrac{a+b}{2}$，即 ξ 总位于区间的正中间.

6. 不求函数 $f(x)=x(x-1)(x-2)(x-3)(x-4)$ 的导数，判断方程 $f'(x)=0$ 有几个实根，并指出其所在区间.

解 $f(x)$ 在 $(-\infty,+\infty)$ 上连续可导，且 $f(0)=f(1)=f(2)=f(3)=f(4)=0$. 由罗尔定理，存在点 $\xi_1\in(0,1)$，使 $f'(\xi_1)=0$；$\xi_2\in(1,2)$，使 $f'(\xi_2)=0$；$\xi_3\in(2,3)$，使 $f'(\xi_3)=0$；$\xi_4\in(3,4)$，使 $f'(\xi_4)=0$. 即 ξ_1，ξ_2，ξ_3，ξ_4 均为方程 $f'(x)=0$ 的实根，又因为 $f'(x)=0$ 是四次方程，所以 $f'(x)=0$ 有且只有 4 个实根. 分别位于区间 $(0,1)$，$(1,2)$，$(2,3)$，$(3,4)$ 内.

7. 证明恒等式 $\arctan x+\operatorname{arccot}x=\dfrac{\pi}{2}$，$x\in(-\infty,+\infty)$.

解 令 $f(x)=\arctan x+\operatorname{arccot}x,x\in(-\infty,+\infty)$，

在 $(-\infty, +\infty)$ 内，$f'(x) = \dfrac{1}{1+x^2} - \dfrac{1}{1+x^2} \equiv 0$，所以 $f(x) \equiv C$，

又因为 $f(1) = \arctan 1 + \operatorname{arccot} 1 = \dfrac{\pi}{4} + \dfrac{\pi}{4} = \dfrac{\pi}{2}$，所以

$$\arctan x + \operatorname{arccot} x = \frac{\pi}{2}, x \in (-\infty, +\infty).$$

8. 若函数 $f(x)$ 在 $(-\infty, +\infty)$ 内满足关系式 $f'(x) = f(x)$，且 $f(0) = 1$，证明：$f(x) = \mathrm{e}^x$.

证明　令 $F(x) = f(x)\mathrm{e}^{-x}$，则

$F'(x) = f'(x)\mathrm{e}^{-x} - f(x)\mathrm{e}^{-x} = \mathrm{e}^{-x}[f'(x) - f(x)] = 0, x \in (-\infty, +\infty)$，所以 $F(x) \equiv C$. 又 $F(0) = f(0)\mathrm{e}^0 = 1$，故 $f(x)\mathrm{e}^{-x} = 1$，即 $f(x) = \mathrm{e}^x$.

9. 如果方程 $a_0 x^n + a_1 x^{n-1} + \cdots + a_{n-1} x = 0$ 有一个正根 x_0，证明方程 $na_0 x^{n-1} + (n-1)a_1 x^{n-2} + \cdots + a_{n-1} = 0$ 必有一个小于 x_0 的正根.

证明　令 $f(x) = a_0 x^n + a_1 x^{n-1} + \cdots + a_{n-1} x$，则 $f(x_0) = 0 = f(0)$，且 $f(x)$ 在 $[0, x_0]$ 上连续，在 $(0, x_0)$ 内可导. 由罗尔定理，至少存在一点 $\xi \in (0, x_0)$，使得 $f'(\xi) = 0$. 即 $na_0 x^{n-1} + (n-1)a_1 x^{n-2} + \cdots + a_{n-1} = 0$. 所以 $na_0 x^{n-1} + (n-1)a_1 x^{n-2} + \cdots + a_{n-1} = 0$ 必有一个小于 x_0 的正根.

10. 若函数 $y = f(x)$ 在 (a, b) 内有二阶导数，且 $f(x_1) = f(x_2) = f(x_3)$，其中 $a < x_1 < x_2 < x_3 < b$，证明：在 (a, b) 内至少有一点 ξ，使得 $f''(\xi) = 0$.

证明　由题设，$f(x)$ 在 $[x_1, x_2]$ 与 $[x_2, x_3]$ 上满足罗尔定理条件，于是存在 $\xi_1 \in (x_1, x_2)$，$\xi_2 \in (x_2, x_3)$，使得 $f'(\xi_1) = 0$，$f'(\xi_2) = 0$，则 $f'(x)$ 在 $[\xi_1, \xi_2]$ 上满足罗尔定理条件，于是 $\exists \xi \in (\xi_1, \xi_2)$，使得 $f''(\xi) = 0$.

点拨　证明的等式里含 $f''(\xi)$，或者含 ξ 和 η，一般需要运用两次中值定理.

11. 当 $a > b > 0$ 时，证明下列不等式.

(1) $nb^{n-1}(a-b) < a^n - b^n < na^{n-1}(a-b)$；

(2) $\dfrac{a-b}{a} < \ln \dfrac{a}{b} < \dfrac{a-b}{b}$.

证明　(1) 令 $f(x) = x^n$，则 $f(x)$ 在 $[b, a]$ 上连续，在 (b, a) 内可导. 由拉格朗日中值定理，$\exists \xi \in (b, a)$，使得 $f'(\xi)(a-b) = f(a) - f(b)$，即 $(a-b)n\xi^{n-1} = a^n - b^n$. 由于 $0 < b < \xi < a$，所以 $b^{n-1} < \xi^{n-1} < a^{n-1}$. 故 $nb^{n-1}(a-b) < a^n - b^n < na^{n-1}(a-b)$.

(2) 令 $f(x) = \ln x$，则 $f(x)$ 在 $[b, a]$ 上连续，在 (b, a) 内可导. 由拉格朗日中值定理，$\exists \xi \in (b, a)$，使得 $f'(\xi)(a-b) = f(a) - f(b)$，即

$\dfrac{(a-b)}{\xi} = \ln a - \ln b = \ln \dfrac{a}{b}$. 由于 $0 < b < \xi < a$，所以 $\dfrac{a-b}{a} < \dfrac{a-b}{\xi} < \dfrac{a-b}{b}$，故 $\dfrac{a-b}{a} < \ln \dfrac{a}{b} < \dfrac{a-b}{b}$.

3.2 洛必达（L'Hospital）法则

3.2.1 知识点分析

1. 洛必达法则直接求 $\dfrac{0}{0}$ 和 $\dfrac{\infty}{\infty}$ 型未定式

$$\lim \dfrac{f(x)}{F(x)} = \lim \dfrac{f'(x)}{F'(x)} = A \text{ 或 } \infty.$$

2. 洛必达法则间接求 $0 \cdot \infty$、$\infty - \infty$、0^0、1^∞、∞^0 型未定式，需把极限转化为 $\dfrac{0}{0}$ 型或 $\dfrac{\infty}{\infty}$ 型

$0 \cdot \infty$ 型可以将其中的一个因子的倒数放到分母上；

$\infty - \infty$ 型可以通分、提系数、根式有理化等，先转化为 $0 \cdot \infty$ 型或 $\dfrac{0}{0}$ 型、$\dfrac{\infty}{\infty}$ 型；

0^0、1^∞、∞^0 型未定式先将极限转化为 $\mathrm{e}^{0 \cdot \infty}$，
$$\lim [f(x)^{g(x)}] = \lim \mathrm{e}^{\ln [f(x)^{g(x)}]} = \lim \mathrm{e}^{g(x) \ln [f(x)]} = \mathrm{e}^{\lim g(x) \ln [f(x)]}.$$

注 （1）每次运用洛必达法则时，必须要验证所求极限是否为 $\dfrac{0}{0}$ 或 $\dfrac{\infty}{\infty}$ 型未定式，只有这两种未定式才能直接运用洛必达法则. 洛必达法则可以连续使用.

（2）利用洛必达法则时，要将表达式整理、化简，并与其他方法灵活地配合使用，常用的有：等价无穷小替换、变量代换、根式有理化、单独求出极限非零因子等.

（3）若 $\lim \dfrac{f'(x)}{F'(x)}$ 不存在，且极限也不是 ∞，只能说明洛必达法则失效，并不能说明原极限 $\lim \dfrac{f(x)}{F(x)}$ 不存在，而应改用其他方法求极限.

3.2.2 典例解析——利用洛必达法则求极限

例 求下列极限.

（1）$\lim\limits_{x \to 0} \dfrac{x - \arcsin x}{\sin^3 x}$；

（2）$\lim\limits_{x \to 1} (x-1) \tan \dfrac{\pi}{2} x$；

（3）$\lim\limits_{x \to \infty} [x - x^2 \ln(1 + \dfrac{1}{x})]$；

（4）$\lim\limits_{x \to +\infty} \left(\sin \dfrac{1}{x} + \cos \dfrac{1}{x} \right)^x$；

$(5) \lim\limits_{n \to \infty} \dfrac{\ln\left(1+\dfrac{1}{n}\right)}{\operatorname{arccot}n}$.

解 (1) $\lim\limits_{x \to 0} \dfrac{x-\arcsin x}{\sin^3 x} \xlongequal{\sin x \sim x} \lim\limits_{x \to 0} \dfrac{x-\arcsin x}{x^3} \xlongequal{\text{洛必达}} \lim\limits_{x \to 0} \dfrac{1-\dfrac{1}{\sqrt{1-x^2}}}{3x^2}$

$= \lim\limits_{x \to 0} \dfrac{\sqrt{1-x^2}-1}{3x^2 \sqrt{1-x^2}} \xlongequal{\text{提系数}} \lim\limits_{x \to 0} \dfrac{\sqrt{1-x^2}-1}{3x^2}$

$\xlongequal{\text{等价无穷小}} \lim\limits_{x \to 0} \dfrac{-\dfrac{1}{2}x^2}{3x^2} = -\dfrac{1}{6}$.

点拨 该题综合运用了求极限的多种方法. 其关键在于根据极限特点"审时度势"选择相应方法. 方法并不唯一.

(2) $\lim\limits_{x \to 1}(x-1)\tan\dfrac{\pi}{2}x = \lim\limits_{x \to 1} \dfrac{x-1}{\cot\dfrac{\pi}{2}x} = \lim\limits_{x \to 1} \dfrac{1}{-\dfrac{\pi}{2}\csc^2\dfrac{\pi}{2}x} = -\dfrac{2}{\pi}$.

点拨 $0 \cdot \infty$ 型未定式要先变形成 $\dfrac{0}{0}$ 型或 $\dfrac{\infty}{\infty}$ 型. 特别注意用洛必达法则后要使问题更简单而不是更复杂.

(3) $\lim\limits_{x \to \infty}\left[x-x^2\ln\left(1+\dfrac{1}{x}\right)\right] \xlongequal{\frac{1}{x}=t} \lim\limits_{t \to 0}\left[\dfrac{1}{t}-\dfrac{1}{t^2}\ln(1+t)\right]$

$= \lim\limits_{t \to 0} \dfrac{t-\ln(1+t)}{t^2} = \lim\limits_{t \to 0} \dfrac{1-\dfrac{1}{1+t}}{2t} = \lim\limits_{t \to 0} \dfrac{t}{2t(1+t)} = \dfrac{1}{2}$.

点拨 $\infty-\infty$ 型未定式一般要用通分的方法转化为 $\dfrac{0}{0}$ 型或 $\dfrac{\infty}{\infty}$ 型. 为方便通分，可以先做变量代换. 原式也可以 $= \lim\limits_{x \to \infty}x\left[1-x\ln\left(1+\dfrac{1}{x}\right)\right]$，转化为 $0 \cdot \infty$ 型未定式.

(4) **解法 1** $\lim\limits_{x \to +\infty}\left(\sin\dfrac{1}{x}+\cos\dfrac{1}{x}\right)^x \xlongequal{\text{令}\frac{1}{x}=t} \lim\limits_{t \to 0^+}(\sin t+\cos t)^{\frac{1}{t}}$

$= \lim\limits_{t \to 0^+} e^{\frac{1}{t}\ln(\sin t+\cos t)} = e^{\lim\limits_{t \to 0^+}\frac{\ln(\sin t+\cos t)}{t}} = e^{\lim\limits_{t \to 0^+}\frac{\cos t-\sin t}{\sin t+\cos t}} = e$.

解法 2 $\lim\limits_{x \to +\infty}\left(\sin\dfrac{1}{x}+\cos\dfrac{1}{x}\right)^x \xlongequal{\text{令}\frac{1}{x}=t} \lim\limits_{t \to 0^+}(\sin t+\cos t)^{\frac{1}{t}}$

$= \lim\limits_{t \to 0^+}[1+(\sin t+\cos t-1)]^{\frac{1}{t}} = e^{\lim\limits_{t \to 0^+}\frac{\sin t+\cos t-1}{t}} = e^{\lim\limits_{t \to 0^+}(\cos t-\sin t)} = e$.

点拨 0^0、1^∞、∞^0 型未定式都属于幂指函数的极限问题，需将幂指函数写成 $e^{\ln}$ 的形式，然后运用 $\lim e^{\ln} = e^{\lim \ln}$ 继续求极限. 另外对于 1^∞ 型未定式也可以运用第二个重要极限求极限，并且注意运用结论 $\lim\limits_{\substack{u(x)\to 0 \\ v(x)\to\infty}} [1 + u(x)]^{v(x)} = e^{\lim u(x)v(x)}$.

$$(5)\ \lim_{n\to\infty} \frac{\ln\left(1 + \frac{1}{n}\right)}{\operatorname{arccot} n} = \lim_{x\to +\infty} \frac{\ln\left(1 + \frac{1}{x}\right)}{\operatorname{arccot} x} = \lim_{x\to +\infty} \frac{\frac{1}{x}}{\operatorname{arccot} x} = \lim_{x\to +\infty} \frac{-\frac{1}{x^2}}{-\frac{1}{1+x^2}}$$

$$= \lim_{x\to +\infty} \frac{1 + x^2}{x^2} = 1.$$

点拨 对于数列极限的未定式，不能对 n 直接求导，要先化为函数的未定式极限，然后运用洛必达法则.

3.2.3 习题解答

1. 求下列函数的极限.

(1) $\lim\limits_{x\to 0} \dfrac{\ln(1+x)}{x}$；

(2) $\lim\limits_{x\to 0} \dfrac{a^x - b^x}{x}$；

(3) $\lim\limits_{x\to 0} \dfrac{e^x - e^{-x}}{x}$；

(4) $\lim\limits_{x\to \pi} \dfrac{\sin 2x}{\tan 4x}$；

(5) $\lim\limits_{x\to \frac{\pi}{2}} \dfrac{\ln\sin x}{(\pi - 2x)^2}$；

(6) $\lim\limits_{x\to a} \dfrac{x^m - a^m}{x^n - a^n}$；

(7) $\lim\limits_{x\to 0^+} \dfrac{\ln\tan 2x}{\ln\tan 3x}$；

(8) $\lim\limits_{x\to +\infty} \dfrac{x^3}{e^x}$；

(9) $\lim\limits_{x\to 0} x \cot 3x$；

(10) $\lim\limits_{x\to 0} x^2 e^{\frac{1}{x}}$；

(11) $\lim\limits_{x\to 1}\left(\dfrac{x}{x-1} - \dfrac{1}{\ln x}\right)$；

(12) $\lim\limits_{x\to 1}\left(\dfrac{2}{x^2 - 1} - \dfrac{1}{x-1}\right)$；

(13) $\lim\limits_{x\to\infty}\left(1 + \dfrac{a}{x}\right)^x$；

(14) $\lim\limits_{x\to 0^+} x^{\sin x}$；

(15) $\lim\limits_{x\to 0^+}\left(\dfrac{1}{x}\right)^{\tan x}$；

(16) $\lim\limits_{x\to\infty} x(e^{\frac{1}{x}} - 1)$.

解 (1) $\lim\limits_{x\to 0} \dfrac{\ln(1+x)}{x} = \lim\limits_{x\to 0} \dfrac{1}{1+x} = 1$；

(2) $\lim\limits_{x\to 0} \dfrac{a^x - b^x}{x} = \lim\limits_{x\to 0}(a^x \ln a - b^x \ln b) = \ln a - \ln b = \ln \dfrac{a}{b}$；

(3) $\lim\limits_{x\to 0} \dfrac{e^x - e^{-x}}{x} = \lim\limits_{x\to 0}(e^x + e^{-x}) = 2$；

(4) $\lim\limits_{x\to \pi} \dfrac{\sin 2x}{\tan 4x} = \lim\limits_{x\to \pi} \dfrac{2\cos 2x}{4\sec^2 4x} = \dfrac{1}{2}\lim\limits_{x\to \pi}(\cos 2x \cdot \cos^2 4x) = \dfrac{1}{2}$；

(5) $\lim\limits_{x\to\frac{\pi}{2}}\dfrac{\ln\sin x}{(\pi-2x)^2}=\lim\limits_{x\to\frac{\pi}{2}}\dfrac{\cot x}{-4(\pi-2x)}=\lim\limits_{x\to\frac{\pi}{2}}\dfrac{-\csc^2 x}{8}=-\dfrac{1}{8}$;

(6) $\lim\limits_{x\to a}\dfrac{x^m-a^m}{x^n-a^n}=\lim\limits_{x\to a}\dfrac{mx^{m-1}}{nx^{n-1}}=\lim\limits_{x\to a}\left(\dfrac{m}{n}x^{m-n}\right)=\dfrac{m}{n}a^{m-n}$;

(7) $\lim\limits_{x\to0^+}\dfrac{\ln\tan 2x}{\ln\tan 3x}=\lim\limits_{x\to0^+}\dfrac{\dfrac{2\sec^2 2x}{\tan 2x}}{\dfrac{3\sec^2 3x}{\tan 3x}}=\lim\limits_{x\to0^+}\dfrac{6x\cos^2 3x}{6x\cos^2 2x}=1$;

(8) $\lim\limits_{x\to+\infty}\dfrac{x^3}{\mathrm{e}^x}=\lim\limits_{x\to+\infty}\dfrac{3x^2}{\mathrm{e}^x}=\lim\limits_{x\to+\infty}\dfrac{6x}{\mathrm{e}^x}=\lim\limits_{x\to+\infty}\dfrac{6}{\mathrm{e}^x}=0$;

(9) $\lim\limits_{x\to0}x\cot 3x=\lim\limits_{x\to0}\dfrac{x}{\tan 3x}=\lim\limits_{x\to0}\dfrac{x}{3x}=\dfrac{1}{3}$;

(10) $\lim\limits_{x\to0}x^2\mathrm{e}^{\frac{1}{x^2}}=\lim\limits_{x\to0}\dfrac{\mathrm{e}^{\frac{1}{x^2}}}{\dfrac{1}{x^2}}=\lim\limits_{x\to0}\dfrac{\mathrm{e}^{\frac{1}{x^2}}\left(\dfrac{1}{x^2}\right)'}{\left(\dfrac{1}{x^2}\right)'}=\lim\limits_{x\to0}\mathrm{e}^{\frac{1}{x^2}}=+\infty$;

(11) $\lim\limits_{x\to1}\left(\dfrac{x}{x-1}-\dfrac{1}{\ln x}\right)=\lim\limits_{x\to1}\dfrac{x\ln x-x+1}{(x-1)\ln x}=\lim\limits_{x\to1}\dfrac{\ln x}{\ln x+\dfrac{x-1}{x}}$

$\qquad\qquad =\lim\limits_{x\to1}\dfrac{x\ln x}{x\ln x+x-1}=\lim\limits_{x\to1}\dfrac{\ln x+1}{\ln x+2}=\dfrac{1}{2}$;

(12) $\lim\limits_{x\to1}\left(\dfrac{2}{x^2-1}-\dfrac{1}{x-1}\right)=\lim\limits_{x\to1}\dfrac{1-x}{x^2-1}=\lim\limits_{x\to1}\dfrac{-1}{2x}=-\dfrac{1}{2}$;

(13) $\lim\limits_{x\to\infty}\left(1+\dfrac{a}{x}\right)^x=\lim\limits_{x\to\infty}\mathrm{e}^{x\ln\left(1+\frac{a}{x}\right)}=\mathrm{e}^{\lim\limits_{x\to\infty}x\ln\left(1+\frac{a}{x}\right)}=\mathrm{e}^a$;

(14) $\lim\limits_{x\to0^+}x^{\sin x}=\lim\limits_{x\to0^+}\mathrm{e}^{\sin x\ln x}=\mathrm{e}^{\lim\limits_{x\to0^+}\sin x\ln x}$，而

$\lim\limits_{x\to0^+}\sin x\ln x=\lim\limits_{x\to0^+}\dfrac{\ln x}{\csc x}=\lim\limits_{x\to0^+}\dfrac{\dfrac{1}{x}}{-\csc x\cot x}=\lim\limits_{x\to0^+}\dfrac{\sin^2 x}{-x\cos x}$

$\qquad\qquad =\lim\limits_{x\to0^+}\dfrac{-x^2}{x\cos x}=0$，

所以原式$=\mathrm{e}^0=1$；

(15) $\lim\limits_{x\to0^+}\left(\dfrac{1}{x}\right)^{\tan x}=\lim\limits_{x\to0^+}\mathrm{e}^{\tan x\ln\frac{1}{x}}=\mathrm{e}^{\lim\limits_{x\to0^+}x\ln\frac{1}{x}}=\mathrm{e}^0=1$；

(16) $\lim\limits_{x\to\infty}x(\mathrm{e}^{\frac{1}{x}}-1)=\lim\limits_{x\to\infty}x\cdot\dfrac{1}{x}=1$.

2. 验证极限 $\lim\limits_{x\to0}\dfrac{x^2\sin\dfrac{1}{x}}{\sin x}$ 存在，但不能用洛必达法则求出.

解 这是 $\dfrac{0}{0}$ 型未定式，$\lim\limits_{x\to 0}\dfrac{x^2\sin\frac{1}{x}}{\sin x}=\lim\limits_{x\to 0}\dfrac{x^2\sin\frac{1}{x}}{x}=\lim\limits_{x\to 0}x\sin\dfrac{1}{x}=0.$

但若用洛必达法则，则有 $\lim\limits_{x\to 0}\dfrac{x^2\sin\frac{1}{x}}{\sin x}=\lim\limits_{x\to 0}\dfrac{2x\sin\frac{1}{x}-\cos\frac{1}{x}}{\cos x}$ 不存在.

3.3　泰勒公式

3.3.1　知识点分析

1. 泰勒公式

$$f(x)=f(x_0)+f'(x_0)(x-x_0)+\frac{f''(x_0)}{2!}(x-x_0)^2+\cdots+$$

$\dfrac{f^{(n)}(x_0)}{n!}(x-x_0)^n+R_n(x)$，其中 $R_n(x)=\dfrac{f^{(n+1)}(\xi)}{(n+1)!}(x-x_0)^{n+1}$（$\xi$ 介于 x_0 与 x 之间），这时称为带拉格朗日型余项的 n 阶泰勒公式.

若记 $R_n(x)=o[(x-x_0)^n]$ 时，则称为带佩亚诺型余项的泰勒公式.

注　（1）$n=0$ 时，泰勒公式就是拉格朗日中值公式

$$f(x)=f(x_0)+f'(\xi)(x-x_0)\qquad(\xi\text{ 在 }x_0\text{ 与 }x\text{ 之间}),$$

所以，泰勒中值定理是拉格朗日中值定理的推广.

（2）误差估计：

$$f(x)\approx f(x_0)+f'(x_0)(x-x_0)+\frac{f''(x_0)}{2!}(x-x_0)^2+\cdots+\frac{f^{(n)}(x_0)}{n!}(x-x_0)^n,$$

若 $|f^{(n+1)}(x)|\leqslant M$，则误差为

$$R_n(x)=\left|\frac{f^{(n+1)}(\xi)}{(n+1)!}(x-x_0)^{n+1}\right|\leqslant\frac{M}{(n+1)!}|x-x_0|^{n+1}.$$

特别当 $x_0=0$ 时，$|R_n(x)|\leqslant\dfrac{M}{(n+1)!}|x|^{n+1}$.

2. 麦克劳林公式

在泰勒公式中，取 $x_0=0$，则得带拉格朗日型余项的麦克劳林公式：

$$f(x)=f(0)+f'(0)x+\frac{f''(0)}{2!}x^2+\cdots+\frac{f^{(n)}(0)}{n!}x^n+\frac{f^{(n+1)}(\theta x)}{(n+1)!}x^{n+1}$$

$(0<\theta<1)$.

带佩亚诺型余项的麦克劳林公式：

$$f(x)=f(0)+f'(0)x+\frac{f''(0)}{2!}x^2+\cdots+\frac{f^{(n)}(0)}{n!}x^n+o(x^n).$$

3. 几个重要初等函数的麦克劳林公式

$$e^x = 1 + x + \frac{1}{2!}x^2 + \cdots + \frac{1}{n!}x^n + o(x^n);$$

$$\sin x = x - \frac{x^3}{3!} + \frac{x^5}{5!} - \cdots + (-1)^{m-1}\frac{x^{2m-1}}{(2m-1)!} + o(x^{2m-1});$$

$$\cos x = 1 - \frac{x^2}{2!} + \frac{x^4}{4!} - \cdots + (-1)^m\frac{x^{2m}}{(2m)!} + o(x^{2m});$$

$$\ln(1+x) = x - \frac{x^2}{2} + \frac{x^3}{3} - \cdots + (-1)^{n-1}\frac{x^n}{n} + o(x^n);$$

$$(1+x)^\alpha = 1 + \alpha x + \frac{\alpha(\alpha-1)}{2!}x^2 + \cdots + \frac{\alpha(\alpha-1)\cdots(\alpha-n+1)}{n!}x^n + o(x^n).$$

3.3.2 典例解析

1. 求极限

例 1　求极限 $\lim\limits_{x \to 0}\left(\dfrac{1}{x} - \dfrac{1}{\sin x}\right)$.

解　$\lim\limits_{x \to 0}\left(\dfrac{1}{x} - \dfrac{1}{\sin x}\right) = \lim\limits_{x \to 0}\dfrac{\sin x - x}{x \sin x} = \lim\limits_{x \to 0}\dfrac{\sin x - x}{x^2}$

$$= \lim\limits_{x \to 0}\frac{x + o(x^2) - x}{x^2} = 0.$$

点拨　该题也可以用洛必达法则求出.

例 2　求极限 $\lim\limits_{x \to 0}\dfrac{\cos(\sin x) - \cos x}{\sin^4 x}$.

解　$\cos(\sin x) = 1 - \dfrac{1}{2}(\sin x)^2 + \dfrac{1}{24}(\sin x)^4 + o(\sin^5 x)$

$$= 1 - \frac{1}{2}\left[x - \frac{1}{3!}x^3 + o(x^4)\right]^2 + \frac{1}{24}\left[x - \frac{1}{3!}x^3 + o(x^4)\right]^4 + o(x^5)$$

$$= 1 - \frac{1}{2}x^2 + \frac{5}{24}x^4 + o(x^4).$$

$$\cos x = 1 - \frac{x^2}{2!} + \frac{x^4}{4!} + o(x^4).$$

故 $\lim\limits_{x \to 0}\dfrac{\cos(\sin x) - \cos x}{\sin^4 x}$

$$= \lim\limits_{x \to 0}\frac{\left[1 - \dfrac{1}{2}x^2 + \dfrac{5}{24}x^4 + o(x^4)\right] - \left[1 - \dfrac{x^2}{2!} + \dfrac{x^4}{4!} + o(x^4)\right]}{x^4}$$

$$= \lim\limits_{x \to 0}\frac{\dfrac{1}{6}x^4 + o(x^4)}{x^4} = \frac{1}{6}.$$

点拨 该题目虽然是 $\frac{0}{0}$ 型未定式，但用洛必达法则并不能解决，考虑用带佩亚诺型余项的麦克劳林公式．由于分母是 x 的四次方，所以只需将分子中的 $\cos(\sin x)$ 和 $\cos x$ 展开为 4 阶麦克劳林公式，用麦克劳林公式求极限仍需结合等价无穷小等方法．

2. 估计误差

例3 利用 e^x 的 3 阶麦克劳林公式求 $\sqrt{\mathrm{e}}$ 的近似值，并验证误差小于 0.01．

解 由于 $\mathrm{e}^x = 1 + x + \frac{1}{2!}x^2 + \frac{1}{3!}x^3 + \frac{1}{4!}\mathrm{e}^\xi x^4$（$\xi$ 在 0 与 x 之间），所以

$$\sqrt{\mathrm{e}} = 1 + \frac{1}{2} + \frac{1}{2!}\left(\frac{1}{2}\right)^2 + \frac{1}{3!}\left(\frac{1}{2}\right)^3 + \frac{1}{4!}\mathrm{e}^\xi\left(\frac{1}{2}\right)^4 \left(\xi \text{ 在 } 0 \text{ 与 } \frac{1}{2} \text{ 之间}\right).$$

$$\sqrt{\mathrm{e}} \approx 1 + \frac{1}{2} + \frac{1}{2!}\left(\frac{1}{2}\right)^2 + \frac{1}{3!}\left(\frac{1}{2}\right)^3 = 1.645,$$

且误差 $\left|\frac{1}{4!}\mathrm{e}^\xi\left(\frac{1}{2}\right)^4\right| \leqslant \left|\frac{1}{4!}\mathrm{e}^{\frac{1}{2}}\left(\frac{1}{2}\right)^4\right| \leqslant \frac{\sqrt{3}}{24 \times 16} \approx 0.0045 < 0.01.$

点拨 估计误差就是估计泰勒公式的拉格朗日型余项的范围．

3.3.3 习题解答

1. 求函数 $\sqrt{x}$ 按 $(x-4)$ 的幂展开的带有拉格朗日型余项的 3 阶泰勒公式．

解 $\sqrt{x} = \sqrt{4 + (x-4)} = 2\left(1 + \frac{x-4}{4}\right)^{\frac{1}{2}}$

$$= 2\Big[1 + \frac{1}{2}\cdot\frac{x-4}{4} + \frac{1}{2!}\cdot\frac{1}{2}\left(\frac{1}{2}-1\right)\left(\frac{x-4}{4}\right)^2 +$$

$$\frac{1}{3!}\cdot\frac{1}{2}\left(\frac{1}{2}-1\right)\left(\frac{1}{2}-2\right)\left(\frac{x-4}{4}\right)^3 +$$

$$\frac{1}{4!}\cdot\frac{1}{2}\left(\frac{1}{2}-1\right)\left(\frac{1}{2}-2\right)\cdot\left(\frac{1}{2}-3\right)\frac{1}{\left(1+\frac{x-4}{4}\theta\right)^{\frac{7}{2}}}\cdot\left(\frac{x-4}{4}\right)^4\Big].$$

所以，$\sqrt{x} = 2 + \frac{1}{4}(x-4) - \frac{1}{64}(x-4)^2 + \frac{1}{512}(x-4)^3 - \frac{5(x-4)^4}{128\left[4+\theta(x-4)\right]^{\frac{7}{2}}}.$

2. 求函数 $f(x) = \ln x$ 按 $(x-2)$ 的幂展开的带有佩亚诺型余项的 n 阶泰勒公式．

解 $f(x) = \ln x = \ln[2 + (x-2)] = \ln 2 + \ln\left(1 + \frac{x-2}{2}\right)$

$$= \ln 2 + \frac{x-2}{2} - \frac{1}{2}\left(\frac{x-2}{2}\right)^2 + \frac{1}{3}\left(\frac{x-2}{2}\right)^3 + \cdots$$

$$+(-1)^{n-1}\frac{1}{n}\left(\frac{x-2}{2}\right)^n+o[(x-2)^n]$$

$$=\ln2+\frac{x-2}{2}-\frac{1}{2^3}(x-2)^2+\frac{1}{3\cdot2^3}(x-2)^3+\cdots$$

$$+(-1)^{n-1}\frac{1}{n\cdot2^n}(x-2)^n+o[(x-2)^n].$$

3. 求函数 $f(x)=\tan x$ 的带有佩亚诺型余项的 3 阶麦克劳林公式.

解 $f(0)=0,f'(0)=\sec^2x\big|_{x=0}=1,f''(0)=2\sec^2x\tan x\big|_{x=0}=0,$
$f'''(0)=(4\sec^2x\tan^2x+2\sec^4x)\big|_{x=0}=2.$

所以，$\tan x=x+\frac{2}{3!}x^3+o(x^3)=x+\frac{1}{3}x^3+o(x^3).$

4. 利用 $\sin x$ 的 3 阶泰勒公式求 $\sin18°$ 的近似值，并估计误差.

解 $\sin x$ 的 3 阶麦克劳林公式是：$\sin x=x-\frac{x^3}{3!}+R_3(x).$

$$\sin18°=\sin\frac{\pi}{10}\approx\frac{\pi}{10}-\frac{1}{3!}\left(\frac{\pi}{10}\right)^3\approx0.3090.$$

误差 $|R_3(x)|=\frac{\cos\frac{\pi}{10}}{4!}\left(\frac{\pi}{10}\right)^4<\frac{1}{4!}\left(\frac{\pi}{10}\right)^4\approx1.3\times10^{-4}.$

5. 利用泰勒公式求极限.

(1) $\lim\limits_{x\to+\infty}(\sqrt[3]{x^3+3x^2}-\sqrt[4]{x^4-2x^3})$；　　(2) $\lim\limits_{x\to0}\dfrac{\cos x-\mathrm{e}^{-\frac{x^2}{2}}}{x^2[x+\ln(1-x)]}.$

解 (1) $\lim\limits_{x\to+\infty}(\sqrt[3]{x^3+3x^2}-\sqrt[4]{x^4-2x^3})=\lim\limits_{x\to+\infty}x\left(\sqrt[3]{1+\dfrac{3}{x}}-\sqrt[4]{1-\dfrac{2}{x}}\right),$

又因为 $\sqrt[3]{1+\dfrac{3}{x}}=\left(1+\dfrac{3}{x}\right)^{\frac{1}{3}}=1+\dfrac{1}{x}+\dfrac{\dfrac{1}{3}\left(\dfrac{1}{3}-1\right)}{2!}\left(\dfrac{3}{x}\right)^2+o\left(\dfrac{1}{x^2}\right),$

$$\sqrt[4]{1-\dfrac{2}{x}}=\left(1-\dfrac{2}{x}\right)^{\frac{1}{4}}=1-\dfrac{1}{2x}+\dfrac{\dfrac{1}{4}\left(\dfrac{1}{4}-1\right)}{2!}\left(-\dfrac{2}{x}\right)^2+o\left(\dfrac{1}{x^2}\right),$$

$$x\left(\sqrt[3]{1+\dfrac{3}{x}}-\sqrt[4]{1-\dfrac{2}{x}}\right)=\dfrac{3}{2}-\dfrac{5}{8x}+o\left(\dfrac{1}{x}\right).$$

所以，原式 $=\lim\limits_{x\to+\infty}\left[\dfrac{3}{2}-\dfrac{5}{8x}+o\left(\dfrac{1}{x}\right)\right]=\dfrac{3}{2}.$

(2) $\cos x-\mathrm{e}^{-\frac{x^2}{2}}=-\dfrac{1}{12}x^4+o(x^4),$　$x+\ln(1-x)=-\dfrac{1}{2}x^2+o(x^2).$

所以，原式 $=\lim\limits_{x\to0}\dfrac{-\dfrac{1}{12}x^4+o(x^4)}{-\dfrac{1}{2}x^4+o(x^4)}=\dfrac{1}{6}.$

3.4 函数的单调性与极值

3.4.1 知识点分析

1. 单调性的判定

函数 $y = f(x)$ 在 $[a,b]$ 上连续，在 (a,b) 内可导.

（1）如果在 (a,b) 内 $f'(x) > 0$，那么函数 $y = f(x)$ 在 $[a,b]$ 上单调增加；

（2）如果在 (a,b) 内 $f'(x) < 0$，那么函数 $y = f(x)$ 在 $[a,b]$ 上单调减少.

如果 $f'(x)$ 在某区间内的有限个点处为零，在其余各点处均为正（或负）时，那么在该区间上仍是单增（或单减）.

2. 极值

（1）$\forall x \in \overset{\circ}{U}(x_0)$，有 $f(x) < f(x_0)$（或 $f(x) > f(x_0)$），那么就称 $f(x_0)$ 是函数 $f(x)$ 的一个极大值（或极小值）. 极大值与极小值统称为函数的极值，使函数取得极值的点称为极值点.

（2）极值点与驻点的关系.

极值点不一定是驻点. 如 $x = 0$ 是 $f(x) = |x|$ 的极小值点但不是驻点.

驻点不一定是极值点. 如 $x = 0$ 是 $f(x) = x^3$ 的驻点但不是极值点.

可导的极值点一定是驻点（极值的必要条件）.

极值点的嫌疑点：驻点和函数不可导的点.

（3）极值第一充分条件.

函数 $f(x)$ 在 x_0 处连续，且在 x_0 的某去心邻域内可导，

若 x 经过 x_0 时，$f'(x)$ 符号由正变负，相应的函数由增变减，则 $f(x_0)$ 是极大值；若 x 经过 x_0 时，$f'(x)$ 符号由负变正，相应的函数由减变增，则 $f(x_0)$ 是极小值；若 x 经过 x_0 时，$f'(x)$ 符号不变，则 $f(x_0)$ 不是极值.

注 第一充分条件说明若某连续点处两侧导数异号，该点一定是极值点.

（4）极值第二充分条件.

函数 $f(x)$ 在 x_0 处 $f'(x_0) = 0$，$f''(x_0)$ 存在且 $f''(x_0) \neq 0$，则 $f''(x_0) < 0$，x_0 是极大值点；$f''(x_0) > 0$，x_0 是极小值点.

注 第二充分条件说明二阶导数存在且非零的驻点一定是极值点.

3.4.2 典例解析

1. 函数单调性和极值点的判定

例 1 在 $[0,1]$ 上，$f''(x) > 0$，则 $f'(0)$，$f'(1)$，$f(1) - f(0)$，

$f(0)-f(1)$ 几个数的大小顺序为（　　）.

  A. $f'(1)>f'(0)>f(1)-f(0)$ B. $f'(1)>f(1)-f(0)>f'(0)$

  C. $f(1)-f(0)>f'(1)>f'(0)$ D. $f'(1)>f(0)-f(1)>f'(0)$

  点拨 答案选 B，由拉格朗日中值定理得

$f(1)-f(0)=f'(\xi)(0<\xi<1)$，又因为 $f''(x)>0$，所以 $f'(x)$ 是单增函数，所以有 $f'(0)<f(1)-f(0)<f'(1)$.

  例 2 若 $f(x)$ 在点 x_0 二阶可导，且 $\lim\limits_{x\to x_0}\dfrac{f(x)-f(x_0)}{(x-x_0)^2}=-2$，则 $f(x)$ 在 x_0 处（　　）.

  A. 取得极大值   B. 取得极小值

  C. 可能取得极大值也可能取得极小值 D. 不可能取得极值

  点拨 答案选 A，由极限保号性，$x\in \mathring{U}(x_0)$，$\dfrac{f(x)-f(x_0)}{(x-x_0)^2}<0$，从而 $f(x)<f(x_0)$，所以 $f(x)$ 在 x_0 处取得极大值.

  2. 求函数单调区间和极值

  步骤：①确定 $f(x)$ 的定义域，并求出 $f'(x)$；②求出函数的驻点和不可导点，并用这些点作为分界点将定义域划分为若干个子区间；③在每一个子区间上确定 $f'(x)$ 的符号，从而判断函数在区间上的单调性，并求出极值.

  例 3 求函数 $f(x)=6x+\dfrac{2}{x}-4\ln|x|$ 的单调区间和极值.

  解 函数的定义域为 $(-\infty,0)$，$(0,+\infty)$，

$$f'(x)=6-\frac{2}{x^2}-\frac{4}{x}=\frac{2}{x^2}(3x^2-2x-1).$$

  令 $f'(x)=0$，得 $x_1=-\dfrac{1}{3}$，$x_2=1$，划分定义域列表：

x	$\left(-\infty,-\dfrac{1}{3}\right)$	$-\dfrac{1}{3}$	$\left(-\dfrac{1}{3},0\right)$	$(0,1)$	1	$(1,+\infty)$
$f'(x)$	$+$	0	$-$	$-$	0	$+$
$f(x)$	↗	极大值	↘	↘	极小值	↗

  所以函数 $f(x)=6x+\dfrac{2}{x}-4\ln|x|$ 的单增区间是 $\left(-\infty,-\dfrac{1}{3}\right]$ 和 $[1,+\infty)$，单减区间是 $\left[-\dfrac{1}{3},0\right)$ 和 $(0,1]$，极大值为 $f\left(-\dfrac{1}{3}\right)=-8+4\ln 3$，极小值为 $f(1)=8$.

3. 利用函数单调性证不等式

方法：①将要证明的不等式移项到左（右）端，设左（右）端为 $f(x)$. ②判定 $f(x)$ 的单调性，即证明 $f'(x) > 0$ 或 $f'(x) < 0$，若 $f'(x)$ 符号无法确定，可以通过二阶导数的符号判定，或者使用放大缩小等方法. ③由单调性及区间端点的函数值（或者单侧极限）得不等式.

例 4 证明：$0 < x < 1$ 时，$1 + \dfrac{x^2}{2} > e^{-x} + \sin x$.

证明 令函数 $f(x) = 1 + \dfrac{x^2}{2} - e^{-x} - \sin x$，则 $f'(x) = x + e^{-x} - \cos x$. $f'(x)$ 符号不易判断，继续求导 $f''(x) = 1 - e^{-x} + \sin x$，$0 < x < 1$ 时，$f''(x) > 0$，因此 $f'(x)$ 在 $[0,1]$ 上单调增加，从而当 $0 < x < 1$ 时，$f'(x) > f'(0) = 0$，因此 $f(x)$ 在 $[0,1]$ 上单调增加，从而 $f(x) > f(0) = 0$，即 $1 + \dfrac{x^2}{2} > e^{-x} + \sin x$.

4. 利用单调性讨论方程根的存在性与个数

例 5 试证方程 $2x - \sin x = 5$ 有且仅有一个根.

证明 令 $f(x) = 2x - \sin x - 5$，$f(x)$ 在 $(-\infty, +\infty)$ 内连续且 $f(0) = -5 < 0$，$f(4) = 3 - \sin 4 > 0$，由零点定理知，$2x - \sin x = 5$ 在 $(0, 4)$ 内至少存在一个根.

由于 $f'(x) = 2 - \cos x > 0$，于是 $f(x)$ 在 $(-\infty, +\infty)$ 内单调增加，因此，$f(x) = 0$ 在 $(-\infty, +\infty)$ 内的根如果存在，只能存在一个.

综上所述，$2x - \sin x = 5$ 有且仅有一个根.

点拨 方程根的存在性用零点定理，而根的唯一性只需证明函数为单调函数.

3.4.3 习题解答

1. 求下列函数的单调区间.

(1) $y = x^2 - 2x + 5$；　　　　　(2) $y = 2x^3 - 3x^2$；

(3) $y = x - \ln(1 + x)$；　　　　(4) $y = 2x^3 - 6x^2 - 18x$.

解 (1) 函数的定义域为 $(-\infty, +\infty)$. $y' = 2x - 2$，令 $y' = 0$，得 $x = 1$. 当 $x > 1$ 时，$y' > 0$，当 $x < 1$ 时，$y' < 0$. 所以函数在 $(-\infty, 1]$ 上单调减少，在 $[1, +\infty)$ 上单调增加.

(2) 函数的定义域为 $(-\infty, +\infty)$. $y' = 6x^2 - 6x$，令 $y' = 0$ 得驻点 $x = 0, x = 1$. 在 $(-\infty, 0)$ 和 $(1, +\infty)$ 内，$y' > 0$，函数在 $(-\infty, 0]$ 和 $[1, +\infty)$ 内单调增加. 在 $(0,1)$ 内，$y' < 0$，函数在 $[0,1]$ 上单调减少.

(3) 函数的定义域为 $(-1, +\infty)$. $y' = 1 - \dfrac{1}{1+x} = \dfrac{x}{1+x}$，令 $y' = 0$，得

驻点为 $x = 0$. 在 $(-1,0)$ 内，$y' < 0$，函数在 $(-1,0]$ 内单调减少；在 $(0,+\infty)$ 内，$y' > 0$，函数在 $[0,+\infty)$ 内单调增加.

（4）函数的定义域为 $(-\infty,+\infty)$. $y' = 6x^2 - 12x - 18$，令 $y' = 0$，得驻点 $x = -1$，$x = 3$. 在 $(-\infty,-1)$ 和 $(3,+\infty)$ 内，$y' > 0$，函数在 $(-\infty,-1]$ 和 $[3,+\infty)$ 内单调增加；在 $(-1,3)$ 内，$y' < 0$，函数在 $[-1,3]$ 内单调减少.

2. 求下列函数的极值.

（1）$y = x^3 - 3x^2 - 9x + 5$；　　　（2）$y = 3 - 2(x+1)^{\frac{1}{3}}$；

（3）$y = \dfrac{1+3x}{\sqrt{4+5x^2}}$；　　　（4）$y = x^{\frac{1}{x}}$ $(x > 0)$；

（5）$y = \dfrac{\ln^2 x}{x}$；　　　（6）$y = e^x + e^{-x}$.

解　（1）函数的定义域为 $(-\infty,+\infty)$. $y' = 3x^2 - 6x - 9 = 3(x+1)(x-3)$，令 $y' = 0$ 得驻点 $-1,3$. 列表如下：

x	$(-\infty,-1)$	-1	$(-1,3)$	3	$(3,+\infty)$
y'	$+$	0	$-$	0	$+$
y	↗	极大值	↘	极小值	↗

极大值为 $y(-1) = 10$，极小值为 $y(3) = -22$.

（2）函数的定义域为 $(-\infty,+\infty)$. $y' = -\dfrac{2}{3}(x+1)^{-\frac{2}{3}}$，$x = -1$ 是不可导点，没有驻点. $x \in (-\infty,-1)$ 时，$y' < 0$；$x \in (-1,+\infty)$ 时，$y' < 0$. 所以没有极值.

（3）函数的定义域为 $(-\infty,+\infty)$. $y' = \dfrac{12-5x}{(4+5x^2)^{\frac{3}{2}}}$，令 $y' = 0$，得驻点 $x = \dfrac{12}{5}$，没有不可导点. $x \in \left(-\infty,\dfrac{12}{5}\right)$ 时，$y' > 0$. $x \in \left(\dfrac{12}{5},+\infty\right)$ 时，$y' < 0$. 所以函数在 $x = \dfrac{12}{5}$ 处取得极大值，$y\left(\dfrac{12}{5}\right) = \dfrac{1}{10}\sqrt{205}$.

（4）函数的定义域为 $(0,+\infty)$. $y' = x^{\frac{1}{x}-2}(1-\ln x)$，令 $y' = 0$，得驻点 $x = e$. $x \in (0,e)$ 时，$y' > 0$；$x \in (e,+\infty)$ 时，$y' < 0$. 所以函数在 $x = e$ 处取得极大值 $y(e) = e^{\frac{1}{e}}$.

（5）函数的定义域为 $(0,+\infty)$. $y'=\dfrac{2\ln x-\ln^2 x}{x^2}$，令 $y'=0$，得驻点 $1,\mathrm{e}^2$.

列表如下：

x	$(0,1)$	1	$(1,\mathrm{e}^2)$	e^2	$(\mathrm{e}^2,+\infty)$
y'	$-$	0	$+$	0	$-$
y	↘	极小值	↗	极大值	↘

极大值为 $y(\mathrm{e}^2)=\dfrac{4}{\mathrm{e}^2}$，极小值为 $y(1)=0$.

（6）函数的定义域为 $(-\infty,+\infty)$. $y'=\mathrm{e}^x-\mathrm{e}^{-x}=\mathrm{e}^{-x}(\mathrm{e}^{2x}-1)$. 令 $y'=0$，得 $x=0$. 没有不可导点. $x>0$ 时，$y'>0$；$x<0$ 时，$y'<0$. 所以函数在 $x=0$ 处取得极小值 $y(0)=2$.

3. 证明下列不等式.

（1）当 $x>0$ 时，$1+\dfrac{1}{2}x>\sqrt{1+x}$；（2）当 $0<x<\dfrac{\pi}{2}$ 时，$x+\dfrac{1}{3}x^3<\tan x$.

证明 （1）设 $f(x)=1+\dfrac{1}{2}x-\sqrt{1+x}$，$x\in[0,+\infty)$.

$x>0$ 时，$f'(x)=\dfrac{1}{2}-\dfrac{1}{2\sqrt{1+x}}>0$，所以函数在 $[0,+\infty)$ 内单调增加. $x>0$ 时，$f(x)>f(0)=0$. 即 $1+\dfrac{1}{2}x>\sqrt{1+x}\,(x>0)$.

（2）设 $f(x)=x+\dfrac{1}{3}x^3-\tan x$，$x\in\left[0,\dfrac{\pi}{2}\right)$.

$0<x<\dfrac{\pi}{2}$ 时，$f(x)=1+x^2-\sec^2 x=x^2-\tan^2 x<0$. $f(x)$ 在 $\left[0,\dfrac{\pi}{2}\right)$ 内单调减少. 所以 $0<x<\dfrac{\pi}{2}$ 时，$f(x)<f(0)=0$，即 $x+\dfrac{1}{3}x^3<\tan x$.

4. 当 a 为何值时，函数 $f(x)=a\sin x+\dfrac{1}{3}\sin 3x$ 在 $x=\dfrac{\pi}{3}$ 处取得极值？是极大值还是极小值，并求出此极值.

解 由题设，知 $f'\left(\dfrac{\pi}{3}\right)=0$，即 $a\cos\dfrac{\pi}{3}+\cos\pi=0$，所以 $a=2$.

又因为 $f''\left(\dfrac{\pi}{3}\right)=-a\sin\dfrac{\pi}{3}-3\sin\pi<0.$ 所以 $a=2$ 时，$f(x)$ 在 $x=\dfrac{\pi}{3}$ 处取得极值，是极大值，$f\left(\dfrac{\pi}{3}\right)=\sqrt{3}.$

5. 试证明：如果 $b^2-3ac<0$，那么函数 $f(x)=ax^3+bx^2+cx+d$ 没有极值.

证明 $f(x)$ 的定义域为 $(-\infty,+\infty)$，由题设 $f'(x)=3ax^2+2bx+c$，$a\neq0.$ 又因为 $\Delta=4b^2-12ac=4(b^2-3ac)<0$，从而 $a>0$ 时，$f'(x)$ 恒大于 0；$a<0$ 时，$f'(x)$ 恒小于 0. 所以 $f(x)$ 没有极值.

3.5 函数的最大值与最小值及其应用

3.5.1 知识点分析

（1）最值与极值的区别.

极值是局部性概念，是函数在某点邻域上的最大值或者最小值；最值是整体性概念，是函数在整个区域上的最大值或者最小值；在一个区间内，极大（小）值有很多个，而最大（小）值只能有一个.

（2）闭区间上的连续函数一定有最大值和最小值.

函数最值的具体求法如下：①找出所有可能取得最值的嫌疑点，包括驻点、不可导点、两个端点；②计算各点的函数值，并加以比较，其中最大的就是所求的最大值，最小的就是最小值.

开区间上的连续函数不一定有最大值或最小值. 求最值时也用上述方法，端点处考虑单侧极限即可.

（3）函数 $f(x)$ 在区间 I 上连续，若 $f(x)$ 在区间 I 上仅有一个极值点 x_0. 那么，如果 $f(x_0)$ 是极大值，$f(x_0)$ 就是 $f(x)$ 在 I 上的最大值；如果 $f(x_0)$ 是极小值，$f(x_0)$ 就是 $f(x)$ 在 I 上的最小值.

（4）应用题关键是由题意确定目标函数 $f(x)$，再按照求最值的方法讨论. 若驻点唯一，由题意知最值一定在区间内部取得，则该驻点一定就是所求的最值点.

3.5.2 典例解析

1. 求函数最值

例 1 求函数 $f(x)=2x^3+3x^2-12x+14$ 在 $[-3,4]$ 上的最大值和最小值.

解 $f'(x)=6(x+2)(x-1)$，令 $f'(x)=6(x+2)(x-1)=0$，得驻

点 $x_1=-2$，$x_2=1$. 比较 $f(-3)=24$，$f(-2)=34$，$f(1)=7$，$f(4)=142$，得函数最大值 $f(4)=142$，最小值 $f(1)=7$.

例 2 求 $f(x)=2\tan x-\tan^2 x$ 在 $\left[0,\dfrac{\pi}{2}\right)$ 上的最大值和最小值.

解 $f'(x)=2\sec^2 x-2\tan x\sec^2 x=2\sec^2 x(1-\tan x)$，令 $f'(x)=0$，在 $\left[0,\dfrac{\pi}{2}\right)$ 内解得 $x=\dfrac{\pi}{4}$，当 x 由小到大经过 $x=\dfrac{\pi}{4}$ 时，$f'(x)$ 符号由正变负，所以在 $x=\dfrac{\pi}{4}$ 时，函数取得极大值 $f\left(\dfrac{\pi}{4}\right)=1$. 函数在 $\left[0,\dfrac{\pi}{2}\right)$ 内无导数不存在的点. 又因为端点处 $f(0)=0$，$\lim\limits_{x\to\frac{\pi}{2}^-}f(x)=-\infty$，因此在区间 $\left[0,\dfrac{\pi}{2}\right)$ 上函数最大值为 1，无最小值.

2. 利用最值解决简单的实际问题

例 3 在半径为 a 的球内作一个内接圆锥体，要使圆锥体积最大，问其高和底半径应是多少?

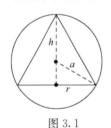

图 3.1

解 设圆锥底半径为 r，高为 h，球的正剖图如图 3.1 所示，于是圆锥体积 $V=\dfrac{1}{3}\pi r^2 h$，由图知

$(h-a)^2+r^2=a^2$，所以 $r^2=2ah-h^2$. $V=\dfrac{1}{3}\pi(2ah-h^2)h$，$0\leqslant h\leqslant 2a$，$V'(h)=\dfrac{1}{3}\pi(4ah-3h^2)$，令 $V'(h)=0$，得驻点 $h=\dfrac{4a}{3}$（舍去 $h=0$），此时 $r=\dfrac{2\sqrt{2}a}{3}$. 由 $V'(h)$ 符号改变，容易判断出此时 V 取得极大值，因为在区间 $[0,2a]$ 上只有一个极值，因此它就是最大值，所以当 $h=\dfrac{4a}{3}$，$r=\dfrac{2\sqrt{2}a}{3}$ 时，内接圆锥体的体积最大.

3. 利用最值证明不等式

例 4 证明不等式 $\dfrac{1}{2^{p-1}}\leqslant x^p+(1-x)^p\leqslant 1,0\leqslant x\leqslant 1,p>1$.

证明 设 $f(x)=x^p+(1-x)^p\ (p>1)$，求 $f(x)$ 在 $[0,1]$ 上的最值. 因为 $f'(x)=px^{p-1}-p(1-x)^{p-1}$，令 $f'(x)=0$，得 $x=\dfrac{1}{2}$，当 x 由小到大经过 $x=\dfrac{1}{2}$ 时，$f'(x)$ 符号由负变正，所以在 $x=\dfrac{1}{2}$ 时，函数取得极小值 $f\left(\dfrac{1}{2}\right)=\dfrac{1}{2^{p-1}}$. 又因为端点处 $f(0)=f(1)=1$，因此在区间 $[0,1]$ 上函数最大值

为 1，最小值为 $\dfrac{1}{2^{p-1}}$. 故不等式得证.

3.5.3　习题解答

1. 求下列函数的最大值、最小值.

(1) $y = 2x^3 - 3x^2, -1 \leqslant x \leqslant 4$;　　(2) $y = x^4 - 8x^2 + 2, -1 \leqslant x \leqslant 3$;

(3) $y = x + \sqrt{1-x}, -5 \leqslant x \leqslant 1$;　(4) $y = \dfrac{x-1}{x+1}, 0 \leqslant x \leqslant 4$.

解　(1) $-1 < x < 4$ 时，令 $y' = 6x^2 - 6x = 0$，得 $x_1 = 0, x_2 = 1$. 比较 $y(0) = 0, y(1) = -1, y(-1) = -5, y(4) = 80$ 得函数的最大值是 80，最小值是 -5.

(2) $-1 < x < 3$ 时，令 $y' = 4x^3 - 16x = 0$，得 $x_1 = 0, x_2 = 2$. 比较 $y(-1) = -5, y(0) = 2, y(2) = -14, y(3) = 11$ 得函数的最大值是 11，最小值是 -14.

(3) $-5 < x < 1$ 时，令 $y' = 1 - \dfrac{1}{2\sqrt{1-x}} = 0$，得 $x = \dfrac{3}{4}$. 比较 $y(-5) = -5 + \sqrt{6}, y\left(\dfrac{3}{4}\right) = \dfrac{5}{4}, y(1) = 1$ 得函数的最大值是 $\dfrac{5}{4}$，最小值是 $-5 + \sqrt{6}$.

(4) $0 < x < 4$ 时，令 $y' = \dfrac{2}{(x+1)^2} > 0$，函数在 $[0,4]$ 上单调增加. 所以函数的最大值是 $y(4) = \dfrac{3}{5}$，最小值是 $y(0) = -1$.

2. 以直的河岸为一边，用篱笆围出一矩形场地. 现有篱笆长 36 m，问能围出的最大场地的面积是多少？

解　设与河岸垂直的一边长为 x m，则矩形面积 $y = x(36 - 2x) = -2x^2 + 36x$ $(0 < x < 18)$. 令 $y' = -4x + 36 = 0$，得 $x = 9$. 又 $y''(9) = -4 < 0$，所以 $x = 9$ 是极大值点，又因为 $0 < x < 18$ 时函数极值点唯一，所以该极大值点即最大值点，所以场地最大面积是 162 m^3.

3. 要做一个长方体箱子，体积为 72 cm^3，底面长和宽的之比为 2：1，问长方体各边长分别为多少时，才能使表面积最小？

解　设底面宽为 x cm，则长为 $2x$ cm，此时高为 $\dfrac{72}{2x^2} = \dfrac{36}{x^2}$ cm，于是表面积为 $y = 2\left(2x^2 + \dfrac{36}{x} + \dfrac{72}{x}\right) = 4x^2 + \dfrac{216}{x}(x > 0)$. 令 $y' = 8x - \dfrac{216}{x^2} = 0$，得 $x = 3$. 驻点唯一，由实际意义知该最小值一定存在，所以当长方体底边长分别为 3 cm、6 cm，高为 4cm 时，表面积取得最小值.

4. 一体积为 V 的圆柱形容器，已知两底面的材料价格为每单位面积 a 元，侧面材料价格为每单位面积 b 元，问底半径和高各为多少造价最小？

解 设底半径为 r，则高为 $\dfrac{V}{\pi r^2}$，总造价为 $y = 2\pi r^2 a + \dfrac{2Vb}{r}\,(r > 0)$，令 $y' = 4\pi ra - \dfrac{2Vb}{r^2} = 0$，得 $r = \sqrt[3]{\dfrac{Vb}{2\pi a}}$，此时高为 $\sqrt[3]{\dfrac{4a^2 V}{b^2 \pi}}$. 驻点唯一，由实际意义知该最小值一定存在，所以当底半径为 $\sqrt[3]{\dfrac{Vb}{2\pi a}}$，高为 $\sqrt[3]{\dfrac{4a^2 V}{b^2 \pi}}$ 时，造价最小.

5. 一房地产公司有 50 套公寓要出租. 当月租金定为 1 000 元时，公寓会全部租出去. 当月租金每增加 50 元时，就会有一套公寓租不出去，而租出去的公寓每月需花费 100 元的维修费. 问当月租金定为多少可获得最大收益？

解 设有 x 套公寓没有租出去，则租金收益为
$$f(x) = (1\,000 + 50x)(50 - x) - 100(50 - x) = (900 + 50x)(50 - x),$$
$0 \leqslant x \leqslant 50$，$f'(x) = 50(50 - x) - (900 + 50x) = 1\,600 - 100x$.

令 $f'(x) = 0$，得 $x = 16$. 即当有 16 套公寓没有租出去时，收益最大，此时月租金为 $1\,000 + 50 \times 16 = 1\,800$ 元.

3.6 函数的凹凸性与拐点 函数图形的描绘

3.6.1 知识点分析

1. 凹凸性的判定

函数 $y = f(x)$ 在 $[a, b]$ 上连续，在 (a, b) 内有二阶导数，那么

(1) 如果在 (a, b) 内 $f''(x) > 0$，那么函数 $y = f(x)$ 在 $[a, b]$ 上图形是凹的；

(2) 如果在 (a, b) 内 $f''(x) < 0$，那么函数 $y = f(x)$ 在 $[a, b]$ 上图形是凸的.

2. 拐点

凹凸曲线弧的分界点 $(x_0, f(x_0))$.

拐点的嫌疑点：$f''(x) = 0$ 和 $f''(x)$ 不存在的点；

拐点的判定：嫌疑点左右邻域二阶导数异号；

$f''(x) = 0$ 的点不一定是拐点. 如 $x = 0$ 不是 $f(x) = x^4$ 的拐点；

拐点处若二阶导数存在，则拐点处一定有 $f''(x) = 0$.（拐点的必要条件）

3. 函数的渐近线

水平渐近线：若 $\lim\limits_{x \to \infty} f(x) = c$，则直线 $y = c$ 是曲线 $y = f(x)$ 的水平渐近

线. $x \to \infty$ 也可以为 $x \to +\infty, x \to -\infty$.

铅直渐近线：若 $\lim\limits_{x \to x_0} f(x) = \infty$，则直线 $x = x_0$ 是曲线 $y = f(x)$ 的铅直渐近线. $x \to x_0$ 也可以为 $x \to x_0^+, x \to x_0^-$.

斜渐近线：若 $\lim\limits_{x \to \infty} \dfrac{f(x)}{x} = k \neq 0$，$\lim\limits_{x \to \infty}[f(x) - kx] = b$，则直线 $y = kx + b$ 是曲线 $y = f(x)$ 的斜渐近线. $x \to \infty$ 也可以为 $x \to +\infty, x \to -\infty$.

3.6.2 典例解析

1. 求函数曲线的凹凸区间和拐点

方法：（1）确定 $f(x)$ 的定义域，并求出 $f'(x)$ 和 $f''(x)$；（2）求出使 $f''(x) = 0$ 和 $f''(x)$ 不存在的点，并用这些点作为分界点将定义域划分为若干个子区间，（3）在每一个子区间上根据 $f''(x)$ 的符号，判断函数曲线在区间上的凹凸性，并求出拐点.

例 1 求曲线 $y = \dfrac{5}{9}x^2 + (x-3)^{\frac{5}{3}}$ 的凹凸区间和拐点.

解 函数 $y = \dfrac{5}{9}x^2 + (x-3)^{\frac{5}{3}}$ 的定义域为 $(-\infty, +\infty)$，

$$y' = \frac{10}{9}x + \frac{5}{3}(x-3)^{\frac{2}{3}}, \quad y'' = \frac{10}{9} + \frac{10}{9}(x-3)^{-\frac{1}{3}} = \frac{10}{9} \cdot \frac{\sqrt[3]{x-3}+1}{\sqrt[3]{x-3}},$$

$x_1 = 2$ 时，$y'' = 0$. $x_2 = 3$ 时，y'' 不存在. 列表如下：

x	$(-\infty, 2)$	2	$(2,3)$	3	$(3, +\infty)$
y''	$+$	0	$-$	不存在	$+$
y	凹	拐点	凸	拐点	凹

所以，曲线 $y = \dfrac{5}{9}x^2 + (x-3)^{\frac{5}{3}}$ 的凹区间是 $(-\infty, 2]$ 和 $[3, +\infty)$，凸区间是 $[2,3]$；曲线的拐点是 $\left(2, \dfrac{11}{9}\right)$ 和 $(3, 5)$.

2. 求函数曲线的渐近线

渐近线是对当 x 趋近于间断点或趋近于 $\pm\infty$ 时的状态的研究. 如果间断点 x_0 是无穷间断点，则 $x = x_0$ 一定是铅直渐近线，如果没有间断点，则不存在铅直渐近线. 当 $x \to \infty$ 时（$x \to +\infty, x \to -\infty, x \to \infty$ 均可），$f(x) \to c$，则 $y = c$ 是函数曲线水平渐近线. 若无水平渐近线，则考虑是否存在斜渐近线.

例 2 求下列曲线的渐近线.

(1) $y = e^{-(x-1)^2}$；(2) $y = \dfrac{x^3}{(x+1)^2}$.

解 (1) $y = \mathrm{e}^{-(x-1)^2}$ 无间断点，所以无铅直渐近线.

又因为 $\lim\limits_{x\to\infty}\mathrm{e}^{-(x-1)^2} = 0$，所以曲线有水平渐近线 $y = 0$.

(2) $y = \dfrac{x^3}{(x+1)^2}$ 有间断点 $x = -1$，$\lim\limits_{x\to -1}\dfrac{x^3}{(x+1)^2} = \infty$，故 $x = -1$ 是铅直渐近线.

因为 $\lim\limits_{x\to\infty}\dfrac{x^3}{(x+1)^2} = \infty$，所以无水平渐近线.

又因为 $\lim\limits_{x\to\infty}\dfrac{f(x)}{x} = \lim\limits_{x\to\infty}\dfrac{x^2}{(x+1)^2} = 1$，$\lim\limits_{x\to\infty}\left[f(x) - x\right] = \lim\limits_{x\to\infty}\left[\dfrac{x^3}{(x+1)^2} - x\right]$

$= \lim\limits_{x\to\infty}\dfrac{-2x^2 - x}{(x+1)^2} = -2$，所以 $y = x - 2$ 是曲线的斜渐近线.

3.6.3　习题解答

1. 判定下列曲线的凹凸性.

(1) $y = 4x - x^2$；　　　　　　　　　(2) $y = x + \dfrac{1}{x}(x > 0)$.

解 (1) 函数的定义域为 $(-\infty, +\infty)$，$y' = 4 - 2x$，$y'' = -2 < 0$，曲线在 $(-\infty, +\infty)$ 内是凸的；

(2) 函数的定义域为 $(0, +\infty)$，$y' = 1 - \dfrac{1}{x^2}$，$y'' = \dfrac{2}{x^3} > 0$，曲线在 $(0, +\infty)$ 内是凹的.

2. 求下列曲线的凹凸区间和拐点.

(1) $y = x^3 - 5x^2 + 3x + 5$；　　　(2) $y = x\mathrm{e}^{-x}$；

(3) $y = (x+1)^4 + \mathrm{e}^x$；　　　　(4) $y = \dfrac{1}{x^2 + 1}$.

解 (1) 函数的定义域为 $(-\infty, +\infty)$，$y' = 3x^2 - 10x + 3$，$y'' = 6x - 10$，令 $y'' = 0$ 得 $x = \dfrac{5}{3}$，此时 $y = \dfrac{20}{27}$，当 $x > \dfrac{5}{3}$ 时，$y'' > 0$，当 $x < \dfrac{5}{3}$ 时，$y'' < 0$，所以曲线在 $\left(-\infty, \dfrac{5}{3}\right]$ 内是凸的，在 $\left[\dfrac{5}{3}, +\infty\right)$ 内是凹的，拐点是 $\left(\dfrac{5}{3}, \dfrac{20}{27}\right)$.

(2) 函数的定义域为 $(-\infty, +\infty)$，$y' = \mathrm{e}^{-x} - x\mathrm{e}^{-x}$，$y'' = \mathrm{e}^{-x}(x - 2)$，令 $y'' = 0$ 得 $x = 2$，此时 $y = 2\mathrm{e}^{-2}$，当 $x > 2$ 时，$y'' > 0$，当 $x < 2$ 时，$y'' < 0$，所以曲线在 $(-\infty, 2]$ 内是凸的，在 $[2, +\infty)$ 内是凹的，拐点是 $(2, 2\mathrm{e}^{-2})$.

(3) 函数的定义域为 $(-\infty, +\infty)$，$y' = 4(x+1)^3 + \mathrm{e}^x$，$y'' = 12(x+1)^2 + \mathrm{e}^x > 0$，所以曲线在 $(-\infty, +\infty)$ 内是凹的，没有拐点.

(4) 函数的定义域为 $(-\infty, +\infty)$, $y' = -\dfrac{2x}{(x^2+1)^2}$, $y'' = \dfrac{6x^2-2}{(x^2+1)^3}$,

令 $y'' = 0$ 得 $x = \pm\dfrac{1}{\sqrt{3}}$, 此时 $y = \dfrac{3}{4}$, 当 $\left(-\infty, -\dfrac{1}{\sqrt{3}}\right) \cup \left(\dfrac{1}{\sqrt{3}}, +\infty\right)$ 时,

$y'' > 0$, 当 $\left(-\dfrac{1}{\sqrt{3}}, \dfrac{1}{\sqrt{3}}\right)$ 时, $y'' < 0$, 所以曲线在 $\left[-\dfrac{1}{\sqrt{3}}, \dfrac{1}{\sqrt{3}}\right]$ 内是凸的, 在

$\left(-\infty, -\dfrac{1}{\sqrt{3}}\right)$ 和 $\left(\dfrac{1}{\sqrt{3}}, +\infty\right)$ 内是凹的, 拐点是 $\left(-\dfrac{1}{\sqrt{3}}, \dfrac{4}{3}\right)$, $\left(\dfrac{1}{\sqrt{3}}, \dfrac{4}{3}\right)$.

3. 当 a, b 为何值时, 点 $(1,3)$ 为曲线 $y = ax^3 + bx^2$ 的拐点?

解 由题设知 $y(1) = 3$, $y''(1) = 0$. 即 $a + b = 3, 6a + 2b = 0$, 解得 $a = -\dfrac{3}{2}$, $b = \dfrac{9}{2}$. 即 $a = -\dfrac{3}{2}$, $b = \dfrac{9}{2}$ 时, 点 $(1,3)$ 为曲线 $y = ax^3 + bx^2$ 的拐点.

4. 利用曲线的凹凸性证明下列不等式:

(1) $\dfrac{e^x + e^y}{2} > e^{\frac{x+y}{2}}$ $(x \neq y)$;

证明 令 $f(x) = e^x, x \in R$, 则 $f'(x) = e^x, f''(x) = e^x > 0$, 所以曲线 $f(x) = e^x$ 在定义域内是凹的, 则对 $\forall x, y \in R$, 且 $x \neq y$, 有

$\dfrac{f(x) + f(y)}{2} > f\left(\dfrac{x+y}{2}\right)$, 即 $\dfrac{e^x + e^y}{2} > e^{\frac{x+y}{2}}$.

(2) $x\ln x + y\ln y > (x+y)\ln\dfrac{x+y}{2}$ $(x > 0, y > 0, x \neq y)$.

证明 设函数 $f(x) = x\ln x (x > 0)$, 则 $f'(x) = 1 + \ln x, f''(x) = \dfrac{1}{x} > 0$, 所以曲线 $f(x) = x\ln x$ 在 $(0, +\infty)$ 是凹的, 则对 $\forall x > 0, y > 0, x \neq y$, 有

$\dfrac{f(x) + f(y)}{2} > f\left(\dfrac{x+y}{2}\right)$, 即 $\dfrac{x\ln x + y\ln y}{2} > \dfrac{x+y}{2}\ln\dfrac{x+y}{2}$,

$x\ln x + y\ln y > (x+y)\ln\dfrac{x+y}{2}$.

5. 作出下列函数的图形:

(1) $y = \dfrac{1}{5}(x^4 - 6x^2 + 8x + 7)$; (2) $y = \dfrac{x}{1+x^2}$.

解 (1) 函数的定义域为 $(-\infty, +\infty)$, 无奇偶性与周期性.

$y' = \dfrac{4}{5}x^3 - \dfrac{12}{5}x + \dfrac{8}{5}$, $y'' = \dfrac{12}{5}x^2 - \dfrac{12}{5}$. 令 $y' = 0$ 得 $x = -2$, $x = 1$, 令 $y'' = 0$ 得点 $x = -1, x = 1$. 函数在 $(-\infty, -2]$ 单调减少, 在 $[-2, +\infty)$ 上单调增加, 在 $(-\infty, -1]$, $[1, +\infty)$ 上是凹的, 在 $[-1, 1]$ 上是凸的; 极小值 $f(-2) = -\dfrac{17}{5}$, 拐点 $\left(-1, -\dfrac{6}{5}\right)$, $(1, 2)$.

函数图形无渐近线.

$x = 0$ 分别对应的函数值为 $\dfrac{7}{5}$，于是得到函数图形上的点 $\left(0, \dfrac{7}{5}\right)$，结合上述结果，就可以画出函数 $y = \dfrac{1}{5}(x^4 - 6x^2 + 8x + 7)$ 的图形（图 3.2）.

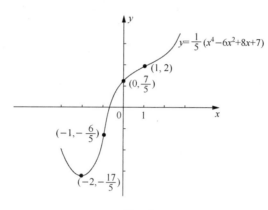

图 3.2

（2）函数的定义域为 $(-\infty, +\infty)$，奇函数，图形对称于原点.

$y' = \dfrac{1 - x^2}{(1 + x^2)^2}$，$y'' = \dfrac{2x(x^2 - 3)}{(1 + x^2)^3}$. 令 $y' = 0$ 得驻点 $x = -1, x = 1$，令 $y'' = 0$ 得点 $x = 0, x = \sqrt{3}, x = -\sqrt{3}$. 函数在 $(-\infty, -1]$，$[1, +\infty)$ 内单调减少，在 $[-1, 1]$ 上单调增加，在 $(-\infty, -\sqrt{3}]$，$[0, \sqrt{3}]$ 上是凸的，在 $[-\sqrt{3}, 0], [\sqrt{3}, +\infty)$ 内是凹的；极小值 $f(-1) = -\dfrac{1}{2}$，极大值 $f(1) = \dfrac{1}{2}$；拐点 $\left(-\sqrt{3}, -\dfrac{\sqrt{3}}{4}\right), (0, 0), \left(\sqrt{3}, \dfrac{\sqrt{3}}{4}\right)$.

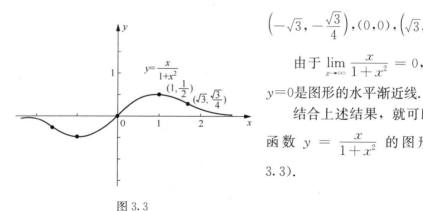

由于 $\lim\limits_{x \to \infty} \dfrac{x}{1 + x^2} = 0$，所以 $y = 0$ 是图形的水平渐近线.

结合上述结果，就可以画出函数 $y = \dfrac{x}{1 + x^2}$ 的图形（图 3.3）.

图 3.3

3.7　曲率

3.7.1　知识点分析

（1）曲率描述了曲线在某点处的弯曲程度.

曲率 K 的定义：$K = \lim\limits_{\Delta s \to 0} \left| \dfrac{\Delta \alpha}{\Delta s} \right| = \left| \dfrac{\mathrm{d}\alpha}{\mathrm{d}s} \right|$.

曲率 K 的计算公式：$K = \dfrac{|y''|}{(1 + y'^2)^{\frac{3}{2}}}$.

（2）直线上任意点处的曲率 $K = 0$.

半径为 R 的圆上任意点处的曲率 $K = \dfrac{1}{R}$.

（3）**曲率圆**：设曲线 $y = f(x)$ 在点 M 处的曲率为 $K(K \neq 0)$. 在点 M 处法线的凹向一侧取一点 D，使 $|DM| = \dfrac{1}{K} = \rho$. 以 D 为圆心，ρ 为半径作圆，这个圆叫做曲线在点 M 处的曲率圆.

曲率半径：曲率圆的半径 ρ 叫做曲线在点 M 处的曲率半径，$\rho = \dfrac{1}{K}$.

3.7.2　典例解析——求曲线在某点处的曲率

例 1　求曲线 $y = \tan x$ 在点 $\left(\dfrac{\pi}{4}, 1 \right)$ 处的曲率，曲率半径.

解　$y' = \sec^2 x$，$y'' = 2\sec x \sec x \tan x = 2\sec^2 x \tan x$，所以
$$y'|_{x = \frac{\pi}{4}} = 2, \quad y''|_{x = \frac{\pi}{4}} = 4,$$
由曲率计算公式知，$K = \dfrac{|y''|}{(1 + y'^2)^{\frac{3}{2}}} = \dfrac{4}{(1 + 4)^{\frac{3}{2}}} = \dfrac{4}{5\sqrt{5}}$，$\rho = \dfrac{5}{4}\sqrt{5}$.

例 2　求抛物线 $x = y^2$ 在 $(0,0)$ 处的曲率.

解　方程两边对 x 求导，得 $1 = 2y \cdot y'$，所以 $y' = \dfrac{1}{2y}$，$y'' = -\dfrac{1}{4y^3}$，从而在任一点 (x, y) 处的曲率 $K = \dfrac{|y''|}{(1 + y'^2)^{\frac{3}{2}}} = \dfrac{2}{(1 + 4y^2)^{\frac{3}{2}}}$，所以抛物线在 $(0,0)$ 处的曲率 $K = 2$.

例 3　求曲线 $x = a\cos^3 t$，$y = a\sin^3 t$ 在 $t = t_0$ 相应点处的曲率.

解　$\dfrac{\mathrm{d}y}{\mathrm{d}x} = \dfrac{(a\sin^3 t)'}{(a\cos^3 t)'} = \dfrac{3a\sin^2 t\cos t}{-3a\cos^2 t\sin t} = -\tan t$，

$\dfrac{\mathrm{d}^2 y}{\mathrm{d}x^2} = \dfrac{\dfrac{\mathrm{d}y'}{\mathrm{d}t}}{\dfrac{\mathrm{d}x}{\mathrm{d}t}} = \dfrac{(-\tan t)'}{(a\cos^3 t)'} = \dfrac{-\sec^2 t}{-3a\cos^2 t\sin t} = \dfrac{\sec^4 t\csc t}{3a}$. 所以，

$$K|_{t=t_0} = \frac{|y''|}{(1+y'^2)^{3/2}}\Big|_{t=t_0} = \frac{\left|\dfrac{\sec^4 t_0 \csc t_0}{3a}\right|}{\sec^3 t_0} = \left|\frac{\sec t_0 \csc t_0}{3a}\right|.$$

点拨 注意利用计算公式求曲率时，往往要根据函数的表达方式，如显函数 $y = f(x)$、参数方程、隐函数、极坐标形式等，先求出 y' 和 y''，然后代入曲率公式计算.

3.7.3 习题解答

1. 求椭圆 $4x^2 + y^2 = 4$ 在点 $(0,2)$ 处的曲率.

解 $4x^2 + y^2 = 4$ 两边对 x 求导得 $8x + 2yy' = 0$，$y' = -\dfrac{4x}{y}$，$y'|_{(0,2)} = 0$.

$y'' = -\dfrac{4y - y' \cdot 4x}{y^2}$，$y''|_{(0,2)} = -2$，所以 $K|_{(0,2)} = \dfrac{|y''|}{(1+y'^2)^{3/2}}|_{(0,2)} = 2$.

2. 求抛物线 $y = x^2$ 在点 $(\sqrt{2},2)$ 处的曲率.

解 $y' = 2x$，$y'' = 2$，$y'|_{(\sqrt{2},2)} = 2\sqrt{2}$，$y''|_{(\sqrt{2},2)} = 2$. 所以

$$K|_{(\sqrt{2},2)} = \frac{|y''|}{(1+y'^2)^{3/2}}|_{(\sqrt{2},2)} = \frac{2}{27}.$$

3. 求曲线 $y = \ln\sec x$ 在点 (x,y) 处的曲率及曲率半径.

解 $y' = \dfrac{1}{\sec x} \cdot \sec x \tan x = \tan x$，$y'' = \sec^2 x$，所以

$$K = \frac{|y''|}{(1+y'^2)^{3/2}} = \frac{\sec^2 x}{(\sec^2 x)^{\frac{3}{2}}} = \frac{\sec^2 x}{|\sec^3 x|} = |\cos x|, \quad \rho = \frac{1}{K} = |\sec x|.$$

4. 见例 3.

5. 汽车连同载重共 5 t，在抛物线拱桥上行驶，速度为 21.6 km/h，桥的跨度为 10 m，拱的失高为 0.25 m（图 3.4）. 求汽车越过桥顶时对桥的压力.

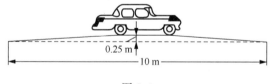

0.25 m
10 m

图 3.4

解 以抛物线顶点为原点建立坐标系，设抛物线方程为 $y = ax^2$，代入点 $(5, -0.25)$，得 $a = -0.01$，所以 $y = -0.01x^2$，$y'|_{x=0} = -0.02x|_{x=0} = 0$，$y''|_{x=0} = -0.02$，所以顶点处的曲率半径为 $\rho|_{(0,0)} = \dfrac{(1+y'^2)^{3/2}}{|y''|} = \dfrac{1}{0.02} = 50$.

于是向心力 $F = \dfrac{mv^2}{\rho} = \dfrac{5 \times 10^3 \times \left(\dfrac{21.6 \times 10^3}{3\ 600}\right)^2}{50} = 3\ 600\ (\text{N})$,

所以，车越过桥顶时对桥的压力为 $5 \times 10^3 \times 9.8 - 3\ 600 = 45\ 400\ (\text{N})$.

复习题 3 解答

1. 单项选择题:

(1) 下列命题中正确的是（ A ）.

  A. 在 (a,b) 内, $f'(x) > 0$ 是 $f(x)$ 在 (a,b) 内单调递增的充分条件;

  B. 可导函数 $f(x)$ 的驻点一定是此函数的极值点;

  C. 函数 $f(x)$ 的极值点一定是此函数的驻点;

  D. 连续函数在 $[a,b]$ 上的极大值必大于极小值.

  点拨 极值点不一定是驻点. 如 $x = 0$ 是 $f(x) = |x|$ 的极小值点但不是驻点, C 错误. 驻点不一定是极值点. 如 $x = 0$ 是 $f(x) = x^3$ 的驻点但不是极值点, B 错误.

(2) 设函数 $f(x)$ 在 $(-\infty, +\infty)$ 连续, $f'(x)$ 的图形如图 3.5 所示, 则 $f(x)$（ D ）.

  A. 有两个极小值点和一个极大值点;

  B. 有一个极小值点和两个极大值点;

  C. 有三个极小值点和两个极大值点;

  D. 有两个极小值点和两个极大值点.

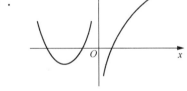

图 3.5

  点拨 $f'(x)$ 符号由正变负, 函数由增变减, 出现极大值; $f'(x)$ 符号由负变正, 函数由减变增, 出现极小值. 结合 $f'(x)$ 图像可知, D 正确.

(3) 设 $f(x)$ 在 $[0, 1]$ 上可导, $f'(x) > 0$, 且 $f(0) < 0, f(1) > 0$, 则 $f(x)$ 在 $[0, 1]$ 内（ B ）.

  A. 至少有两个零点;   B. 有且只有一个零点;

  C. 没有零点;   D. 零点个数不能确定.

  点拨 根据零点定理, $f(x)$ 在 $[0, 1]$ 有一个零点, 又因为 $f'(x) > 0$, 所以函数单增, 因此有且只有一个零点.

(4) 如果 $f(x)$ 在 x_0 的某邻域内具有三阶连续导数, 且 $f''(x_0) = 0$, $f'''(x_0) > 0$, 则（ D ）.

  A. $f'(x_0)$ 是 $f'(x)$ 的极大值;

  B. $f(x_0)$ 是 $f(x)$ 的极大值;

C. $f(x_0)$ 是 $f(x)$ 的极小值；

D. $(x_0, f'(x_0))$ 是曲线 $y = f(x)$ 的拐点.

点拨 $f'''(x_0) = \lim\limits_{x \to x_0} \dfrac{f''(x) - f''(x_0)}{x - x_0} > 0$，由极限的保号性知，$x \to x_0^-$ 时，$x < x_0$，所以 $f''(x) - f''(x_0) < 0$，即 $f''(x) < 0$，函数曲线是凸的；$x \to x_0^+$ 时，$x > x_0$，所以 $f''(x) - f''(x_0) > 0$，即 $f''(x) > 0$，函数曲线是凹的. 因此 $(x_0, f'(x_0))$ 是曲线 $y = f(x)$ 的拐点.

(5) 若 $f(x) = -f(-x)$，在 $(0, +\infty)$ 内 $f'(x) > 0$，$f''(x) > 0$，则 $f(x)$ 在 $(-\infty, 0)$ 内（ C ）.

A. $f'(x) < 0, f''(x) < 0$；　　　　B. $f'(x) < 0, f''(x) > 0$；

C. $f'(x) > 0, f''(x) < 0$；　　　　D. $f'(x) < 0, f''(x) > 0$.

点拨 函数是奇函数，图像关于原点对称，画图观察，易得答案 C.

2. 求下列函数的极限：

解 （1）$\lim\limits_{x \to 0} \dfrac{\ln(1 + x^2)}{\sec x - \cos x} = \lim\limits_{x \to 0} \dfrac{x^2}{\dfrac{1}{\cos x} - \cos x} = \lim\limits_{x \to 0} \dfrac{x^2 \cos x}{\sin^2 x} = 1.$

（2）$\lim\limits_{x \to 1}(1 - x)\tan\dfrac{\pi x}{2} = \lim\limits_{x \to 1} \dfrac{1 - x}{\cot\dfrac{\pi x}{2}} = \lim\limits_{x \to 1} \dfrac{-1}{-\dfrac{\pi}{2}\csc^2\dfrac{\pi x}{2}} = \lim\limits_{x \to 1} \dfrac{\sin^2\dfrac{\pi x}{2}}{\dfrac{\pi}{2}} = \dfrac{2}{\pi}.$

（3）$\lim\limits_{x \to 0} \dfrac{\sin x - x\cos x}{\sin^3 x} = \lim\limits_{x \to 0} \dfrac{\sin x - x\cos x}{x^3} = \lim\limits_{x \to 0} \dfrac{\cos x - \cos x + x\sin x}{3x^2}$

$\qquad\qquad = \lim\limits_{x \to 0} \dfrac{x^2}{3x^2} = \dfrac{1}{3}.$

（4）$\lim\limits_{x \to 0} \dfrac{e^x + e^{-x} - 2}{x^2} = \lim\limits_{x \to 0} \dfrac{e^x - e^{-x}}{2x} = \lim\limits_{x \to 0} \dfrac{e^x + e^{-x}}{2} = 1.$

（5）$\lim\limits_{x \to 0} \dfrac{x + \sin x}{\ln(1 + x)} = \lim\limits_{x \to 0} \dfrac{x + \sin x}{x} = \lim\limits_{x \to 0}(1 + \cos x) = 2.$

（6）$\lim\limits_{x \to 0}\left(\dfrac{1}{x} - \dfrac{1}{e^x - 1}\right) = \lim\limits_{x \to 0} \dfrac{e^x - 1 - x}{x(e^x - 1)} = \lim\limits_{x \to 0} \dfrac{e^x - 1 - x}{x^2} = \lim\limits_{x \to 0} \dfrac{e^x - 1}{2x}$

$\qquad\qquad = \lim\limits_{x \to 0} \dfrac{x}{2x} = \dfrac{1}{2}.$

（7）$\lim\limits_{x \to +\infty}(x + \sqrt{1 + x^2})^{\frac{1}{x}} = \lim\limits_{x \to +\infty} e^{\frac{1}{x}\ln(x + \sqrt{1 + x^2})} = e^{\lim\limits_{x \to +\infty} \frac{\ln(x + \sqrt{1 + x^2})}{x}} = e^{\lim\limits_{x \to +\infty} \frac{1}{\sqrt{1 + x^2}}}$

$\qquad\qquad = e^0 = 1.$

（8）$\lim\limits_{x \to +\infty}\left(\dfrac{2}{\pi}\arctan x\right)^{2x} = \lim\limits_{x \to +\infty} e^{2x\ln\left(\frac{2}{\pi}\arctan x\right)} = e^{\lim\limits_{x \to +\infty} 2x\ln\left(\frac{2}{\pi}\arctan x\right)},$

而 $\lim\limits_{x\to+\infty}2x\ln\left(\dfrac{2}{\pi}\arctan x\right)=\lim\limits_{x\to+\infty}\dfrac{\ln\left(\dfrac{2}{\pi}\arctan x\right)}{\dfrac{1}{2x}}=\lim\limits_{x\to+\infty}\dfrac{\ln\dfrac{2}{\pi}+\ln\arctan x}{\dfrac{1}{2x}}$

$$=\lim\limits_{x\to+\infty}\dfrac{\dfrac{1}{(1+x^2)\arctan x}}{-\dfrac{1}{2x^2}}=-\dfrac{4}{\pi},\text{所以}\lim\limits_{x\to+\infty}\left(\dfrac{2}{\pi}\arctan x\right)^{2x}=\mathrm{e}^{-\frac{4}{\pi}}.$$

3. 证明下列不等式:

(1) 当 $0<x<\dfrac{\pi}{2}$ 时,证明 $\dfrac{2}{\pi}x<\sin x<x$.

证明 先证 $\sin x<x$,令 $f(x)=x-\sin x$,当 $0<x<\dfrac{\pi}{2}$ 时,

$f'(x)=1-\cos x>0$,所以 $f(x)$ 在 $\left[0,\dfrac{\pi}{2}\right]$ 内单调增加,则 $0<x<\dfrac{\pi}{2}$ 时,

$f(x)>f(0)=0$,即 $\sin x<x$.

再证 $\dfrac{2}{\pi}x<\sin x$,令 $f(x)=\sin x-\dfrac{2}{\pi}x$,则 $f'(x)=\cos x-\dfrac{2}{\pi}$,

$f''(x)=-\sin x$,当 $0<x<\dfrac{\pi}{2}$ 时,$f''(x)<0$,于是 $f(x)$ 曲线在 $\left[0,\dfrac{\pi}{2}\right]$ 内是凸

的,又 $f(0)=f\left(\dfrac{\pi}{2}\right)=0$,则 $0<x<\dfrac{\pi}{2}$ 时,$f(x)>0$,即 $\sin x>\dfrac{2}{\pi}x$,综上,

当 $0<x<\dfrac{\pi}{2}$ 时,$\dfrac{2}{\pi}x<\sin x<x$.

(2) 当 $x>0$ 时,$\ln(1+x)>\dfrac{\arctan x}{1+x}$.

证明 令 $f(x)=(1+x)\ln(1+x)-\arctan x$.

当 $x>0$ 时,$f'(x)=\ln(1+x)+1-\dfrac{1}{1+x^2}>0$,则 $f(x)$ 在 $[0,+\infty)$ 内

单调增加,所以 $x>0$ 时,$f(x)>f(0)=0$,即 $(1+x)\ln(1+x)>\arctan x$,所

以 $\ln(1+x)>\dfrac{\arctan x}{1+x}$.

4. 求函数 $f(x)=(x-2)^5(2x+1)^4$ 的单调区间.

解 函数定义域为 $(-\infty,+\infty)$,

$f'(x)=5(x-2)^4(2x+1)^4+8(x-2)^5(2x+1)^3$

$\qquad=(x-2)^4(2x+1)^3(18x-11)$,

令 $f'(x)=0$ 得驻点 $x=2,x=-\dfrac{1}{2},x=\dfrac{11}{18}$,列表如下:

x	$\left(-\infty,-\dfrac{1}{2}\right)$	$-\dfrac{1}{2}$	$\left(-\dfrac{1}{2},\dfrac{11}{18}\right)$	$\dfrac{11}{18}$	$\left(\dfrac{11}{18},2\right)$	2	$(2,+\infty)$
$f'(x)$	$+$	0	$-$	0	$+$	0	$+$
$f(x)$	↗		↘		↗		↗

所以函数单增区间为 $\left(-\infty,-\dfrac{1}{2}\right],\left[\dfrac{11}{18},+\infty\right)$；单减区间为 $\left[-\dfrac{1}{2},\dfrac{11}{18}\right]$.

5. 求下列函数的极值：

(1) $y=\mathrm{e}^x\sin x,x\in[0,2\pi]$

解 当 $0<x<2\pi$ 时，$y'=\mathrm{e}^x(\sin x+\cos x)$，$y''=2\mathrm{e}^x\cos x$，得驻点 $x=\dfrac{3}{4}\pi$，

$x=\dfrac{7}{4}\pi$.

又 $y''\left(\dfrac{3}{4}\pi\right)=-\sqrt{2}\mathrm{e}^{\frac{3}{4}\pi}<0$，$y''\left(\dfrac{7}{4}\pi\right)=\sqrt{2}\mathrm{e}^{\frac{7}{4}\pi}>0$，所以函数在 $x=\dfrac{3}{4}\pi$ 处取

得极大值 $\dfrac{1}{\sqrt{2}}\mathrm{e}^{\frac{3}{4}\pi}$；在 $x=\dfrac{7}{4}\pi$ 处取得极小值 $-\dfrac{1}{\sqrt{2}}\mathrm{e}^{\frac{7}{4}\pi}$.

(2) $y=x^{\frac{1}{3}}(1-x)^{\frac{2}{3}}$

解 函数定义域为 $(-\infty,+\infty)$，得

$$y'=\dfrac{1}{3}x^{-\frac{2}{3}}(1-x)^{\frac{2}{3}}-\dfrac{2}{3}x^{\frac{1}{3}}(1-x)^{-\frac{1}{3}}=\dfrac{1}{3}x^{-\frac{2}{3}}(1-x)^{-\frac{1}{3}}(1-3x),$$

令 $y'=0$ 得驻点 $x=\dfrac{1}{3}$，又 $x=0,x=1$ 是不可导的点，列表如下：

x	$(-\infty,0)$	0	$\left(0,\dfrac{1}{3}\right)$	$\dfrac{1}{3}$	$\left(\dfrac{1}{3},1\right)$	1	$(1,+\infty)$
y'	$+$	不存在	$+$	0	$-$	不存在	$+$
y	↗		↗	极大值	↘	极小值	↗

极大值为 $f\left(\dfrac{1}{3}\right)=\dfrac{1}{3}\sqrt[3]{4}$，极小值为 $f(1)=0$.

6. 求下列曲线的凹凸区间和拐点：

(1) $y=1+\sqrt[3]{x-2}$

解 函数定义域为 $(-\infty,+\infty)$，$y'=\dfrac{1}{3}(x-2)^{-\frac{2}{3}}$，$y''=-\dfrac{2}{9}(x-2)^{-\frac{5}{3}}$，

$x=2$ 时，y'' 不存在，此时 $y=1$. $x<2$ 时，$y''>0$；$x>2$ 时，$y''<0$，所以曲线的凹区间是 $(-\infty,2]$，凸区间是 $[2,+\infty)$，拐点是 $(2,1)$.

(2) $y=\mathrm{e}^{\arctan x}$

解 函数定义域为 $(-\infty, +\infty)$，

$y' = e^{\arctan x} \cdot \dfrac{1}{1+x^2}, y'' = e^{\arctan x} \cdot \dfrac{1}{(1+x^2)^2} + e^{\arctan x} \cdot \dfrac{-2x}{(1+x^2)^2} =$

$\dfrac{e^{\arctan x}}{(1+x^2)^2}(1-2x)$，令 $y'' = 0$，得 $x = \dfrac{1}{2}$. 当 $x < \dfrac{1}{2}$ 时，$y'' > 0$；当 $x > \dfrac{1}{2}$ 时，

$y'' < 0$. 所以曲线的凸区间是 $\left[\dfrac{1}{2}, +\infty\right)$，凹区间是 $\left(-\infty, \dfrac{1}{2}\right]$，拐点是

$\left(\dfrac{1}{2}, e^{\arctan \frac{1}{2}}\right)$.

7. 设 $a > 1$，$f(x) = a^x - ax$ 在 $(-\infty, +\infty)$ 内的驻点为 $x(a)$，求 $x(a)$ 的最小值.

解 令 $f'(x) = a^x \ln a - a = 0$，得 $x = \log_a \dfrac{a}{\ln a} = 1 - \log_a(\ln a) =$

$1 - \dfrac{\ln(\ln a)}{\ln a}$. 又 $x'(a) = -\dfrac{\dfrac{1}{a\ln a} \cdot (\ln a) - \ln(\ln a) \cdot \dfrac{1}{a}}{(\ln a)^2} = \dfrac{\ln(\ln a) - 1}{a(\ln a)^2}$.

令 $x'(a) = 0$，得 $a = e^e$.

当 $1 < a < e^e$ 时，$x'(a) < 0$，$a > e^e$ 时，$x'(a) > 0$，所以 $x(a)$ 在 $a = e^e$ 时取得唯一极小值，即最小值 $x(e^e) = 1 - \dfrac{1}{e}$.

8. 设 $a_0 + \dfrac{a_1}{2} + \cdots + \dfrac{a_n}{n+1} = 0$，证明多项式 $f(x) = a_0 + a_1 x + \cdots + a_n x^n$ 在 $(0,1)$ 在内至少有一个零点.

证明 设 $F(x) = a_0 x + \dfrac{1}{2}a_1 x^2 + \cdots + \dfrac{1}{n}a_{n-1}x^n + \dfrac{1}{n+1}a_n x^{n+1}$，则 $F(x)$ 在 $[0,1]$ 上连续，在 $(0,1)$ 内可导，且 $F(0) = F(1) = 0$. 由罗尔定理知，在 $(0,1)$ 内至少存在一点 ξ，使得 $F'(\xi) = 0$，即 $a_0 + a_1\xi + \cdots + a_n\xi^n = 0$，所以 $f(x) = a_0 + a_1 x + \cdots + a_n x^n$ 在 $(0,1)$ 内至少有一个零点.

9. 设函数 $f(x)$ 在 $[0,1]$ 上连续，在 $(0,1)$ 内可导，且 $f(1) = 0$. 证明：至少存在一点 $\xi \in (0,1)$，使 $3f(\xi) + \xi f'(\xi) = 0$.

证明 设 $F(x) = x^3 f(x)$，则 $F(x)$ 在 $[0,1]$ 上连续，在 $(0,1)$ 内可导，且 $F(0) = F(1) = 0$. 由罗尔定理，至少存在一点 $\xi \in (0,1)$，使得 $F'(\xi) = 0$，即 $3\xi^2 f(\xi) + \xi^3 f'(\xi) = 0$，也就是 $3f(\xi) + \xi f'(\xi) = 0$.

10. 若火车每小时所耗燃料费用与火车速度的立方成正比. 已知火车速度为 20km/h 时，每小时燃料费用为 40 元，其他费用每小时 200 元，求最经济的行驶速度.

解 由题设火车行驶速度为 v，则每小时燃料费用为 kv^3，因为火车速度

为 20km/h 时，每小时燃料费用为 40 元，所以可以确定 $k=\dfrac{1}{200}$，不妨设火车

的行驶路程为常数 a，则运行总费用为 $f(v)=\dfrac{1}{200}v^3 \cdot \dfrac{a}{v}+200 \cdot \dfrac{a}{v}=$

$a\left(\dfrac{1}{200}v^2+\dfrac{200}{v}\right)$.

令 $f'(v)=a\left(\dfrac{1}{100}v-\dfrac{200}{v^2}\right)=0$，得 $v=\sqrt[3]{20000}\approx 27.14$. 驻点唯一，为所

求最值点，所以火车最经济的行驶速度为 27.14km/h.

单元练习 A

1. 下列函数在给定区间上满足罗尔定理条件的是（　　）.

    A. $y=x^2-5x+6$，$[2,3]$　　　　B. $y=x\mathrm{e}^{-x}$，$[0,1]$

    C. $y=\dfrac{1}{\sqrt[3]{(x-1)^2}}$，$[0,2]$　　　D. $y=\begin{cases}x+1, & x<5, \\ 1, & x\geqslant 5,\end{cases}$ $[0,5]$

2. 设函数 $f(x)$ 在 (a,b) 内单调增加，则 $f(x)$ 在 (a,b) 内一定（　　）.

    A. 无驻点　　　　　　　　　B. 无拐点

    C. 无极值点　　　　　　　　D. 必有 $f'(x)>0$

3. 设 $f(x)$ 在 $(-\infty,+\infty)$ 内二阶可导，且除 x_0 外，$f'(x)\neq 0$，
$f''(x_0)<0$，则（　　）.

    A. $x=x_0$ 为 $f(x)$ 的极大值点，但不一定是 $f(x)$ 的最大值点

    B. $x=x_0$ 为 $f(x)$ 的极大值点，也是 $f(x)$ 的最大值点

    C. $x=x_0$ 为 $f(x)$ 的极小值点，但不一定是 $f(x)$ 的最小值点

    D. $x=x_0$ 为 $f(x)$ 的极小值点，也是 $f(x)$ 的最小值点

4. 曲线 $y=x\arctan x$ 的图形在（　　）.

    A. $(-\infty,+\infty)$ 内是凹的

    B. $(-\infty,+\infty)$ 内是凸的

    C. $(-\infty,0)$ 内是凹的，$(0,+\infty)$ 内是凸的

    D. $(-\infty,0)$ 内是凸的，$(0,+\infty)$ 内是凹的

5. 函数 $y=\mathrm{e}^x+\mathrm{e}^{-x}$ 的极小值为_____.

6. 曲线 $y=x\mathrm{e}^{-x}$ 的拐点为_____.

7. 曲线 $y=x^2-6x$ 在点 $(3,-9)$ 处的曲率为_____.

8. 求极限 $\lim\limits_{x\to 0}\dfrac{\mathrm{e}^x-\mathrm{e}^{-x}-2x}{x-\sin x}$.

9. 求极限 $\lim\limits_{x\to 0}\left[\dfrac{1}{\ln(x+1)}-\dfrac{1}{x}\right]$.

10. 设函数 $f(x)$ 与 $g(x)$ 在 $[a,b]$ 可导，且 $f(a)=f(b)=g(a)=g(b)$，证明：在 (a,b) 内至少存在一点 $\xi\in(a,b)$，使 $f'(\xi)=g'(\xi)$ 成立.

11. 证明：当 $x>1$ 时，$e^x>ex$.

12. 列表求函数 $y=x^3-3x+5$ 的单调区间和极值.

13. 列表求曲线 $y=x^2+\dfrac{1}{x}$ 的凹凸区间和拐点.

14. 某商品进价为 a（元/件），根据以往经验，当销售价为 b（元/件）时，销售量为 c 件（a,b,c 均为正常数，且 $b\geqslant\dfrac{4}{3}a$）.市场调查表明，销售价每下降 10%，销售量可增加 40%，现决定一次性降价.试问当销售价定为多少时，可获得最大利润？并求出最大利润.

单元练习 B

1. 设 $f(x)$ 在 $[0,1]$ 连续，在 $(0,1)$ 可导，且 $f(0)=f(1)=0$，$f\left(\dfrac{1}{2}\right)=1$，证明：

(1) 至少存在 $\xi\in\left(\dfrac{1}{2},1\right)$，使 $f(\xi)=\xi$；

(2) 存在 $\eta\in(0,\xi)$，使 $f'(\eta)-[f(\eta)-\eta]=1$.

2. 若 $x\neq 0$，证明：$0<\dfrac{\arctan e^x-\dfrac{\pi}{4}}{x}<\dfrac{1}{2}$.

3. 求下列极限.

(1) $\lim\limits_{x\to+\infty}x(a^{\frac{1}{x}}-b^{\frac{1}{x}})$ $(a>0,b>0)$； (2) $\lim\limits_{x\to 0^+}(\sin x)^{\frac{2}{\ln x+1}}$；

(3) $\lim\limits_{x\to\frac{\pi}{2}^+}(\sec x-\tan x)$；   (4) $\lim\limits_{n\to\infty}\sqrt{n}(\sqrt[n]{n}-1)$.

4. 已知 $f(x)=\begin{cases}x^{2x}, & x>0,\\ x+1, & x\leqslant 0,\end{cases}$ 求 $f(x)$ 的极值.

5. 证明：当 $0<x_1<x_2<\dfrac{\pi}{2}$ 时，$\dfrac{\tan x_2}{\tan x_1}>\dfrac{x_2}{x_1}$.

6. 讨论方程 $\ln x-\dfrac{x}{e}+\ln 2=0$ 在区间 $\left(\dfrac{1}{2},2e\right)$ 内有几个实根.

7. 求函数 $f(x)=(x-1)x^{\frac{2}{3}}$ 的单调区间，极值，凹凸区间及拐点.

8. 对数曲线 $y = \ln x$ 上哪一点处的曲率半径最小？求出该点的曲率半径.

单元练习 A 答案

1. A   2. C   3. B   4. A   5. 2   6. $(2, 2e^{-2})$ 7. 2

8. **解** $\lim\limits_{x \to 0} \dfrac{e^x - e^{-x} - 2x}{x - \sin x} = \lim\limits_{x \to 0} \dfrac{e^x + e^{-x} - 2}{1 - \cos x} = \lim\limits_{x \to 0} \dfrac{e^x - e^{-x}}{\sin x}$

$= \lim\limits_{x \to 0} \dfrac{e^x + e^{-x}}{\cos x} = 2.$

9. **解** $\lim\limits_{x \to 0} \left[\dfrac{1}{\ln(x+1)} - \dfrac{1}{x} \right] = \lim\limits_{x \to 0} \dfrac{x - \ln(x+1)}{x\ln(x+1)}$

$= \lim\limits_{x \to 0} \dfrac{x - \ln(x+1)}{x^2} = \lim\limits_{x \to 0} \dfrac{1 - \dfrac{1}{x+1}}{2x} = \lim\limits_{x \to 0} \dfrac{1}{2(x+1)} = \dfrac{1}{2}.$

10. **证明** 设辅助函数 $F(x) = f(x) - g(x)$，由题意可知 $F(x)$ 在 $[a, b]$ 上可导、连续，在 $F(a) = f(a) - g(a) = 0$，$F(b) = f(b) - g(b) = 0$，满足罗尔定理条件，所以至少存在一点 $\xi \in (a, b)$，使 $F'(\xi) = 0$，即 $f'(\xi) = g'(\xi)$.

11. **证明** 设 $f(x) = e^x - ex$，则 $f'(x) = e^x - e$，当 $x > 1$ 时，$f'(x) > 0$，所以 $f(0)$ 在 $[1, +\infty)$ 上单调递增，故 $x > 1$ 时 $f(x) > f(1) = 0$，即 $e^x > ex$.

12. **解** 定义域 $(-\infty, +\infty)$，$y' = 3x^2 - 3$，令 $y' = 0$ 得驻点 $x = -1$，$x = 1$，列表如下：

x	$(-\infty, -1)$	-1	$(-1, 1)$	1	$(1, +\infty)$
y'	$+$	0	$-$	0	$+$
y	↗	极大值	↘	极小值	↗

单增区间 $(-\infty, -1], [1, +\infty)$，单减区间 $[-1, 1]$，极大值 $f(-1) = 7$，极小值 $f(1) = 3$.

13. **解** 定义域 $(-\infty, 0) \bigcup (0, +\infty)$，$y' = 2x - \dfrac{1}{x^2}$，$y'' = 2 + \dfrac{2}{x^3} = 2\left(1 + \dfrac{1}{x^3}\right)$，令 $y'' = 0$ 得 $x = -1$，列表如下：

x	$(-\infty, -1)$	-1	$(-1, 0)$	0	$(0, +\infty)$
y''	$+$	0	$-$		$+$
y	凹	拐点	凸	无定义	凹

凸区间 $(-1,0)$，凹区间 $(-\infty,-1)$ 和 $(0,+\infty)$，拐点 $(-1,0)$.

14. 解 设销售价定为 x 元，则

$$L = (x-a) \cdot c\left(1 + \frac{b-x}{b} \cdot 4\right) = \frac{c}{b}(x-a)(5b-4x),$$

$$L' = \frac{c}{b}(5b-8x+4a)，令 L'=0 则 x = \frac{a}{2} + \frac{5}{8}b. 又 L'' = -\frac{8c}{b} < 0,$$

所以 $x = \dfrac{a}{2} + \dfrac{5}{8}b$ 时 L 取得极大值，因为极值点只有一个，极大值即为最大值，最大利润为：$\dfrac{c}{16b}(5b+4a)^2$ 元.

单元练习 B 答案

1. 证明 （1）令 $F(x) = f(x) - x$，则 $F(x)$ 在 $\left[\dfrac{1}{2}, 1\right]$ 上连续，

$F\left(\dfrac{1}{2}\right) = f\left(\dfrac{1}{2}\right) - \dfrac{1}{2} = \dfrac{1}{2} > 0$，$F(1) = -1 < 0$，由零点定理知，至少存在 $\xi \in \left(\dfrac{1}{2}, 1\right)$，使 $F(\xi) = 0$，即 $f(\xi) = \xi$.

（2）令 $g(x) = \mathrm{e}^{-x}F(x)$，则 $g(x)$ 在 $[0,\xi]$ 上连续，在 $(0,\xi)$ 内可导，$g(0) = F(0) = 0$，$g(\xi) = \mathrm{e}^{-\xi}F(\xi) = 0$，所以存在 $\eta \in (0,\xi)$，使 $g'(\eta) = 0$. 而 $g'(x) = [-F(x) + F'(x)]\mathrm{e}^{-x}$，所以 $g'(\eta) = [-F(\eta) + F'(\eta)]\mathrm{e}^{-\eta} = 0$，所以 $f'(\eta) - [f(\eta) - \eta] = 1$.

2. 证明 令 $f(x) = \arctan \mathrm{e}^x$，则 $f(x)$ 在 $(-\infty,+\infty)$ 上连续且可导，$\forall x \in (-\infty,+\infty)$ 且 $x \neq 0$，则 $f(x)$ 在 $[0,x]$ 或 $[x,0]$ 上满足 Lagrange 定理条件，所以 $\dfrac{f(x)-f(0)}{x} = f'(\xi)$，其中 ξ 介于 0 和 x 之间，

即 $\dfrac{\arctan \mathrm{e}^x - \dfrac{\pi}{4}}{x} = \dfrac{\mathrm{e}^{\xi}}{1+\mathrm{e}^{2\xi}}$，显然 $0 < \dfrac{\mathrm{e}^{\xi}}{1+\mathrm{e}^{2\xi}} < \dfrac{\mathrm{e}^{\xi}}{2\mathrm{e}^{\xi}} = \dfrac{1}{2}$，所以当 $x \neq 0$ 时，

$0 < \dfrac{\arctan \mathrm{e}^x - \dfrac{\pi}{4}}{x} < \dfrac{1}{2}$.

3. 解 （1）原式 $\xlongequal{\text{令}\, t = \frac{1}{x}} \lim\limits_{t \to 0} \dfrac{a^t - b^t}{t} = \lim\limits_{t \to 0} \dfrac{a^t \ln a - b^t \ln b}{1} = \ln \dfrac{a}{b}$.

（2）$\lim\limits_{x \to 0^+} (\sin x)^{\frac{2}{\ln x + 1}} = \lim\limits_{x \to 0^+} \mathrm{e}^{\frac{2}{\ln x + 1} \ln \sin x} = \mathrm{e}^{\lim\limits_{x \to 0^+} \frac{2}{\ln x + 1} \ln \sin x}$

$$= e^{\lim\limits_{x\to 0^+} \frac{\frac{2\cos x}{\sin x}}{\frac{1}{x}}} = e^{\lim\limits_{x\to 0^+} \frac{2x\cos x}{\sin x}} = e^2.$$

(3) $\lim\limits_{x\to \frac{\pi}{2}^+}(\sec x - \tan x) = \lim\limits_{x\to \frac{\pi}{2}^+}\left(\dfrac{1}{\cos x} - \dfrac{\sin x}{\cos x}\right) = \lim\limits_{x\to \frac{\pi}{2}^+}\dfrac{1 - \sin x}{\cos x}$

$= \lim\limits_{x\to \frac{\pi}{2}^+}\dfrac{-\cos x}{-\sin x} = 0.$

(4) $\lim\limits_{n\to +\infty}\sqrt{n}(\sqrt[n]{n} - 1) = \lim\limits_{x\to +\infty}\sqrt{x}(x^{\frac{1}{x}} - 1) = \lim\limits_{x\to +\infty}\dfrac{x^{\frac{1}{x}} - 1}{x^{-\frac{1}{2}}} = \lim\limits_{x\to +\infty}\dfrac{e^{\frac{\ln x}{x}} - 1}{x^{-\frac{1}{2}}}$

$= \lim\limits_{x\to +\infty}\dfrac{e^{\frac{1}{x}\ln x}\left(-\dfrac{1}{x^2}\ln x + \dfrac{1}{x^2}\right)}{-\dfrac{1}{2}x^{-\frac{3}{2}}} = 2\lim\limits_{x\to +\infty}\dfrac{e^{\frac{1}{x}\ln x}(\ln x - 1)}{\sqrt{x}} = 2\lim\limits_{x\to +\infty}\dfrac{\ln x - 1}{\sqrt{x}}$

$= 2\lim\limits_{x\to +\infty}\dfrac{\dfrac{1}{x}}{\dfrac{1}{2}x^{-\frac{1}{2}}} = 0.$

4. **解** 当 $x > 0$ 时，$f'(x) = (e^{2x\ln x})' = 2x^{2x}(\ln x + 1)$，令 $f'(x) = 0$ 得驻点 $x = \dfrac{1}{e}$；当 $x < 0$ 时，$f'(x) = 1$，无驻点及不可导点；当 $x = 0$ 时，只需讨论其是否连续. $\lim\limits_{x\to 0^-}f(x) = \lim\limits_{x\to 0^-}(x + 1) = 1$，$\lim\limits_{x\to 0^+}f(x) = \lim\limits_{x\to 0^+}x^{2x} = \lim\limits_{x\to 0^+}e^{2x\ln x} = e^{\lim\limits_{x\to 0^+}2x\ln x} = e^0 = 1$，而 $f(0) = 1$，所以 $f(x)$ 在 $x = 0$ 处连续. 列表如下：

x	$(-\infty, 0)$	0	$\left(0, \dfrac{1}{e}\right)$	$\dfrac{1}{e}$	$\left(\dfrac{1}{e}, +\infty\right)$
$f'(x)$	$+$		$-$	0	$+$
$f(x)$	↗	极大值	↘	极小值	↗

所以 $f(x)$ 在 $x = 0$ 处取极大值 $f(0) = 1$，在 $x = \dfrac{1}{e}$ 取得极小值 $f\left(\dfrac{1}{e}\right) = e^{-\frac{2}{e}}.$

5. **证明** 设 $f(x) = \dfrac{\tan x}{x}$，则 $f'(x) = \dfrac{x\sec^2 x - \tan x}{x^2} = \dfrac{x - \sin x\cos x}{x^2\cos^2 x}.$ 令 $g(x) = x - \sin x\cos x$，$g'(x) = 1 - \cos 2x > 0 \left(0 < x < \dfrac{\pi}{2}\right)$，所以 $g(x)$ 在 $\left(0, \dfrac{\pi}{2}\right]$ 上单调递增，所以 $g(x) > g(0) = 0$，从而 $f'(x) > 0$，所以 $f(x)$ 在

$\left(0, \frac{\pi}{2}\right)$ 上单调递增，所以，当 $0 < x_1 < x_2 < \frac{\pi}{2}$ 时，$\frac{\tan x_1}{x_1} < \frac{\tan x_2}{x_2}$，所以有 $\frac{\tan x_2}{\tan x_1} > \frac{x_2}{x_1}$.

6. 解 设 $f(x) = \ln x - \frac{x}{e} + \ln 2$，则 $f'(x) = \frac{1}{x} - \frac{1}{e}$. 令 $f'(x) = 0$，解得 $x = e$.

当 $\frac{1}{2} < x < e$ 时，$f'(x) > 0$，所以 $f(x)$ 在 $\left[\frac{1}{2}, e\right]$ 上单增；

当 $e < x < 2e$ 时，$f'(x) < 0$，所以 $f(x)$ 在 $[e, 2e]$ 上单减.

在 $\left[\frac{1}{2}, e\right]$ 上，$f\left(\frac{1}{2}\right) = \ln \frac{1}{2} - \frac{1}{2e} + \ln 2 = -\frac{1}{2e} < 0$，

$f(e) = \ln e - \frac{e}{e} + \ln 2 = \ln 2 > 0$，由零点定理，至少存在一点 $\xi \in \left(\frac{1}{2}, e\right)$，

使得 $f(\xi) = 0$. 又由于 $f(x)$ 在 $\left[\frac{1}{2}, e\right]$ 上单增，所以只有一个 ξ，使得

$f(\xi) = 0$，即方程在 $\left[\frac{1}{2}, e\right]$ 上有且只有一个实根.

在 $[e, 2e]$ 上，$f(2e) = \ln 2e - \frac{2e}{e} + \ln 2 = \ln 4 - 1 > 0$，又由于 $f(x)$ 在 $[e, 2e]$ 上单减，所以 $f(x) > f(2e) > 0$，因而方程在 $[e, 2e]$ 上没有实根.

综上所述，方程 $\ln x - \frac{x}{e} + \ln 2 = 0$ 在区间 $\left(\frac{1}{2}, 2e\right)$ 内只有一个实根.

点拨 对于方程根的个数问题，经常会用到零点定理、罗尔定理和函数的单调性、凹凸性等.

7. 解 定义域 $(-\infty, +\infty)$，

$f'(x) = x^{\frac{2}{3}} + \frac{2}{3} x^{-\frac{1}{3}}(x-1) = \frac{3x + 2(x-1)}{3x^{\frac{1}{3}}}$，

$f''(x) = \frac{15x - (5x-2)}{9x^{\frac{4}{3}}} = \frac{10x + 2}{9x^{\frac{4}{3}}}$，

令 $f'(x) = 0$ 得驻点 $x = \frac{2}{5}$，令 $f''(x) = 0$ 得 $x = -\frac{1}{5}$，$x = 0$ 为不可导的点. 列表如下：

x	$\left(-\infty, -\frac{1}{5}\right)$	$-\frac{1}{5}$	$\left(-\frac{1}{5}, 0\right)$	0	$\left(0, \frac{2}{5}\right)$	$\frac{2}{5}$	$\left(\frac{2}{5}, +\infty\right)$
y'	$+$	$+$	$+$		$-$	0	$+$
y''	$-$	0	$+$		$+$	$+$	$+$
y	↗	拐点	↗	极大值	↘	极小值	↗

所以 $f(x)$ 单增区间 $(-\infty,0]$，$\left[\dfrac{2}{5},+\infty\right)$，单减区间 $\left[0,\dfrac{2}{5}\right]$，

极大值 $f(0)=0$，极小值 $f\left(\dfrac{2}{5}\right)=-\dfrac{3}{5}\left(\dfrac{4}{25}\right)^{\frac{1}{3}}$．

凸区间 $\left(-\infty,-\dfrac{1}{5}\right]$，凹区间 $\left[-\dfrac{1}{5},+\infty\right)$，拐点 $\left(-\dfrac{1}{5},-\dfrac{6}{5}\left(\dfrac{1}{5}\right)^{\frac{2}{3}}\right)$．

8. **解**　$y'=\dfrac{1}{x}, y''=-\dfrac{1}{x^2}$ 在曲线 $y=\ln x$ 上任意一点 (x,y) 处的曲率：

$$K=\frac{|y''|}{(1+y'^2)^{\frac{3}{2}}}=\frac{\dfrac{1}{x^2}}{\left(1+\dfrac{1}{x^2}\right)^{\frac{3}{2}}}=\frac{x}{(1+x^2)^{\frac{3}{2}}},$$

$$K'=\frac{(1+x^2)^{\frac{3}{2}}-x\cdot\dfrac{3}{2}(1+x^2)^{\frac{1}{2}}\cdot2x}{(1+x^2)^3}=\frac{1-2x^2}{(1+x^2)^{\frac{5}{2}}}.$$

令 $K'=0$，在 $(0,+\infty)$ 内得到唯一驻点 $x=\dfrac{\sqrt{2}}{2}$，这时 $y=-\dfrac{\ln2}{2}$．由题意 $y=\ln x$ 上最大曲率的点存在，所以 $\left(\dfrac{\sqrt{2}}{2},-\dfrac{\ln2}{2}\right)$ 是 $y=\ln x$ 上曲率最大的点，也就是曲率半径最小的点，该点处的曲率半径

$$\rho=\frac{1}{K}=\left.\frac{(1+x^2)^{\frac{3}{2}}}{x}\right|_{x=\frac{\sqrt{2}}{2}}=\frac{3}{2}\sqrt{3}.$$

第 4 章

不定积分

知识结构图

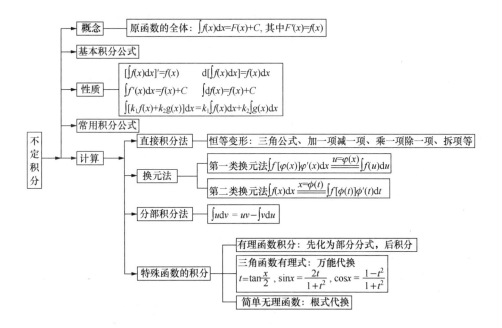

本章学习目标

- 理解原函数与不定积分的概念，掌握不定积分的性质，熟记基本积分公式；
- 熟练掌握不定积分的直接积分法、第一类换元法、第二类换元法和分部积分法；
- 会求简单的有理函数、无理函数的积分.

4.1 不定积分的概念与性质

4.1.1 知识点分析

1. 原函数与不定积分的概念

1）原函数的定义

在区间 I 上，若 $F'(x) = f(x)$ 或 $\mathrm{d}F(x) = f(x)\mathrm{d}x$，则称 $F(x)$ 是 $f(x)$ 在区间 I 上的一个原函数.

原函数的存在性：若 $f(x)$ 在区间 I 上连续，则它的原函数 $F(x)$ 一定存在.

原函数非唯一性：$f(x)$ 的原函数若存在，则一定有无数个，且任意两个原函数 $F(x)$ 与 $G(x)$ 之间只相差一个常数 C，即 $G(x) = F(x) + C$.

2）不定积分的定义

在区间 I 上，$f(x)$ 的所有原函数的全体，称为 $f(x)$ 在 I 上的不定积分，记作 $\int f(x)\mathrm{d}x$.

3）原函数与不定积分的关系

$f(x)$ 的原函数 $F(x)$ 与不定积分 $\int f(x)\mathrm{d}x$ 是个体和整体的关系，即 $\int f(x)\mathrm{d}x = F(x) + C$. 这同时给出了求不定积分的思路——先求出一个原函数，再加上 C，得到原函数的全体即不定积分.

2. 不定积分的性质

1）线性运算性质

$\int [k_1 f(x) + k_2 g(x)]\mathrm{d}x = k_1 \int f(x)\mathrm{d}x + k_2 \int g(x)\mathrm{d}x$，特别注意

$$\int [f(x) \cdot g(x)]\mathrm{d}x \neq \int f(x)\mathrm{d}x \cdot \int g(x)\mathrm{d}x.$$

2）积分运算与微分运算互为逆运算

$$\left[\int f(x)\mathrm{d}x\right]' = f(x) \text{ 或 } \mathrm{d}\left[\int f(x)\mathrm{d}x\right] = f(x)\mathrm{d}x,$$

$$\int f'(x)\mathrm{d}x = f(x) + C \text{ 或 } \int \mathrm{d}f(x) = f(x) + C.$$

即 $f(x)$ 先积分再求导，运算抵消，结果仍然是 $f(x)$，$f(x)$ 先积分再微分是 $f(x)\mathrm{d}x$，$f(x)$ 先求导（或者先微分）再积分是 $f(x) + C$，尤其要注意施加的最后一次运算，决定了结果的形式.

3. 基本积分公式

(1) $\int k\mathrm{d}x = kx + C$（$k$ 是常数）；

(2) $\int x^\mu \mathrm{d}x = \dfrac{x^{\mu+1}}{\mu+1} + C$（$\mu \neq -1$）；　　(3) $\int \dfrac{1}{x}\mathrm{d}x = \ln|x| + C$；

(4) $\int \sin x\mathrm{d}x = -\cos x + C$；　　　　　(5) $\int \cos x\mathrm{d}x = \sin x + C$；

(6) $\int \dfrac{1}{\cos^2 x}\mathrm{d}x = \int \sec^2 x\mathrm{d}x = \tan x + C$；

(7) $\int \dfrac{1}{\sin^2 x}\mathrm{d}x = \int \csc^2 x\mathrm{d}x = -\cot x + C$；

(8) $\int \sec x\tan x\mathrm{d}x = \sec x + C$；　　　(9) $\int \csc x\cot x\mathrm{d}x = -\csc x + C$；

(10) $\int \dfrac{1}{1+x^2}\mathrm{d}x = \arctan x + C$，$\int \left(-\dfrac{1}{1+x^2}\right)\mathrm{d}x = \operatorname{arccot} x + C$；

(11) $\int \dfrac{1}{\sqrt{1-x^2}}\mathrm{d}x = \arcsin x + C$，$\int \left(-\dfrac{1}{\sqrt{1-x^2}}\right)\mathrm{d}x = \arccos x + C$；

(12) $\int \mathrm{e}^x \mathrm{d}x = \mathrm{e}^x + C$；　　　　　(13) $\int a^x \mathrm{d}x = \dfrac{a^x}{\ln a} + C$.

4. 直接积分法

所谓直接积分法，就是指将被积函数进行变形后，利用不定积分的性质和基本积分公式求不定积分的方法（即变形后积分）. 在变形过程中，常用方法有：拆项、合并项、加一项减一项、分子分母同乘因子等代数方法和利用三角公式恒等变换的方法.

注 （1）验证不定积分 $\int f(x)\mathrm{d}x$ 运算是否正确，可以对结果求导，看看是否等于被积函数. 若等于被积函数 $f(x)$，运算正确，否则错误.

（2）不定积分的结果形式并不唯一，但它们之间至多相差一个常数. 如 $\int \dfrac{1}{1+x^2}\mathrm{d}x = \arctan x + C$，同时 $\int \dfrac{1}{1+x^2}\mathrm{d}x = -\operatorname{arccot} x + C$.

4.1.2　典例解析

1. 概念、性质的理解

例 1 已知 $f(x)$ 的一个原函数是 $\ln x$，求 $f(x)$，$f'(x)$，$\int f(x)\mathrm{d}x$.

解　$f(x) = (\ln x)' = \dfrac{1}{x}$，$f'(x) = \left(\dfrac{1}{x}\right)' = -\dfrac{1}{x^2}$，$\int f(x)\mathrm{d}x = \ln x + C$.

点拨　明确原函数定义，若 $F(x)$ 是 $f(x)$ 的一个原函数，则

$F'(x) = f(x)$. 明确不定积分和原函数的关系，$\int f(x)\mathrm{d}x = F(x) + C$.

例 2　已知 $[\ln f(x)]' = \cos x$，且 $f(0) = 1$，求 $f(x)$.

解　$\ln f(x) = \int \cos x \mathrm{d}x = \sin x + C$，所以 $f(x) = \mathrm{e}^{\sin x + C}$，又因为

$f(0) = 1$，得 $C = 0$，因此 $f(x) = \mathrm{e}^{\sin x}$.

点拨　导数运算的逆运算是积分运算.

例 3　已知在区间 (a,b) 内，若有 $f'(x) = \varphi'(x)$，则下列一定成立的是
（　　）.

$\quad$ A. $f(x) = \varphi(x)$　　　　　　　B. $\int f(x)\mathrm{d}x = \int \varphi(x)\mathrm{d}x$

$\quad$ C. $f(x) = \varphi(x) + C$　　　　　D. $\left[\int f(x)\mathrm{d}x\right]' = \left[\int \varphi(x)\mathrm{d}x\right]'$

点拨　答案选 C. 两个函数导数相等，它们之间最多相差一个常数. 选项 D 根据性质 2，和选项 A 相同.

2. 直接积分法

例 4　求 $\int \dfrac{(1-x)^2}{x}\mathrm{d}x$.

解　$\int \dfrac{(1-x)^2}{x}\mathrm{d}x = \int \dfrac{1-2x+x^2}{x}\mathrm{d}x = \int \left(\dfrac{1}{x} - 2 + x\right)\mathrm{d}x$

$\qquad\qquad\qquad = \ln|x| - 2x + \dfrac{1}{2}x^2 + C$.

例 5　求 $\int \dfrac{x^4}{1+x^2}\mathrm{d}x$.

解　$\int \dfrac{x^4}{1+x^2}\mathrm{d}x = \int \dfrac{x^4-1+1}{1+x^2}\mathrm{d}x = \int \left(x^2 - 1 + \dfrac{1}{1+x^2}\right)\mathrm{d}x$

$\qquad\qquad\qquad = \dfrac{1}{3}x^3 - x + \arctan x + C$.

例 6　求 $\int \dfrac{1}{\sin^2 x \cos^2 x}\mathrm{d}x$.

解　$\int \dfrac{1}{\sin^2 x \cos^2 x}\mathrm{d}x = \int \dfrac{\sin^2 x + \cos^2 x}{\sin^2 x \cos^2 x}\mathrm{d}x = \int \left(\dfrac{1}{\cos^2 x} + \dfrac{1}{\sin^2 x}\right)\mathrm{d}x$

$\qquad\qquad\qquad = \int (\sec^2 x + \csc^2 x)\mathrm{d}x = \tan x - \cot x + C$.

点拨　变形时常用的三角公式有

$1 = \sin^2 x + \cos^2 x$；$\tan^2 x = \sec^2 x - 1$；$\cot^2 x = \csc^2 x - 1$；

$\cos 2x = \cos^2 x - \sin^2 x = 2\cos^2 x - 1 = 1 - 2\sin^2 x$；

$\sin 2x = 2\sin x \cos x$；$\cos^2 x = \dfrac{1+\cos 2x}{2}$；$\sin^2 x = \dfrac{1-\cos 2x}{2}$.

例7 求 $\displaystyle\int \sin^2\frac{x}{2}\,\mathrm{d}x$.

解 $\displaystyle\int \sin^2\frac{x}{2}\,\mathrm{d}x = \int \frac{1-\cos x}{2}\,\mathrm{d}x = \frac{1}{2}(x-\sin x)+C.$

点拨 类似还有 $\displaystyle\int \cos^2\frac{x}{2}\,\mathrm{d}x$, $\displaystyle\int \sin^4\frac{x}{2}\,\mathrm{d}x$, $\displaystyle\int \cos^4\frac{x}{2}\,\mathrm{d}x$ 等，都是采用三角公式降幂，降到一次幂，然后积分.

4.1.3 习题解答

1. 求下列不定积分.

(1) $\displaystyle\int \frac{1}{x^4}\,\mathrm{d}x$;

(2) $\displaystyle\int x\sqrt[3]{x}\,\mathrm{d}x$;

(3) $\displaystyle\int \frac{\mathrm{d}h}{\sqrt{2gh}}$;

(4) $\displaystyle\int (ax^2-b)\,\mathrm{d}x$;

(5) $\displaystyle\int \frac{x^2}{1+x^2}\,\mathrm{d}x$;

(6) $\displaystyle\int \frac{x^4+x^2+3}{x^2+1}\,\mathrm{d}x$;

(7) $\displaystyle\int \frac{x^2+x\sqrt{x}+3}{\sqrt[3]{x}}\,\mathrm{d}x$;

(8) $\displaystyle\int \left(\frac{2}{1+x^2}+\frac{3}{\sqrt{1-x^2}}\right)\mathrm{d}x$;

(9) $\displaystyle\int \left(2\mathrm{e}^x-\frac{3}{x}\right)\mathrm{d}x$;

(10) $\displaystyle\int \frac{\mathrm{d}x}{x^2(x^2+1)}$;

(11) $\displaystyle\int \frac{\sqrt{1+x^2}}{\sqrt{1-x^4}}\,\mathrm{d}x$;

(12) $\displaystyle\int \frac{\mathrm{e}^{2t}-1}{\mathrm{e}^t-1}\,\mathrm{d}t$;

(13) $\displaystyle\int \sin^2\frac{x}{2}\,\mathrm{d}x$;

(14) $\displaystyle\int \frac{\cos 2x\,\mathrm{d}x}{\cos x-\sin x}$;

(15) $\displaystyle\int \frac{1+\cos^2 x}{1+\cos 2x}\,\mathrm{d}x$;

(16) $\displaystyle\int \sec x(\sec x+\tan x)\,\mathrm{d}x$;

(17) $\displaystyle\int \frac{2\cdot 3^x-5\cdot 2^x}{3^x}\,\mathrm{d}x$;

(18) $\displaystyle\int \frac{\sqrt{x}-x^3\mathrm{e}^x+x^2}{x^3}\,\mathrm{d}x$.

解 (1) $\displaystyle\int \frac{1}{x^4}\,\mathrm{d}x = \int x^{-4}\,\mathrm{d}x = -\frac{1}{3}x^{-3}+C$;

(2) $\displaystyle\int x\sqrt[3]{x}\,\mathrm{d}x = \int x^{\frac{4}{3}}\,\mathrm{d}x = \frac{3}{7}x^{\frac{7}{3}}+C$;

(3) $\displaystyle\int \frac{\mathrm{d}h}{\sqrt{2gh}} = \frac{1}{\sqrt{2g}}\int h^{-\frac{1}{2}}\,\mathrm{d}h = \frac{1}{\sqrt{2g}}2h^{\frac{1}{2}}+C = \sqrt{\frac{2h}{g}}+C$;

(4) $\displaystyle\int (ax^2-b)\,\mathrm{d}x = \frac{1}{3}ax^3-bx+C$;

(5) $\displaystyle\int \frac{x^2}{1+x^2}\,\mathrm{d}x = \int \frac{x^2+1-1}{1+x^2}\,\mathrm{d}x = \int \left(1-\frac{1}{1+x^2}\right)\mathrm{d}x = x-\arctan x+C$;

(6) $\int \dfrac{x^4 + x^2 + 3}{x^2 + 1}dx = \int \dfrac{x^2(x^2 + 1) + 3}{x^2 + 1}dx = \int \left(x^2 + \dfrac{3}{x^2 + 1}\right)dx$

$$= \dfrac{1}{3}x^3 + 3\arctan x + C;$$

(7) $\int \dfrac{x^2 + x\sqrt{x} + 3}{\sqrt[3]{x}}dx = \int (x^{\frac{5}{3}} + x^{\frac{7}{6}} + 3x^{-\frac{1}{3}})dx$

$$= \dfrac{3}{8}x^{\frac{8}{3}} + \dfrac{6}{13}x^{\frac{13}{6}} + \dfrac{9}{2}x^{\frac{2}{3}} + C;$$

(8) $\int \left(\dfrac{2}{1 + x^2} + \dfrac{3}{\sqrt{1 - x^2}}\right)dx = 2\arctan x + 3\arcsin x + C;$

(9) $\int \left(2e^x - \dfrac{3}{x}\right)dx = 2e^x - 3\ln|x| + C;$

(10) $\int \dfrac{dx}{x^2(x^2 + 1)} = \int \left(\dfrac{1}{x^2} - \dfrac{1}{x^2 + 1}\right)dx = -\dfrac{1}{x} - \arctan x + C;$

(11) $\int \dfrac{\sqrt{1 + x^2}}{\sqrt{1 - x^4}}dx = \int \dfrac{1}{\sqrt{1 - x^2}}dx = \arcsin x + C;$

(12) $\int \dfrac{e^{2t} - 1}{e^t - 1}dt = \int \dfrac{(e^t + 1)(e^t - 1)}{e^t - 1}dt = \int (e^t + 1)dt = e^t + t + C;$

(13) $\int \sin^2 \dfrac{x}{2}dx = \int \dfrac{1 - \cos x}{2}dx = \dfrac{1}{2}(x - \sin x) + C;$

(14) $\int \dfrac{\cos 2x\,dx}{\cos x - \sin x} = \int \dfrac{(\cos x + \sin x)(\cos x - \sin x)dx}{\cos x - \sin x}$

$$= \int (\cos x + \sin x)dx = \sin x - \cos x + C;$$

(15) $\int \dfrac{1 + \cos^2 x}{1 + \cos 2x}dx = \int \dfrac{1 + \cos^2 x}{2\cos^2 x}dx$

$$= \dfrac{1}{2}\int (\sec^2 x + 1)dx = \dfrac{1}{2}(\tan x + x) + C;$$

(16) $\int \sec x(\sec x + \tan x)dx = \int (\sec^2 x + \sec x\tan x)dx = \tan x + \sec x + C;$

(17) $\int \dfrac{2 \cdot 3^x - 5 \cdot 2^x}{3^x}dx = \int \left[2 - 5\left(\dfrac{2}{3}\right)^x\right]dx = 2x - 5\dfrac{\left(\dfrac{2}{3}\right)^x}{\ln \dfrac{2}{3}} + C;$

(18) $\int \dfrac{\sqrt{x} - x^3 e^x + x^2}{x^3}dx = \int \left(x^{-\frac{5}{2}} - e^x + \dfrac{1}{x}\right)dx = -\dfrac{2}{3}x^{-\frac{3}{2}} - e^x + \ln x + C.$

2. 已知某产品产量的变化率是时间 t 的函数：$f(t) = at + b$（a，b 为常数）. 设此产品的产量函数为 $p(t)$，且 $p(0) = 0$，求 $p(t)$.

解 由题意，因为 $f(t)=p'(t)$ 所以 $p(t)=\int f(t)\mathrm{d}t=\int(at+b)\mathrm{d}t=\frac{1}{2}at^2+bt+C$，又因为 $p(0)=0$，所以 $C=0$，所以 $p(t)=\frac{1}{2}at^2+bt$.

3. 验证 $\int\dfrac{\mathrm{d}x}{\sqrt{x-x^2}}=\arcsin(2x-1)+C_1=\arccos(1-2x)+C_2$
$$=2\arcsin\sqrt{x}+C_3.$$

证明 $[\arcsin(2x-1)+C_1]'=\dfrac{2}{\sqrt{1-(2x-1)^2}}=\dfrac{1}{\sqrt{x-x^2}}$,

$[\arccos(1-2x)+C_2]'=-\dfrac{-2}{\sqrt{1-(2x-1)^2}}=\dfrac{1}{\sqrt{x-x^2}}$,

$(2\arcsin\sqrt{x}+C_3)'=\dfrac{2}{\sqrt{1-x}}\cdot\dfrac{1}{2\sqrt{x}}=\dfrac{1}{\sqrt{x-x^2}}$,

所以 $\int\dfrac{\mathrm{d}x}{\sqrt{x-x^2}}=\arcsin(2x-1)+C_1=\arccos(1-2x)+C_2=2\arcsin\sqrt{x}+C_3$.

4. 设 $\int f'(x^3)\mathrm{d}x=x^3+C$，求 $f(x)$.

解 因为 $\int f'(x^3)\mathrm{d}x=x^3+C$ 所以 $f'(x^3)=3x^2$，令 $x^3=t$，则 $f'(t)=3t^{\frac{2}{3}}$. 所以 $f(t)=\frac{9}{5}t^{\frac{5}{3}}+C$，即 $f(x)=\frac{9}{5}x^{\frac{5}{3}}+C$.

4.2 换元积分法

4.2.1 知识点分析

1. 第一类换元法（凑微分法）

(1) 解题步骤和方法：

$\int g(x)\mathrm{d}x\xrightarrow{\text{1. 凑微分}}\int f[\varphi(x)]\varphi'(x)\mathrm{d}x=\int f[\varphi(x)]\mathrm{d}[\varphi(x)]$

$\xrightarrow{\text{2. 换元}}\int f(u)\mathrm{d}u\xrightarrow{\text{3. 积分}}F(u)+C\xrightarrow{\text{4. 还原}}F[\varphi(x)]+C$.

上述四步中，最关键是第 1 步"凑微分"，即把被积函数 $g(x)$ 表示成复合函数 $f[\varphi(x)]$ 和中间变量导数 $\varphi'(x)$ 的乘积，进而把被积表达式凑成 $f[\varphi(x)]\mathrm{d}[\varphi(x)]$ 这样的微分形式，这需要多练习、多积累经验，熟悉一些常用的凑微分方法和技巧. 因此第一类换元法又称凑微分法. 对变量代换熟悉后，第 2 步和第 3 步可以省略。

（2）凑微分是将被积表达式的一部分凑成复合函数中间变量的微分. 根据中间变量是幂函数、指数函数、对数函数、三角函数、反三角函数等，有如下常用的凑微分经验公式：① $x^{n-1}\mathrm{d}x = \dfrac{1}{n}\mathrm{d}x^n\,(n \neq 0)$. 特别有

$\dfrac{1}{\sqrt{x}}\mathrm{d}x = 2\mathrm{d}\sqrt{x}$，$\dfrac{1}{x^2}\mathrm{d}x = -\mathrm{d}\dfrac{1}{x}$；② $\dfrac{1}{x}\mathrm{d}x = \mathrm{d}\ln x\,(x > 0)$；③ $\mathrm{e}^x\mathrm{d}x = \mathrm{d}\mathrm{e}^x$；

④ $\cos x\mathrm{d}x = \mathrm{d}\sin x$；⑤ $\sin x\mathrm{d}x = -\mathrm{d}\cos x$；⑥ $\dfrac{1}{\cos^2 x}\mathrm{d}x = \sec^2 x\mathrm{d}x = \mathrm{d}\tan x$；

⑦ $\dfrac{1}{\sin^2 x}\mathrm{d}x = -\csc^2 x\mathrm{d}x = -\mathrm{d}\cot x$；⑧ $\dfrac{1}{\sqrt{1-x^2}}\mathrm{d}x = \mathrm{d}(\arcsin x) = -\mathrm{d}(\arccos x)$；

⑨ $\dfrac{1}{1+x^2}\mathrm{d}x = \mathrm{d}(\arctan x) = -\mathrm{d}(\text{arccot} x)$.

2. 第二类换元法

（1）解题步骤和方法：

$$\int f(x)\mathrm{d}x \xrightarrow[x=\varphi(t)]{1.\ 换元} \int f[\varphi(t)]\varphi'(t)\mathrm{d}t \xrightarrow{2.\ 积分} F(t) + C \xrightarrow{3.\ 还原} F[\varphi^{-1}(x)] + C.$$

（2）常见的类型有：

三角代换

被积函数特点	三角代换	变量关系图
含 $\sqrt{a^2-x^2}$	令 $x = a\sin t$	图 4.1
含 $\sqrt{a^2+x^2}$	令 $x = a\tan t$	图 4.2
含 $\sqrt{x^2-a^2}$	令 $x = a\sec t$	图 4.3

根式代换 被积函数中含 $\sqrt[n]{ax+b}$，令 $\sqrt[n]{ax+b}=t$；

被积函数中含 $\sqrt[m]{ax+b}$、$\sqrt[n]{ax+b}$，令 $\sqrt[p]{ax+b}=t$，其中 p 是 m,n 的最小公倍数；

被积函数中含 $\sqrt[n]{\dfrac{ax+b}{cx+d}}$，令 $\sqrt[n]{\dfrac{ax+b}{cx+d}}=t$.

倒代换 被积函数的分母次数大于分子次数，可以尝试倒代换，令 $x=\dfrac{1}{t}$.

指数代换 被积函数中含 a^x，可以尝试指数代换，令 $a^x=t$.

注 具体解题时，要根据被积函数情况灵活运用，并不能因为符合某一特点就只局限于某种代换；三角代换和根式代换的思想都是通过变量代换去掉根号简化式子，以方便积分；若在"凑微分法"和"根式代换"都可使用情况下，优先选择"凑微分法".

3. 常用的积分公式

① $\displaystyle\int \tan x\,\mathrm{d}x =-\ln|\cos x|+C$；   ② $\displaystyle\int \cot x\,\mathrm{d}x =\ln|\sin x|+C$；

③ $\displaystyle\int \csc x\,\mathrm{d}x =\ln|\csc x-\cot x|+C$；   ④ $\displaystyle\int \sec x\,\mathrm{d}x =\ln|\sec x+\tan x|+C$；

⑤ $\displaystyle\int \dfrac{1}{a^2+x^2}\,\mathrm{d}x =\dfrac{1}{a}\arctan \dfrac{x}{a}+C$；   ⑥ $\displaystyle\int \dfrac{1}{x^2-a^2}\,\mathrm{d}x =\dfrac{1}{2a}\ln\left|\dfrac{x-a}{x+a}\right|+C$；

⑦ $\displaystyle\int \dfrac{1}{\sqrt{a^2-x^2}}\,\mathrm{d}x =\arcsin \dfrac{x}{a}+C(a>0)$；

⑧ $\displaystyle\int \dfrac{\mathrm{d}x}{\sqrt{x^2+a^2}} =\ln(x+\sqrt{x^2+a^2})+C$；

⑨ $\displaystyle\int \dfrac{\mathrm{d}x}{\sqrt{x^2-a^2}} =\ln|x+\sqrt{x^2-a^2}|+C$.

4.2.2 典例解析

1. 第一类换元法

例 1 求下列不定积分.

(1) $\displaystyle\int x^2 \mathrm{e}^{x^3}\,\mathrm{d}x$；   (2) $\displaystyle\int \dfrac{1}{(2x-3)^2}\,\mathrm{d}x$；   (3) $\displaystyle\int \dfrac{\cos(2\sqrt{x}+1)}{\sqrt{x}}\,\mathrm{d}x$；

(4) $\displaystyle\int \dfrac{1}{\mathrm{e}^x+1}\,\mathrm{d}x$；   (5) $\displaystyle\int \dfrac{1}{x\ln x}\,\mathrm{d}x$；   (6) $\displaystyle\int \sin^4 x\cos x\,\mathrm{d}x$；

(7) $\displaystyle\int \dfrac{10^{\arcsin x}}{\sqrt{1-x^2}}\,\mathrm{d}x$.

解 (1) $\int x^2 e^{x^3} dx = \frac{1}{3}\int e^{x^3} d(x^3) = \frac{1}{3}e^{x^3} + C$;

点拨 将被积表达式一部分 $x^2 dx$ 凑成中间变量 $u(u = x^3)$ 的微分，为了保持左右相等，式子乘以系数 $\frac{1}{3}$，凑微分后把 x^3 当作整体直接积分.

(2) $\int \frac{1}{(2x-3)^2} dx = \frac{1}{2}\int \frac{1}{(2x-3)^2} d(2x-3) = -\frac{1}{2}\frac{1}{(2x-3)} + C$;

点拨 将被积表达式一部分 $1dx$ 凑成中间变量 $u(u = 2x-3)$ 的微分，为了保持左右相等，式子乘以系数 $\frac{1}{2}$，凑微分后把 $2x-3$ 当作整体直接积分.

(3) $\int \frac{\cos(2\sqrt{x}+1)}{\sqrt{x}} dx = \int \cos(2\sqrt{x}+1) d(2\sqrt{x}+1) = \sin(2\sqrt{x}+1) + C$;

点拨 将被积表达式一部分 $\frac{1}{\sqrt{x}} dx$ 凑成中间变量 $u(u = 2\sqrt{x}+1)$ 的微分，凑微分后把 $2\sqrt{x}+1$ 当作整体直接积分.

(4) $\int \frac{1}{e^x+1} dx = \int \frac{e^x+1-e^x}{e^x+1} dx = \int \left(1 - \frac{e^x}{e^x+1}\right) dx = x - \int \frac{e^x}{e^x+1} dx$

$\qquad = x - \int \frac{1}{e^x+1} d(e^x+1) = x - \ln|e^x+1| + C$;

点拨 该题需要先用"加一项减一项"的变形方法、拆项然后用凑微分法，被积表达式一部分 $e^x dx$ 凑成中间变量 $u(u = e^x+1)$ 的微分，凑微分后把 e^x+1 当作整体直接积分.

(5) $\int \frac{1}{x\ln x} dx = \int \frac{1}{\ln x} d\ln x = \ln|\ln x| + C$;

点拨 将被积表达式一部分 $\frac{1}{x} dx$ 凑成中间变量 $u(u = \ln x)$ 的微分，凑微分后把 $\ln x$ 当作整体直接积分.

(6) $\int \sin^4 x \cos x dx = \int \sin^4 x d\sin x = \frac{1}{5}\sin^5 x + C$;

点拨 将被积表达式一部分 $\cos x dx$ 凑成中间变量 $u(u = \sin x)$ 的微分，凑微分后把 $\sin x$ 当作整体直接积分.

(7) $\int \frac{10^{\arcsin x}}{\sqrt{1-x^2}} dx = \int 10^{\arcsin x} d\arcsin x = \frac{10^{\arcsin x}}{\ln 10} + C$.

点拨 将被积表达式一部分 $\frac{1}{\sqrt{1-x^2}} dx$ 凑成中间变量 $u(u = \arcsin x)$ 的微分，凑微分后把 $\arcsin x$ 当作整体直接积分.

注 例 1 的做题关键是把常用的凑微分公式背熟，能够将被积表达式快

速凑成 $f[\varphi(x)]\mathrm{d}[\varphi(x)]$ 的形式.

例 2 求下列不定积分.

(1) $\displaystyle\int \sec^4 x\mathrm{d}x$；(2) $\displaystyle\int \sin^3 x\cos^2 x\mathrm{d}x$；(3) $\displaystyle\int \cos 3x\cos 2x\mathrm{d}x$.

解 (1) $\displaystyle\int \sec^4 x\mathrm{d}x = \int \sec^2 x\sec^2 x\mathrm{d}x = \int(1+\tan^2 x)\mathrm{d}\tan x$

$$= \tan x + \frac{1}{3}\tan^3 x + C;$$

点拨 被积表达式一部分 $\sec^2 x\mathrm{d}x$ 往往凑成 $\mathrm{d}\tan x$，利用三角公式，$\sec^2 x$ 和 $\tan^2 x$ 可以互相转化. 常见的还有 $\csc^2 x$ 和 $\cot^2 x$ 可以互相转化，$\sin^2 x$ 和 $\cos^2 x$ 可以互相转化，可以根据做题过程灵活使用各种形式.

(2) $\displaystyle\int \sin^3 x\cos^2 x\mathrm{d}x = -\int \sin^2 x\cos^2 x\mathrm{d}\cos x = \int(\cos^2 x-1)\cos^2 x\mathrm{d}\cos x$

$$= \int(\cos^4 x-\cos^2 x)\mathrm{d}\cos x = \frac{1}{5}\cos^4 x - \frac{1}{3}\cos^3 x + C;$$

点拨 注意形如 $\displaystyle\int \sin^m x\cos^n x\mathrm{d}x$ 的积分，若 m,n 一个奇数一个偶数，把奇次幂对应的函数拆出一个凑微分，这样只剩下偶次幂可利用三角公式转化变形.

(3) $\displaystyle\int \cos 3x\cos 2x\mathrm{d}x = \frac{1}{2}\int(\cos 5x+\cos x)\mathrm{d}x = \frac{1}{10}\sin 5x + \frac{1}{2}\sin x + C.$

点拨 利用三角公式积化和差然后积分，类似的有求积分 $\displaystyle\int \sin mx\sin nx\mathrm{d}x$ 和 $\displaystyle\int \sin mx\cos nx\mathrm{d}x$. 所用的积化和差公式为：

$$\sin\alpha\sin\beta = -\frac{1}{2}\left[\cos(\alpha+\beta)-\cos(\alpha-\beta)\right];$$

$$\sin\alpha\cos\beta = \frac{1}{2}\left[\sin(\alpha+\beta)+\sin(\alpha-\beta)\right];$$

$$\cos\alpha\cos\beta = \frac{1}{2}\left[\cos(\alpha+\beta)+\cos(\alpha-\beta)\right].$$

2. 第二类换元法

例 3 求下列不定积分.

(1) $\displaystyle\int \frac{\sqrt{1-x^2}}{x^2}\mathrm{d}x$；(2) $\displaystyle\int \frac{1}{(1+x^2)^2}\mathrm{d}x$；(3) $\displaystyle\int \frac{\sqrt{x^2-4}}{x}\mathrm{d}x$；

(4) $\displaystyle\int \frac{\sqrt{x-1}}{x}\mathrm{d}x$；(5) $\displaystyle\int \frac{1}{x(x^7+1)}\mathrm{d}x$；(6) $\displaystyle\int \frac{1}{(1+\mathrm{e}^x)^2}\mathrm{d}x$.

解 (1) $\displaystyle\int \frac{\sqrt{1-x^2}}{x^2}\mathrm{d}x \xrightarrow{\text{令 } x=\sin t} \int \frac{\cos t}{\sin^2 t}\cdot\cos t\mathrm{d}t = \int \cot^2 t\mathrm{d}t = \int(\csc^2 t-1)\mathrm{d}t$

$$=-\cot t-t+C=-\frac{\sqrt{1-x^2}}{x}-\arcsin x+C;$$

点拨 把 t 还原成 x 的方法有两种：一种可以用三角公式来还原，该题中 $\cot t=\frac{\cos t}{\sin t}=\frac{\sqrt{1-\sin^2 t}}{\sin t}=\frac{\sqrt{1-x^2}}{x}$；另一种也可以利用三角形来辅助还原，根据 $x=\sin t$ 可以构造三角形（如图 4.1），明确对边、邻边、斜边，从而得到 $\cot t$.

$$(2)\int\frac{1}{(1+x^2)^2}dx\xrightarrow{\text{令}\ x=\tan t}\int\frac{1}{\sec^4 t}\cdot\sec^2 t\,dt=\int\cos^2 t\,dt=\int\frac{1+\cos 2t}{2}dt$$

$$=\frac{1}{2}t+\frac{1}{4}\sin 2t+C=\frac{1}{2}\arctan x+\frac{x}{2(1+x^2)}+C;$$

点拨 把 t 还原成 x 可以利用三角形来辅助还原，该题中根据 $x=\tan t$ 可以构造三角形（图 4.2），明确对边、邻边、斜边，从而得到 $\sin t$、$\cos t$ 等.

$$(3)\int\frac{\sqrt{x^2-4}}{x}dx\xrightarrow{\text{令}\ x=2\sec t}\int\frac{2\tan t}{2\sec t}d(2\sec t)=\int 2\tan^2 t\,dt$$

$$=2\int(\sec^2 t-1)dt$$

$$=2\tan t-2t+C=\sqrt{x^2-4}-2\arccos\frac{2}{x}+C;$$

点拨 把 t 还原成 x 的方法有两种：一种可以用三角公式来还原，该题中 $x=2\sec t$，则 $\cos t=\frac{2}{x}$，从而 $\tan t=\frac{\sin t}{\cos t}=\frac{\sqrt{1-\left(\frac{2}{x}\right)^2}}{\frac{2}{x}}=\frac{1}{2}\sqrt{x^2-4}$；另外也可以利用三角形来辅助还原，该题中根据 $x=2\sec t$ 可以构造三角形（图 4.3），明确对边、邻边、斜边，从而得到 $\tan t$.

$$(4)\int\frac{\sqrt{x-1}}{x}dx\xrightarrow{\text{令}\ \sqrt{x-1}=t}\int\frac{t}{t^2+1}d(t^2+1)=\int\frac{2t^2}{t^2+1}dt=2\int\frac{t^2+1-1}{t^2+1}dt$$

$$=2\int(1-\frac{1}{t^2+1})dt=2t-2\arctan t+C=2\sqrt{x-1}-2\arctan\sqrt{x-1}+C;$$

$$(5)\int\frac{1}{x(x^7+1)}dx\xrightarrow{\text{令}\ x=\frac{1}{t}}\int\frac{t}{\frac{1}{t^7}+1}d\left(\frac{1}{t}\right)=-\int\frac{t^6}{1+t^7}dt$$

$$=-\frac{1}{7}\int\frac{1}{1+t^7}d(1+t^7)=-\frac{1}{7}\ln|1+t^7|+C=-\frac{1}{7}\ln\left|1+\frac{1}{x^7}\right|+C;$$

(6) $\displaystyle\int \frac{1}{(1+e^x)^2}dx \xrightarrow{\text{令 } e^x = t} \int \frac{1}{(1+t)^2}d(\ln t) = \int \frac{1}{t(1+t)^2}dt$

$= \displaystyle\int \frac{1+t-t}{t(1+t)^2}dt = \int \left[\frac{1}{t(1+t)} - \frac{1}{(1+t)^2}\right]dt = \int \left(\frac{1}{t} - \frac{1}{1+t}\right)dt + \frac{1}{1+t}$

$= \ln\left|\dfrac{t}{1+t}\right| + \dfrac{1}{1+t} + C = \ln\left|\dfrac{e^x}{1+e^x}\right| + \dfrac{1}{1+e^x} + C.$

3. 利用配方法结合常用积分公式求积分

例 4 求下列不定积分.

(1) $\displaystyle\int \frac{1}{\sqrt{1+2x-x^2}}dx$； (2) $\displaystyle\int \frac{1}{x^2-2x+5}dx$； (3) $\displaystyle\int \frac{x+2}{\sqrt{x^2+2x+2}}dx.$

解 (1) $\displaystyle\int \frac{1}{\sqrt{1+2x-x^2}}dx = \int \frac{1}{\sqrt{2-(x-1)^2}}dx$

$= \displaystyle\int \frac{1}{\sqrt{2-(x-1)^2}}d(x-1) = \arcsin\frac{x-1}{\sqrt{2}} + C;$

点拨 先配方然后代入常用公式⑦.

(2) $\displaystyle\int \frac{1}{x^2-2x+5}dx = \int \frac{1}{(x-1)^2+4}dx = \frac{1}{2}\arctan\frac{x-1}{2} + C;$

点拨 先配方然后代入常用公式⑤.

(3) $\displaystyle\int \frac{x+2}{\sqrt{x^2+2x+2}}dx = \int \frac{\frac{1}{2}(2x+2)+1}{\sqrt{x^2+2x+2}}dx$

$= \dfrac{1}{2}\displaystyle\int \frac{2x+2}{\sqrt{x^2+2x+2}}dx + \int \frac{1}{\sqrt{x^2+2x+2}}dx$

$= \dfrac{1}{2}\displaystyle\int \frac{1}{\sqrt{x^2+2x+2}}d(x^2+2x+2) + \int \frac{1}{\sqrt{(x+1)^2+1}}d(x+1)$

$= \sqrt{x^2+2x+2} + \ln(x+1+\sqrt{x^2+2x+2}) + C.$

点拨 把分子凑成分母的导数加上常数的形式，然后分成两个积分，前一部分可以用凑微分法，后一部分先配方然后代入常用公式⑧.

4.2.3 习题解答

求下列不定积分.

(1) $\displaystyle\int (2x-3)^{2014}dx$； (2) $\displaystyle\int \frac{3dx}{(1-2x)^2}$；

(3) $\displaystyle\int (a+bx)^k dx(b \neq 0)$； (4) $\displaystyle\int \sin 3x dx$；

(5) $\displaystyle\int \cos(\alpha - \beta x)dx$； (6) $\displaystyle\int \tan 5x dx$；

(7) $\int e^{-3x}dx$;

(8) $\int 10^{2x}dx$;

(9) $\int \frac{1}{x^2}e^{\frac{1}{x}}dx$;

(10) $\int \frac{dx}{1+9x^2}$;

(11) $\int \frac{dx}{\sin^2\left(2x+\frac{\pi}{4}\right)}$;

(12) $\int x\sqrt{1-x^2}dx$;

(13) $\int \frac{(2x-3)dx}{x^2-3x+8}$;

(14) $\int \frac{xdx}{\sqrt{4-x^4}}$;

(15) $\int e^x\sin e^x dx$;

(16) $\int xe^{x^2}dx$;

(17) $\int \frac{\sqrt{\ln x}}{x}dx$;

(18) $\int \frac{\cot\theta}{\sqrt{\sin\theta}}d\theta$;

(19) $\int \frac{dx}{(\arcsin x)^2\sqrt{1-x^2}}$;

(20) $\int \frac{(\arctan x)^2}{1+x^2}dx$;

(21) $\int \frac{x^2}{3+x}dx$;

(22) $\int \frac{x-1}{x^2+4x+13}dx$;

(23) $\int \cos^2 x dx$;

(24) $\int \sin^4 x dx$;

(25) $\int \frac{1+\tan x}{\sin 2x}dx$;

(26) $\int \cos^2 x\sin^2 x dx$;

(27) $\int \cos^3 x dx$;

(28) $\int \sin^3 x\cos^5 x dx$;

(29) $\int \sec^4 x dx$;

(30) $\int \tan^4 x dx$;

(31) $\int \frac{dx}{\sin^2 x\cos^2 x}$;

(32) $\int \frac{dx}{(1-x^2)^{\frac{3}{2}}}$;

(33) $\int \frac{dx}{x^2\sqrt{x^2-9}}$;

(34) $\int \frac{x^2}{\sqrt{a^2-x^2}}dx$;

(35) $\int \frac{dx}{(x^2+a^2)^{\frac{3}{2}}}$;

(36) $\int \frac{\sqrt{x^2-a^2}}{x}dx$;

(37) $\int \frac{dx}{x^2\sqrt{1+x^2}}$;

(38) $\int \frac{dx}{\sqrt{1-25x^2}}$;

(39) $\int \frac{dx}{\sqrt{1+16x^2}}$;

(40) $\int \frac{dx}{\sqrt{4x^2-9}}$;

(41) $\int x\sqrt{x+1}dx$;

(42) $\int \frac{\cos\sqrt{t}}{\sqrt{t}}dt$;

$(43) \int \dfrac{x+1}{\sqrt[3]{3x+1}} \mathrm{d}x;$ $(44) \int \dfrac{1}{\sqrt{1+\mathrm{e}^x}} \mathrm{d}x;$

$(45) \int \dfrac{\mathrm{d}x}{x^8(1-x^2)}.$

解 $(1) \int (2x-3)^{2014} \mathrm{d}x = \dfrac{1}{2} \int (2x-3)^{2014} \mathrm{d}(2x-3)$

$$= \dfrac{1}{2 \cdot 2015} (2x-3)^{2015} + C$$

$$= \dfrac{1}{4030} (2x-3)^{2015} + C;$$

$(2) \int \dfrac{3\mathrm{d}x}{(1-2x)^2} = -\dfrac{1}{2} \int \dfrac{3\mathrm{d}(1-2x)}{(1-2x)^2} = \dfrac{3}{2(1-2x)} + C;$

$(3)\ k \neq -1,\ \int (a+bx)^k \mathrm{d}x = \dfrac{1}{b} \int (a+bx)^k \mathrm{d}(a+bx) = \dfrac{1}{b(k+1)} \cdot$

$(a+bx)^{k+1} + C;\ k = -1,\ \int (a+bx)^{-1} \mathrm{d}x = \dfrac{1}{b} \ln|a+bx| + C;$

$(4) \int \sin 3x \mathrm{d}x = \dfrac{1}{3} \int \sin 3x \mathrm{d}3x = -\dfrac{1}{3} \cos 3x + C;$

$(5) \int \cos(\alpha - \beta x) \mathrm{d}x = -\dfrac{1}{\beta} \int \cos(\alpha - \beta x) \mathrm{d}(\alpha - \beta x) = -\dfrac{1}{\beta} \sin(\alpha - \beta x) + C;$

$(6) \int \tan 5x \mathrm{d}x = \int \dfrac{\sin 5x}{\cos 5x} \mathrm{d}x = -\dfrac{1}{5} \int \dfrac{1}{\cos 5x} \mathrm{d}\cos 5x = -\dfrac{1}{5} \ln|\cos 5x| + C;$

$(7) \int \mathrm{e}^{-3x} \mathrm{d}x = -\dfrac{1}{3} \int \mathrm{e}^{-3x} \mathrm{d}(-3x) = -\dfrac{1}{3} \mathrm{e}^{-3x} + C;$

$(8) \int 10^{2x} \mathrm{d}x = \dfrac{1}{2} \int 10^{2x} \mathrm{d}2x = \dfrac{1}{2} \dfrac{10^{2x}}{\ln 10} + C;$

$(9) \int \dfrac{1}{x^2} \mathrm{e}^{\frac{1}{x}} \mathrm{d}x = -\int \mathrm{e}^{\frac{1}{x}} \mathrm{d}\dfrac{1}{x} = -\mathrm{e}^{\frac{1}{x}} + C;$

$(10) \int \dfrac{\mathrm{d}x}{1+9x^2} = \int \dfrac{1}{1+(3x)^2} \mathrm{d}x = \dfrac{1}{3} \int \dfrac{1}{1+(3x)^2} \mathrm{d}3x = \dfrac{1}{3} \arctan 3x + C;$

$(11) \int \dfrac{\mathrm{d}x}{\sin^2 \left(2x + \dfrac{\pi}{4}\right)} = \dfrac{1}{2} \int \dfrac{\mathrm{d}\left(2x + \dfrac{\pi}{4}\right)}{\sin^2 \left(2x + \dfrac{\pi}{4}\right)}$

$$= \dfrac{1}{2} \int \csc^2 \left(2x + \dfrac{\pi}{4}\right) \mathrm{d}\left(2x + \dfrac{\pi}{4}\right) = -\dfrac{1}{2} \cot\left(2x + \dfrac{\pi}{4}\right) + C;$$

$(12) \int x\sqrt{1-x^2} \mathrm{d}x = -\dfrac{1}{2} \int \sqrt{1-x^2} \mathrm{d}(1-x^2) = -\dfrac{1}{3} (1-x^2)^{\frac{3}{2}} + C;$

$(13) \int \dfrac{(2x-3)\mathrm{d}x}{x^2-3x+8} = \int \dfrac{1}{x^2-3x+8} \mathrm{d}(x^2-3x+8) = \ln|x^2-3x+8| + C;$

(14) $\int \dfrac{x\mathrm{d}x}{\sqrt{4-x^4}} = \dfrac{1}{2}\int \dfrac{1}{\sqrt{2^2-(x^2)^2}}\mathrm{d}x^2 = \dfrac{1}{2}\arcsin\dfrac{x^2}{2} + C$;

(15) $\int \mathrm{e}^x\sin\mathrm{e}^x\mathrm{d}x = \int \sin\mathrm{e}^x \ \mathrm{d}\mathrm{e}^x = -\cos\mathrm{e}^x + C$;

(16) $\int x\mathrm{e}^{x^2}\mathrm{d}x = \dfrac{1}{2}\int \mathrm{e}^{x^2}\mathrm{d}x^2 = \dfrac{1}{2}\mathrm{e}^{x^2} + C$;

(17) $\int \dfrac{\sqrt{\ln x}}{x}\mathrm{d}x = \int \sqrt{\ln x}\,\mathrm{d}\ln x = \dfrac{2}{3}\ln^{\frac{3}{2}}x + C$;

(18) $\int \dfrac{\cot\theta}{\sqrt{\sin\theta}}\mathrm{d}\theta = \int \dfrac{\cos\theta}{\sin\theta\,\sin^{\frac{1}{2}}\theta}\mathrm{d}\theta = \int \sin^{-\frac{3}{2}}\theta\,\mathrm{d}\sin\theta = -2\sin^{-\frac{1}{2}}\theta + C$;

(19) $\int \dfrac{\mathrm{d}x}{(\arcsin x)^2\sqrt{1-x^2}} = \int \dfrac{1}{(\arcsin x)^2}\mathrm{d}\arcsin x = -\dfrac{1}{\arcsin x} + C$;

(20) $\int \dfrac{(\arctan x)^2}{1+x^2}\mathrm{d}x = \int (\arctan x)^2\,\mathrm{d}\arctan x = \dfrac{1}{3}(\arctan x)^3 + C$;

(21) $\int \dfrac{x^2}{3+x}\mathrm{d}x = \int \dfrac{x^2-9+9}{3+x}\mathrm{d}x = \int \left(x-3+\dfrac{9}{3+x}\right)\mathrm{d}x$

$= \dfrac{1}{2}x^2 - 3x + 9\int \dfrac{1}{3+x}\mathrm{d}(3+x) = \dfrac{1}{2}x^2 - 3x + 9\ln|3+x| + C$;

(22) $\int \dfrac{x-1}{x^2+4x+13}\mathrm{d}x = \int \dfrac{\dfrac{1}{2}(x^2+4x+13)'-3}{x^2+4x+13}\mathrm{d}x$

$= \dfrac{1}{2}\int \dfrac{\mathrm{d}(x^2+4x+13)}{x^2+4x+13} - 3\int \dfrac{\mathrm{d}(x+2)}{(x+2)^2+3^2}$

$= \dfrac{1}{2}\ln(x^2+4x+13) - \arctan\dfrac{x+2}{3} + C$;

(23) $\int \cos^2 x\mathrm{d}x = \int \left(\dfrac{1}{2}+\dfrac{1}{2}\cos 2x\right)\mathrm{d}x = \dfrac{1}{2}x + \dfrac{1}{4}\sin 2x + C$;

(24) $\int \sin^4 x\mathrm{d}x = \int (\sin^2 x)^2\mathrm{d}x = \int \left(\dfrac{1}{2}-\dfrac{1}{2}\cos 2x\right)^2\mathrm{d}x$

$= \int \left(\dfrac{1}{4}+\dfrac{1}{4}\cos^2 2x-\dfrac{1}{2}\cos 2x\right)\mathrm{d}x = \dfrac{1}{4}x - \dfrac{1}{4}\sin 2x + \dfrac{1}{8}x + \dfrac{1}{32}\sin 4x + C$

$= \dfrac{3}{8}x + \dfrac{1}{32}\sin 4x - \dfrac{1}{4}\sin 2x + C$;

(25) $\int \dfrac{1+\tan x}{\sin 2x}\mathrm{d}x = \int \dfrac{1+\dfrac{\sin x}{\cos x}}{2\sin x\cos x}\mathrm{d}x = \int \dfrac{\sin x+\cos x}{2\sin x\cos^2 x}\mathrm{d}x$

$= \dfrac{1}{2}\int \sec^2 x\mathrm{d}x + \dfrac{1}{2}\int \csc 2x\mathrm{d}2x = \dfrac{1}{2}\tan x + \dfrac{1}{2}\ln|\csc 2x-\cot 2x| + C$

$$= \frac{1}{2}\tan x + \frac{1}{2}\ln|\tan x| + C;$$

$(26) \displaystyle\int \cos^2 x \sin^2 x \mathrm{d}x = \frac{1}{4}\int \sin^2 2x \mathrm{d}x$

$$= \frac{1}{4}\int \frac{1 - \cos 4x}{2}\mathrm{d}x = \frac{1}{8}\left(x - \frac{1}{4}\sin 4x\right) + C;$$

$(27) \displaystyle\int \cos^3 x \mathrm{d}x = \int \cos^2 x \mathrm{d}\sin x = \int (1 - \sin^2 x)\mathrm{d}\sin x$

$$= \sin x - \frac{1}{3}\sin^3 x + C;$$

$(28) \displaystyle\int \sin^3 x \cos^5 x \mathrm{d}x = \int \sin^3 x \cos^4 x \mathrm{d}\sin x = \int \sin^3 x (1 - \sin^2 x)^2 \mathrm{d}\sin x$

$$= \int (\sin^3 x + \sin^7 x - 2\sin^5 x)\mathrm{d}\sin x = \frac{1}{4}\sin^4 x + \frac{1}{8}\sin^8 x - \frac{1}{3}\sin^6 x + C;$$

$(29) \displaystyle\int \sec^4 x \mathrm{d}x = \int \sec^2 x \mathrm{d}\tan x = \int (1 + \tan^2 x)\mathrm{d}\tan x$

$$= \tan x + \frac{1}{3}\tan^3 x + C;$$

$(30) \displaystyle\int \tan^4 x \mathrm{d}x = \int (\sec^2 x - 1)^2 \mathrm{d}x = \int (\sec^4 x - 2\sec^2 x + 1)\mathrm{d}x$

$$= \tan x + \frac{1}{3}\tan^3 x - 2\tan x + x + C = \frac{1}{3}\tan^3 x - \tan x + x + C;$$

$(31) \displaystyle\int \frac{\mathrm{d}x}{\sin^2 x \cos^2 x} = \int \frac{(\sin^2 x + \cos^2 x)\mathrm{d}x}{\sin^2 x \cos^2 x} = \int \left(\frac{1}{\cos^2 x} + \frac{1}{\sin^2 x}\right)\mathrm{d}x$

$$= \int (\sec^2 x + \csc^2 x)\mathrm{d}x = \tan x - \cot x + C;$$

(32) 令 $x = \sin t$，则

$$\int \frac{\mathrm{d}x}{(1 - x^2)^{\frac{3}{2}}} = \int \frac{\mathrm{d}\sin t}{\cos^3 t} = \int \frac{\mathrm{d}t}{\cos^2 t} = \int \sec^2 t \mathrm{d}t = \tan t + C = \frac{x}{\sqrt{1 - x^2}} + C;$$

(33) 令 $x = 3\sec t$，则

$$\int \frac{\mathrm{d}x}{x^2 \sqrt{x^2 - 9}} = \int \frac{\mathrm{d}(3\sec t)}{9\sec^2 t \cdot 3\tan t} = \int \frac{3\sec t \tan t \mathrm{d}t}{9\sec^2 t \cdot 3\tan t} = \int \frac{\mathrm{d}t}{9\sec t}$$

$$= \frac{1}{9}\int \cos t \mathrm{d}t = \frac{1}{9}\sin t + C = \frac{\sqrt{x^2 - 9}}{9x} + C;$$

(34) 令 $x = a\sin t$，则

$$\int \frac{x^2}{\sqrt{a^2 - x^2}}\mathrm{d}x = \int \frac{a^2 \sin^2 t}{a\cos t}\mathrm{d}(a\sin t) = \int a^2 \sin^2 t \mathrm{d}t = \frac{a^2}{2}\int (1 - \cos 2t)\mathrm{d}t$$

$$= \frac{a^2}{2}\left(t - \frac{1}{2}\sin 2t\right) + C$$

$$= \frac{a^2}{2}\arcsin\frac{x}{a} - \frac{a^2}{4} \cdot 2 \cdot \frac{x}{a} \cdot \frac{\sqrt{a^2-x^2}}{a} + C$$

$$= \frac{a^2}{2}\arcsin\frac{x}{a} - \frac{x\sqrt{a^2-x^2}}{2} + C;$$

(35) 令 $x = a\tan t$，则

$$\int \frac{\mathrm{d}x}{(x^2+a^2)^{\frac{3}{2}}} = \int \frac{\mathrm{d}(a\tan t)}{a^3\sec^3 t} = \int \frac{a\sec^2 t\,\mathrm{d}t}{a^3\sec^3 t} = \int \frac{\cos t\,\mathrm{d}t}{a^2} = \frac{\sin t}{a^2} + C$$

$$= \frac{1}{a^2}\frac{x}{\sqrt{a^2+x^2}} + C;$$

(36) 令 $x = a\sec t$，则

$$\int \frac{\sqrt{x^2-a^2}}{x}\mathrm{d}x = \int \frac{a\tan t}{a\sec t}\mathrm{d}(a\sec t) = \int a\tan^2 t\,\mathrm{d}t = a\int(\sec^2 t - 1)\mathrm{d}t$$

$$= a(\tan t - t) + C = a\sqrt{\left(\frac{x}{a}\right)^2 - 1} - a\arccos\frac{a}{x} + C$$

$$= \sqrt{x^2-a^2} - a\arccos\frac{a}{x} + C;$$

(37) 令 $x = \tan t$，则

$$\int \frac{\mathrm{d}x}{x^2\sqrt{1+x^2}} = \int \frac{\mathrm{d}\tan t}{\tan^2 t\sec t} = \int \frac{\sec^2 t\,\mathrm{d}t}{\tan^2 t\sec t} = \int \frac{\cos t}{\sin^2 t}\mathrm{d}t = \int \frac{1}{\sin^2 t}\mathrm{d}\sin t$$

$$= -\frac{1}{\sin t} + C = -\frac{\sqrt{1+x^2}}{x} + C;$$

(38) 解法 1：$\displaystyle\int \frac{\mathrm{d}x}{\sqrt{1-25x^2}} = \frac{1}{5}\int \frac{\mathrm{d}(5x)}{\sqrt{1-(5x)^2}}$

$$= \frac{1}{5}\arcsin 5x + C,$$

解法 2：令 $x = \frac{1}{5}\sin t$，则

$$\int \frac{\mathrm{d}x}{\sqrt{1-25x^2}} = \int \frac{\mathrm{d}\left(\frac{1}{5}\sin t\right)}{\cos t} = \frac{1}{5}\int \frac{\mathrm{d}(\sin t)}{\cos t} = \frac{1}{5}\int \mathrm{d}t = \frac{1}{5}t + C$$

$$= \frac{1}{5}\arcsin 5x + C;$$

(39) 解法 1：$\displaystyle\int \frac{\mathrm{d}x}{\sqrt{1+16x^2}} = \frac{1}{4}\int \frac{\mathrm{d}(4x)}{\sqrt{1+(4x)^2}} = \frac{1}{4}\ln\left|\sqrt{1+16x^2} + 4x\right| + C,$

解法 2：令 $x = \frac{1}{4}\tan t$，则

$$\int \frac{\mathrm{d}x}{\sqrt{1+16x^2}} = \int \frac{\mathrm{d}\left(\frac{1}{4}\tan t\right)}{\sec t} = \frac{1}{4}\int \frac{\sec^2 t \,\mathrm{d}t}{\sec t} = \frac{1}{4}\int \sec t \,\mathrm{d}t$$

$$= \frac{1}{4}\ln|\sec t + \tan t| + C$$

$$= \frac{1}{4}\ln\left|\sqrt{1+16x^2} + 4x\right| + C;$$

(40) 解法 1：$\displaystyle\int \frac{\mathrm{d}x}{\sqrt{4x^2-9}} = \frac{1}{2}\int \frac{\mathrm{d}(2x)}{\sqrt{(2x)^2-3^2}} = \frac{1}{2}\ln\left|2x+\sqrt{4x^2-9}\right| + C,$

解法 2：令 $x = \dfrac{3}{2}\sec t$，则

$$\int \frac{\mathrm{d}x}{\sqrt{4x^2-9}} = \int \frac{\mathrm{d}\left(\frac{3}{2}\sec t\right)}{3\tan t} = \frac{3}{2}\int \frac{\sec t\tan t \,\mathrm{d}t}{3\tan t} = \frac{1}{2}\int \sec t \,\mathrm{d}t$$

$$= \frac{1}{2}\ln|\sec t + \tan t| + C_1 = \frac{1}{2}\ln\left|\frac{2}{3}x + \sqrt{\left(\frac{2}{3}x\right)^2 - 1}\right| + C_1$$

$$= \frac{1}{2}\ln\left|2x + \sqrt{4x^2-9}\right| + C;$$

(41) 令 $t = \sqrt{x+1}$，即 $x = t^2 - 1$，则

$$\int x\sqrt{x+1}\,\mathrm{d}x = \int (t^2-1)t \cdot 2t\,\mathrm{d}t = 2\int (t^4-t^2)\,\mathrm{d}t = \frac{2}{5}t^5 - \frac{2}{3}t^3 + C$$

$$= \frac{2}{5}\left(\sqrt{x+1}\right)^5 - \frac{2}{3}\left(\sqrt{x+1}\right)^3 + C;$$

(42) 令 $x = \sqrt{t}$，即 $t = x^2$，则

$$\int \frac{\cos\sqrt{t}}{\sqrt{t}}\,\mathrm{d}t = \int \frac{\cos x}{x}\,\mathrm{d}x^2 = \int 2\cos x\,\mathrm{d}x = 2\sin x + C = 2\sin\sqrt{t} + C;$$

(43) 令 $t = \sqrt[3]{3x+1}$，即 $x = \dfrac{t^3-1}{3}$，则

$$\int \frac{x+1}{\sqrt[3]{3x+1}}\,\mathrm{d}x = \int \frac{\frac{t^3-1}{3}+1}{t}\,\mathrm{d}\frac{t^3-1}{3} = \int \frac{\frac{t^3-1}{3}+1}{t}t^2\,\mathrm{d}t = \frac{1}{3}\int (t^4+2t)\,\mathrm{d}t$$

$$= \frac{1}{15}t^5 + \frac{1}{3}t^2 + C = \frac{1}{15}\left(\sqrt[3]{3x+1}\right)^5 + \frac{1}{3}\left(\sqrt[3]{3x+1}\right)^2 + C;$$

(44) 令 $t = \sqrt{1+\mathrm{e}^x}$，则 $\displaystyle\int \frac{1}{\sqrt{1+\mathrm{e}^x}}\,\mathrm{d}x = \int \frac{1}{t}\,\mathrm{d}\ln(t^2-1) = \int \frac{1}{t} \cdot \frac{2t}{t^2-1}\,\mathrm{d}t$

$$= 2\int \frac{1}{t^2-1}\,\mathrm{d}t = \ln\left|\frac{t-1}{t+1}\right| + C = \ln\left|\frac{\sqrt{1+\mathrm{e}^x}-1}{\sqrt{1+\mathrm{e}^x}+1}\right| + C;$$

(45) 令 $t = \dfrac{1}{x}$，则

$$\int \frac{\mathrm{d}x}{x^8(1-x^2)} = \int \frac{\mathrm{d}\frac{1}{t}}{\frac{1}{t^8}\left(1-\frac{1}{t^2}\right)} = \int \frac{-\frac{1}{t^2}\mathrm{d}t}{\frac{1}{t^8}\left(1-\frac{1}{t^2}\right)} = \int \frac{t^8\,\mathrm{d}t}{1-t^2} = \int \frac{t^8-1+1}{1-t^2}\mathrm{d}t$$

$$= \int\left[\frac{(t^4+1)(t^4-1)}{1-t^2} + \frac{1}{1-t^2}\right]\mathrm{d}t$$

$$= \int\left[-(t^4+1)(t^2+1) + \frac{1}{1-t^2}\right]\mathrm{d}t$$

$$= \int(-t^6-t^4-t^2-1+\frac{1}{1-t^2})\mathrm{d}t$$

$$= -\frac{1}{7}t^7 - \frac{1}{5}t^5 - \frac{1}{3}t^3 - t + \frac{1}{2}\ln\left|\frac{1+t}{t-1}\right| + C$$

$$= -\frac{1}{7}x^{-7} - \frac{1}{5}x^{-5} - \frac{1}{3}x^{-3} - \frac{1}{x} + \frac{1}{2}\ln\left|\frac{1+x}{1-x}\right| + C.$$

4.3　分部积分法

4.3.1　知识点分析

1. 分部积分公式

$$\int uv'\,\mathrm{d}x = \int u\mathrm{d}v = uv - \int v\mathrm{d}u.$$

思想：把原被积函数分成两部分，一部分作为 u，剩余部分凑成 $\mathrm{d}v$. $\int u\mathrm{d}v$ 不容易积分，转化成容易积分的 $\int v\mathrm{d}u$.

关键：如何选取 u 和 $\mathrm{d}v$.

2. 适合类型

分部积分法常用来求两种不同类型函数乘积的积分（但不局限于这种类型）. 如 $\int x\sin 3x\mathrm{d}x,\int\dfrac{\ln^2 x}{x^2}\mathrm{d}x$ 等. 选取 u 和 $\mathrm{d}v$，可遵循"反对幂三指"方法，这里"反"代表反三角函数，"对"代表对数函数，"幂"代表幂函数，"三"代表三角函数，"指"代表指数函数. "反对幂三指"五字中位于前面的字所代表的函数作为 u 剩余的部分作为 $\mathrm{d}v$.

4.3.2　典例解析

1. 分部积分法

例 1　求下列不定积分.

(1) $\int x\sin3x\mathrm{d}x$；(2) $\int\dfrac{\ln^2 x}{x^2}\mathrm{d}x$；(3) $\int\arctan x\mathrm{d}x$；(4) $\int\mathrm{e}^{-x}\cos x\mathrm{d}x$.

解　(1) $\displaystyle\int x\sin3x\mathrm{d}x=-\frac{1}{3}\int x\mathrm{d}(\cos3x)=-\frac{1}{3}x\cos3x+\frac{1}{3}\int\cos3x\mathrm{d}x$

$=-\dfrac{1}{3}x\cos3x+\dfrac{1}{9}\sin3x+C$；

点拨　被积函数是幂函数和三角函数的乘积，根据"反对幂三指"方法，"幂"在"三"前面，作为 u，剩余部分凑成 $\mathrm{d}v$，然后用公式

$\displaystyle\int u\mathrm{d}v=uv-\int v\mathrm{d}u.$

(2) $\displaystyle\int\frac{\ln^2 x}{x^2}\mathrm{d}x=-\int\ln^2 x\mathrm{d}\frac{1}{x}=-\frac{1}{x}\ln^2 x+\int\frac{1}{x}\mathrm{d}(\ln^2 x)$

$=-\dfrac{1}{x}\ln^2 x+\displaystyle\int\frac{1}{x^2}2\ln x\mathrm{d}x=-\frac{1}{x}\ln^2 x-\int2\ln x\mathrm{d}\frac{1}{x}$

$=-\dfrac{1}{x}\ln^2 x-\dfrac{2}{x}\ln x+2\displaystyle\int\frac{1}{x}\mathrm{d}\ln x=-\frac{1}{x}\ln^2 x-\frac{2}{x}\ln x+2\int\frac{1}{x^2}\mathrm{d}x$

$=-\dfrac{1}{x}\ln^2 x-\dfrac{2}{x}\ln x-\dfrac{2}{x}+C$；

点拨　被积函数是幂函数和对数函数的乘积，根据"反对幂三指"方法，"对"在"幂"前面，作为 u，剩余部分凑成 $\mathrm{d}v$，然后用公式 $\displaystyle\int u\mathrm{d}v=uv-\int v\mathrm{d}u.$ 该题运用了两次分部积分法.

(3) $\displaystyle\int\arctan x\mathrm{d}x\xdef\tmp{}\overset{\text{分部积分法}}{=\!=\!=\!=}x\arctan x-\int x\mathrm{d}\arctan x$

$=x\arctan x-\displaystyle\int\frac{x}{1+x^2}\mathrm{d}x\overset{\text{凑微分法}}{=\!=\!=\!=}x\arctan x-\frac{1}{2}\int\frac{1}{1+x^2}\mathrm{d}(1+x^2)$

$=x\arctan x-\dfrac{1}{2}\ln(1+x^2)+C$；

点拨　被积函数只有反三角函数，直接用分部积分公式.

(4) $\displaystyle\int\mathrm{e}^{-x}\cos x\mathrm{d}x=\int\cos x\mathrm{d}(-\mathrm{e}^{-x})=-\mathrm{e}^{-x}\cos x+\int\mathrm{e}^{-x}\mathrm{d}\cos x$

$=-\mathrm{e}^{-x}\cos x-\displaystyle\int\mathrm{e}^{-x}\sin x\mathrm{d}x=-\mathrm{e}^{-x}\cos x+\int\sin x\mathrm{d}(\mathrm{e}^{-x})$

$=-\mathrm{e}^{-x}\cos x+\mathrm{e}^{-x}\sin x-\displaystyle\int\mathrm{e}^{-x}\mathrm{d}\sin x=-\mathrm{e}^{-x}\cos x+\mathrm{e}^{-x}\sin x-\int\mathrm{e}^{-x}\cos x\mathrm{d}x,$

所以 $\displaystyle\int\mathrm{e}^{-x}\cos x\mathrm{d}x=\frac{1}{2}(-\mathrm{e}^{-x}\cos x+\mathrm{e}^{-x}\sin x)+C.$

点拨　被积函数是指数函数和余弦函数的乘积，运用两次分部积分法，会循环出现原来所求的积分，这时候需要移项，解出所求积分，这种方法称

为"循环法". 类似还有 $\int e^x \sin x dx$、$\int \sec^3 x dx$、$\int \cos(\ln x) dx$ 等.

2. 多种积分法综合、灵活运用

例 2 求下列不定积分.

(1) $\int (\arcsin x)^2 dx$；(2) $\int \dfrac{x^2 e^x}{(x+2)^2} dx$；(3) $\int \dfrac{x e^x}{\sqrt{e^x-1}} dx$.

解 (1) $\int (\arcsin x)^2 dx \xrightarrow{\text{分部积分法}} x(\arcsin x)^2 - \int x d(\arcsin x)^2$

$= x(\arcsin x)^2 - \int \dfrac{2x \arcsin x}{\sqrt{1-x^2}} dx \xrightarrow{\text{分部积分法}} x(\arcsin x)^2 + 2\int \arcsin x d\sqrt{1-x^2}$

$= x(\arcsin x)^2 + 2\arcsin x \sqrt{1-x^2} - 2\int \sqrt{1-x^2} d\arcsin x$

$= x(\arcsin x)^2 + 2\arcsin x \sqrt{1-x^2} - 2\int \dfrac{\sqrt{1-x^2}}{\sqrt{1-x^2}} dx$

$= x(\arcsin x)^2 + 2\arcsin x \sqrt{1-x^2} - 2x + C$；

(2) $\int \dfrac{x^2 e^x}{(x+2)^2} dx \xrightarrow{\text{分部积分法}} \int x^2 e^x d\dfrac{-1}{x+2} = -\dfrac{x^2 e^x}{x+2} + \int \dfrac{1}{x+2} d(x^2 e^x)$

$= -\dfrac{x^2 e^x}{x+2} + \int \dfrac{x^2+2x}{x+2} e^x dx = -\dfrac{x^2 e^x}{x+2} + \int x e^x dx \xrightarrow{\text{分部积分法}} -\dfrac{x^2 e^x}{x+2} + \int x de^x$

$= -\dfrac{x^2 e^x}{x+2} + x e^x - \int e^x dx = -\dfrac{x^2 e^x}{x+2} + x e^x - e^x + C$；

(3) $\int \dfrac{x e^x}{\sqrt{e^x-1}} dx \xrightarrow{\text{令}\sqrt{e^x-1}=t} \int \dfrac{(t^2+1)\ln(t^2+1)}{t} d\ln(t^2+1)$

$= \int 2\ln(t^2+1) dt \xrightarrow{\text{分部积分法}} 2t\ln(t^2+1) - \int 2t d\ln(t^2+1)$

$= 2t\ln(t^2+1) - \int \dfrac{4t^2}{t^2+1} dt \xrightarrow{\text{加一项减一项}} 2t\ln(t^2+1) - 4\int \dfrac{t^2+1-1}{t^2+1} dt$

$= 2t\ln(t^2+1) - 4\int \left(1 - \dfrac{1}{t^2+1}\right) dt = 2t\ln(t^2+1) - 4(t - \arctan t) + C$

$= 2x\sqrt{e^x-1} - 4\sqrt{e^x-1} + 4\arctan\sqrt{e^x-1} + C$.

例 3 已知 $f(x) = \ln(x+\sqrt{1+x^2})$，求 $\int x f''(x) dx$.

解 $\int x f''(x) dx = \int x d f'(x) = x f'(x) - \int f'(x) dx = x f'(x) - f(x) + C$.

因为 $f(x) = \ln(x+\sqrt{1+x^2})$，所以 $f'(x) = \dfrac{1}{\sqrt{1+x^2}}$，于是

$$\int x f''(x) dx = \dfrac{x}{\sqrt{1+x^2}} - \ln(x+\sqrt{1+x^2}) + C.$$

4.3.3 习题解答

1. 求下列不定积分.

(1) $\int x\sin 2x\,\mathrm{d}x$；

(2) $\int \dfrac{x}{2}(\mathrm{e}^x - \mathrm{e}^{-x})\,\mathrm{d}x$；

(3) $\int x^2\cos\omega x\,\mathrm{d}x$；

(4) $\int x^2 a^x\,\mathrm{d}x$；

(5) $\int \ln x\,\mathrm{d}x$；

(6) $\int x^n\ln x\,\mathrm{d}x\,(n\neq 1)$；

(7) $\int \arctan x\,\mathrm{d}x$；

(8) $\int \arccos x\,\mathrm{d}x$；

(9) $\int \mathrm{e}^{ax}\cos nx\,\mathrm{d}x$；

(10) $\int x^2\ln(1+x)\,\mathrm{d}x$；

(11) $\int \dfrac{\ln^3 x}{x^2}\,\mathrm{d}x$；

(12) $\int (\arcsin x)^2\,\mathrm{d}x$；

(13) $\int x\cos^2 x\,\mathrm{d}x$；

(14) $\int x\tan^2 x\,\mathrm{d}x$；

(15) $\int x^2\cos^2 x\,\mathrm{d}x$；

(16) $\int \dfrac{\ln\cos x}{\cos^2 x}\,\mathrm{d}x$；

(17) $\int \dfrac{\ln x}{x^3}\,\mathrm{d}x$；

(18) $\int \mathrm{e}^{\sqrt[3]{x}}\,\mathrm{d}x$.

解 (1) $\displaystyle\int x\sin 2x\,\mathrm{d}x = -\frac{1}{2}\int x\,\mathrm{d}\cos 2x = -\frac{1}{2}x\cos 2x + \frac{1}{2}\int \cos 2x\,\mathrm{d}x$

$= -\dfrac{1}{2}x\cos 2x + \dfrac{1}{4}\sin 2x + C$；

(2) $\displaystyle\int \frac{x}{2}(\mathrm{e}^x - \mathrm{e}^{-x})\,\mathrm{d}x = \int \frac{x}{2}\,\mathrm{d}(\mathrm{e}^x + \mathrm{e}^{-x}) = \frac{x}{2}(\mathrm{e}^x + \mathrm{e}^{-x}) - \int (\mathrm{e}^x + \mathrm{e}^{-x})\,\mathrm{d}\frac{x}{2}$

$= \dfrac{x}{2}(\mathrm{e}^x + \mathrm{e}^{-x}) - \dfrac{1}{2}\displaystyle\int (\mathrm{e}^x + \mathrm{e}^{-x})\,\mathrm{d}x = \dfrac{x}{2}(\mathrm{e}^x + \mathrm{e}^{-x}) - \dfrac{1}{2}(\mathrm{e}^x - \mathrm{e}^{-x}) + C$；

(3) $\displaystyle\int x^2\cos\omega x\,\mathrm{d}x = \frac{1}{\omega}\int x^2\,\mathrm{d}\sin\omega x = \frac{1}{\omega}x^2\sin\omega x - \frac{1}{\omega}\int \sin\omega x\,\mathrm{d}x^2$

$= \dfrac{1}{\omega}x^2\sin\omega x - \dfrac{2}{\omega}\displaystyle\int x\sin\omega x\,\mathrm{d}x = \dfrac{1}{\omega}x^2\sin\omega x + \dfrac{2}{\omega^2}\displaystyle\int x\,\mathrm{d}\cos\omega x$

$= \dfrac{1}{\omega}x^2\sin\omega x + \dfrac{2}{\omega^2}x\cos\omega x - \dfrac{2}{\omega^2}\displaystyle\int \cos\omega x\,\mathrm{d}x$

$= \dfrac{1}{\omega}x^2\sin\omega x + \dfrac{2}{\omega^2}x\cos\omega x - \dfrac{2}{\omega^3}\sin\omega x + C$；

(4) $a > 0,\displaystyle\int x^2 a^x\,\mathrm{d}x = \int x^2\,\mathrm{d}\frac{a^x}{\ln a} = \frac{1}{\ln a}\int x^2\,\mathrm{d}a^x = \frac{x^2}{\ln a}a^x - \frac{1}{\ln a}\int a^x\,\mathrm{d}x^2$

$= \dfrac{x^2}{\ln a}a^x - \dfrac{2}{\ln a}\displaystyle\int xa^x\,\mathrm{d}x = \dfrac{x^2}{\ln a}a^x - \dfrac{2}{\ln^2 a}\displaystyle\int x\,\mathrm{d}a^x + C$

$$= \frac{x^2}{\ln a}a^x - \frac{2}{\ln^2 a}(xa^x - \int a^x \mathrm{d}x) + C = \frac{x^2}{\ln a}a^x - \frac{2}{\ln^2 a}xa^x + \frac{2}{\ln^3 a}a^x + C;$$

(5) $\displaystyle\int \ln x \mathrm{d}x = x\ln x - \int x \mathrm{d}\ln x = x\ln x - \int \mathrm{d}x = x\ln x - x + C;$

(6) $\displaystyle\int x^n \ln x \mathrm{d}x\ (\ n \neq 1\ ) = \frac{1}{n+1}\int \ln x \mathrm{d}x^{n+1}$

$$= \frac{\ln x}{n+1}x^{n+1} - \frac{1}{n+1}\int x^{n+1} \mathrm{d}\ln x = \frac{\ln x}{n+1}x^{n+1} - \frac{1}{n+1}\int x^n \mathrm{d}x$$

$$= \frac{\ln x}{n+1}x^{n+1} - \frac{x^{n+1}}{(n+1)^2} + C;$$

(7) 见本节典例解析例 1 （3）；

(8) $\displaystyle\int \arccos x \mathrm{d}x = x\arccos x - \int x \mathrm{d}\arccos x = x\arccos x + \int \frac{x}{\sqrt{1-x^2}}\mathrm{d}x$

$$= x\arccos x - \frac{1}{2}\int \frac{1}{\sqrt{1-x^2}}\mathrm{d}(1-x^2) = x\arccos x - \sqrt{1-x^2} + C;$$

(9) $\displaystyle\int \mathrm{e}^{ax}\cos nx \mathrm{d}x = \frac{1}{a}\int \cos nx\ \mathrm{d}\mathrm{e}^{ax} = \frac{1}{a}\mathrm{e}^{ax}\cos nx - \frac{1}{a}\int \mathrm{e}^{ax}\mathrm{d}\cos nx$

$$= \frac{1}{a}\mathrm{e}^{ax}\cos nx + \frac{n}{a}\int \mathrm{e}^{ax}\sin nx \mathrm{d}x = \frac{1}{a}\mathrm{e}^{ax}\cos nx + \frac{n}{a^2}\int \sin nx \mathrm{d}\mathrm{e}^{ax}$$

$$= \frac{1}{a}\mathrm{e}^{ax}\cos nx + \frac{n}{a^2}\mathrm{e}^{ax}\sin nx - \frac{n}{a^2}\int \mathrm{e}^{ax}\mathrm{d}\sin nx$$

$$= \frac{1}{a}\mathrm{e}^{ax}\cos nx + \frac{n}{a^2}\mathrm{e}^{ax}\sin nx - \frac{n^2}{a^2}\int \mathrm{e}^{ax}\cos nx \mathrm{d}x,$$

所以 $\displaystyle\int \mathrm{e}^{ax}\cos nx \mathrm{d}x = \frac{\dfrac{1}{a}\mathrm{e}^{ax}\cos nx + \dfrac{n}{a^2}\mathrm{e}^{ax}\sin nx}{1 + \dfrac{n^2}{a^2}} + C$

$$= \frac{\mathrm{e}^{ax}(a\cos nx + n\sin nx)}{n^2 + a^2} + C;$$

(10) $\displaystyle\int x^2 \ln(1+x)\mathrm{d}x = \frac{1}{3}\int \ln(1+x)\mathrm{d}x^3$

$$= \frac{1}{3}x^3\ln(1+x) - \frac{1}{3}\int x^3 \mathrm{d}\ln(1+x)$$

$$= \frac{1}{3}x^3\ln(1+x) - \frac{1}{3}\int \frac{x^3}{1+x}\mathrm{d}x$$

$$= \frac{1}{3}x^3\ln(1+x) - \frac{1}{3}\int \frac{x^3 + 1 - 1}{1+x}\mathrm{d}x$$

$$= \frac{1}{3}x^3\ln(1+x) - \frac{1}{3}\int (x^2 - x + 1 - \frac{1}{1+x})\mathrm{d}x$$

$$= \frac{1}{3}x^3\ln(1+x) - \frac{1}{9}x^3 + \frac{1}{6}x^2 - \frac{1}{3}x + \frac{1}{3}\ln(1+x) + C;$$

$$(11)\ \int \frac{\ln^3 x}{x^2}\,\mathrm{d}x = -\int \ln^3 x\,\mathrm{d}\frac{1}{x} = -\frac{\ln^3 x}{x} + \int \frac{1}{x}\,\mathrm{d}\ln^3 x = -\frac{\ln^3 x}{x} + \int \frac{3\ln^2 x}{x^2}\,\mathrm{d}x$$

$$= -\frac{\ln^3 x}{x} - \int 3\ln^2 x\,\mathrm{d}\frac{1}{x} = -\frac{\ln^3 x}{x} - \frac{3\ln^2 x}{x} + 3\int \frac{1}{x}\,\mathrm{d}\ln^2 x$$

$$= -\frac{\ln^3 x}{x} - \frac{3\ln^2 x}{x} + 3\int \frac{2\ln x}{x^2}\,\mathrm{d}x = -\frac{\ln^3 x}{x} - \frac{3\ln^2 x}{x} - 3\int 2\ln x\,\mathrm{d}\frac{1}{x}$$

$$= -\frac{\ln^3 x}{x} - \frac{3\ln^2 x}{x} - \frac{6\ln x}{x} + 6\int \frac{1}{x}\,\mathrm{d}\ln x = -\frac{\ln^3 x}{x} - \frac{3\ln^2 x}{x} - \frac{6\ln x}{x} + 6\int \frac{1}{x^2}\,\mathrm{d}x$$

$$= -\frac{\ln^3 x}{x} - \frac{3\ln^2 x}{x} - \frac{6\ln x}{x} - \frac{6}{x} + C;$$

$$(12)\ \int (\arcsin x)^2\,\mathrm{d}x = x\,(\arcsin x)^2 - \int x\,\mathrm{d}\,(\arcsin x)^2$$

$$= x\,(\arcsin x)^2 - 2\int \frac{x\arcsin x}{\sqrt{1-x^2}}\,\mathrm{d}x = x\,(\arcsin x)^2 + 2\int \arcsin x\,\mathrm{d}\sqrt{1-x^2}$$

$$= x\,(\arcsin x)^2 + 2\sqrt{1-x^2}\arcsin x - 2\int \sqrt{1-x^2}\,\mathrm{d}\arcsin x$$

$$= x\,(\arcsin x)^2 + 2\sqrt{1-x^2}\arcsin x - 2x + C;$$

$$(13)\ \int x\cos^2 x\,\mathrm{d}x = \frac{1}{2}\int x(1+\cos 2x)\,\mathrm{d}x = \frac{1}{2}\int (x+x\cos 2x)\,\mathrm{d}x$$

$$= \frac{1}{4}x^2 + \frac{1}{2}\int x\cos 2x\,\mathrm{d}x = \frac{1}{4}x^2 + \frac{1}{4}\int x\,\mathrm{d}\sin 2x$$

$$= \frac{1}{4}x^2 + \frac{1}{4}x\sin 2x - \frac{1}{4}\int \sin 2x\,\mathrm{d}x$$

$$= \frac{1}{4}x^2 + \frac{1}{4}x\sin 2x + \frac{1}{8}\cos 2x + C;$$

$$(14)\ \int x\tan^2 x\,\mathrm{d}x = \int x(\sec^2 x - 1)\,\mathrm{d}x = \int x\sec^2 x\,\mathrm{d}x - \frac{x^2}{2} = \int x\,\mathrm{d}\tan x - \frac{x^2}{2}$$

$$= x\tan x - \int \tan x\,\mathrm{d}x - \frac{x^2}{2} = x\tan x + \ln|\cos x| - \frac{x^2}{2} + C;$$

$$(15)\ \int x^2\cos^2 x\,\mathrm{d}x = \frac{1}{2}\int x^2(1+\cos 2x)\,\mathrm{d}x = \frac{x^3}{6} + \frac{1}{2}\int x^2\cos 2x\,\mathrm{d}x$$

$$= \frac{x^3}{6} + \frac{1}{4}\int x^2\,\mathrm{d}\sin 2x = \frac{x^3}{6} + \frac{x^2}{4}\sin 2x - \frac{1}{4}\int \sin 2x\,\mathrm{d}x^2$$

$$= \frac{x^3}{6} + \frac{x^2}{4}\sin 2x - \frac{1}{4}\int 2x\sin 2x\,\mathrm{d}x = \frac{x^3}{6} + \frac{x^2}{4}\sin 2x + \frac{1}{4}\int x\,\mathrm{d}\cos 2x$$

$$= \frac{x^3}{6} + \frac{x^2}{4}\sin 2x + \frac{x}{4}\cos 2x - \frac{1}{4}\int \cos 2x\,\mathrm{d}x$$

$$= \frac{x^3}{6} + \frac{x^2}{4}\sin 2x + \frac{x}{4}\cos 2x - \frac{1}{8}\sin 2x + C;$$

$(16) \displaystyle\int \frac{\ln\cos x}{\cos^2 x}\mathrm{d}x = \int \ln\cos x \mathrm{d}\tan x = \ln\cos x \tan x - \int \tan x \mathrm{d}\ln\cos x$

$$= \ln\cos x \tan x - \int \tan x \cdot \frac{-\sin x}{\cos x}\mathrm{d}x = \ln\cos x \tan x + \int \tan^2 x \mathrm{d}x$$

$$= \ln\cos x \tan x + \int (\sec^2 x - 1)\mathrm{d}x$$

$$= \ln\cos x \tan x + \tan x - x + C;$$

$(17) \displaystyle\int \frac{\ln x}{x^3}\mathrm{d}x = -\frac{1}{2}\int \ln x \mathrm{d}x^{-2} = -\frac{\ln x}{2x^2} + \frac{1}{2}\int \frac{1}{x^2}\mathrm{d}\ln x$

$$= -\frac{\ln x}{2x^2} + \frac{1}{2}\int \frac{1}{x^3}\mathrm{d}x = -\frac{\ln x}{2x^2} - \frac{1}{4x^2} + C;$$

(18) 令 $t = \sqrt[3]{x}$，即 $x = t^3$，则

$\displaystyle\int \mathrm{e}^{\sqrt[3]{x}}\mathrm{d}x = \int \mathrm{e}^t \mathrm{d}t^3 = 3\int \mathrm{e}^t t^2 \mathrm{d}t = 3\int t^2 \mathrm{d}\mathrm{e}^t = 3t^2 \mathrm{e}^t - 3\int \mathrm{e}^t \mathrm{d}t^2 = 3t^2 \mathrm{e}^t - 6\int t\mathrm{e}^t \mathrm{d}t$

$$= 3t^2 \mathrm{e}^t - 6\int t \mathrm{d}\mathrm{e}^t = 3t^2 \mathrm{e}^t - 6t\mathrm{e}^t + 6\int \mathrm{e}^t \mathrm{d}t = 3x^{\frac{2}{3}}\mathrm{e}^{\sqrt[3]{x}} - 6\sqrt[3]{x}\mathrm{e}^{\sqrt[3]{x}} + 6\mathrm{e}^{\sqrt[3]{x}} + C.$$

2. 已知 $f(x)$ 的一个原函数是 e^{-x^2}，求 $\displaystyle\int x f'(x)\mathrm{d}x$.

解　e^{-x^2} 是 $f(x)$ 的一个原函数，所以 $f(x) = (\mathrm{e}^{-x^2})' = -2x\mathrm{e}^{-x^2}$，

$\displaystyle\int x f'(x)\mathrm{d}x = \int x \mathrm{d}f(x) = xf(x) - \int f(x)\mathrm{d}x = -2x^2 \mathrm{e}^{-x^2} - \mathrm{e}^{-x^2} + C.$

4.4　有理函数的积分

4.4.1　知识点分析

1. 有理函数的积分思想

将被积函数 $\frac{P(x)}{Q(x)}$ 分解成几个式子，然后分别求积分再相加. 具体来说，将被积函数（如果是假分式）化为整式（即多项式）与真分式的和，有理真分式再分解成下列四种类型的部分分式之和：$\displaystyle\int \frac{A}{x-a}\mathrm{d}x$，$\displaystyle\int \frac{A}{(x-a)^k}\mathrm{d}x$，$\displaystyle\int \frac{Mx+N}{x^2+px+q}\mathrm{d}x$，$\displaystyle\int \frac{Mx+N}{(x^2+px+q)^k}\mathrm{d}x$，然后求不定积分.

2. $\displaystyle\int \frac{P(x)}{Q(x)}\mathrm{d}x$ 的积分步骤（被积函数是真分式）

步骤 1：分解分母 $Q(x) = b_0(x-a)^\alpha \cdots (x-b)^\beta (x^2+px+q)^\lambda \cdots (x^2+$

$rx+s)^\mu$，其中 $p^2-4q<0,\cdots,r^2-4s<0$；

步骤 2：相应分解被积函数

$$\frac{P(x)}{Q(x)}=\frac{A_1}{(x-a)^\alpha}+\frac{A_2}{(x-a)^{\alpha-1}}+\cdots+\frac{A_\alpha}{x-a}+\cdots+\frac{B_1}{(x-b)^\beta}+\frac{B_2}{(x-b)^{\beta-1}}+\cdots$$

$$+\frac{A_\beta}{x-b}+\cdots+\frac{M_1x+N_1}{(x^2+px+q)^\lambda}+\frac{M_2x+N_2}{(x^2+px+q)^{\lambda-1}}+\cdots+\frac{M_\lambda x+N_\lambda}{x^2+px+q}$$

$$+\cdots+\frac{R_1x+S_1}{(x^2+rx+s)^\mu}+\frac{R_2x+S_2}{(x^2+rx+s)^{\mu-1}}+\cdots+\frac{R_\mu x+S_\mu}{x^2+rx+s},$$

其中 $A_i,B_i,\cdots,M_i,N_i,\cdots,R_i,S_i,\cdots$ 都是常数；

步骤 3：

$$\int\frac{A}{(x-a)^n}\mathrm{d}x=\int\frac{A}{(x-a)^n}\mathrm{d}(x-a)=\frac{A}{1-n}(x-a)^{1-n}+C;$$

$$\int\frac{Mx+N}{x^2+px+q}\mathrm{d}x\xlongequal[\text{令}\,x+\frac{p}{2}=t]{\text{配方换元}}\int\frac{Mt+b}{t^2+a^2}\mathrm{d}t=\int\frac{Mt}{t^2+a^2}\mathrm{d}t+\int\frac{b}{t^2+a^2}\mathrm{d}t$$

$$=\frac{M}{2}\ln\mid x^2+px+q\mid+\frac{b}{a}\arctan\frac{x+\frac{p}{2}}{a}+C;$$

当 $n>1$ 时，$\int\frac{Mx+N}{(x^2+px+q)^n}\mathrm{d}x$

$$\xlongequal[\text{令}\,x+\frac{p}{2}=t]{\text{配方换元}}\int\frac{Mt}{(t^2+a^2)^n}\mathrm{d}t+\int\frac{b}{(t^2+a^2)^n}\mathrm{d}t$$

$$=-\frac{M}{2(n-1)(t^2+a^2)^{n-1}}+b\int\frac{1}{(t^2+a^2)^n}\mathrm{d}t.$$

上式最后一个不定积分 $I_n=\int\frac{1}{(t^2+a^2)^n}\mathrm{d}t$，

当 $n=1$ 时，$I_1=\int\frac{1}{t^2+a^2}\mathrm{d}t=\frac{1}{a}\arctan\frac{t}{a}+C$，

当 $n>1$ 时，利用分部积分法可得递推公式

$$I_n=\frac{1}{2(n-1)a^2}\left[\frac{t}{(t^2+a^2)^{n-1}}+(2n-3)I_{n-1}\right].$$

根据此递推公式，则由 I_1 开始可计算出 $I_n(n>1)$.

4.4.2 典例解析

例 1 求 $\int\frac{1}{x^2+x}\mathrm{d}x$.

解 $\int\frac{1}{x^2+x}\mathrm{d}x=\int\frac{1}{x(x+1)}\mathrm{d}x=\int\left(\frac{1}{x}-\frac{1}{x+1}\right)\mathrm{d}x$

$$=\ln|x|-\ln|x+1|+C.$$

例 2 求不定积分 $\int \dfrac{1}{x(x-1)^2}\mathrm{d}x$.

解 设 $\dfrac{1}{x(x-1)^2} = \dfrac{A}{x} + \dfrac{B}{x-1} + \dfrac{C}{(x-1)^2}$,

通分去分母得：$1 = (A+B)x^2 + (-2A-B+C)x + A$,

比较两端同类项系数得

$$\begin{cases} A+B=0, \\ -2A-B+C=0, \\ A=1, \end{cases} \text{容易求出} \begin{cases} A=1, \\ B=-1, \\ C=1, \end{cases}$$

从而 $\dfrac{1}{x(x-1)^2} = \dfrac{1}{x} + \dfrac{-1}{x-1} + \dfrac{1}{(x-1)^2}$,

所以 $\int \dfrac{1}{x(x-1)^2}\mathrm{d}x = \int \left[\dfrac{1}{x} + \dfrac{-1}{x-1} + \dfrac{1}{(x-1)^2} \right]\mathrm{d}x$

$= \ln|x| - \ln|x-1| - \dfrac{1}{x-1} + C$.

例 3 求不定积分 $\int \dfrac{3}{x^3+1}\mathrm{d}x$.

解 $\dfrac{3}{x^3+1} = \dfrac{3}{(x+1)(x^2-x+1)} = \dfrac{A}{x+1} + \dfrac{B+Cx}{x^2-x+1}$,

通分去分母，比较两端同类项系数得 $A=1, B=2, C=-1$, 所以

$$\int \dfrac{3}{x^3+1}\mathrm{d}x = \int \left(\dfrac{1}{x+1} + \dfrac{2-x}{x^2-x+1} \right)\mathrm{d}x$$

$$= \ln|x+1| + \int \dfrac{-\dfrac{1}{2}(2x-1) + \dfrac{3}{2}}{x^2-x+1}\mathrm{d}x$$

$$= \ln|x+1| - \dfrac{1}{2}\int \dfrac{2x-1}{x^2-x+1}\mathrm{d}x + \dfrac{3}{2}\int \dfrac{1}{x^2-x+1}\mathrm{d}x$$

$$= \ln|x+1| - \dfrac{1}{2}\ln|x^2-x+1| + \dfrac{3}{2}\int \dfrac{1}{\left(x-\dfrac{1}{2}\right)^2 + \left(\dfrac{\sqrt{3}}{2}\right)^2}\mathrm{d}\left(x-\dfrac{1}{2}\right)$$

$$= \ln|x+1| - \dfrac{1}{2}\ln|x^2-x+1| + \dfrac{3}{2}\dfrac{2}{\sqrt{3}}\arctan\dfrac{x-\dfrac{1}{2}}{\dfrac{\sqrt{3}}{2}} + C$$

$$= \ln|x+1| - \dfrac{1}{2}\ln|x^2-x+1| + \sqrt{3}\arctan\dfrac{2x-1}{\sqrt{3}} + C.$$

4.4.3 习题解答

求下列不定积分.

$(1) \int \dfrac{x^3}{x+3} \mathrm{d}x$;

$(2) \int \dfrac{x^5+x^4-8}{x^3-x} \mathrm{d}x$;

$(3) \int \dfrac{3}{x^3+1} \mathrm{d}x$;

$(4) \int \dfrac{x}{(x+2)(x+3)^2} \mathrm{d}x$;

$(5) \int \dfrac{x+1}{(x-1)^3} \mathrm{d}x$;

$(6) \int \dfrac{1}{(x^2+1)(x^2+x+1)} \mathrm{d}x$;

$(7) \int \dfrac{1}{x^4+1} \mathrm{d}x$;

$(8) \int \dfrac{-x^2-2}{(x^2+x+1)^2} \mathrm{d}x$;

$(9) \int \dfrac{2x+3}{x^2+3x-10} \mathrm{d}x$;

$(10) \int \dfrac{2x^3+2x^2+5x+5}{x^4+5x^2+4} \mathrm{d}x$;

$(11) \int \dfrac{1}{3+\sin x} \mathrm{d}x$;

$(12) \int \dfrac{1}{1+\sin x+\cos x} \mathrm{d}x$;

$(13) \int \dfrac{1}{3+\sin^2 x} \mathrm{d}x$;

$(14) \int \dfrac{1}{2\sin x-\cos x+5} \mathrm{d}x$.

解 $(1) \int \dfrac{x^3}{x+3} \mathrm{d}x = \int \dfrac{x^3+3x^2-3x^2-9x+9x+27-27}{x+3} \mathrm{d}x$

$= \int \left(x^2-3x+9-\dfrac{27}{x+3}\right) \mathrm{d}x = \dfrac{1}{3}x^3-\dfrac{3}{2}x^2+9x-27\ln|x+3|+C$;

$(2) \int \dfrac{x^5+x^4-8}{x^3-x} \mathrm{d}x = \int \dfrac{x^5-x^3+x^3-x+x+x^4-x^2+x^2-8}{x^3-x} \mathrm{d}x$;

$= \int \left(x^2+x+1+\dfrac{x^2+x-8}{x^3-x}\right) \mathrm{d}x = \dfrac{1}{3}x^3+\dfrac{1}{2}x^2+x+\int \dfrac{x^2+x-8}{x^3-x} \mathrm{d}x$;

设 $\dfrac{x^2+x-8}{x^3-x} = \dfrac{x^2+x-8}{x(x+1)(x-1)} = \dfrac{A}{x}+\dfrac{B}{x+1}+\dfrac{C}{x-1}$,

通分去分母得 $x^2+x-8 = A(x+1)(x-1)+Bx(x-1)+Cx(x+1)$，令 $x=0, x=1, x=-1$ 代入上式中得 $A=8, B=-4, C=-3$,

所以 $\int \dfrac{x^2+x-8}{x^3-x} \mathrm{d}x = \int \dfrac{8}{x} \mathrm{d}x + \int \dfrac{-4}{x+1} \mathrm{d}x + \int \dfrac{-3}{x-1} \mathrm{d}x$

$= 8\ln|x|-4\ln|x+1|-3\ln|x-1|+C$,

所以 $\int \dfrac{x^5+x^4-8}{x^3-x} \mathrm{d}x = \dfrac{1}{3}x^3+\dfrac{1}{2}x^2+x+8\ln|x|-4\ln|x+1|-3\ln|x-1|+C$;

（3）见本节例 3.

$(4) \int \dfrac{x}{(x+2)(x+3)^2} \mathrm{d}x = \int \left[\dfrac{-2}{x+2}+\dfrac{2}{x+3}+\dfrac{3}{(x+3)^2}\right] \mathrm{d}x$

$= -2\ln|x+2|+2\ln|x+3|-\dfrac{3}{x+3}+C$;

$(5) \int \dfrac{x+1}{(x-1)^3} \mathrm{d}x = \int \left[\dfrac{2}{x-1}+\dfrac{1}{(x-1)^2}+\dfrac{2}{(x-1)^3}\right] \mathrm{d}x$

$$= 2\ln|x-1| - \frac{1}{x-1} - \frac{1}{(x-1)^2} + C;$$

（6）设 $\dfrac{1}{(x^2+1)(x^2+x+1)} = \dfrac{Ax+B}{x^2+1} + \dfrac{Cx+D}{x^2+x+1}$，通分去分母，比

较两端同类项系数得 $A=-1, B=0, C=1, D=1$，所以有

$$\int \frac{1}{(x^2+1)(x^2+x+1)}\mathrm{d}x = \int \left(\frac{-x}{x^2+1} + \frac{x+1}{x^2+x+1} \right)\mathrm{d}x$$

$$= -\frac{1}{2}\int \frac{1}{x^2+1}\mathrm{d}(x^2+1) + \frac{1}{2}\int \frac{2x+1+1}{x^2+x+1}\mathrm{d}x$$

$$= -\frac{1}{2}\ln(x^2+1) + \frac{1}{2}\int \frac{2x+1}{x^2+x+1}\mathrm{d}x + \frac{1}{2}\int \frac{1}{x^2+x+1}\mathrm{d}x$$

$$= -\frac{1}{2}\ln(x^2+1) + \frac{1}{2}\ln(x^2+x+1) + \frac{1}{2}\int \frac{1}{\left(x+\frac{1}{2}\right)^2 + \left(\frac{\sqrt{3}}{2}\right)^2}\mathrm{d}\left(x+\frac{1}{2}\right)$$

$$= \frac{1}{2}\ln\frac{x^2+x+1}{x^2+1} + \frac{1}{2}\cdot\frac{2}{\sqrt{3}}\arctan\frac{2x+1}{\sqrt{3}} + C$$

$$= \frac{1}{2}\ln\frac{x^2+x+1}{x^2+1} + \frac{1}{\sqrt{3}}\arctan\frac{2x+1}{\sqrt{3}} + C;$$

（7）$\displaystyle\int \frac{1}{x^4+1}\mathrm{d}x = \int \frac{1}{(x^2+1)^2 - 2x^2}\mathrm{d}x$

$$= \int \frac{1}{(x^2+1+\sqrt{2}x)(x^2+1-\sqrt{2}x)}\mathrm{d}x$$

$$= \int \frac{\frac{\sqrt{2}}{4}x + \frac{1}{2}}{x^2+1+\sqrt{2}x}\mathrm{d}x + \int \frac{-\frac{\sqrt{2}}{4}x + \frac{1}{2}}{x^2+1-\sqrt{2}x}\mathrm{d}x$$

$$= \int \frac{\frac{\sqrt{2}}{4}\left(x+\frac{\sqrt{2}}{2}\right) + \frac{1}{4}}{\left(x+\frac{\sqrt{2}}{2}\right)^2 + \left(\frac{\sqrt{2}}{2}\right)^2}\mathrm{d}x + \int \frac{-\frac{\sqrt{2}}{4}\left(x-\frac{\sqrt{2}}{2}\right) + \frac{1}{4}}{\left(x-\frac{\sqrt{2}}{2}\right)^2 + \left(\frac{\sqrt{2}}{2}\right)^2}\mathrm{d}x$$

$$= \frac{\sqrt{2}}{4}\int \frac{x+\frac{\sqrt{2}}{2}}{\left(x+\frac{\sqrt{2}}{2}\right)^2 + \left(\frac{\sqrt{2}}{2}\right)^2}\mathrm{d}x + \frac{1}{4}\int \frac{1}{\left(x+\frac{\sqrt{2}}{2}\right)^2 + \left(\frac{\sqrt{2}}{2}\right)^2}\mathrm{d}x$$

$$- \frac{\sqrt{2}}{4}\int \frac{x-\frac{\sqrt{2}}{2}}{\left(x-\frac{\sqrt{2}}{2}\right)^2 + \left(\frac{\sqrt{2}}{2}\right)^2}\mathrm{d}x + \frac{1}{4}\int \frac{1}{\left(x-\frac{\sqrt{2}}{2}\right)^2 + \left(\frac{\sqrt{2}}{2}\right)^2}\mathrm{d}x$$

$$= \frac{\sqrt{2}}{8}\ln|x^2+1+\sqrt{2}x| + \frac{1}{4} \cdot \frac{2}{\sqrt{2}}\arctan\frac{x+\frac{\sqrt{2}}{2}}{\frac{\sqrt{2}}{2}} - \frac{\sqrt{2}}{8}\ln|x^2+1-\sqrt{2}x|$$

$$+ \frac{1}{4} \cdot \frac{2}{\sqrt{2}}\arctan\frac{x-\frac{\sqrt{2}}{2}}{\frac{\sqrt{2}}{2}} + C$$

$$= \frac{\sqrt{2}}{8}\ln\left|\frac{x^2+1+\sqrt{2}x}{x^2+1-\sqrt{2}x}\right| + \frac{\sqrt{2}}{4}\arctan(\sqrt{2}x+1) + \frac{\sqrt{2}}{4}\arctan(\sqrt{2}x-1) + C;$$

(8) $\displaystyle\int \frac{-x^2-2}{(x^2+x+1)^2}\mathrm{d}x = \int\left(\frac{-1}{x^2+x+1} + \frac{x-1}{(x^2+x+1)^2}\right)\mathrm{d}x$

$$= -\int \frac{1}{\left(x+\frac{1}{2}\right)^2+\left(\frac{\sqrt{3}}{2}\right)^2}\mathrm{d}\left(x+\frac{1}{2}\right) + \frac{1}{2}\int \frac{2x+1-3}{(x^2+x+1)^2}\mathrm{d}x$$

$$= -\frac{2}{\sqrt{3}}\arctan\frac{x+\frac{1}{2}}{\frac{\sqrt{3}}{2}} - \frac{1}{2(x^2+x+1)} - \frac{3}{2}\int \frac{1}{(x^2+x+1)^2}\mathrm{d}x;$$

$$\int \frac{1}{(x^2+x+1)^2}\mathrm{d}x = \int \frac{1}{\left[\left(x+\frac{1}{2}\right)^2+\left(\frac{\sqrt{3}}{2}\right)^2\right]^2}\mathrm{d}\left(x+\frac{1}{2}\right)$$

$$= \frac{1}{2\left(\frac{\sqrt{3}}{2}\right)^2}\left[\frac{x+\frac{1}{2}}{x^2+x+1} + \int \frac{1}{x^2+x+1}\mathrm{d}x\right]$$

$$= \frac{2}{3}\left[\frac{x+\frac{1}{2}}{x^2+x+1} + \frac{2}{\sqrt{3}}\arctan\frac{x+\frac{1}{2}}{\frac{\sqrt{3}}{2}}\right] + C$$

$$= \frac{1}{3}\frac{2x+1}{x^2+x+1} + \frac{4}{3\sqrt{3}}\arctan\frac{2x+1}{\sqrt{3}} + C,$$

代入上式得，

$$\int \frac{-x^2-2}{(x^2+x+1)^2}\mathrm{d}x = -\frac{4}{\sqrt{3}}\arctan\frac{2x+1}{\sqrt{3}} - \frac{x+1}{x^2+x+1} + C;$$

(9) $\displaystyle\int \frac{2x+3}{x^2+3x-10}\mathrm{d}x = \int \frac{1}{x^2+3x-10}\mathrm{d}(x^2+3x-10)$

$$= \ln|x^2+3x-10| + C;$$

$(10) \displaystyle\int \frac{2x^3+2x^2+5x+5}{x^4+5x^2+4}dx = \frac{1}{2}\int \frac{4x^3+10x+4x^2+10}{x^4+5x^2+4}dx$

$\displaystyle = \frac{1}{2}\int \frac{4x^3+10x}{x^4+5x^2+4}dx + \int \frac{2x^2+5}{x^4+5x^2+4}dx$

$\displaystyle = \frac{1}{2}\int \frac{1}{x^4+5x^2+4}d(x^4+5x^2+4) + \int \frac{x^2+1+x^2+4}{(x^2+1)(x^2+4)}dx$

$\displaystyle = \frac{1}{2}\ln(x^4+5x^2+4) + \int \left(\frac{1}{x^2+4}+\frac{1}{x^2+1}\right)dx$

$\displaystyle = \frac{1}{2}\ln(x^4+5x^2+4) + \frac{1}{2}\arctan\frac{x}{2} + \arctan x + C;$

(11) 令 $\tan\dfrac{x}{2}=u$，则 $x=2\arctan u$，$\sin x = \dfrac{2u}{1+u^2}$，所以

$\displaystyle\int \frac{1}{3+\sin x}dx = \int \frac{1}{3+\dfrac{2u}{1+u^2}}\cdot\frac{2}{1+u^2}du = \int \frac{2}{3+3u^2+2u}du$

$\displaystyle = \frac{2}{3}\int \frac{1}{\left(u+\dfrac{1}{3}\right)^2+\dfrac{8}{9}}du = \frac{2}{3}\cdot\frac{3}{2\sqrt{2}}\arctan\frac{u+\dfrac{1}{3}}{\dfrac{2\sqrt{2}}{3}}+C$

$\displaystyle = \frac{\sqrt{2}}{2}\arctan\frac{3u+1}{2\sqrt{2}}+C = \frac{\sqrt{2}}{2}\arctan\frac{3\tan\dfrac{x}{2}+1}{2\sqrt{2}}+C;$

(12) 令 $\tan\dfrac{x}{2}=u$，则 $\sin x = \dfrac{2u}{1+u^2}$，$\cos x = \dfrac{1-u^2}{1+u^2}$，所以

$\displaystyle\int \frac{1}{1+\sin x+\cos x}dx = \int \frac{1}{1+\dfrac{2u}{1+u^2}+\dfrac{1-u^2}{1+u^2}}\cdot\frac{2}{1+u^2}du = \int \frac{1}{u+1}du$

$\displaystyle = \ln|1+u|+C = \ln\left|1+\tan\frac{x}{2}\right|+C;$

(13) 令 $\tan\dfrac{x}{2}=u$，则 $\sin x = \dfrac{2u}{1+u^2}$，所以

$\displaystyle\int \frac{1}{3+\sin^2 x}dx = \int \frac{1}{3+\left(\dfrac{2u}{1+u^2}\right)^2}\cdot\frac{2}{1+u^2}du = 2\int \frac{1+u^2}{3u^4+10u^2+3}du$

$\displaystyle = 2\int \frac{1+u^2}{(3u^2+1)(u^2+3)}du = \frac{1}{2}\int \left(\frac{1}{3u^2+1}+\frac{1}{u^2+3}\right)du$

$\displaystyle = \frac{1}{6}\int \frac{1}{u^2+\left(\dfrac{1}{\sqrt{3}}\right)^2}du + \frac{1}{2}\cdot\frac{1}{\sqrt{3}}\arctan\frac{u}{\sqrt{3}}$

$$= \frac{\sqrt{3}}{6} \arctan \sqrt{3} u + \frac{1}{2\sqrt{3}} \arctan \frac{u}{\sqrt{3}} + C$$

$$= \frac{\sqrt{3}}{6} \arctan \left(\sqrt{3} \tan \frac{x}{2} \right) + \frac{\sqrt{3}}{6} \arctan \frac{\tan \frac{x}{2}}{\sqrt{3}} + C;$$

(14) 令 $\tan \frac{x}{2} = u$，则 $\sin x = \frac{2u}{1 + u^2}$，$\cos x = \frac{1 - u^2}{1 + u^2}$，所以

$$\int \frac{1}{2\sin x - \cos x + 5} dx = \int \frac{1}{\frac{4u}{1 + u^2} - \frac{1 - u^2}{1 + u^2} + 5} \cdot \frac{2}{1 + u^2} du$$

$$= \int \frac{1}{2u + 2 + 3u^2} du = \frac{1}{3} \int \frac{1}{\left(u + \frac{1}{3} \right)^2 + \left(\frac{\sqrt{5}}{3} \right)^2} d\left(u + \frac{1}{3} \right)$$

$$= \frac{1}{3} \cdot \frac{3}{\sqrt{5}} \arctan \frac{u + \frac{1}{3}}{\frac{\sqrt{5}}{3}} + C = \frac{1}{\sqrt{5}} \arctan \frac{3u + 1}{\sqrt{5}} + C$$

$$= \frac{1}{\sqrt{5}} \arctan \frac{3\tan \frac{x}{2} + 1}{\sqrt{5}} + C.$$

复习题 4 解答

1. 填空题.

(1) 若 $f(x)$ 的一个原函数为 $\cos x$，则 $\int f(x) dx = \underline{\cos x + C}$.

(2) 设 $\int f(x) dx = \sin x + C$，则 $\int x f(1 - x^2) dx = \underline{-\frac{1}{2} \sin(1 - x)^2 + C}$.

点拨 $\int x f(1 - x^2) dx = -\frac{1}{2} \int f(1 - x^2) d(1 - x^2) = -\frac{1}{2} \sin(1 - x^2) + C$.

(3) $\int x^2 \cos x dx = \underline{x^2 \sin x + 2x \cos x - 2\sin x + C}$.

点拨 $\int x^2 \cos x dx = \int x^2 d\sin x = x^2 \sin x - \int \sin x dx^2$

$$= x^2 \sin x - 2 \int x \sin x dx = x^2 \sin x + 2 \int x d\cos x$$

$$= x^2 \sin x + 2x \cos x - 2 \int \cos x dx = x^2 \sin x + 2x \cos x - 2\sin x + C.$$

(4) $\int \frac{1}{1 + \cos 2x} dx = \underline{\frac{1}{2} \tan x + C}$.

点拨 $\displaystyle\int \frac{1}{1+\cos 2x}\mathrm{d}x = \int \frac{1}{2\cos^2 x}\mathrm{d}x = \frac{1}{2}\int \sec^2 x\mathrm{d}x = \frac{1}{2}\tan x + C.$

(5) $\displaystyle\int \frac{(\arctan x)^2}{1+x^2}\mathrm{d}x = \frac{1}{3}(\arctan x)^3 + C.$

点拨 $\displaystyle\int \frac{(\arctan x)^2}{1+x^2}\mathrm{d}x = \int (\arctan x)^2 \mathrm{d}\arctan x = \frac{1}{3}(\arctan x)^3 + C.$

2. 选择题.

(1) 曲线 $y = f(x)$ 在点 $(x, f(x))$ 处的切线斜率为 $\dfrac{1}{x}$，且过点 $(\mathrm{e}^2, 3)$，则该曲线方程为（B）.

    A. $y = \ln x$ B. $y = \ln x + 1$

    C. $y = -\dfrac{1}{x^2} + 1$ D. $y = \ln x + 3$

点拨 由题意，$f'(x) = \dfrac{1}{x}$，所以 $f(x) = \displaystyle\int \dfrac{1}{x}\mathrm{d}x = \ln|x| + C$，将点 $(\mathrm{e}^2, 3)$ 代入，得 $C = 1$ 所以 $f(x) = \ln|x| + 1$，因为经过点 $(\mathrm{e}^2, 3)$，所以 $f(x) = \ln x + 1$.

(2) 设 $F(x)$ 是 $f(x)$ 的一个原函数，则（B）.

    A. $\left(\displaystyle\int f(x)\mathrm{d}x\right)' = F(x)$ B. $\left(\displaystyle\int f(x)\mathrm{d}x\right)' = f(x)$

    C. $\displaystyle\int \mathrm{d}F(x) = F(x)$ D. $\left(\displaystyle\int F(x)\mathrm{d}x\right)' = f(x)$

点拨 $\displaystyle\int \mathrm{d}F(x) = F(x) + C$，选项 C 错误；$\left(\displaystyle\int F(x)\mathrm{d}x\right)' = F(x)$，选项 D 错误；由不定积分与导数关系可知选项 B 正确.

(3) 设 $f(x)$ 的原函数为 $\dfrac{1}{x}$，则 $f'(x)$ 等于（D）.

    A. $\ln|x|$ B. $\dfrac{1}{x}$ C. $-\dfrac{1}{x^2}$ D. $\dfrac{2}{x^3}$

点拨 $f(x) = \left(\dfrac{1}{x}\right)' = -\dfrac{1}{x^2}$，所以 $f'(x) = \dfrac{2}{x^3}$.

(4) $\displaystyle\int x 2^x \mathrm{d}x = $（B）.

    A. $2^x x - 2^x + C$ B. $\dfrac{2^x x}{\ln 2} - \dfrac{2^x}{(\ln 2)^2} + C$

    C. $2^x x \ln x - (\ln 2)^2 2^x + C$ D. $\dfrac{2^x x^2}{2} + C$

点拨 $\displaystyle\int x 2^x \mathrm{d}x = \dfrac{1}{\ln 2}\int x \mathrm{d}2^x = \dfrac{x}{\ln 2}2^x - \dfrac{1}{\ln 2}\int 2^x \mathrm{d}x = \dfrac{x 2^x}{\ln 2} - \dfrac{2^x}{(\ln 2)^2} + C.$

3. 计算下列各题.

(1) $\int \dfrac{\arcsin \sqrt{x}}{\sqrt{x}} \mathrm{d}x$;

(2) $\int \dfrac{1}{\mathrm{e}^x - \mathrm{e}^{-x}} \mathrm{d}x$;

(3) $\int \ln(1 + x^2) \mathrm{d}x$;

(4) $\int \dfrac{\mathrm{d}x}{x^2 + 2x + 3}$;

(5) $\int \mathrm{e}^{\sin x} \cos x \mathrm{d}x$;

(6) $\int \dfrac{x^7 \mathrm{d}x}{(1 + x^4)^2}$;

(7) $\int \mathrm{e}^{1-2x} \mathrm{d}x$;

(8) $\int \dfrac{\mathrm{d}x}{\sqrt{5 - 2x + x^2}}$;

(9) $\int \dfrac{1}{\mathrm{e}^x - 1} \mathrm{d}x$;

(10) $\int \dfrac{x}{(1 - x)^3} \mathrm{d}x$;

(11) $\int \dfrac{x \mathrm{e}^x}{\sqrt{\mathrm{e}^x + 1}} \mathrm{d}x$;

(12) $\int \sqrt{\dfrac{a + x}{a - x}} \mathrm{d}x$;

(13) $\int \dfrac{\mathrm{d}x}{x^4 - 1}$;

(14) $\int \dfrac{\mathrm{d}x}{\sqrt{x - x^2}}$;

(15) $\int x^3 \ln^2 x \mathrm{d}x$;

(16) $\int \dfrac{\mathrm{d}x}{\sqrt{x} + \sqrt[3]{x}}$;

(17) $\int x \sqrt{2x + 3} \mathrm{d}x$;

(18) $\int \dfrac{\mathrm{d}x}{\sqrt{9 - 16x^2}}$;

(19) $\int \dfrac{\mathrm{d}x}{x \sqrt{1 + x^2}}$;

(20) $\int \sin^4 \dfrac{x}{2} \mathrm{d}x$;

(21) $\int (\tan^2 x + \tan^4 x) \mathrm{d}x$;

(22) $\int \left(\dfrac{\sec x}{1 + \tan x}\right)^2 \mathrm{d}x$;

(23) $\int \sin(\ln x) \mathrm{d}x$;

(24) $\int \dfrac{x^5 \mathrm{d}x}{\sqrt{1 - x^2}}$;

(25) $\int \dfrac{\sqrt{(9 - x^2)^3}}{x^6} \mathrm{d}x$;

(26) $\int \tan^5 t \sec^4 t \mathrm{d}t$;

(27) $\int \sin^3 \pi x \sqrt{\cos \pi x} \mathrm{d}x$;

(28) $\int \dfrac{\tan x \cos^6 x}{\sin^4 x} \mathrm{d}x$;

(29) $\int \dfrac{\mathrm{d}x}{\sin^4 x \cos^4 x}$;

(30) $\int \dfrac{1 + \sin x}{1 - \sin x} \mathrm{d}x$;

(31) $\int \dfrac{2^x}{\sqrt{1 - 4^x}} \mathrm{d}x$;

(32) $\int \arctan \sqrt{x} \mathrm{d}x$;

(33) $\int x \mathrm{e}^x (x + 1) \mathrm{d}x$;

(34) $\int \dfrac{\arcsin \sqrt{x}}{\sqrt{1 - x}} \mathrm{d}x$;

(35) $\int x \ln(1 + x^2) \mathrm{d}x$;

(36) $\int \dfrac{\ln(x + 1)}{\sqrt{x + 1}} \mathrm{d}x$;

(37) $\int \dfrac{x^{11}}{x^8 + 3x^4 + 2}\,dx$;

(38) $\int \dfrac{x^2 + 1}{(x+1)^2(x-1)}\,dx$;

(39) $\int \dfrac{\tan\dfrac{x}{2}}{1 + \sin x + \cos x}\,dx$;

(40) $\int \dfrac{1}{\sin 2x + 2\sin x}\,dx$.

解 (1) $\displaystyle\int \frac{\arcsin\sqrt{x}}{\sqrt{x}}\,dx = 2\int \arcsin\sqrt{x}\,d\sqrt{x}$

$= 2\sqrt{x}\arcsin\sqrt{x} - 2\displaystyle\int \sqrt{x}\,d\arcsin\sqrt{x}$

$= 2\sqrt{x}\arcsin\sqrt{x} - 2\displaystyle\int \sqrt{x}\cdot\frac{1}{\sqrt{1-x}}\cdot\frac{1}{2\sqrt{x}}\,dx$

$= 2\sqrt{x}\arcsin\sqrt{x} - \displaystyle\int \frac{1}{\sqrt{1-x}}\,dx$

$= 2\sqrt{x}\arcsin\sqrt{x} + \displaystyle\int (1-x)^{-\frac{1}{2}}\,d(1-x)$

$= 2\sqrt{x}\arcsin\sqrt{x} + 2(1-x)^{\frac{1}{2}} + C$;

(2) 令 $t = e^x$，则 $\displaystyle\int \frac{1}{e^x - e^{-x}}\,dx = \int \frac{1}{t - t^{-1}}\,d\ln t = \int \frac{1}{t - t^{-1}}\cdot\frac{1}{t}\,dt =$

$\displaystyle\int \frac{1}{t^2 - 1}\,dt = \frac{1}{2}\ln\left|\frac{t-1}{t+1}\right| + C = \frac{1}{2}\ln\left|\frac{e^x - 1}{e^x + 1}\right| + C$;

(3) $\displaystyle\int \ln(1+x^2)\,dx = x\ln(1+x^2) - \int x\,d\ln(1+x^2)$

$= x\ln(1+x^2) - \displaystyle\int \frac{2x^2}{1+x^2}\,dx$

$= x\ln(1+x^2) - 2\displaystyle\int \frac{1+x^2-1}{1+x^2}\,dx$

$= x\ln(1+x^2) - 2\displaystyle\int \left(1 - \frac{1}{1+x^2}\right)\,dx$

$= x\ln(1+x^2) - 2x + 2\arctan x + C$;

(4) $\displaystyle\int \frac{dx}{x^2 + 2x + 3} = \int \frac{dx}{(x+1)^2 + (\sqrt{2})^2}$

$= \displaystyle\int \frac{d(x+1)}{(x+1)^2 + (\sqrt{2})^2} = \frac{1}{\sqrt{2}}\arctan\frac{x+1}{\sqrt{2}} + C$;

(5) $\displaystyle\int e^{\sin x}\cos x\,dx = \int e^{\sin x}\,d\sin x = e^{\sin x} + C$;

(6) $\displaystyle\int \frac{x^7\,dx}{(1+x^4)^2} = \int \frac{x^7 + x^3 - x^3}{(1+x^4)^2}\,dx = \int \left[\frac{x^3}{1+x^4} - \frac{x^3}{(1+x^4)^2}\right]\,dx$

$= \dfrac{1}{4}\displaystyle\int \frac{1}{1+x^4}\,d(1+x^4) - \frac{1}{4}\int \frac{1}{(1+x^4)^2}\,d(1+x^4)$

$$= \frac{1}{4}\left[\ln(1+x^4) + \frac{1}{1+x^4}\right] + C;$$

(7) $\int e^{1-2x}dx = -\frac{1}{2}\int e^{1-2x}d(1-2x) = -\frac{1}{2}e^{1-2x} + C;$

(8) $\int \frac{dx}{\sqrt{5-2x+x^2}} = \int \frac{dx}{\sqrt{(x-1)^2+2^2}} = \int \frac{d(x-1)}{\sqrt{(x-1)^2+2^2}}$

$= \ln(x-1+\sqrt{5-2x+x^2}) + C;$

(9) 令 $t = e^x - 1$，即 $x = \ln(t+1)$，则 $\int \frac{1}{e^x-1}dx = \int \frac{1}{t}d\ln(1+t) =$

$\int \frac{1}{t} \cdot \frac{1}{1+t}dt = \int \left(\frac{1}{t} - \frac{1}{1+t}\right)dt = \ln\left|\frac{t}{1+t}\right| + C = \ln\left|1 - \frac{1}{e^x}\right| + C;$

(10) $\int \frac{x}{(1-x)^3}dx = \int \frac{-x}{(1-x)^3}d(1-x) = \int \frac{1-x-1}{(1-x)^3}d(1-x)$

$= \int \left[\frac{1}{(1-x)^2} - \frac{1}{(1-x)^3}\right]d(1-x) = -\frac{1}{1-x} + \frac{1}{2}(1-x)^{-2} + C;$

(11) 令 $t = \sqrt{e^x+1}$，则

$\int \frac{xe^x}{\sqrt{e^x+1}}dx = \int \frac{\ln(t^2-1)\cdot(t^2-1)}{t} \cdot \frac{2t}{t^2-1}dt = 2\int \ln(t^2-1)dt$

$= 2t\ln(t^2-1) - 2\int td\ln(t^2-1) = 2t\ln(t^2-1) - 2\int \frac{2t^2}{t^2-1}dt$

$= 2t\ln(t^2-1) - 4\int \frac{t^2-1+1}{t^2-1}dt = 2t\ln(t^2-1) - 4\int \left(1 + \frac{1}{t^2-1}\right)dt$

$= 2t\ln(t^2-1) - 4t - 2\ln\left|\frac{t-1}{t+1}\right| + C$

$= 2x\sqrt{e^x+1} - 4\sqrt{e^x+1} - 2\ln\left|\frac{\sqrt{e^x+1}-1}{\sqrt{e^x+1}+1}\right| + C;$

(12) 令 $\sqrt{\frac{a+x}{a-x}} = t$，则 $x = \frac{a(t^2-1)}{1+t^2}$，所以

$\int \sqrt{\frac{a+x}{a-x}}dx = \int td\frac{a(t^2-1)}{1+t^2} = 4a\int \frac{t^2}{(1+t^2)^2}dt$

$= 4a\int \frac{1+t^2-1}{(1+t^2)^2}dt = 4a\int \left[\frac{1}{1+t^2} - \frac{1}{(1+t^2)^2}\right]dt$

$= 4a\arctan t - 4a\int \frac{1}{(1+t^2)^2}dt;$

要计算 $\int \frac{1}{(1+t^2)^2}dt$，令 $t = \tan\alpha$，则

$\int \frac{1}{(1+t^2)^2}dt = \int \frac{1}{\sec^4\alpha}d\tan\alpha = \int \frac{1}{\sec^2\alpha}d\alpha = \int \cos^2\alpha d\alpha$

$$= \frac{1}{2} \int (1 + \cos 2\alpha) \, \mathrm{d}\alpha = \frac{1}{2}\alpha + \frac{1}{4}\sin 2\alpha + C$$

$$= \frac{1}{2}\arctan t + \frac{1}{2} \cdot \frac{t}{\sqrt{1+t^2}} \cdot \frac{1}{\sqrt{1+t^2}} + C = \frac{1}{2}\arctan t + \frac{1}{2} \cdot \frac{t}{1+t^2} + C,$$

所以 $\displaystyle \int \sqrt{\frac{a+x}{a-x}} \, \mathrm{d}x = 2a\arctan t - \frac{2at}{1+t^2} + C$

$$= 2a\arctan \sqrt{\frac{a+x}{a-x}} - \frac{2a\sqrt{\dfrac{a+x}{a-x}}}{1 + \dfrac{a+x}{a-x}} + C$$

$$= 2a\arctan \sqrt{\frac{a+x}{a-x}} - \sqrt{a^2 - x^2} + C;$$

(13) $\displaystyle \int \frac{\mathrm{d}x}{x^4 - 1} = \int \frac{\mathrm{d}x}{(x^2+1)(x^2-1)} = \frac{1}{2}\int \left(\frac{1}{x^2-1} - \frac{1}{x^2+1}\right)\mathrm{d}x$

$$= \frac{1}{4}\ln\left|\frac{x-1}{x+1}\right| - \frac{1}{2}\arctan x + C;$$

(14) $\displaystyle \int \frac{\mathrm{d}x}{\sqrt{x - x^2}} = \int \frac{\mathrm{d}x}{\sqrt{-\left(x - \dfrac{1}{2}\right)^2 + \dfrac{1}{4}}} = \int \frac{\mathrm{d}\left(x - \dfrac{1}{2}\right)}{\sqrt{\left(\dfrac{1}{2}\right)^2 - \left(x - \dfrac{1}{2}\right)^2}}$

$$= \arcsin \frac{x - \dfrac{1}{2}}{\dfrac{1}{2}} + C = \arcsin(2x - 1) + C;$$

(15) $\displaystyle \int x^3 \ln^2 x \, \mathrm{d}x = \frac{1}{4}\int \ln^2 x \, \mathrm{d}x^4 = \frac{1}{4}x^4 \ln^2 x - \frac{1}{4}\int x^4 \, \mathrm{d}\ln^2 x$

$$= \frac{1}{4}x^4 \ln^2 x - \frac{1}{2}\int x^3 \ln x \, \mathrm{d}x = \frac{1}{4}x^4 \ln^2 x - \frac{1}{8}\int \ln x \, \mathrm{d}x^4$$

$$= \frac{1}{4}x^4 \ln^2 x - \frac{1}{8}x^4 \ln x + \frac{1}{8}\int x^4 \, \mathrm{d}\ln x$$

$$= \frac{1}{4}x^4 \ln^2 x - \frac{1}{8}x^4 \ln x + \frac{1}{8}\int x^3 \, \mathrm{d}x = \frac{1}{4}x^4 \ln^2 x - \frac{1}{8}x^4 \ln x + \frac{1}{32}x^4 + C;$$

(16) 令 $t = \sqrt[6]{x}$，即 $x = t^6$，则

$$\int \frac{\mathrm{d}x}{\sqrt{x} + \sqrt[3]{x}} = \int \frac{\mathrm{d}t^6}{t^3 + t^2} = \int \frac{6t^5 \, \mathrm{d}t}{t^3 + t^2} = 6\int \frac{t^3 \, \mathrm{d}t}{t + 1} = 6\int \frac{t^3 + 1 - 1}{t + 1}\mathrm{d}t$$

$$= 6\int \left(t^2 - t + 1 - \frac{1}{t + 1}\right)\mathrm{d}t = 6\left(\frac{1}{3}t^3 - \frac{1}{2}t^2 + t - \ln|t + 1|\right) + C$$

$$= 2\sqrt{x} - 3\sqrt[3]{x} + 6\sqrt[6]{x} - 6\ln(\sqrt[6]{x} + 1) + C;$$

(17) 令 $\sqrt{2x+3} = t$，即 $x = \dfrac{t^2-3}{2}$，则

$$\int x \sqrt{2x+3}\mathrm{d}x = \int \frac{t^2-3}{2} \cdot t\mathrm{d}\left(\frac{t^2-3}{2}\right) = \int \frac{t^2-3}{2} \cdot t^2\mathrm{d}t = \frac{1}{10}t^5 - \frac{1}{2}t^3 + C$$

$$= \frac{1}{10}(\sqrt{2x+3})^5 - \frac{1}{2}(\sqrt{2x+3})^3 + C;$$

(18) $\displaystyle\int \frac{\mathrm{d}x}{\sqrt{9-16x^2}} = \frac{1}{4}\int \frac{\mathrm{d}(4x)}{\sqrt{3^2-(4x)^2}} = \frac{1}{4}\arcsin\frac{4x}{3} + C;$

(19) 令 $x = \tan t$，则

$$\int \frac{\mathrm{d}x}{x\sqrt{1+x^2}} = \int \frac{\mathrm{d}\tan t}{\tan t \sec t} = \int \frac{\sec^2 t\mathrm{d}t}{\tan t \sec t} = \int \frac{\sec t\mathrm{d}t}{\tan t} = \int \frac{\mathrm{d}t}{\sin t} = \int \csc t\mathrm{d}t$$

$$= \ln|\csc t - \cot t| + C = \ln\left|\sqrt{1+\frac{1}{x^2}} - \frac{1}{x}\right| + C;$$

(20) $\displaystyle\int \sin^4\frac{x}{2}\mathrm{d}x = \int \left(\frac{1-\cos x}{2}\right)^2\mathrm{d}x = \frac{1}{4}\int (1-2\cos x + \cos^2 x)\mathrm{d}x$

$$= \frac{1}{4}x - \frac{1}{2}\sin x + \frac{1}{8}\int (1+\cos 2x)\mathrm{d}x = \frac{3}{8}x - \frac{1}{2}\sin x + \frac{1}{16}\sin 2x + C;$$

(21) 解法 1：$\displaystyle\int (\tan^2 x + \tan^4 x)\mathrm{d}x = \int \tan^2 x(1+\tan^2 x)\mathrm{d}x$

$$= \int \tan^2 x \sec^2 x\mathrm{d}x = \int \tan^2 x\mathrm{d}\tan x = \frac{1}{3}\tan^3 x + C;$$

解法 2：$\displaystyle\int (\tan^2 x + \tan^4 x)\mathrm{d}x = \int [\sec^2 x - 1 + (\sec^2 x - 1)^2]\mathrm{d}x$

$$= \int (\sec^4 x - \sec^2 x)\mathrm{d}x = \int \sec^2 x\mathrm{d}\tan x - \tan x + C$$

$$= \int (\tan^2 x + 1)\mathrm{d}\tan x - \tan x + C = \frac{1}{3}\tan^3 x + C;$$

(22) $\displaystyle\int \left(\frac{\sec x}{1+\tan x}\right)^2\mathrm{d}x = \int \frac{1}{(1+\tan x)^2}\mathrm{d}\tan x$

$$= \int \frac{1}{(1+\tan x)^2}\mathrm{d}(1+\tan x) = -\frac{1}{1+\tan x} + C;$$

(23) $\displaystyle\int \sin(\ln x)\mathrm{d}x = x\sin(\ln x) - \int x\mathrm{d}\sin(\ln x)$

$$= x\sin(\ln x) - \int \cos(\ln x)\mathrm{d}x$$

$$= x\sin(\ln x) - x\cos(\ln x) + \int x\mathrm{d}\cos(\ln x)$$

$$= x\sin(\ln x) - x\cos(\ln x) - \int \sin(\ln x)\mathrm{d}x,$$

移项得，$\int \sin(\ln x)\,\mathrm{d}x = \dfrac{1}{2}x\sin(\ln x) - \dfrac{1}{2}x\cos(\ln x) + C$；

(24) 令 $x = \sin t$，则

$$\int \frac{x^5\,\mathrm{d}x}{\sqrt{1-x^2}} = \int \frac{\sin^5 t\,\mathrm{d}\sin t}{\cos t} = \int \sin^5 t\,\mathrm{d}t = -\int \sin^4 t\,\mathrm{d}\cos t = -\int (1-\cos^2 t)^2\,\mathrm{d}\cos t$$

$$= \int (-\cos^4 t + 2\cos^2 t - 1)\,\mathrm{d}\cos t = -\frac{1}{5}\cos^5 t + \frac{2}{3}\cos^3 t - \cos t + C$$

$$= -\frac{1}{5}(1-x^2)^{\frac{5}{2}} + \frac{2}{3}(1-x^2)^{\frac{3}{2}} - \sqrt{1-x^2} + C；$$

(25) 令 $x = 3\sin t$，则

$$\int \frac{\sqrt{(9-x^2)^3}}{x^6}\,\mathrm{d}x = \int \frac{27\cos^3 t}{3^6 \cdot \sin^6 t}\,\mathrm{d}(3\sin t) = \int \frac{\cos^4 t}{9\sin^6 t}\,\mathrm{d}t = \frac{1}{9}\int \csc^2 t \cdot \cot^4 t\,\mathrm{d}t$$

$$= -\frac{1}{9}\int \cot^4 t\,\mathrm{d}\cot t = -\frac{1}{45}\cot^5 t + C = -\frac{1}{45}\left(\frac{\sqrt{9-x^2}}{x}\right)^5 + C；$$

(26) $\displaystyle\int \tan^5 t\sec^4 t\,\mathrm{d}t = \int \tan^5 t\sec^2 t\,\mathrm{d}\tan t = \int \tan^5 t(\tan^2 t + 1)\,\mathrm{d}\tan t$

$$= \int (\tan^7 t + \tan^5 t)\,\mathrm{d}\tan t = \frac{1}{8}\tan^8 t + \frac{1}{6}\tan^6 t + C；$$

(27) $\displaystyle\int \sin^3 \pi x\sqrt{\cos \pi x}\,\mathrm{d}x = -\frac{1}{\pi}\int \sin^2 \pi x\sqrt{\cos \pi x}\,\mathrm{d}\cos \pi x$

$$= \frac{1}{\pi}\int (\cos^2 \pi x - 1)\sqrt{\cos \pi x}\,\mathrm{d}\cos \pi x = \frac{1}{\pi}\int (\cos^{\frac{5}{2}} \pi x - \cos^{\frac{1}{2}} \pi x)\,\mathrm{d}\cos \pi x$$

$$= \frac{2}{7\pi}\cos^{\frac{7}{2}} \pi x - \frac{2}{3\pi}\cos^{\frac{3}{2}} \pi x + C；$$

(28) $\displaystyle\int \frac{\tan x\cos^6 x}{\sin^4 x}\,\mathrm{d}x = \int \frac{\cos^5 x}{\sin^3 x}\,\mathrm{d}x = \int \frac{\cos^4 x}{\sin^3 x}\,\mathrm{d}\sin x = \int \frac{(1-\sin^2 x)^2}{\sin^3 x}\,\mathrm{d}\sin x$

$$= \int \frac{\sin^4 x - 2\sin^2 x + 1}{\sin^3 x}\,\mathrm{d}\sin x = \int \left(\sin x - \frac{2}{\sin x} + \frac{1}{\sin^3 x}\right)\mathrm{d}\sin x$$

$$= \frac{1}{2}\sin^2 x - 2\ln|\sin x| - \frac{1}{2}\sin^{-2} x + C；$$

(29) $\displaystyle\int \frac{\mathrm{d}x}{\sin^4 x\cos^4 x} = \int \frac{\mathrm{d}x}{\frac{1}{16}\sin^4 2x} = 16\int \csc^4 2x\,\mathrm{d}x = -8\int \csc^2 2x\,\mathrm{d}\cot 2x$

$$= -8\int (1+\cot^2 2x)\,\mathrm{d}\cot 2x = -8\cot 2x - \frac{8}{3}\cot^3 2x + C；$$

(30) $\displaystyle\int \frac{1+\sin x}{1-\sin x}\,\mathrm{d}x = \int \frac{(1+\sin x)^2}{(1+\sin x)(1-\sin x)}\,\mathrm{d}x = \int \frac{(1+\sin x)^2}{\cos^2 x}\,\mathrm{d}x$

$$= \int \frac{\sin^2 x + 2\sin x + 1}{\cos^2 x}\,\mathrm{d}x = \int (\tan^2 x + 2\tan x\sec x + \sec^2 x)\,\mathrm{d}x$$

$$= \int (2\sec^2 x - 1 + 2\tan x \sec x) \mathrm{d}x = 2\tan x - x + 2\sec x + C;$$

$$(31) \int \frac{2^x}{\sqrt{1-4^x}} \mathrm{d}x = \int \frac{2^x}{\sqrt{1-(2^x)^2}} \mathrm{d}x = \frac{1}{\ln 2} \int \frac{1}{\sqrt{1-(2^x)^2}} \mathrm{d}2^x$$

$$= \frac{1}{\ln 2} \arcsin 2^x + C;$$

(32) 令 $\sqrt{x} = t$, 则

$$\int \arctan\sqrt{x} \mathrm{d}x = \int \arctan t \mathrm{d}t^2 = t^2 \arctan t - \int t^2 \mathrm{d}\arctan t$$

$$= t^2 \arctan t - \int \frac{t^2}{1+t^2} \mathrm{d}t = t^2 \arctan t - \int \frac{1+t^2-1}{1+t^2} \mathrm{d}t$$

$$= t^2 \arctan t - \int \left(1 - \frac{1}{1+t^2}\right) \mathrm{d}t = t^2 \arctan t - t + \arctan t + C$$

$$= (x+1)\arctan\sqrt{x} - \sqrt{x} + C;$$

$$(33) \int x\mathrm{e}^x(x+1) \mathrm{d}x = \int (x^2+x) \mathrm{d}\mathrm{e}^x = (x^2+x)\mathrm{e}^x - \int \mathrm{e}^x \mathrm{d}(x^2+x)$$

$$= (x^2+x)\mathrm{e}^x - \int \mathrm{e}^x(2x+1) \mathrm{d}x = (x^2+x)\mathrm{e}^x - \mathrm{e}^x - 2\int x\mathrm{e}^x \mathrm{d}x$$

$$= (x^2+x-1)\mathrm{e}^x - 2\int x\mathrm{d}\mathrm{e}^x = (x^2+x-1)\mathrm{e}^x - 2x\mathrm{e}^x + 2\int \mathrm{e}^x \mathrm{d}x$$

$$= (x^2-x+1)\mathrm{e}^x + C;$$

(34) 令 $\sqrt{x} = t$, 即 $x = t^2$, 则

$$\int \frac{\arcsin\sqrt{x}}{\sqrt{1-x}} \mathrm{d}x = \int \frac{\arcsin t}{\sqrt{1-t^2}} \mathrm{d}t^2 = \int \frac{2t\arcsin t}{\sqrt{1-t^2}} \mathrm{d}t = -2\int \arcsin t \mathrm{d}\sqrt{1-t^2}$$

$$= -2\sqrt{1-t^2}\arcsin t + 2\int \sqrt{1-t^2} \mathrm{d}\arcsin t = -2\sqrt{1-t^2}\arcsin t + 2\int \mathrm{d}t$$

$$= -2\sqrt{1-t^2}\arcsin t + 2t + C = -2\sqrt{1-x}\arcsin\sqrt{x} + 2\sqrt{x} + C;$$

$$(35) \int x\ln(1+x^2) \mathrm{d}x = \frac{1}{2}\int \ln(1+x^2) \mathrm{d}x^2$$

$$= \frac{1}{2}x^2\ln(1+x^2) - \frac{1}{2}\int x^2 \mathrm{d}\ln(1+x^2)$$

$$= \frac{1}{2}x^2\ln(1+x^2) - \frac{1}{2}\int \frac{2x^3}{1+x^2} \mathrm{d}x$$

$$= \frac{1}{2}x^2\ln(1+x^2) - \int \frac{x^3+x-x}{1+x^2} \mathrm{d}x$$

$$= \frac{1}{2}x^2\ln(1+x^2) - \frac{x^2}{2} + \int \frac{x}{1+x^2} \mathrm{d}x$$

$$= \frac{1}{2}x^2\ln(1+x^2) - \frac{x^2}{2} + \frac{1}{2}\int \frac{1}{1+x^2}d(1+x^2)$$

$$= \frac{1}{2}x^2\ln(1+x^2) - \frac{x^2}{2} + \frac{1}{2}\ln(1+x^2) + C;$$

(36) $\displaystyle\int \frac{\ln(x+1)}{\sqrt{x+1}}dx = 2\int \ln(x+1)d\sqrt{x+1}$

$$= 2\ln(x+1)\sqrt{x+1} - 2\int \sqrt{x+1}d\ln(x+1)$$

$$= 2\ln(x+1)\sqrt{x+1} - 2\int \frac{1}{\sqrt{x+1}}dx$$

$$= 2\ln(x+1)\sqrt{x+1} - 4\sqrt{x+1} + C;$$

(37) $\displaystyle\int \frac{x^{11}}{x^8+3x^4+2}dx = \int \frac{x^{11}+3x^7+2x^3-3x^7-2x^3}{x^8+3x^4+2}dx$

$$= \int \left(x^3 - \frac{3x^7+2x^3}{x^8+3x^4+2}\right)dx = \frac{x^4}{4} - \int \frac{x^3(3x^4+2)}{(x^4+1)(x^4+2)}dx$$

$$= \frac{x^4}{4} - \frac{1}{4}\int \frac{3x^4+2}{(x^4+1)(x^4+2)}dx^4,$$

令 $x^4 = t$，则上式中 $\displaystyle\int \frac{3x^4+2}{(x^4+1)(x^4+2)}dx^4 = \int \frac{3t+2}{(t+1)(t+2)}dt =$

$\displaystyle\int \left(\frac{-1}{t+1} + \frac{4}{t+2}\right)dt = -\ln|t+1| + 4\ln|t+2| + C$

$$= -\ln|x^4+1| + 4\ln|x^4+2| + C,$$

所以 $\displaystyle\int \frac{x^{11}}{x^8+3x^4+2}dx = \frac{x^4}{4} + \frac{1}{4}\ln|x^4+1| - \ln|x^4+2| + C;$

(38) 设 $\displaystyle\frac{x^2+1}{(x+1)^2(x-1)} = \frac{A}{x+1} + \frac{B}{(x+1)^2} + \frac{C}{x-1}$，通分去分母得，

$$x^2+1 = A(x+1)(x-1) + B(x-1) + C(x+1)^2,$$

令 $x=-1$，则 $-2B=2$，所以 $B=-1$；令 $x=1$，则 $4C=2$，所以 $C=\frac{1}{2}$；

令 $x=0$，则 $-A-B+C=1$，所以 $A=\frac{1}{2}$，

所以 $\displaystyle\int \frac{x^2+1}{(x+1)^2(x-1)}dx = \int \left[\frac{1}{2}\cdot\frac{1}{x+1} - \frac{1}{(x+1)^2} + \frac{1}{2}\cdot\frac{1}{x-1}\right]dx$

$$= \frac{1}{2}\ln|x+1| + \frac{1}{x+1} + \frac{1}{2}\ln|x-1| + C;$$

(39) 令 $\tan\frac{x}{2} = u$，则 $\sin x = \frac{2u}{1+u^2}$，$\cos x = \frac{1-u^2}{1+u^2}$，所以

$$\int \frac{\tan\frac{x}{2}}{1+\sin x+\cos x}dx = \int \frac{u}{1+\frac{2u}{1+u^2}+\frac{1-u^2}{1+u^2}} \cdot \frac{2}{1+u^2}du$$

$$= \int \frac{u}{\frac{2+2u}{1+u^2}} \cdot \frac{2}{1+u^2}du = \int \frac{u}{1+u}du = \int \frac{1+u-1}{1+u}du$$

$$= u - \ln|1+u| + C = \tan\frac{x}{2} - \ln\left|1+\tan\frac{x}{2}\right| + C;$$

(40) 令 $\tan\frac{x}{2}=u$，则 $\sin x = \frac{2u}{1+u^2}$，$\cos x = \frac{1-u^2}{1+u^2}$，所以

$$\int \frac{1}{\sin 2x + 2\sin x}dx = \int \frac{1}{2\sin x\cos x + 2\sin x}dx$$

$$= \int \frac{1}{\frac{4u}{1+u^2}\left(\frac{1-u^2}{1+u^2}+1\right)} \cdot \frac{2}{1+u^2}du = \int \frac{1+u^2}{4u}du$$

$$= \frac{1}{4}\ln|u| + \frac{1}{8}u^2 + C = \frac{1}{4}\ln\left|\tan\frac{x}{2}\right| + \frac{1}{8}\tan^2\frac{x}{2} + C.$$

单元练习 A

1. $\left[\int f(x)dx\right]' = ($ $)$.

  A. $f(x)$ B. $f(x)+C$ C. $f'(x)+C$ D. $f'(x)$

2. 若 $\int f(x)dx = xe^{2x}+C$，则 $f(x) = ($ $)$.

  A. $e^{2x}(1+2x)$ B. $2x^2e^{2x}$

  C. xe^{2x} D. $2xe^{2x}$

3. 若 $f(x)$ 的一个原函数为 $\sin x$，则 $f'(x) = $ _____.

4. 设 $f(x)$ 的一个原函数为 e^{2x}，则 $\int f'(x)dx = $ _____.

5. 设 $f(x)$ 的一个原函数为 $\frac{1}{x}$，则 $f(x) = $ _____.

6. 设 $f(x) = e^{-x}$，则 $\int \frac{f'(\ln x)}{x}dx = $ _____.

7. 计算不定积分 $\int \frac{1}{x(1+2\ln x)}dx$.

8. 求不定积分 $\int \frac{(\arctan x)^2}{1+x^2}dx$.

9. 求不定积分 $\displaystyle\int \frac{x}{\sqrt{2-3x^2}}\mathrm{d}x.$

10. 求不定积分 $\displaystyle\int \frac{1}{1+\sqrt{x+1}}\mathrm{d}x.$

11. 求不定积分 $\displaystyle\int x\ln(x-1)\mathrm{d}x.$

12. 已知电路中电流 I 关于时间 t 的变化率 $\dfrac{\mathrm{d}I(t)}{\mathrm{d}t}=4t-0.6t^2.$ 若 $t=0$ 时，$I(0)=2A$，其中 A 表示电流单位安培，求电流关于时间的函数 $I(t).$

单元练习 B

1. 设 $\displaystyle\int xf(x)\mathrm{d}x=\arcsin x+C$，则 $\displaystyle\int \frac{1}{f(x)}\mathrm{d}x=$ _____.

2. 已知 $F(x)$ 是 $f(x)$ 的一个原函数，$F(0)=1$，且 $f(x)=\dfrac{xF(x)}{1+x^2}$，则 $f(x)=$ _____.

3. 设 $\displaystyle\int f'(x^3)\mathrm{d}x=x^3+C$，则 $f(x)=$ _____.

4. 求不定积分.

(1) $\displaystyle\int \mathrm{e}^{\mathrm{e}^x\cos x}(\cos x-\sin x)\mathrm{e}^x\mathrm{d}x;$ (2) $\displaystyle\int \frac{\tan x}{\sqrt{\cos x}}\mathrm{d}x;$

(3) $\displaystyle\int \frac{1-\tan x}{1+\tan x}\mathrm{d}x;$ (4) $\displaystyle\int \frac{\arccos x}{(1-x^2)^{\frac{3}{2}}}\mathrm{d}x;$

(5) $\displaystyle\int \frac{\mathrm{d}x}{(2x^2+1)\sqrt{x^2+1}};$ (6) $\displaystyle\int \frac{\mathrm{d}x}{\sin 2x+2\sin x};$

(7) $\displaystyle\int \frac{\sqrt{1+\cos x}}{\sin x}\mathrm{d}x;$ (8) $\displaystyle\int \frac{\mathrm{d}x}{\sin^3 x\cos x};$

(9) $\displaystyle\int \frac{\arctan \dfrac{1}{x}}{1+x^2}\mathrm{d}x;$ (10) $\displaystyle\int \frac{x\mathrm{e}^x}{(x+1)^2}\mathrm{d}x;$

(11) $\displaystyle\int \frac{\mathrm{e}^x(1+\sin x)}{1+\cos x}\mathrm{d}x;$ (12) $\displaystyle\int \frac{x\mathrm{e}^x}{\sqrt{\mathrm{e}^x-1}}\mathrm{d}x;$

(13) $\displaystyle\int \frac{\ln(1+x)}{\sqrt{x}}\mathrm{d}x;$ (14) $\displaystyle\int \frac{x+5}{x^2-6x+13}\mathrm{d}x;$

(15) $\displaystyle\int \sqrt{5-4x-x^2}\mathrm{d}x.$

单元练习 A 答案

1. A 2. A 3. $-\sin x$ 4. $2e^{2x}+C$ 5. $-\dfrac{1}{x^2}$ 6. $\dfrac{1}{x}+C$

7. **解** $\displaystyle\int \frac{1}{x(1+2\ln x)}\mathrm{d}x = \int \frac{1}{1+2\ln x}\mathrm{d}\ln x = \frac{1}{2}\int \frac{1}{1+2\ln x}\mathrm{d}(1+2\ln x)$

$$= \frac{1}{2}\ln|1+2\ln x|+C.$$

8. **解** 原式 $\displaystyle\int (\arctan x)^2\mathrm{d}(\arctan x) = \frac{1}{3}(\arctan x)^3+C.$

9. **解** $\displaystyle\int \frac{x}{\sqrt{2-3x^2}}\mathrm{d}x = \frac{1}{2}\int \frac{1}{\sqrt{2-3x^2}}\mathrm{d}x^2$

$$= -\frac{1}{3}\cdot\frac{1}{2}\int \frac{1}{\sqrt{2-3x^2}}\mathrm{d}(2-3x^2)$$

$$= -\frac{1}{3}\sqrt{2-3x^2}+C.$$

10. **解** 令 $\sqrt{x+1}=t$，即 $x=t^2-1$，则

$$\int \frac{1}{1+\sqrt{x+1}}\mathrm{d}x = \int \frac{1}{1+t}\mathrm{d}(t^2-1) = \int \frac{2t}{1+t}\mathrm{d}t$$

$$= 2\int \frac{t+1-1}{1+t}\mathrm{d}t = 2\int \left(1-\frac{1}{1+t}\right)\mathrm{d}t$$

$$= 2t-2\ln|1+t|+C = 2\sqrt{x+1}-2\ln(1+\sqrt{x+1})+C.$$

11. **解** $\displaystyle\int x\ln(x-1)\mathrm{d}x = \int \ln(x-1)\mathrm{d}\frac{x^2}{2} = \frac{x^2}{2}\ln(x-1)-\int \frac{x^2}{2}\mathrm{d}\ln(x-1)$

$$= \frac{x^2}{2}\ln(x-1)-\int \frac{x^2}{2(x-1)}\mathrm{d}x = \frac{x^2}{2}\ln(x-1)-\frac{1}{2}\int \frac{x^2-1+1}{x-1}\mathrm{d}x$$

$$= \frac{x^2}{2}\ln(x-1)-\frac{1}{2}\int \left(x+1+\frac{1}{x-1}\right)\mathrm{d}x$$

$$= \frac{x^2}{2}\ln(x-1)-\frac{1}{4}x^2-\frac{1}{2}x-\frac{1}{2}\ln(x-1)+C.$$

12. **解** $\displaystyle\int (4t-0.6t^2)\mathrm{d}t = 2t^2-0.2t^3+C$，由 $t=0$ 时，$I(0)=2$，可得 $C=2$，即 $I(t)=2t^2-0.2t^3+2.$

单元练习 B 答案

1. **解** $xf(x)=(\arcsin x)'=\dfrac{1}{\sqrt{1-x^2}}$，所以 $f(x)=\dfrac{1}{x\sqrt{1-x^2}}$，

所以 $\int \dfrac{1}{f(x)}\mathrm{d}x = \int x\sqrt{1-x^2}\,\mathrm{d}x = -\dfrac{1}{2}\int \sqrt{1-x^2}\,\mathrm{d}(1-x^2)$

$= -\dfrac{1}{3}(1-x^2)^{\frac{3}{2}} + C.$

2. 解　$F'(x) = f(x)$，所以 $\dfrac{F'(x)}{F(x)} = \dfrac{x}{1+x^2}$，两边积分 $\int \dfrac{F'(x)}{F(x)}\mathrm{d}x =$

$\int \dfrac{x}{1+x^2}\mathrm{d}x$，得 $\ln|F(x)| = \dfrac{1}{2}\ln(1+x^2) + C_1$，所以 $F(x) = C\sqrt{1+x^2}$，又

$F(0) = 1$，所以 $C = 1$，所以 $F(x) = \sqrt{1+x^2}$，因此

$$f(x) = F'(x) = \dfrac{x}{\sqrt{1+x^2}}.$$

3. 解　$f'(x^3) = (x^3 + C)' = 3x^2$，令 $x^3 = t, f'(t) = 3t^{\frac{2}{3}}$，

所以 $f(t) = \int 3t^{\frac{2}{3}}\mathrm{d}t = \dfrac{9}{5}t^{\frac{5}{3}} + C$，所以 $f(x) = \dfrac{9}{5}x^{\frac{5}{3}} + C.$

4. 解　(1) $\int e^{e^x\cos x}(\cos x - \sin x)e^x\,\mathrm{d}x = \int e^{e^x\cos x}\mathrm{d}(e^x\cos x) = e^{e^x\cos x} + C;$

(2) $\int \dfrac{\tan x}{\sqrt{\cos x}}\mathrm{d}x = \int \dfrac{\sin x}{\cos x\sqrt{\cos x}}\mathrm{d}x = -\int \cos^{-\frac{3}{2}}x\,\mathrm{d}\cos x = \dfrac{2}{\sqrt{\cos x}} + C;$

(3) $\int \dfrac{1-\tan x}{1+\tan x}\mathrm{d}x = \int \dfrac{1-\dfrac{\sin x}{\cos x}}{1+\dfrac{\sin x}{\cos x}}\mathrm{d}x = \int \dfrac{\cos x - \sin x}{\cos x + \sin x}\mathrm{d}x$

$$= \int \dfrac{\mathrm{d}(\sin x + \cos x)}{\sin x + \cos x} = \ln|\cos x + \sin x| + C;$$

(4) 令 $\arccos x = t, \cos t = x, \mathrm{d}x = -\sin t\,\mathrm{d}t$，则

$$原式 = -\int \dfrac{t\sin t}{\sin^3 t}\mathrm{d}t = -\int t\csc^2 t\,\mathrm{d}t = \int t\,\mathrm{d}\cot t = t\cot t - \int \cot t\,\mathrm{d}t$$

$$= t\cot t - \ln|\sin t| + C = \dfrac{x}{\sqrt{1-x^2}}\arccos x - \ln\sqrt{1-x^2} + C;$$

(5) 三角代换，令 $x = \tan t$，则

$$原式 = \int \dfrac{\sec^2 t}{(2\tan^2 t + 1)\sec t}\mathrm{d}t = \int \dfrac{\cos t}{\sin^2 t + 1}\mathrm{d}t = \int \dfrac{\mathrm{d}\sin t}{\sin^2 t + 1}$$

$$= \arctan(\sin t) + C = \arctan\dfrac{x}{\sqrt{1+x^2}} + C;$$

(6) $\int \dfrac{\mathrm{d}x}{\sin 2x + 2\sin x} = \int \dfrac{\mathrm{d}x}{2\sin x(\cos x + 1)}.$

解法 1　（三角有理式，万能代换）

令 $\tan \dfrac{x}{2} = t$，则 $\sin x = \dfrac{2t}{1+t^2}$，$\cos x = \dfrac{1-t^2}{1+t^2}$，

原式 $= \displaystyle\int \dfrac{1+t^2}{4t}\mathrm{d}t = \dfrac{1}{4}\ln|t| + \dfrac{1}{8}t^2 + C = \dfrac{1}{4}\ln\left|\tan\dfrac{x}{2}\right| + \dfrac{1}{8}\tan^2\dfrac{x}{2} + C$；

解法 2 （利用二倍角公式）

原式 $= \displaystyle\int \dfrac{\mathrm{d}\dfrac{x}{2}}{4\sin\dfrac{x}{2}\cos^3\dfrac{x}{2}} = \dfrac{1}{4}\int \dfrac{\sec^4\dfrac{x}{2}}{\tan\dfrac{x}{2}}\mathrm{d}\dfrac{x}{2} = \dfrac{1}{4}\int \dfrac{\tan^2\dfrac{x}{2}+1}{\tan\dfrac{x}{2}}\mathrm{d}\tan\dfrac{x}{2}$

$= \dfrac{1}{4}\ln\left|\tan\dfrac{x}{2}\right| + \dfrac{1}{8}\tan^2\dfrac{x}{2} + C$；

(7) $\displaystyle\int \dfrac{\sqrt{1+\cos x}}{\sin x}\mathrm{d}x = = \int \dfrac{\sqrt{2\cos^2\dfrac{x}{2}}}{2\sin\dfrac{x}{2}\cos\dfrac{x}{2}}\mathrm{d}x = \sqrt{2}\int \csc\dfrac{x}{2}\mathrm{d}\dfrac{x}{2}$

$= \sqrt{2}\ln\left|\csc\dfrac{x}{2} - \cot\dfrac{x}{2}\right| + C$；

(8) $\displaystyle\int \dfrac{\mathrm{d}x}{\sin^3 x\cos x} = \int \dfrac{\sin^2 x + \cos^2 x}{\sin^3 x\cos x}\mathrm{d}x = \int \dfrac{1}{\sin x\cos x}\mathrm{d}x + \int \dfrac{\cos x}{\sin^3 x}\mathrm{d}x$

$= \displaystyle\int \dfrac{\sec^2 x}{\tan x}\mathrm{d}x + \int (\sin x)^{-3}\mathrm{d}\sin x = \ln|\tan x| - \dfrac{1}{2\sin^2 x} + C$；

(9) 令 $\dfrac{1}{x} = t$，则 $x = \dfrac{1}{t}$，$\mathrm{d}x = -\dfrac{1}{t^2}\mathrm{d}t$，

原式 $= \displaystyle\int \dfrac{\arctan t}{1+\dfrac{1}{t^2}} \cdot \left(-\dfrac{1}{t^2}\right)\mathrm{d}t = -\int \dfrac{\arctan t}{1+t^2}\mathrm{d}t = -\int \arctan t\,\mathrm{d}\arctan t$

$= -\dfrac{1}{2}(\arctan t)^2 + C = -\dfrac{1}{2}\left(\arctan\dfrac{1}{x}\right)^2 + C$；

(10) **解法 1：**

$\displaystyle\int \dfrac{x\mathrm{e}^x}{(x+1)^2}\mathrm{d}x = \int \dfrac{(x+1)\mathrm{e}^x - \mathrm{e}^x}{(x+1)^2}\mathrm{d}x = \int \dfrac{\mathrm{e}^x}{x+1}\mathrm{d}x - \int \dfrac{\mathrm{e}^x}{(x+1)^2}\mathrm{d}x$

$= \displaystyle\int \dfrac{\mathrm{e}^x}{x+1}\mathrm{d}x + \int \mathrm{e}^x\mathrm{d}\dfrac{1}{x+1} = \int \dfrac{\mathrm{e}^x}{x+1}\mathrm{d}x + \dfrac{\mathrm{e}^x}{x+1} - \int \dfrac{1}{x+1}\mathrm{d}\mathrm{e}^x$

$= \dfrac{\mathrm{e}^x}{x+1} + C$；

解法 2：

$\displaystyle\int \dfrac{x\mathrm{e}^x}{(x+1)^2}\mathrm{d}x = -\int x\mathrm{e}^x\mathrm{d}\dfrac{1}{x+1} = -\dfrac{x\mathrm{e}^x}{x+1} + \int \dfrac{1}{x+1}\mathrm{d}(x\mathrm{e}^x)$

$= -\dfrac{x\mathrm{e}^x}{x+1} + \displaystyle\int \dfrac{\mathrm{e}^x(x+1)\mathrm{d}x}{x+1} = -\dfrac{x\mathrm{e}^x}{x+1} + \mathrm{e}^x + C = \dfrac{\mathrm{e}^x}{x+1} + C$；

(11) $\displaystyle\int \frac{\mathrm{e}^x(1+\sin x)}{1+\cos x}\mathrm{d}x = \int \frac{\mathrm{e}^x\,\mathrm{d}x}{1+\cos x} + \int \frac{\mathrm{e}^x\sin x}{1+\cos x}\mathrm{d}x$

$\displaystyle = \int \frac{\mathrm{e}^x}{2\cos^2\dfrac{x}{2}}\mathrm{d}x + \int \frac{\mathrm{e}^x 2\sin\dfrac{x}{2}\cos\dfrac{x}{2}}{2\cos^2\dfrac{x}{2}}\mathrm{d}x = \int \mathrm{e}^x\,\mathrm{d}\tan\dfrac{x}{2} + \int \mathrm{e}^x\tan\dfrac{x}{2}\mathrm{d}x$

$\displaystyle = \mathrm{e}^x\tan\frac{x}{2} - \int \mathrm{e}^x\tan\frac{x}{2}\mathrm{d}x + \int \mathrm{e}^x\tan\frac{x}{2}\mathrm{d}x = \mathrm{e}^x\tan\frac{x}{2} + C;$

(12) $\displaystyle\int \frac{x\mathrm{e}^x}{\sqrt{\mathrm{e}^x-1}}\mathrm{d}x = \int \frac{x\,\mathrm{d}(\mathrm{e}^x-1)}{\sqrt{\mathrm{e}^x-1}} = 2\int x\,\mathrm{d}\sqrt{\mathrm{e}^x-1}$

$\displaystyle = 2x\sqrt{\mathrm{e}^x-1} - 2\int \sqrt{\mathrm{e}^x-1}\,\mathrm{d}x,$

$\displaystyle\int \sqrt{\mathrm{e}^x-1}\,\mathrm{d}x \xrightarrow{\text{令}\sqrt{\mathrm{e}^x-1}=t} \int \frac{2t^2}{t^2+1}\mathrm{d}t = 2t - 2\arctan t + C,$

所以 $\displaystyle\int \frac{x\mathrm{e}^x}{\sqrt{\mathrm{e}^x-1}}\mathrm{d}x = 2x\sqrt{\mathrm{e}^x-1} - 4\sqrt{\mathrm{e}^x-1} + 4\arctan\sqrt{\mathrm{e}^x-1} + C;$

(13) $\displaystyle\int \frac{\ln(1+x)}{\sqrt{x}}\mathrm{d}x \xrightarrow{\text{令}\sqrt{x}=t} \int \frac{\ln(1+t^2)}{t}\mathrm{d}t^2 = 2\int \ln(1+t^2)\,\mathrm{d}t$

$\displaystyle = 2t\ln(1+t^2) - 2\int t\,\mathrm{d}\ln(1+t^2)$

$\displaystyle = 2t\ln(1+t^2) - 2\int \frac{2t^2}{1+t^2}\mathrm{d}t$

$\displaystyle = 2t\ln(1+t^2) - 4\int \frac{1+t^2-1}{1+t^2}\mathrm{d}t$

$\displaystyle = 2t\ln(1+t^2) - 4t + 4\arctan t + C$

$\displaystyle = 2\sqrt{x}\ln(1+x) - 4\sqrt{x} + 4\arctan\sqrt{x} + C;$

(14) $\displaystyle\int \frac{x+5}{x^2-6x+13}\mathrm{d}x = \int \frac{\dfrac{1}{2}(2x-6)+8}{x^2-6x+13}\mathrm{d}x$

$\displaystyle = \frac{1}{2}\int \frac{2x-6}{x^2-6x+13}\mathrm{d}x + 8\int \frac{1}{x^2-6x+13}\mathrm{d}x$

$\displaystyle = \frac{1}{2}\ln(x^2-6x+13) + 8\int \frac{1}{(x-3)^2+2^2}\mathrm{d}x$

$\displaystyle = \frac{1}{2}\ln(x^2-6x+13) + 4\arctan\frac{x-3}{2} + C;$

(15) $\displaystyle\int \sqrt{5-4x-x^2}\,\mathrm{d}x = \int \sqrt{9-(x+2)^2}\,\mathrm{d}x$

$\displaystyle \xrightarrow{\text{令}\,x+2=3\sin t} \int \sqrt{9-9\sin^2 t}\,\mathrm{d}(3\sin t-2)$

$\displaystyle = 3\int \cos t \cdot 3\cos t\,\mathrm{d}t = \frac{9}{2}\int (1+\cos 2t)\,\mathrm{d}t$

$$= \frac{9}{2}\left(t + \frac{1}{2}\sin 2t\right) + C$$

$$= \frac{9}{2}\arcsin\frac{x+2}{3} + \frac{9}{4} \cdot 2 \cdot \frac{x+2}{3} \cdot \sqrt{1 - \left(\frac{x+2}{3}\right)^2} + C$$

$$= \frac{9}{2}\arcsin\frac{x+2}{3} + \frac{x+2}{2}\sqrt{5 - 4x - x^2} + C.$$

第 5 章

定积分及其应用

知识结构图

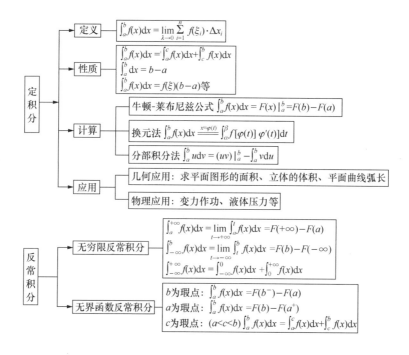

本章学习目标

- 理解定积分的概念和几何意义，掌握定积分的性质；
- 理解积分上限函数的定义，掌握求导公式，掌握牛顿 - 莱布尼茨公式；
- 熟练掌握定积分的直接积分法、第一类换元法、第二类换元法和分部积分法；

- 了解反常积分的概念，会计算简单的反常积分；
- 掌握元素法，会灵活运用定积分求平面图形的面积、立体的体积、平面曲线的弧长；
- 了解定积分在物理上的应用．

5.1 定积分的概念与性质

5.1.1 知识点分析

1. 定积分的概念

函数 $f(x)$ 在区间 $[a,b]$ 上有界，通过分割、近似、求和、取极限四步得到极限 $I=\lim\limits_{\lambda\to 0}\sum\limits_{i=1}^{n}f(\xi_i)\Delta x_i$，若该极限总存在，则记为

$$\lim_{\lambda\to 0}\sum_{i=1}^{n}f(\xi_i)\Delta x_i=\int_a^b f(x)\mathrm{d}x.$$

注 定积分是一个数．这个数只取决于积分区间 $[a,b]$ 和被积函数 $f(x)$，而与积分变量的记号无关，即 $\int_a^b f(x)\mathrm{d}x=\int_a^b f(t)\mathrm{d}t=\int_a^b f(u)\mathrm{d}u$.

2. 定积分的存在性

(1) $f(x)$ 在区间 $[a,b]$ 上连续，则 $f(x)$ 在 $[a,b]$ 上可积；

(2) $f(x)$ 在区间 $[a,b]$ 上有界，且只有有限个间断点，则 $f(x)$ 在 $[a,b]$ 上可积．

3. 定积分的几何意义

(1) $f(x)\geqslant 0$ 时，$\int_a^b f(x)\mathrm{d}x$ 表示曲线 $y=f(x)$，直线 $x=a$，$x=b$ $(a<b)$ 和 x 轴围成的曲边梯形的面积；

(2) $f(x)<0$ 时，$\int_a^b f(x)\mathrm{d}x$ 等于曲边梯形面积的负值；

(3) $f(x)$ 既有正又有负时，$\int_a^b f(x)\mathrm{d}x$ 数值上等于 x 轴上方图形面积减去下方图形面积．

4. 定积分的性质

(1) $\int_a^b[f(x)\pm g(x)]\mathrm{d}x=\int_a^b f(x)\mathrm{d}x\pm\int_a^b g(x)\mathrm{d}x$.

此性质可推广到被积函数为有限个函数的代数和的情形．

(2) $\int_a^b kf(x)\mathrm{d}x=k\int_a^b f(x)\mathrm{d}x$ （k 为常数）．

（3）（积分区间的可加性）$\int_a^b f(x)\mathrm{d}x = \int_a^c f(x)\mathrm{d}x + \int_c^b f(x)\mathrm{d}x$.

推论 $\int_a^b f(x)\mathrm{d}x = \left(\int_a^c + \int_c^d + \cdots + \int_n^m + \int_m^b\right)f(x)\mathrm{d}x$（首尾相接）.

（4）$\int_a^b 1\mathrm{d}x = \int_a^b \mathrm{d}x = b-a$.

（5）（比较定理）如果在区间 $[a,b]$ 上 $f(x) \leqslant g(x)$，则
$\int_a^b f(x)\mathrm{d}x \leqslant \int_a^b g(x)\mathrm{d}x$. 等号仅在 $f(x) \equiv g(x)$ 时成立.

推论 1 如果在区间 $[a,b]$ 上 $f(x) \geqslant 0$，则 $\int_a^b f(x)\mathrm{d}x \geqslant 0$.

推论 2 $\left|\int_a^b f(x)\mathrm{d}x\right| \leqslant \int_a^b |f(x)|\mathrm{d}x(a<b)$.

（6）（估值定理）设函数 $f(x)$ 在 $[a,b]$ 上的最大值和最小值分别是 M 及 m，则 $m(b-a) \leqslant \int_a^b f(x)\mathrm{d}x \leqslant M(b-a)$.

（7）（积分中值定理）如果 $f(x)$ 在区间 $[a,b]$ 上连续，则至少存在一点 $\xi \in [a,b]$，使 $\int_a^b f(x)\mathrm{d}x = f(\xi)(b-a)$.

5.1.2 典例解析

1. 概念的理解和应用

例1 $\dfrac{\mathrm{d}}{\mathrm{d}x}\int_a^b \mathrm{arccot}x\mathrm{d}x = ($).

A. 0　　　　　　　　　　　　　B. $-\dfrac{1}{1+x^2}$

C. $\mathrm{arccot}b - \mathrm{arccot}a$　　　　D. $\mathrm{arccot}x$

点拨 答案选 A. 定积分是一个常数，无论是何值，导数均为 0.

例 2 已知 $\int_0^1 \dfrac{1}{1+x}\mathrm{d}x = a$，计算 $\lim\limits_{n\to\infty}\left(\dfrac{1}{n+1} + \dfrac{1}{n+2} + \cdots + \dfrac{1}{n+n}\right)$.

解 $\lim\limits_{n\to\infty}\left(\dfrac{1}{n+1} + \dfrac{1}{n+2} + \cdots + \dfrac{1}{n+n}\right)$

$= \lim\limits_{n\to\infty}\dfrac{1}{n}\left[\dfrac{1}{1+\dfrac{1}{n}} + \dfrac{1}{1+\dfrac{2}{n}} + \cdots + \dfrac{1}{1+\dfrac{n}{n}}\right]$

$= \lim\limits_{n\to\infty}\sum_{i=1}^n \dfrac{1}{n}\cdot\dfrac{1}{1+\dfrac{i}{n}} = \int_0^1 \dfrac{1}{1+x}\mathrm{d}x = a$.

点拨 由定积分定义可求 n 项和的极限. 其过程经常是：先分离出一个

区间长度 $\dfrac{1}{n}$，然后把剩余部分写成 $f\left(\dfrac{i}{n}\right)$ 或者 $f\left(\dfrac{i-1}{n}\right)$ 和的形式，即构造和式极限，根据定积分定义写出对应的定积分，计算出来即为所求极限值.

例 3　设 $f(x) = x + 4x\displaystyle\int_0^1 f(x)\mathrm{d}x$，求 $f(x)$.

解　令 $\displaystyle\int_0^1 f(x)\mathrm{d}x = a$，则 $f(x) = x + 4ax$，对该式两边积分得

$$\int_0^1 f(x)\mathrm{d}x = \int_0^1 (x + 4ax)\mathrm{d}x = (4a + 1)\int_0^1 x\mathrm{d}x = \frac{1}{2}(4a + 1),$$

即 $a = \dfrac{1}{2}(4a + 1)$，所以 $a = -\dfrac{1}{2}$，所以 $f(x) = x - 2x = -x$.

2. 根据定积分几何意义求积分值

例 4　求 $\displaystyle\int_0^R \sqrt{R^2 - x^2}\,\mathrm{d}x\ (R > 0)$.

解　$\displaystyle\int_0^R \sqrt{R^2 - x^2}\,\mathrm{d}x$ 表示曲线 $y = \sqrt{R^2 - x^2}$，x

轴，$x = 0$ 及 $x = R$ 所围成的图形的面积（图 5.1），显然，该面积是圆 $x^2 + y^2 = R^2$ 面积的 $\dfrac{1}{4}$，因此

$$\int_0^R \sqrt{R^2 - x^2}\,\mathrm{d}x = \frac{1}{4}\pi R^2.$$

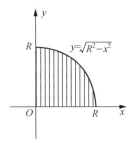

图 5.1

3. 性质的理解和应用

例 5　估计 $\displaystyle\int_0^2 \mathrm{e}^{x^2 - x}\,\mathrm{d}x$ 的值.

解　设 $f(x) = \mathrm{e}^{x^2 - x}, x \in [0, 2]$，则 $f'(x) = (2x - 1)\mathrm{e}^{x^2 - x}$，

令 $f'(x) = 0$，得唯一驻点 $x = \dfrac{1}{2}$，又 $f\left(\dfrac{1}{2}\right) = \mathrm{e}^{-\frac{1}{4}}, f(0) = 1$，

$f(2) = \mathrm{e}^2$，所以 $m = \mathrm{e}^{-\frac{1}{4}}, M = \mathrm{e}^2$，由估值定理有 $2\mathrm{e}^{-\frac{1}{4}} \leqslant \displaystyle\int_0^2 \mathrm{e}^{x^2 - x}\,\mathrm{d}x \leqslant 2\mathrm{e}^2$.

点拨　被积函数不容易积分或者积分不出来时，可以用估值定理估算出定积分的取值范围. 但很多情况下我们能够计算出它的精确值.

例 6　证明 $\displaystyle\lim_{n\to\infty}\int_n^{n+p} \frac{\sin x}{x}\mathrm{d}x = 0$.

证明　由积分中值定理，有

$$\lim_{n\to\infty}\int_n^{n+p} \frac{\sin x}{x}\mathrm{d}x = \lim_{n\to\infty}\frac{\sin \xi}{\xi}\cdot p = \lim_{\xi\to\infty}\frac{\sin \xi}{\xi}\cdot p = 0,\ 其中 \ n < \xi < n + p.$$

点拨　积分中值定理可以将定积分号去掉，这一特点值得注意.

5.1.3 习题解答

1. 利用定积分的定义式表示下面所求量.

（1）由抛物线 $y = x^2 + 1$，两条直线 $x = -1$，$x = 1$ 及 x 轴所围成的图形的面积.

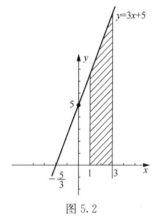

图 5.2

解 $A = \int_{-1}^{1} (x^2 + 1) dx$；

（2）已知物体以 $v(t) = (3t + 5)$ m/s 作直线运动，试用定积分表示物体在时间 $T_1 = 1\text{s}$，$T_2 = 3\text{s}$ 期间所经过的路程 S，并利用定积分的几何意义求出 S 的值.

解 $S = \int_{1}^{3} (3t + 5) dt$，表示直线 $y = 3x + 5$，直线 $x = 1$，$x = 3$ 和 x 轴围成的图形的面积（图 5.2），所以 $S = 22\text{m}$.

2. 利用定积分的几何意义计算下列定积分.

解 （1）$\int_{0}^{1} 2x dx$ 表示直线 $y = 2x$，直线 $x = 0$，$x = 1$ 和 x 轴围成的图形的面积（图 5.3），所以 $\int_{0}^{1} 2x dx = 1$；

（2）$\int_{0}^{1} \sqrt{1 - x^2} dx$ 表示曲线 $y = \sqrt{1 - x^2}$，直线 $x = 0$，$x = 1$ 和 x 轴围成的图形的面积（图 5.4），所以 $\int_{0}^{1} \sqrt{1 - x^2} dx = \frac{1}{4} \pi$；

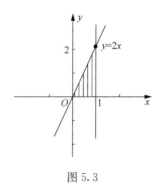

图 5.3

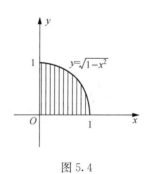

图 5.4

（3）$\int_{-1}^{1} |x| dx$ 表示曲线 $y = |x|$，直线 $x = -1$，$x = 1$ 和 x 轴围成的图形的面积（图 5.5），所以 $\int_{-1}^{1} |x| dx = 1$；

(4) $\int_0^t x\mathrm{d}x\,(t>0)$ 表示直线 $y=x$，直线 $x=0$，$x=t$ 和 x 轴围成的图形的面积（图 5.6），所以 $\int_0^t x\mathrm{d}x=\dfrac{t^2}{2}$.

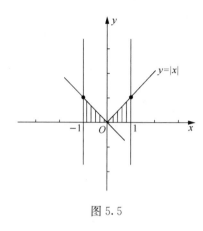

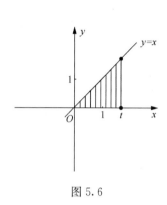

图 5.5   图 5.6

3. 设 $f(x)$ 连续，而且 $\int_0^1 2f(x)\mathrm{d}x=4$，$\int_0^3 f(x)\mathrm{d}x=6$，$\int_0^1 g(x)\mathrm{d}x=3$，计算下列各值.

解 （1）因为 $2\int_0^1 f(x)\mathrm{d}x=4$，所以 $\int_0^1 f(x)\mathrm{d}x=2$；

（2）因为 $\int_0^1 f(x)\mathrm{d}x=2$，$\int_0^3 f(x)\mathrm{d}x=6$，所以

$$\int_1^3 f(x)\mathrm{d}x=\int_0^3 f(x)\mathrm{d}x-\int_0^1 f(x)\mathrm{d}x=4,\ \text{所以}\int_1^3 3f(x)\mathrm{d}x=12；$$

（3）$\int_1^0 g(x)\mathrm{d}x=-\int_0^1 g(x)\mathrm{d}x=-3$；

（4）$\displaystyle\int_0^1 \frac{f(x)+2g(x)}{4}\mathrm{d}x=\frac{1}{4}\int_0^1 f(x)\mathrm{d}x+\frac{1}{2}\int_0^1 g(x)\mathrm{d}x$

$$=\frac{1}{4}\cdot 2+\frac{1}{2}\cdot 3=2.$$

4. 比较下列定积分的大小.

（1）$I_1=\displaystyle\int_3^4 \ln x\mathrm{d}x,\ I_2=\int_3^4 \ln^2 x\mathrm{d}x$；

（2）$I_1=\displaystyle\int_0^1 x^2\mathrm{d}x,\ I_2=\int_0^1 x^3\mathrm{d}x$；

（3）$I_1=\displaystyle\int_0^{\frac{\pi}{4}} \cos x\mathrm{d}x,\ I_2=\int_0^{\frac{\pi}{4}} \sin x\mathrm{d}x$；

(4) $I_1 = \int_0^1 e^x dx, I_2 = \int_0^1 (1+x) dx$;

(5) $I_1 = \int_0^1 \ln(1+x) dx, I_2 = \int_0^1 x dx$.

解 (1) 在区间 $[3,4]$ 上 $\ln x > 1$，所以 $\ln x < \ln^2 x$，所以 $\int_3^4 \ln x dx < \int_3^4 \ln^2 x dx$，即 $I_1 < I_2$；

(2) 在区间 $[0,1]$ 上 $x \leqslant 1$，所以 $x^2 \geqslant x^3$，又因为等号只有在 $x=1$ 时成立，所以 $\int_0^1 x^2 dx > \int_0^1 x^3 dx$，即 $I_1 > I_2$；

(3) 在区间 $\left[0, \frac{\pi}{4}\right]$ 上 $\cos x \geqslant \sin x$，又因为等号只有在 $x = \frac{\pi}{4}$ 时成立，所以 $\int_0^{\frac{\pi}{4}} \cos x dx > \int_0^{\frac{\pi}{4}} \sin x dx$，即 $I_1 > I_2$；

(4) 设 $f(x) = e^x - x - 1$，在 $[0,1]$ 上，$f'(x) = e^x - 1 \geqslant 0$，等号只有在 $x=0$ 时成立，所以 $f(x) > f(0) = 0$，即 $e^x > x+1$，所以 $\int_0^1 e^x dx > \int_0^1 (1+x) dx$，即 $I_1 > I_2$；

(5) 设 $f(x) = \ln(1+x) - x$，在 $[0,1]$ 上，$f'(x) = \frac{1}{1+x} - 1 \leqslant 0$，等号只有在 $x=0$ 时成立，所以 $f(x) < f(0) = 0$，即 $\ln(1+x) < x$，所以 $\int_0^1 \ln(1+x) dx < \int_0^1 x dx$，即 $I_1 < I_2$.

5. 估计下列各积分的值.

(1) $\int_1^4 (x^2+1) dx$；

解 令 $f(x) = x^2+1, x \in [1,4]$，$2 \leqslant f(x) \leqslant 17$，所以 $2\int_1^4 dx \leqslant \int_1^4 f(x) dx \leqslant 17 \int_1^4 dx$，即 $6 \leqslant \int_1^4 (x^2+1) dx \leqslant 51$；

(2) $\int_{\frac{\pi}{4}}^{\frac{\pi}{2}} \frac{\sin x}{x} dx$；

解 令 $f(x) = \frac{\sin x}{x}, x \in \left[\frac{\pi}{4}, \frac{\pi}{2}\right]$，$\frac{2}{\pi} \leqslant f(x) \leqslant \frac{2\sqrt{2}}{\pi}$，所以 $\frac{2}{\pi} \int_{\frac{\pi}{4}}^{\frac{\pi}{2}} dx \leqslant \int_{\frac{\pi}{4}}^{\frac{\pi}{2}} f(x) dx \leqslant \frac{2\sqrt{2}}{\pi} \int_{\frac{\pi}{4}}^{\frac{\pi}{2}} dx$，所以 $\frac{1}{2} \leqslant \int_{\frac{\pi}{4}}^{\frac{\pi}{2}} \frac{\sin x}{x} dx \leqslant \frac{\sqrt{2}}{2}$；

(3) $\int_{\frac{\pi}{4}}^{\frac{5\pi}{4}} (1+\sin^2 x) dx$；

解 令 $f(x) = 1+\sin^2 x, x \in \left[\frac{\pi}{4}, \frac{5}{4}\pi\right]$，$1 \leqslant f(x) \leqslant 2$，

所以 $\displaystyle\int_{\frac{\pi}{4}}^{\frac{5\pi}{4}}\mathrm{d}x \leqslant \int_{\frac{\pi}{4}}^{\frac{5\pi}{4}}f(x)\mathrm{d}x \leqslant 2\int_{\frac{\pi}{4}}^{\frac{5\pi}{4}}\mathrm{d}x$，所以 $\pi \leqslant \displaystyle\int_{\frac{\pi}{4}}^{\frac{5\pi}{4}}(1+\sin^2 x)\mathrm{d}x \leqslant 2\pi$；

(4) $\displaystyle\int_1^2 (2x^3 - x^4)\mathrm{d}x$；

解 令 $f(x) = 2x^3 - x^4$，则 $f(x)$ 在 $[1,2]$ 上的最大值是 $\dfrac{27}{16}$，最小值是 0，

所以 $0 \leqslant \displaystyle\int_1^2 f(x)\mathrm{d}x \leqslant \int_1^2 \dfrac{27}{16}\mathrm{d}x$，所以 $0 \leqslant \displaystyle\int_1^2 (2x^3 - x^4)\mathrm{d}x \leqslant \dfrac{27}{16}$；

(5) $\displaystyle\int_0^1 \mathrm{e}^{-x^2}\mathrm{d}x$；

解 令 $f(x) = \mathrm{e}^{-x^2}$，当 $x \in [0,1]$ 时 $\dfrac{1}{\mathrm{e}} \leqslant f(x) \leqslant 1$，

所以 $\dfrac{1}{\mathrm{e}}\displaystyle\int_0^1 \mathrm{d}x \leqslant \int_0^1 f(x)\mathrm{d}x \leqslant \int_0^1 \mathrm{d}x$，所以 $\dfrac{1}{\mathrm{e}} \leqslant \displaystyle\int_0^1 \mathrm{e}^{-x^2}\mathrm{d}x \leqslant 1$；

(6) $\displaystyle\int_{\frac{1}{\sqrt{3}}}^{\sqrt{3}} x\arctan x\,\mathrm{d}x$；

解 令 $f(x) = x\arctan x, x \in \left[\dfrac{1}{\sqrt{3}}, \sqrt{3}\right]$，$\dfrac{\sqrt{3}}{18}\pi \leqslant f(x) \leqslant \dfrac{\sqrt{3}}{3}\pi$，所以

$\dfrac{\sqrt{3}}{18}\pi\displaystyle\int_{\frac{1}{\sqrt{3}}}^{\sqrt{3}}\mathrm{d}x \leqslant \int_{\frac{1}{\sqrt{3}}}^{\sqrt{3}}f(x)\mathrm{d}x \leqslant \dfrac{\sqrt{3}}{3}\pi\int_{\frac{1}{\sqrt{3}}}^{\sqrt{3}}\mathrm{d}x$，所以 $\dfrac{\pi}{9} \leqslant \displaystyle\int_{\frac{1}{\sqrt{3}}}^{\sqrt{3}}x\arctan x\,\mathrm{d}x \leqslant \dfrac{2}{3}\pi$.

5.2 微积分基本公式

5.2.1 知识点分析

1. 变限定积分

(1) 定义：函数 $f(x)$ 在区间 $[a,b]$ 上连续，则称 $\Phi(x) = \displaystyle\int_a^x f(t)\mathrm{d}t$ $(a \leqslant x \leqslant b)$ 为积分上限函数，或者称为变上限定积分；同理可以定义积分下限函数 $\Phi(x) = \displaystyle\int_x^b f(t)\mathrm{d}t(a \leqslant x \leqslant b)$，或者称为变下限定积分. 变上限定积分和变下限定积分统称为变限定积分.

注 变限定积分是 x 的函数. 因此可以对其施加一切研究函数的方法，如求导、求极限、求极值、求积分、研究其单调性凹凸性等.

(2) 求导公式.

$$\dfrac{\mathrm{d}}{\mathrm{d}x}\int_a^x f(t)\mathrm{d}t = f(x); \quad \dfrac{\mathrm{d}}{\mathrm{d}x}\int_x^b f(t)\mathrm{d}t = -f(x);$$

$$\dfrac{\mathrm{d}}{\mathrm{d}x}\int_a^{\varphi(x)} f(t)\mathrm{d}t = f[\varphi(x)]\varphi'(x); \quad \dfrac{\mathrm{d}}{\mathrm{d}x}\int_{\psi(x)}^b f(t)\mathrm{d}t = -f[\psi(x)]\psi'(x);$$

$$\frac{\mathrm{d}}{\mathrm{d}x}\int_{\psi(x)}^{\varphi(x)}f(t)\mathrm{d}t = f[\varphi(x)]\varphi'(x) - f[\psi(x)]\psi'(x).$$

2. 求定积分方法

(1) 牛顿 - 莱布尼茨定理（微积分基本公式）：

若 $f(x)$ 在区间 $[a,b]$ 上连续，则 $\int_a^b f(x)\mathrm{d}x = F(x)\big|_a^b = F(b) - F(a)$.

注 这里 $F(x)$ 是 $f(x)$ 的一个原函数，从定理中我们知道**定积分等于原函数在积分区间上的增量**. 又因为不定积分等于原函数加常数 C，所以求定积分和不定积分都是先求原函数，所有适用求不定积分的方法也可以用来求定积分.

(2) 若 $f(x)$ 是分段连续或者是分段函数，c 是其间断点或分段点，则有 $\int_a^b f(x)\mathrm{d}x = \int_a^c f(x)\mathrm{d}x + \int_c^b f(x)\mathrm{d}x$.

5.2.2 典例解析

1. 变限定积分

例 1 $f(x) = \begin{cases} 1, & -1 \leqslant x < 0, \\ x, & 0 \leqslant x \leqslant 1, \end{cases}$ 求 $\int_{-1}^x f(t)\mathrm{d}t$ 的表达式.

解 $-1 \leqslant x < 0$ 时，$\int_{-1}^x f(t)\mathrm{d}t = \int_{-1}^x 1\mathrm{d}t = x+1$,

$0 \leqslant x \leqslant 1$ 时，$\int_{-1}^x f(t)\mathrm{d}t = \int_{-1}^0 1\mathrm{d}t + \int_0^x t\mathrm{d}t = 1 + \frac{1}{2}x^2$.

所以 $\int_{-1}^x f(t)\mathrm{d}t = \begin{cases} x+1, & -1 \leqslant x < 0, \\ 1 + \frac{1}{2}x^2, & 0 \leqslant x \leqslant 1. \end{cases}$

点拨 $0 \leqslant x \leqslant 1$ 时，特别容易出错，注意 $f(t)$ 的表达式应该分段考虑，$\int_{-1}^x f(t)\mathrm{d}t = \int_{-1}^x t\mathrm{d}t$ 是错误的.

例 2 $F(x) = \int_{2x}^{\ln x} f(t)\mathrm{d}t$，求 $F'(x)$.

解 $F'(x) = \frac{1}{x}f(\ln x) - 2f(2x)$.

点拨 代入公式 $\frac{\mathrm{d}}{\mathrm{d}x}\int_{\psi(x)}^{\varphi(x)}f(t)\mathrm{d}t = f[\varphi(x)]\varphi'(x) - f[\psi(x)]\psi'(x)$.

例 3 $F(x) = \int_0^x x\sin t\mathrm{d}t$，求 $F'(x)$.

解 $F'(x) = \left(x\int_0^x \sin t\mathrm{d}t\right)' = \int_0^x \sin t\mathrm{d}t + x\sin x = -\cos x + 1 + x\sin x$.

点拨　$F(x)=\int_0^x x\sin t\,\mathrm{d}t$ 被积函数中的 x 在积分时与 t 无关，可写在积分号外面，这样 $F(x)$ 就表达成了两个关于 x 的函数相乘的形式.

例 4　求极限 $\lim\limits_{x\to 0}\dfrac{\int_0^x t(\mathrm{e}^t-1)\mathrm{d}t}{x^2\arcsin x}$.

解　$\lim\limits_{x\to 0}\dfrac{\int_0^x t(\mathrm{e}^t-1)\mathrm{d}t}{x^2\arcsin x}=\lim\limits_{x\to 0}\dfrac{\int_0^x t(\mathrm{e}^t-1)\mathrm{d}t}{x^3}\xlongequal{\frac{0}{0}\text{ 未定式}}\lim\limits_{x\to 0}\dfrac{x(\mathrm{e}^x-1)}{3x^2}$

$=\lim\limits_{x\to 0}\dfrac{x^2}{3x^2}=\dfrac{1}{3}$.

点拨　当 $x\to 0$，$\arcsin x\sim x$，$\mathrm{e}^x-1\sim x$. 变限定积分的运算要尽可能求导，利用求导公式去掉积分号.

例 5　求 $f(x)=\int_0^{x^2-x^4}\mathrm{e}^{-t^2}\mathrm{d}t$ 的单调区间和极值点.

解　$f'(x)=(2x-4x^3)\cdot\mathrm{e}^{-(x^2-x^4)^2}=-4x\mathrm{e}^{-(x^2-x^4)^2}\left(x+\dfrac{1}{\sqrt{2}}\right)\left(x-\dfrac{1}{\sqrt{2}}\right)$,

令 $f'(x)=0$ 得，$x=-\dfrac{1}{\sqrt{2}}$，$x=0$，$x=\dfrac{1}{\sqrt{2}}$，列表如下：

x	$\left(-\infty,-\dfrac{1}{\sqrt{2}}\right)$	$-\dfrac{1}{\sqrt{2}}$	$\left(-\dfrac{1}{\sqrt{2}},0\right)$	0	$\left(0,\dfrac{1}{\sqrt{2}}\right)$	$\dfrac{1}{\sqrt{2}}$	$\left(\dfrac{1}{\sqrt{2}},+\infty\right)$
$f'(x)$	$+$	0	$-$	0	$+$	0	$-$
$f(x)$	↗	极大	↘	极小	↗	极大	↘

故 $f(x)$ 的单增区间为 $\left(-\infty,-\dfrac{1}{\sqrt{2}}\right]$ 和 $\left[0,\dfrac{1}{\sqrt{2}}\right]$；单减区间为 $\left[-\dfrac{1}{\sqrt{2}},0\right]$ 和 $\left[\dfrac{1}{\sqrt{2}},+\infty\right)$. 极大值点为 $x=-\dfrac{1}{\sqrt{2}}$，$x=\dfrac{1}{\sqrt{2}}$；极小值点为 $x=0$.

点拨　变限定积分本质上是 x 的函数，所以用第三章所学的求单调区间和极值的方法即可.

2. 求定积分

例 6　求 $\int_0^{\frac{\pi}{4}}\tan^2\theta\mathrm{d}\theta$.

解　$\int_0^{\frac{\pi}{4}}\tan^2\theta\mathrm{d}\theta=\int_0^{\frac{\pi}{4}}(\sec^2\theta-1)\mathrm{d}\theta=(\tan\theta-\theta)\Big|_0^{\frac{\pi}{4}}=1-\dfrac{\pi}{4}$.

例 7　求 $\int_1^4|x-2|\mathrm{d}x$.

解 $\int_1^4 |x-2| \mathrm{d}x = \int_1^2 (2-x)\mathrm{d}x + \int_2^4 (x-2)\mathrm{d}x$

$$= \left(2x - \frac{x^2}{2}\right)\Big|_1^2 + \left(\frac{x^2}{2} - 2x\right)\Big|_2^4 = \frac{5}{2}.$$

点拨 被积函数带有绝对值的定积分应该用函数的零点划分积分区间，去掉绝对值号再加以计算.

例 8 $f(x) = \begin{cases} 1+x^2, & x < 0, \\ \mathrm{e}^{-x}, & x \geqslant 0, \end{cases}$ 求 $\int_1^3 f(x-2)\mathrm{d}x$.

解 $\int_1^3 f(x-2)\mathrm{d}x \xrightarrow{\ \diamondsuit\, x-2=t\ } \int_{-1}^1 f(t)\mathrm{d}t = \int_{-1}^0 (1+t^2)\mathrm{d}t + \int_0^1 \mathrm{e}^{-t}\mathrm{d}t$

$= \left(t + \frac{t^3}{3}\right)\Big|_{-1}^0 + (-\mathrm{e}^{-t})\big|_0^1 = \frac{7}{3} - \mathrm{e}^{-1}.$

点拨 这类题先做变量代换再计算，注意改变上下限.

5.2.3 习题解答

1. 计算下列各导数.

(1) $\dfrac{\mathrm{d}}{\mathrm{d}x} \int_0^{x^2} \sqrt{1+t^2}\,\mathrm{d}t$; (2) $\dfrac{\mathrm{d}}{\mathrm{d}x} \int_{x^2}^{x^3} \dfrac{1}{\sqrt{1+t^4}}\mathrm{d}t$;

(3) $\dfrac{\mathrm{d}}{\mathrm{d}x} \int_{\sin^2 x}^2 \dfrac{1}{1+t^2}\mathrm{d}t$; (4) $\dfrac{\mathrm{d}}{\mathrm{d}x} \int_{\mathrm{e}}^{x^2} \ln t^3\,\mathrm{d}t$.

解 (1) $\dfrac{\mathrm{d}}{\mathrm{d}x} \int_0^{x^2} \sqrt{1+t^2}\,\mathrm{d}t = 2x\sqrt{1+x^4}$;

(2) $\dfrac{\mathrm{d}}{\mathrm{d}x} \int_{x^2}^{x^3} \dfrac{1}{\sqrt{1+t^4}}\mathrm{d}t = \dfrac{1}{\sqrt{1+x^{12}}}3x^2 - \dfrac{1}{\sqrt{1+x^8}}2x$;

(3) $\dfrac{\mathrm{d}}{\mathrm{d}x} \int_{\sin^2 x}^2 \dfrac{1}{1+t^2}\mathrm{d}t = -\dfrac{1}{1+\sin^4 x}2\sin x\cos x = -\dfrac{\sin 2x}{1+\sin^4 x}$;

(4) $\dfrac{\mathrm{d}}{\mathrm{d}x} \int_{\mathrm{e}}^{x^2} \ln t^3\,\mathrm{d}t = 2x\ln x^6$.

2. 求下列极限.

(1) $\lim\limits_{x\to 0} \dfrac{\displaystyle\int_0^x \dfrac{\sin t}{2t}\mathrm{d}t}{x}$; (2) $\lim\limits_{x\to 0} \dfrac{\displaystyle\int_0^x \ln(1+t^2)\mathrm{d}t}{x^3}$;

(3) $\lim\limits_{x\to +\infty} \dfrac{\displaystyle\int_0^x (\arctan t)^2\,\mathrm{d}t}{\sqrt{1+x^2}}$; (4) $\lim\limits_{x\to 0} \dfrac{x - \displaystyle\int_0^x \mathrm{e}^{-t^2}\mathrm{d}t}{x\sin^2 x}$;

(5) $\lim\limits_{x\to 0} \dfrac{\mathrm{e}^x \displaystyle\int_0^x \sin t\,\mathrm{d}t}{x}$.

解 (1) $\lim\limits_{x\to 0}\dfrac{\int_0^x \frac{\sin t}{2t}\mathrm{d}t}{x}=\lim\limits_{x\to 0}\dfrac{\frac{\mathrm{d}}{\mathrm{d}x}\int_0^x \frac{\sin t}{2t}\mathrm{d}t}{1}=\lim\limits_{x\to 0}\dfrac{\sin x}{2x}=\dfrac{1}{2}$;

(2) $\lim\limits_{x\to 0}\dfrac{\int_0^x \ln(1+t^2)\mathrm{d}t}{x^3}=\lim\limits_{x\to 0}\dfrac{\frac{\mathrm{d}}{\mathrm{d}x}\int_0^x \ln(1+t^2)\mathrm{d}t}{3x^2}=\lim\limits_{x\to 0}\dfrac{\ln(1+x^2)}{3x^2}$

$=\lim\limits_{x\to 0}\dfrac{x^2}{3x^2}=\dfrac{1}{3}$;

(3) $\lim\limits_{x\to +\infty}\dfrac{\int_0^x (\arctan t)^2\mathrm{d}t}{\sqrt{1+x^2}}=\lim\limits_{x\to +\infty}\dfrac{\frac{\mathrm{d}}{\mathrm{d}x}\int_0^x (\arctan t)^2\mathrm{d}t}{(\sqrt{1+x^2})'}$

$=\lim\limits_{x\to +\infty}\dfrac{(\arctan x)^2}{\dfrac{2x}{2\sqrt{1+x^2}}}=\dfrac{\pi^2}{4}$;

(4) $\lim\limits_{x\to 0}\dfrac{x-\int_0^x \mathrm{e}^{-t^2}\mathrm{d}t}{x\sin^2 x}=\lim\limits_{x\to 0}\dfrac{x-\int_0^x \mathrm{e}^{-t^2}\mathrm{d}t}{x^3}=\lim\limits_{x\to 0}\dfrac{\left(x-\int_0^x \mathrm{e}^{-t^2}\mathrm{d}t\right)'}{3x^2}$

$=\lim\limits_{x\to 0}\dfrac{1-\mathrm{e}^{-x^2}}{3x^2}=-\lim\limits_{x\to 0}\dfrac{-x^2}{3x^2}=\dfrac{1}{3}$;

(5) $\lim\limits_{x\to 0}\dfrac{\mathrm{e}^x\int_0^x \sin t\,\mathrm{d}t}{x}=\lim\limits_{x\to 0}\dfrac{\int_0^x \sin t\,\mathrm{d}t}{x}=\lim\limits_{x\to 0}\dfrac{\left(\int_0^x \sin t\,\mathrm{d}t\right)'}{1}=\lim\limits_{x\to 0}\sin x=0$.

3. 设 $f(x)$ 连续, 且 $\int_1^x f(t)\mathrm{d}t=\sin x+\mathrm{e}^{2x}+\ln 5$, 求 $f(\pi)$.

解 等式两边同时求导得 $f(x)=\cos x+2\mathrm{e}^{2x}$,所以 $f(\pi)=\cos\pi+2\mathrm{e}^{2\pi}=$
$2\mathrm{e}^{2\pi}-1$.

4. 当 x 为何值时, 函数 $I(x)=\int_0^x t\mathrm{e}^{-t^2}\mathrm{d}t$ 有极值.

解 $I'(x)=\dfrac{\mathrm{d}}{\mathrm{d}x}\int_0^x t\mathrm{e}^{-t^2}\mathrm{d}t=x\mathrm{e}^{-x^2}$, 令 $I'(x)=0$, 则 $x=0$,

当 $x\in(-\infty,0)$ 时, $I'(x)<0$, 当 $x\in(0,+\infty)$ 时, $I'(x)>0$, 所以
$I(x)$ 在 $x=0$ 时取得极小值 0.

5. 计算下列各定积分.

(1) $\int_0^1 (6-x^2-\sqrt{x})\mathrm{d}x$; (2) $\int_0^{\frac{\pi}{2}}(2x+\cos x)\mathrm{d}x$;

(3) $\int_0^1 \dfrac{1}{1+x}\mathrm{d}x$; (4) $\int_1^2 \left(x^2+\dfrac{1}{x^4}\right)\mathrm{d}x$;

(5) $\int_{\frac{\pi}{2}}^{\frac{\pi}{4}}\cot^2 x\,\mathrm{d}x$; (6) $\int_{-1}^3 |2-x|\mathrm{d}x$;

(7) $\int_0^{\sqrt{3}a} \dfrac{1}{a^2+x^2}\mathrm{d}x\,(a\neq 0)$.

解 (1) $\int_0^1 (6-x^2-\sqrt{x})\mathrm{d}x = \left(6x-\dfrac{1}{3}x^3-\dfrac{2}{3}x^{\frac{3}{2}}\right)\Big|_0^1 = 5$;

(2) $\int_0^{\frac{\pi}{2}} (2x+\cos x)\mathrm{d}x = (x^2+\sin x)\big|_0^{\frac{\pi}{2}} = \dfrac{\pi^2}{4}+1$;

(3) $\int_0^1 \dfrac{1}{1+x}\mathrm{d}x = \ln(1+x)\big|_0^1 = \ln 2$;

(4) $\int_1^2 \left(x^2+\dfrac{1}{x^4}\right)\mathrm{d}x = \left(\dfrac{1}{3}x^3-\dfrac{1}{3}x^{-3}\right)\Big|_1^2 = \dfrac{21}{8}$;

(5) $\int_{\frac{\pi}{2}}^{\frac{\pi}{4}} \cot^2 x\,\mathrm{d}x = \int_{\frac{\pi}{2}}^{\frac{\pi}{4}} (\csc^2 x-1)\mathrm{d}x = (-\cot x-x)\big|_{\frac{\pi}{2}}^{\frac{\pi}{4}} = \dfrac{\pi}{4}-1$;

(6) $\int_{-1}^3 |2-x|\,\mathrm{d}x = \int_{-1}^2 (2-x)\mathrm{d}x + \int_2^3 (x-2)\mathrm{d}x$

$\qquad = \left(2x-\dfrac{1}{2}x^2\right)\Big|_{-1}^2 + \left(\dfrac{1}{2}x^2-2x\right)\Big|_2^3 = 5$;

(7) $\int_0^{\sqrt{3}a} \dfrac{1}{a^2+x^2}\mathrm{d}x = \dfrac{1}{a}\arctan\dfrac{x}{a}\Big|_0^{\sqrt{3}a} = \dfrac{\pi}{3a}\ (a\neq 0)$.

6. 设 $f(x) = \begin{cases} x, & x<1 \\ \mathrm{e}^{x-1}, & x\geq 1, \end{cases}$ 求 $\int_0^2 f(x)\mathrm{d}x$.

解 $\int_0^2 f(x)\mathrm{d}x = \int_0^1 x\mathrm{d}x + \int_1^2 \mathrm{e}^{x-1}\mathrm{d}x = \dfrac{1}{2}x^2\Big|_0^1 + \mathrm{e}^{x-1}\big|_1^2 = \mathrm{e}-\dfrac{1}{2}$.

7. 设 $f(x) = \begin{cases} x^2, & x\in[0,1) \\ x, & x\in[1,2] \end{cases}$, 求 $\Phi(x) = \int_0^x f(t)\mathrm{d}t$ 在 $[0,2]$ 上的表达式，并讨论 $\Phi(x)$ 在 $[0,2]$ 内的连续性.

解 当 $x\in[0,1)$ 时，$\Phi(x) = \int_0^x t^2\mathrm{d}t = \dfrac{1}{3}x^3$;

当 $x\in[1,2]$，$\Phi(x) = \int_0^x f(t)\mathrm{d}t = \int_0^1 f(t)\mathrm{d}t + \int_1^x f(t)\mathrm{d}t = \int_0^1 t^2\mathrm{d}t + \int_1^x t\mathrm{d}t$

$= \dfrac{1}{2}x^2-\dfrac{1}{6}$.

$\lim\limits_{x\to 1^-}\Phi(x) = \lim\limits_{x\to 1^-}\dfrac{1}{3}x^3 = \dfrac{1}{3}$; $\lim\limits_{x\to 1^+}\Phi(x) = \lim\limits_{x\to 1^+}\left(\dfrac{1}{2}x^2-\dfrac{1}{6}\right) = \dfrac{1}{3}$;

$\Phi(1) = \dfrac{1}{3}$，所以 $\Phi(x)$ 在 $x=1$ 处连续，从而在 $[0,2]$ 内连续.

8. 设 k 为正整数，试证下列各题.

证明 (1) $\int_{-\pi}^{\pi} \cos kx\,\mathrm{d}x = \dfrac{1}{k}\sin kx\Big|_{-\pi}^{\pi} = \dfrac{2}{k}\sin\pi k\,(k=1,2,3,4,\cdots,n) = 0$;

(2) $\int_{-\pi}^{\pi} \sin kx \, \mathrm{d}x = -\frac{1}{k} \cos kx \Big|_{-\pi}^{\pi} = -\frac{1}{k} \cos \pi k + \frac{1}{k} \cos \pi k = 0$;

(3) $\int_{-\pi}^{\pi} \cos^2 kx \, \mathrm{d}x = \int_{-\pi}^{\pi} \left(\frac{1}{2} + \frac{1}{2} \cos 2kx \right) \mathrm{d}x = \pi + \frac{1}{4k} \sin 2kx \Big|_{-\pi}^{\pi} = \pi$;

(4) $\int_{-\pi}^{\pi} \sin^2 kx \, \mathrm{d}x = \int_{-\pi}^{\pi} \left(\frac{1}{2} - \frac{1}{2} \cos 2kx \right) \mathrm{d}x = \pi - \frac{1}{4k} \sin 2kx \Big|_{-\pi}^{\pi} = \pi.$

5.3 定积分的换元法和分部积分法

5.3.1 知识点分析

1. 定积分的换元积分公式

第一类换元法（凑微分法）：
$$\int_a^b f[\varphi(t)] \varphi'(t) \mathrm{d}t = \int_a^b f[\varphi(t)] \mathrm{d}\varphi(t) = F[\varphi(x)] \big|_a^b.$$

注 可以不引入新的变量，因此上下限不变.

第二类换元法：若 $\varphi(t)$ 在 $[\alpha, \beta]$ 或者 $[\beta, \alpha]$ 上有连续导数且 $\varphi(\alpha) = a$, $\varphi(\beta) = b$, 则 $\int_a^b f(x) \mathrm{d}x \xrightarrow{\text{令 } x = \varphi(t)} \int_\alpha^\beta f[\varphi(t)] \varphi'(t) \mathrm{d}t.$

注 换元必换限、换限需对应，α 不一定比 β 小；

因为换元后定积分计算结果是数值，因此不需要还原变量.

2. 定积分的分部积分公式
$$\int_a^b u \, \mathrm{d}v = (uv) \big|_a^b - \int_a^b v \, \mathrm{d}u.$$

3. 对称区间上的定积分

设 $f(x)$ 在 $[-a, a]$ 上连续，则 $\int_{-a}^a f(x) \mathrm{d}x = \int_0^a [f(x) + f(-x)] \mathrm{d}x$，特别有：

(1) 若 $f(x)$ 为偶函数，则 $\int_{-a}^a f(x) \mathrm{d}x = 2 \int_0^a f(x) \mathrm{d}x$;

(2) 若 $f(x)$ 为奇函数，则 $\int_{-a}^a f(x) \mathrm{d}x = 0$.

4. 定积分常用公式与恒等式

(1) 华里士（Wallis）公式：$I_n = \int_0^{\frac{\pi}{2}} \sin^n x \, \mathrm{d}x = \int_0^{\frac{\pi}{2}} \cos^n x \, \mathrm{d}x$

$$= \begin{cases} \dfrac{n-1}{n} \cdot \dfrac{n-3}{n-2} \cdot \cdots \cdot \dfrac{3}{4} \cdot \dfrac{1}{2} \cdot \dfrac{\pi}{2} = \dfrac{(n-1)!!}{n!!} \cdot \dfrac{\pi}{2}, & n \text{ 为正偶数;} \\ \dfrac{n-1}{n} \cdot \dfrac{n-3}{n-2} \cdots \dfrac{4}{5} \cdot \dfrac{2}{3} = \dfrac{(n-1)!!}{n!!}, & n \text{ 为正奇数.} \end{cases}$$

(2) $f(x)$ 在 $[a,b]$ 上连续，则

$$\int_0^{\frac{\pi}{2}} f(\sin x)\mathrm{d}x = \int_0^{\frac{\pi}{2}} f(\cos x)\mathrm{d}x; \quad \int_0^{\pi} xf(\sin x)\mathrm{d}x = \frac{\pi}{2}\int_0^{\pi} f(\sin x)\mathrm{d}x;$$

$$\int_0^{\pi} f(\sin x)\mathrm{d}x = 2\int_0^{\frac{\pi}{2}} f(\sin x)\mathrm{d}x.$$

(3) $f(x)$ 在 $(-\infty, +\infty)$ 内连续，T 是 $f(x)$ 的周期，则

$$\int_a^{a+T} f(x)\mathrm{d}x = \int_0^{T} f(x)\mathrm{d}x = \int_{-\frac{T}{2}}^{\frac{T}{2}} f(x)\mathrm{d}x, \quad a \text{ 是任意实数}.$$

$$\int_a^{a+nT} f(x)\mathrm{d}x = n\int_0^{T} f(x)\mathrm{d}x, \quad a \text{ 是任意实数}, n \text{ 是正整数}.$$

5.3.2 典例解析

1. 计算定积分

例1 (1) $\displaystyle\int_0^{\sqrt{2}} \frac{x}{\sqrt{3-x^2}}\mathrm{d}x$; (2) $\displaystyle\int_0^1 \frac{1}{(1+x^2)^2}\mathrm{d}x$; (3) $\displaystyle\int_1^2 x^3\ln x\mathrm{d}x$;

(4) $\displaystyle\int_{-\frac{1}{3}}^{\frac{1}{3}} \frac{x^2\arcsin x}{\sqrt{1-x^2}}\mathrm{d}x$; (5) $\displaystyle\int_{-1}^1 (1-x^2)^{\frac{5}{2}}\mathrm{d}x$; (6) $\displaystyle\int_{-\frac{\pi}{2}}^{\frac{\pi}{2}} \frac{\sin^2 x}{1+\mathrm{e}^{-x}}\mathrm{d}x$.

解 (1) $\displaystyle\int_0^{\sqrt{2}} \frac{x}{\sqrt{3-x^2}}\mathrm{d}x = -\frac{1}{2}\int_0^{\sqrt{2}} \frac{1}{\sqrt{3-x^2}}\mathrm{d}(3-x^2)$

$$= -\frac{1}{2}\cdot 2(3-x^2)^{\frac{1}{2}}\Big|_0^{\sqrt{2}} = \sqrt{3}-1;$$

点拨 该题既能用凑微分法，也能用第二类换元法的三角代换，优先选用凑微分法.

(2) $\displaystyle\int_0^1 \frac{1}{(1+x^2)^2}\mathrm{d}x \xrightarrow{\text{令}\, x=\tan t} \int_0^{\frac{\pi}{4}} \frac{\sec^2 t}{\sec^4 t}\mathrm{d}t = \int_0^{\frac{\pi}{4}} \cos^2 t\mathrm{d}t = \frac{1}{2}\int_0^{\frac{\pi}{4}} (1+\cos 2t)\mathrm{d}t$

$$= \frac{1}{2}\left(t+\frac{1}{2}\sin 2t\right)\Big|_0^{\frac{\pi}{4}} = \frac{\pi}{8}+\frac{1}{4};$$

点拨 含 $\sqrt{1+x^2}$ 或者 $1+x^2$，令 $x=\tan t$，另外该题也可以用倒代换.

(3) $\displaystyle\int_1^2 x^3\ln x\mathrm{d}x = \int_1^2 \ln x\mathrm{d}\frac{x^4}{4} = \frac{x^4}{4}\ln x\Big|_1^2 - \int_1^2 \frac{x^4}{4}\mathrm{d}\ln x = 4\ln 2 - \int_1^2 \frac{x^3}{4}\mathrm{d}x$

$$= 4\ln 2 - \frac{15}{16};$$

点拨 类似于不定积分，遵循"反对幂三指"，将对数函数作为 u.

(4) 奇函数在对称区间上的积分为 0，所以有 $\displaystyle\int_{-\frac{1}{3}}^{\frac{1}{3}} \frac{x^2\arcsin x}{\sqrt{1-x^2}}\mathrm{d}x = 0$;

(5) $\displaystyle\int_{-1}^1 (1-x^2)^{\frac{5}{2}}\mathrm{d}x = 2\int_0^1 (1-x^2)^{\frac{5}{2}}\mathrm{d}x \xrightarrow{\text{令}\, x=\sin t} 2\int_0^{\frac{\pi}{2}} \cos^6 t\mathrm{d}t$

$$= 2 \cdot \frac{5!!}{6!!} \cdot \frac{\pi}{2} = \frac{5\pi}{16};$$

(6) $\int_{-\frac{\pi}{2}}^{\frac{\pi}{2}} \frac{\sin^2 x}{1+e^{-x}} dx = \int_0^{\frac{\pi}{2}} \left(\frac{\sin^2 x}{1+e^{-x}} + \frac{\sin^2 x}{1+e^x} \right) dx = \int_0^{\frac{\pi}{2}} \sin^2 x dx = \frac{1}{2!!} \cdot \frac{\pi}{2} = \frac{\pi}{4}.$

点拨 对称区间上的积分有 $\int_{-a}^a f(x)dx = \int_0^a [f(x)+f(-x)]dx.$

2. 证明恒等式

例 2 $f(x)$ 是连续函数，证明 $\int_a^b f(x)dx = (b-a)\int_0^1 f[a+(b-a)x]dx.$

证明 令 $x = a+(b-a)t$，则

$$\int_a^b f(x)dx = (b-a)\int_0^1 f[a+(b-a)t]dt = (b-a)\int_0^1 f[a+(b-a)x]dx.$$

点拨 解题关键是比较左右两式积分区间和函数的变化，找出变量之间的关系，从而进行变量代换.

3. 综合技巧

例 3 已知 $f(x) = \int_0^x \frac{\sin t}{\pi-t} dt$，求 $\int_0^\pi f(x)dx.$

解 $\int_0^\pi f(x)dx = xf(x)\Big|_0^\pi - \int_0^\pi x df(x) = \pi f(\pi) - \int_0^\pi x f'(x)dx$

$= \int_0^\pi \frac{\pi\sin t}{\pi-t} dt - \int_0^\pi \frac{x\sin x}{\pi-x} dx = \int_0^\pi \frac{(\pi-x)\sin x}{\pi-x} dx = \int_0^\pi \sin x dx = 2.$

点拨 积分上限函数的定积分问题，一般要用分部积分法，以便将积分号微分后去掉.

5.3.3 习题解答

1. 计算下列各定积分.

(1) $\int_0^{\sqrt{2}} \sqrt{2-x^2}\,dx$；

(2) $\int_{-2}^1 \frac{1}{(11+5x)^3}dx$；

(3) $\int_1^4 \frac{1}{1+\sqrt{x}}dx$；

(4) $\int_0^{\ln 3} \frac{1}{\sqrt{1+e^x}}dx$；

(5) $\int_{-2}^0 \frac{1}{x^2+2x+2}dx$；

(6) $\int_0^1 t e^{\frac{t^2}{2}}\,dt$；

(7) $\int_{\frac{\pi}{3}}^\pi \sin\left(x+\frac{\pi}{3}\right)dx$；

(8) $\int_{\frac{\pi}{6}}^{\frac{\pi}{2}} \cos^2 t\,dt$；

(9) $\int_{\frac{3}{4}}^1 \frac{1}{\sqrt{1-x}-1}dx$；

(10) $\int_1^{\sqrt{3}} \frac{1}{x^2\sqrt{1+x^2}}dx$；

(11) $\int_{-1}^1 \frac{x}{\sqrt{5-4x}}dx$；

(12) $\int_{-\sqrt{2}}^{\sqrt{2}} \sqrt{8-2t^2}\,dt$；

(13) $\displaystyle\int_0^{\sqrt{2}a} \frac{x}{\sqrt{3a^2-x^2}}dx$;   (14) $\displaystyle\int_0^4 e^{\sqrt{x}}dx$;

(15) $\displaystyle\int_0^{\pi}(1-\sin^3\theta)d\theta$;   (16) $\displaystyle\int_0^{\ln2} e^x(1+e^x)^2dx$;

(17) $\displaystyle\int_0^4 \frac{\sqrt{x}}{1+\sqrt{x}}dx$;   (18) $\displaystyle\int_0^{\frac{1}{2}} \frac{\arcsin x}{\sqrt{1-x^2}}dx$;

(19) $\displaystyle\int_0^{\frac{\pi}{2}} \sin^2 x\cos x dx$;   (20) $\displaystyle\int_0^{\ln2} e^x\cos e^x dx$.

解 （1）令 $x=\sqrt{2}\sin t$，则

$$\int_0^{\sqrt{2}} \sqrt{2-x^2}dx = \int_0^{\frac{\pi}{2}} 2\cos^2 t dt = \int_0^{\frac{\pi}{2}}(1+\cos2t)dt = \left(t+\frac{1}{2}\sin2t\right)\Big|_0^{\frac{\pi}{2}} = \frac{\pi}{2};$$

（2）$\displaystyle\int_{-2}^1 \frac{1}{(11+5x)^3}dx = \frac{1}{5}\int_{-2}^1 \frac{1}{(11+5x)^3}d(11+5x)$

$$=-\frac{1}{10}\frac{1}{(11+5x)^2}\Big|_{-2}^1$$

$$=\frac{51}{512};$$

（3）$\displaystyle\int_1^4 \frac{1}{1+\sqrt{x}}dx \xlongequal{令\sqrt{x}=t} \int_1^2 \frac{1}{1+t}2tdt = 2\int_1^2 \frac{t+1-1}{1+t}dt$

$= 2\displaystyle\int_1^2\left(1-\frac{1}{1+t}\right)dt = 2\left[t-\ln(1+t)\right]\Big|_1^2 = 2+2\ln2-2\ln3$;

（4）令 $\sqrt{1+e^x}=t$，则

$$\int_0^{\ln3} \frac{1}{\sqrt{1+e^x}}dx = \int_{\sqrt{2}}^2 \frac{1}{t}\cdot\frac{1}{t^2-1}\cdot2tdt = \int_{\sqrt{2}}^2 \frac{2}{t^2-1}dt = \left[\ln\left|\frac{t-1}{t+1}\right|\right]_{\sqrt{2}}^2$$

$$= 2\ln(\sqrt{2}+1)-\ln3;$$

（5）$\displaystyle\int_{-2}^0 \frac{1}{x^2+2x+2}dx = \int_{-2}^0 \frac{1}{(x+1)^2+1}d(x+1) = \arctan(x+1)\Big|_{-2}^0 = \frac{\pi}{2}$;

（6）$\displaystyle\int_0^1 te^{\frac{t^2}{2}}dt = -\int_0^1 e^{-\frac{t^2}{2}}d\frac{-t^2}{2} = e^{-\frac{t^2}{2}}\Big|_1^0 = 1-e^{-\frac{1}{2}}$;

（7）$\displaystyle\int_{\frac{\pi}{3}}^{\pi} \sin\left(x+\frac{\pi}{3}\right)dx = -\cos\left(x+\frac{\pi}{3}\right)\Big|_{\frac{\pi}{3}}^{\pi} = 0$;

（8）$\displaystyle\int_{\frac{\pi}{6}}^{\frac{\pi}{2}} \cos^2 t dt = \int_{\frac{\pi}{6}}^{\frac{\pi}{2}}\left(\frac{1}{2}+\frac{1}{2}\cos2t\right)dt = \left(\frac{1}{2}t+\frac{1}{4}\sin2t\right)\Big|_{\frac{\pi}{6}}^{\frac{\pi}{2}} = \frac{\pi}{6}-\frac{\sqrt{3}}{8}$;

（9）令 $\sqrt{1-x}=t$，即 $x=1-t^2$，则

$$\int_{\frac{3}{4}}^1 \frac{1}{\sqrt{1-x}-1}dx = \int_{\frac{1}{2}}^0 \frac{-2t}{t-1}dt = -2\int_{\frac{1}{2}}^0 \frac{t}{t-1}dt = 2\int_0^{\frac{1}{2}} \frac{t-1+1}{t-1}dt$$

$$= 2\int_0^{\frac{1}{2}} \left(1 + \frac{1}{t-1}\right) dt;\ = 2\ (t + \ln|t-1|)\ \Big|_0^{\frac{1}{2}} = 1 - 2\ln 2;$$

(10) 令 $x = \tan t$，则

$$\int_1^{\sqrt{3}} \frac{1}{x^2\sqrt{1+x^2}} dx = \int_{\frac{\pi}{4}}^{\frac{\pi}{3}} \frac{1}{\tan^2 t \sec t} \sec^2 t dt = \int_{\frac{\pi}{4}}^{\frac{\pi}{3}} \frac{\cos^2 t}{\sin^2 t} \frac{1}{\cos t} dt = \int_{\frac{\pi}{4}}^{\frac{\pi}{3}} \frac{\cos t}{\sin^2 t} dt$$

$$= \int_{\frac{\pi}{4}}^{\frac{\pi}{3}} \frac{1}{\sin^2 t} d\sin t = -\frac{1}{\sin t}\Big|_{\frac{\pi}{4}}^{\frac{\pi}{3}} = \sqrt{2} - \frac{2\sqrt{3}}{3};$$

(11) 令 $\sqrt{5-4x} = t$，即 $x = \frac{5-t^2}{4}$，则

$$\int_{-1}^1 \frac{x}{\sqrt{5-4x}} dx = \int_3^1 \left(\frac{1}{t} \cdot \frac{5-t^2}{4} \cdot -\frac{1}{2}t\right) dt = -\int_3^1 \frac{5-t^2}{8} dt$$

$$= \left(\frac{5}{8}t - \frac{1}{24}t^3\right)\Big|_1^3 = \frac{1}{6};$$

(12) 令 $t = 2\sin x$，则

$$\int_{-\sqrt{2}}^{\sqrt{2}} \sqrt{8-2t^2} dt = \int_{-\frac{\pi}{4}}^{\frac{\pi}{4}} 4\sqrt{2}\cos x\cos x dx = 4\sqrt{2}\int_{-\frac{\pi}{4}}^{\frac{\pi}{4}} \cos^2 x dx dt$$

$$= 2\sqrt{2}\int_{-\frac{\pi}{4}}^{\frac{\pi}{4}} (1+\cos 2x) dx = 2\sqrt{2}\left(x + \frac{1}{2}\sin 2x\right)\Big|_{-\frac{\pi}{4}}^{\frac{\pi}{4}} = \sqrt{2}(\pi+2);$$

(13) 令 $x = \sqrt{3}a\sin t$，则

$$\int_0^{\sqrt{2}a} \frac{x}{\sqrt{3a^2-x^2}} dx = \int_0^{\arcsin\frac{\sqrt{6}}{3}} \frac{\sqrt{3}a\sin t}{\sqrt{3}a\cos t} \sqrt{3}a\cos t dt = \sqrt{3}a\int_0^{\arcsin\frac{\sqrt{6}}{3}} \sin t dt$$

$$= -\sqrt{3}a \cdot \cos t\Big|_0^{\arcsin\frac{\sqrt{6}}{3}} = \sqrt{3}a - a;$$

(14) 令 $\sqrt{x} = t$，即 $x = t^2$，则

$$\int_0^4 e^{\sqrt{x}} dx = \int_0^2 e^t 2t dt = 2\int_0^2 t de^t = 2te^t\Big|_0^2 - 2\int_0^2 e^t dt = 2e^2 + 2;$$

(15) $\int_0^\pi (1-\sin^3\theta) d\theta = \int_0^\pi d\theta - \int_0^\pi \sin^3\theta d\theta = \int_0^\pi d\theta + \int_0^\pi (1-\cos^2\theta) d\cos\theta$

$$= \pi + \left(\cos\theta - \frac{1}{3}\cos^3\theta\right)\Big|_0^\pi = \pi - \frac{4}{3};$$

(16) $\int_0^{\ln 2} e^x (1+e^x)^2 dx = \int_0^{\ln 2} (1+e^x)^2 d(1+e^x) = \frac{1}{3}(1+e^x)^3\Big|_0^{\ln 2} = \frac{19}{3};$

(17) 令 $\sqrt{x} = t$，即 $x = t^2$，则

$$\int_0^4 \frac{\sqrt{x}}{1+\sqrt{x}} dx = \int_0^2 \frac{t}{1+t} 2t dt = 2\int_0^2 \frac{t^2-1 \mid 1}{1+t} dt = 2\int_0^2 \left(t-1+\frac{1}{1+t}\right) dt$$

$$= 2\left(\frac{1}{2}t^2 - t + \ln|1+t|\right)\Big|_0^2 = 2\ln 3;$$

(18) $\int_0^{\frac{1}{2}} \dfrac{\arcsin x}{\sqrt{1-x^2}}\mathrm{d}x = \int_0^{\frac{1}{2}} \arcsin x \,\mathrm{d}\arcsin x = \dfrac{1}{2}\,(\arcsin x)^2 \Big|_0^{\frac{1}{2}} = \dfrac{\pi^2}{72};$

(19) $\int_0^{\frac{\pi}{2}} \sin^2 x\cos x\mathrm{d}x = \int_0^{\frac{\pi}{2}} \sin^2 x\,\mathrm{d}\sin x = \dfrac{1}{3}\,\sin^3 x \Big|_0^{\frac{\pi}{2}} = \dfrac{1}{3};$

(20) $\int_0^{\ln 2} \mathrm{e}^x\cos\mathrm{e}^x\,\mathrm{d}x = \int_0^{\ln 2} \cos\mathrm{e}^x\,\mathrm{d}\mathrm{e}^x = \sin\mathrm{e}^x \Big|_0^{\ln 2} = \sin 2 - \sin 1.$

2. 计算下列各定积分.

(1) $\int_0^{2\pi} x\sin x\mathrm{d}x;$ (2) $\int_0^1 x^2\mathrm{e}^{-x}\mathrm{d}x;$

(2) $\int_0^{\frac{\pi}{2}} \mathrm{e}^{2x}\cos x\mathrm{d}x;$ (4) $\int_0^{\frac{\pi}{3}} \dfrac{x}{\cos^2 x}\mathrm{d}x;$

(5) $\int_e^{e^2} \dfrac{\ln x}{(x-1)^2}\mathrm{d}x;$ (6) $\int_1^e \sin(\ln x)\mathrm{d}x.$

解 (1) $\int_0^{2\pi} x\sin x\mathrm{d}x = -\int_0^{2\pi} x\mathrm{d}\cos x = -x\cos x \Big|_0^{2\pi} + \int_0^{2\pi} \cos x\mathrm{d}x = -2\pi;$

(2) $\int_0^1 x^2\mathrm{e}^{-x}\mathrm{d}x = -\int_0^1 x^2\,\mathrm{d}\mathrm{e}^{-x} = -x^2\mathrm{e}^{-x}\Big|_0^1 + \int_0^1 \mathrm{e}^{-x}\mathrm{d}x^2$

$\qquad = -\dfrac{1}{e} + 2\int_0^1 x\mathrm{e}^{-x}\mathrm{d}x = -\dfrac{1}{e} - 2\int_0^1 x\,\mathrm{d}\mathrm{e}^{-x}$

$\qquad = -\dfrac{1}{e} - 2\,x\mathrm{e}^{-x}\Big|_0^1 + 2\int_0^1 \mathrm{e}^{-x}\mathrm{d}x$

$\qquad = -\dfrac{3}{e} - 2\,\mathrm{e}^{-x}\Big|_0^1 = -\dfrac{5}{e} + 2;$

(3) $\int_0^{\frac{\pi}{2}} \mathrm{e}^{2x}\cos x\mathrm{d}x = \dfrac{1}{2}\int_0^{\frac{\pi}{2}} \cos x\,\mathrm{d}\mathrm{e}^{2x} = \dfrac{1}{2}\,(\cos x \cdot \mathrm{e}^{2x})\Big|_0^{\frac{\pi}{2}} - \dfrac{1}{2}\int_0^{\frac{\pi}{2}} \mathrm{e}^{2x}\mathrm{d}\cos x;$

$\qquad = -\dfrac{1}{2} + \dfrac{1}{4}\int_0^{\frac{\pi}{2}} \sin x\,\mathrm{d}\mathrm{e}^{2x}$

$\qquad = -\dfrac{1}{2} + \dfrac{1}{4}\,(\sin x\mathrm{e}^{2x})\Big|_0^{\frac{\pi}{2}} - \dfrac{1}{4}\int_0^{\frac{\pi}{2}} \mathrm{e}^{2x}\cos x\mathrm{d}x$

$\qquad = -\dfrac{1}{2} + \dfrac{1}{4}\mathrm{e}^{\pi} - \dfrac{1}{4}\int_0^{\frac{\pi}{2}} \mathrm{e}^{2x}\cos x\mathrm{d}x,$

移项得 $\dfrac{5}{4}\int_0^{\frac{\pi}{2}} \mathrm{e}^{2x}\cos x\mathrm{d}x = -\dfrac{1}{2} + \dfrac{1}{4}\mathrm{e}^{\pi}$，所以 $\int_0^{\frac{\pi}{2}} \mathrm{e}^{2x}\cos x\mathrm{d}x = -\dfrac{2}{5} + \dfrac{1}{5}\mathrm{e}^{\pi};$

(4) $\int_0^{\frac{\pi}{3}} \dfrac{x}{\cos^2 x}\mathrm{d}x = \int_0^{\frac{\pi}{3}} x\sec^2 x\mathrm{d}x = \int_0^{\frac{\pi}{3}} x\mathrm{d}\tan x = x\tan x\Big|_0^{\frac{\pi}{3}} - \int_0^{\frac{\pi}{3}} \tan x\mathrm{d}x$

$\qquad = \dfrac{\sqrt{3}}{3}\pi + \ln|\cos x|\,\Big|_0^{\frac{\pi}{3}} = \dfrac{\sqrt{3}}{3}\pi - \ln 2;$

(5) $\int_e^{e^2} \dfrac{\ln x}{(x-1)^2}\mathrm{d}x = -\int_e^{e^2} \ln x\mathrm{d}(x-1)^{-1} = \left(\dfrac{\ln x}{1-x}\right)\Big|_e^{e^2} + \int_e^{e^2} \dfrac{1}{x-1}\mathrm{d}\ln x;$

$$= \frac{1}{1+e} + \int_e^{e^2} \frac{1}{(x-1)x} dx$$

$$= \frac{1}{1+e} + \int_e^{e^2} \left(\frac{1}{x-1} - \frac{1}{x}\right) dx$$

$$= \frac{1}{1+e} + \left[\ln(x-1) - \ln x\right]\Big|_e^{e^2} = \ln(1+e) - \frac{e}{1+e};$$

(6) $\int_1^e \sin(\ln x) dx = \left[x\sin(\ln x)\right]\Big|_1^e - \int_1^e x d\sin(\ln x)$

$$= e\sin 1 - \int_1^e \cos(\ln x) dx$$

$$= e\sin 1 - \left[x\cos(\ln x)\right]\Big|_1^e + \int_1^e x d\cos(\ln x)$$

$$= e\sin 1 - e\cos 1 + 1 - \int_1^e \sin(\ln x) dx,$$

移项得 $2\int_1^e \sin(\ln x) dx = e\sin 1 - e\cos 1 + 1$，所以

$$\int_1^e \sin(\ln x) dx = \frac{e\sin 1 - e\cos 1 + 1}{2}.$$

3. 利用函数的奇偶性计算下列各定积分.

(1) $\int_{-\pi}^{\pi} x^4 \sin x dx.$;

解 被积函数为奇函数，积分区间关于原点对称，所以原式 $= 0$.

(2) $\int_{-\frac{\pi}{2}}^{\frac{\pi}{2}} 4\cos^4 x dx$;

解 被积函数为偶函数，积分区间关于原点对称，所以

$$\int_{-\frac{\pi}{2}}^{\frac{\pi}{2}} 4\cos^4 x dx = 2\int_0^{\frac{\pi}{2}} 4\cos^4 x dx = 2\int_0^{\frac{\pi}{2}} 4\left(\frac{1}{2} + \frac{1}{2}\cos 2x\right)^2 dx$$

$$= 2\int_0^{\frac{\pi}{2}} (1 + \cos^2 2x + 2\cos 2x) dx$$

$$= \int_0^{\frac{\pi}{2}} (\cos 4x + 3 + 4\cos 2x) dx$$

$$= \left(\frac{1}{4}\sin 4x + 3x + 2\sin 2x\right)\Big|_0^{\frac{\pi}{2}} = \frac{3}{2}\pi.$$

(3) $\int_{-1}^1 (x + |x|)^2 dx$;

解 原式 $= \int_{-1}^0 [x + (-x)]^2 dx + \int_0^1 (x+x)^2 dx = \int_0^1 4x^2 dx$

$$= \frac{4}{3}x^3\Big|_0^1 = \frac{4}{3}.$$

(4) $\int_{-5}^{5} \dfrac{x^3 \sin^2 x}{x^4 + 2x^2 + 1} dx$;

解 被积函数为奇函数，且积分区间关于原点对称，所以原式 $= 0$.

4. 设 $f(x)$ 在 $[a, b]$ 上连续，证明：$\int_a^b f(x) dx = \int_a^b f(a+b-x) dx$.

证明 令 $t = a + b - x$，则 $dx = -dt$，所以

$$\int_a^b f(a+b-x) dx = -\int_b^a f(t) dt = \int_a^b f(x) dx.$$

5. 证明：$\int_x^1 \dfrac{1}{1+t^2} dt = \int_1^{\frac{1}{x}} \dfrac{1}{1+t^2} dt \ (x > 0)$.

证明 $\int_x^1 \dfrac{1}{1+t^2} dt \xlongequal{\diamond t = \frac{1}{u}} \int_{\frac{1}{x}}^1 \dfrac{1}{1 + \left(\frac{1}{u}\right)^2} d\dfrac{1}{u} = -\int_{\frac{1}{x}}^1 \dfrac{1}{1+u^2} du$

$$= \int_1^{\frac{1}{x}} \dfrac{1}{1+t^2} dt.$$

6. 证明：$\int_0^\pi \sin^n x\, dx = 2\int_0^{\frac{\pi}{2}} \sin^n x\, dx$.

证明 $\int_0^\pi \sin^n x\, dx = \int_0^{\frac{\pi}{2}} \sin^n x\, dx + \int_{\frac{\pi}{2}}^\pi \sin^n x\, dx$

令 $x = \pi - t$,

$$\int_{\frac{\pi}{2}}^\pi \sin^n x\, dx = \int_{\frac{\pi}{2}}^0 \sin^n(\pi - t) d(\pi - t) = -\int_{\frac{\pi}{2}}^0 \sin^n t\, dt = \int_0^{\frac{\pi}{2}} \sin^n x\, dx,$$

所以 $\int_0^\pi \sin^n x\, dx = 2\int_0^{\frac{\pi}{2}} \sin^n x\, dx$.

7. 已知 $f(2x+1) = xe^x$，求 $\int_3^5 f(x) dx$.

证明 $\int_3^5 f(x) dx \xlongequal{\diamond x = 2t+1} \int_1^2 f(2t+1) d(2t+1) = 2\int_1^2 f(2t+1) dt$

$$= 2\int_1^2 te^t dt = 2\int_1^2 t\, de^t = 2te^t \Big|_1^2 - 2\int_1^2 e^t dt = 2e^2.$$

8. 设 $f(0) = 1$，$f(2) = 3$，$f'(2) = 5$，求 $\int_0^2 xf''(x) dx$.

证明 $\int_0^2 xf''(x) dx = \int_0^2 x\, df'(x) = x f'(x) \Big|_0^2 - \int_0^2 f'(x) dx$

$$= 2f'(2) - f(x) \Big|_0^2 = 2f'(2) - f(2) + f(0)$$

$$= 10 - 3 + 1 = 8.$$

9. 设 $\int_0^1 \dfrac{e^x}{1+x} dx = a$，求 $\int_0^1 \dfrac{e^x}{(1+x)^2} dx$.

解 $\int_0^1 \dfrac{\mathrm{e}^x}{(1+x)^2}\mathrm{d}x = -\int_0^1 \mathrm{e}^x \mathrm{d}(1+x)^{-1} = -\mathrm{e}^x \left.\dfrac{1}{1+x}\right|_0^1 + \int_0^1 \dfrac{\mathrm{e}^x}{1+x}\mathrm{d}x$

$= -\dfrac{1}{2}\mathrm{e} + 1 + a.$

10. 设 $f(x) = \int_x^{\frac{\pi}{2}} \dfrac{\sin t}{t}\mathrm{d}t$，求 $\int_0^{\frac{\pi}{2}} xf(x)\mathrm{d}x$.

解 $\int_0^{\frac{\pi}{2}} xf(x)\mathrm{d}x = \dfrac{1}{2}\int_0^{\frac{\pi}{2}} f(x)\mathrm{d}x^2 = \dfrac{1}{2}x^2 f(x)\left.\right|_0^{\frac{\pi}{2}} - \dfrac{1}{2}\int_0^{\frac{\pi}{2}} x^2 \mathrm{d}f(x)$

$= -\dfrac{1}{2}\int_0^{\frac{\pi}{2}} x^2 \mathrm{d}f(x) = \dfrac{1}{2}\int_0^{\frac{\pi}{2}} x^2 \cdot \dfrac{\sin x}{x}\mathrm{d}x = \dfrac{1}{2}\int_0^{\frac{\pi}{2}} x\sin x\mathrm{d}x$

$= -\dfrac{1}{2}\int_0^{\frac{\pi}{2}} x\mathrm{d}\cos x = -\dfrac{1}{2}x\cos x\left.\right|_0^{\frac{\pi}{2}} + \dfrac{1}{2}\int_0^{\frac{\pi}{2}} \cos x\mathrm{d}x = \dfrac{1}{2}\sin x\left.\right|_0^{\frac{\pi}{2}} = \dfrac{1}{2}.$

11. 设 $f(x) = \begin{cases} x\mathrm{e}^{-x^2}, & x \geqslant 0, \\ \mathrm{e}^{x-1}, & -1 < x < 0, \end{cases}$ 求 $\int_1^4 f(x-2)\mathrm{d}x$.

解 $\int_1^4 f(x-2)\mathrm{d}x \xlongequal{\text{令}t=x-2} \int_{-1}^2 f(t)\mathrm{d}(2+t) = \int_{-1}^2 f(t)\mathrm{d}t$

$= \int_{-1}^0 f(t)\mathrm{d}t + \int_0^2 f(t)\mathrm{d}t = \int_{-1}^0 \mathrm{e}^{t-1}\mathrm{d}t + \int_0^2 t\mathrm{e}^{-t^2}\mathrm{d}t.$

因为 $\int_{-1}^0 \mathrm{e}^{t-1}\mathrm{d}t = \int_{-1}^0 \mathrm{e}^{t-1}\mathrm{d}(t-1) = \mathrm{e}^{t-1}\left.\right|_{-1}^0 = \dfrac{1}{\mathrm{e}} - \dfrac{1}{\mathrm{e}^2},$

$\int_0^2 t\mathrm{e}^{-t^2}\mathrm{d}t = -\dfrac{1}{2}\int_0^2 \mathrm{e}^{-t^2}\mathrm{d}(-t^2) = -\dfrac{1}{2}\mathrm{e}^{-t^2}\left.\right|_0^2 = \dfrac{1}{2} - \dfrac{1}{2}\mathrm{e}^{-4},$

所以原式 $= \dfrac{1}{2} + \dfrac{1}{\mathrm{e}} - \dfrac{1}{\mathrm{e}^2} - \dfrac{1}{2\mathrm{e}^4}.$

12. 连续函数 $f(x)$ 满足 $\int_0^{2x} f\left(\dfrac{t}{2}\right)\mathrm{d}t = \mathrm{e}^{-x} - 1$，求 $\int_0^1 f(x)\mathrm{d}x$.

解 $\int_0^{2x} f\left(\dfrac{t}{2}\right)\mathrm{d}t = \mathrm{e}^{-x} - 1$，所以 $\dfrac{\mathrm{d}}{\mathrm{d}x}\int_0^{2x} f\left(\dfrac{t}{2}\right)\mathrm{d}t = (\mathrm{e}^{-x} - 1)',$

所以 $2f(x) = -\mathrm{e}^{-x}$，所以 $f(x) = -\dfrac{\mathrm{e}^{-x}}{2},$

$$\int_0^1 f(x)\mathrm{d}x = -\dfrac{1}{2}\int_0^1 \mathrm{e}^{-x}\mathrm{d}x = \dfrac{1}{2}\mathrm{e}^{-x}\left.\right|_0^1 = \dfrac{1}{2\mathrm{e}} - \dfrac{1}{2}.$$

13. 设 $\int_0^\pi [f(x) + f''(x)]\sin x\mathrm{d}x = 5$，$f(\pi) = 2$，求 $f(0)$.

解 $\int_0^\pi [f(x) + f''(x)]\sin x\mathrm{d}x = \int_0^\pi f(x)\sin x\mathrm{d}x + \int_0^\pi f''(x)\sin x\mathrm{d}x,$

$\int_0^\pi f(x)\sin x\mathrm{d}x = -\int_0^\pi f(x)\mathrm{d}\cos x = -\cos x f(x)\left.\right|_0^\pi + \int_0^\pi f'(x)\cos x\mathrm{d}x$

$$= f(\pi) + f(0) + \int_0^\pi f'(x)\cos x\mathrm{d}x,$$

$$\int_0^\pi f''(x)\sin x\mathrm{d}x = \int_0^\pi \sin x\mathrm{d}f'(x) = \sin x f'(x)\Big|_0^\pi - \int_0^\pi f'(x)\cos x\mathrm{d}x$$

$$= -\int_0^\pi f'(x)\cos x\mathrm{d}x,$$

因为 $\int_0^\pi [f(x) + f''(x)]\sin x\mathrm{d}x = 5$，所以 $f(\pi) + f(0) = 5$，因为 $f(\pi) = 2$，所以 $f(0) = 3$.

14. （1）若 $f(t)$ 是连续函数且为奇函数，证明：$\int_0^x f(t)\mathrm{d}t$ 是偶函数；

（2）若 $f(t)$ 是连续函数且为偶函数，证明：$\int_0^x f(t)\mathrm{d}t$ 是奇函数.

证明　（1）令 $F(x) = \int_0^x f(t)\mathrm{d}t$，则

$$F(-x) = \int_0^{-x} f(t)\mathrm{d}t \xrightarrow{\diamondsuit\, t = -u} -\int_0^x f(-u)\mathrm{d}u = \int_0^x f(u)\mathrm{d}u = \int_0^x f(t)\mathrm{d}t = F(x),$$

所以 $\int_0^x f(t)\mathrm{d}t$ 是偶函数；

（2）令 $F(x) = \int_0^x f(t)\mathrm{d}t$，则

$$F(-x) = \int_0^{-x} f(t)\mathrm{d}t \xrightarrow{\diamondsuit\, t = -u} -\int_0^x f(-u)\mathrm{d}u = -\int_0^x f(u)\mathrm{d}u = -\int_0^x f(t)\mathrm{d}t$$

$$= -F(x), \text{所以} \int_0^x f(t)\mathrm{d}t \text{ 是奇函数.}$$

5.4　反常积分

5.4.1　知识点分析

1. 无穷限的反常积分

（1）定义：$\int_a^{+\infty} f(x)\mathrm{d}x = \lim\limits_{t\to+\infty}\int_a^t f(x)\mathrm{d}x$，若极限存在，称 $\int_a^{+\infty} f(x)\mathrm{d}x$ 收敛，否则称 $\int_a^{+\infty} f(x)\mathrm{d}x$ 发散. 同理有

$$\int_{-\infty}^b f(x)\mathrm{d}x = \lim_{t\to-\infty}\int_t^b f(x)\mathrm{d}x.$$

$$\int_{-\infty}^{+\infty} f(x)\mathrm{d}x = \int_{-\infty}^0 f(x)\mathrm{d}x + \int_0^{+\infty} f(x)\mathrm{d}x$$

$$= \lim_{t\to-\infty}\int_t^0 f(x)\mathrm{d}x + \lim_{t\to+\infty}\int_0^t f(x)\mathrm{d}x.$$

（2）计算：

$$\int_a^{+\infty} f(x)\mathrm{d}x = F(x)\Big|_a^{+\infty} = F(+\infty) - F(a) = \lim_{x \to +\infty} F(x) - F(a);$$

$$\int_{-\infty}^b f(x)\mathrm{d}x = F(x)\Big|_{-\infty}^b; \quad \int_{-\infty}^{+\infty} f(x)\mathrm{d}x = F(x)\Big|_{-\infty}^{+\infty}.$$

（3）结论：

$$\int_a^{+\infty} \frac{1}{x^p}\mathrm{d}x \text{ 当且仅当 } p > 1 \text{ 时收敛.}$$

2. 无界函数的反常积分

1) 定义.

瑕点（又称无界间断点）：如果函数 $f(x)$ 在点 a 的任一邻域内都无界，则称点 a 为函数 $f(x)$ 的瑕点.

a 是瑕点，定义瑕积分：$\int_a^b f(x)\mathrm{d}x = \lim_{t \to a^+} \int_t^b f(x)\mathrm{d}x.$

若极限存在，称 $\lim \int_a^b f(x)\mathrm{d}x$ 收敛，否则称 $\lim \int_a^b f(x)\mathrm{d}x$ 发散. 同理有：

b 是瑕点，定义瑕积分：$\int_a^b f(x)\mathrm{d}x = \lim_{t \to b^-} \int_a^t f(x)\mathrm{d}x.$

c 是瑕点，定义瑕积分：

$$\int_a^b f(x)\mathrm{d}x = \int_a^c f(x)\mathrm{d}x + \int_c^b f(x)\mathrm{d}x = \lim_{t \to c^-} \int_a^t f(x)\mathrm{d}x + \lim_{t \to c^+} \int_t^b f(x)\mathrm{d}x.$$

2) 计算.

a 是瑕点：$\int_a^b f(x)\mathrm{d}x = F(x)\Big|_{a^+}^b = F(b) - F(a^+) = F(b) - \lim_{x \to a^+} F(x);$

b 是瑕点：$\int_a^b f(x)\mathrm{d}x = F(x)\Big|_a^{b^-} = F(b^-) - F(a) = \lim_{x \to b^-} F(x) - F(a);$

c 是瑕点：$\int_a^b f(x)\mathrm{d}x = \int_a^c f(x)\mathrm{d}x + \int_c^b f(x)\mathrm{d}x = F(x)\Big|_a^{c^-} + F(x)\Big|_{c^+}^b.$

3) 结论.

$$\int_a^b \frac{1}{(x-a)^p}\mathrm{d}x \text{ 当且仅当 } p < 1 \text{ 时收敛}; \int_a^b \frac{1}{(b-x)^p}\mathrm{d}x \text{ 当且仅当 } p < 1 \text{ 时收敛.}$$

3. Γ - 函数

（1）定义：$\Gamma(s) = \int_0^{+\infty} x^{s-1}\mathrm{e}^{-x}\mathrm{d}x\,(s > 0);$

（2）常用公式：

$\Gamma(s+1) = s\Gamma(s) \quad (s > 0); \ \Gamma(n+1) = n!(n \text{ 为正整数});$

$\Gamma(s)\Gamma(1-s) = \dfrac{\pi}{\sin\pi s}(0 < s < 1); \ \Gamma\left(\dfrac{1}{2}\right) = \sqrt{\pi}.$

5.4.2 典例解析

1. 无穷限的反常积分

例1 计算 $\int_0^{+\infty} x e^{-x^2} \, dx$.

解 $\int_0^{+\infty} x e^{-x^2} \, dx = -\frac{1}{2} \int_0^{+\infty} e^{-x^2} \, d(-x^2) = -\frac{1}{2} e^{-x^2} \Big|_0^{+\infty} = \frac{1}{2}$.

例2 计算 $\int_0^{+\infty} e^{-\sqrt{x}} \, dx$.

解 $\int_0^{+\infty} e^{-\sqrt{x}} \, dx \xrightarrow{\ \ \Diamond \sqrt{x} = t\ \ } \int_0^{+\infty} e^{-t} \, dt^2 = 2 \int_0^{+\infty} t e^{-t} \, dt = -2 \int_0^{+\infty} t \, de^{-t}$

$= -2t e^{-t} \Big|_0^{+\infty} + 2 \int_0^{+\infty} e^{-t} \, dt = -2 \lim_{t \to +\infty} t e^{-t} - 2 e^{-t} \Big|_0^{+\infty} = -2 \lim_{t \to +\infty} \frac{t}{e^t} + 2$

$= -2 \lim_{t \to +\infty} \frac{1}{e^t} + 2 = 2$.

2. 无界函数的反常积分

例3 计算 $\int_0^2 \frac{dx}{\sqrt{x(2-x)}}$.

解 $x = 0, x = 2$ 是瑕点，

$$\int_0^2 \frac{dx}{\sqrt{x(2-x)}} = \int_0^2 \frac{dx}{\sqrt{-x^2 + 2x}} = \int_0^2 \frac{dx}{\sqrt{-(x-1)^2 + 1}}$$
$$= \arcsin(x-1) \Big|_{0^+}^{2^-} = \pi.$$

例4 判定 $\int_{\frac{\pi}{4}}^{\frac{3\pi}{4}} \frac{1}{\cos^2 x} \, dx$ 敛散性.

解 $x = \frac{\pi}{2}$ 是瑕点，

$$\int_{\frac{\pi}{4}}^{\frac{3\pi}{4}} \frac{1}{\cos^2 x} \, dx = \int_{\frac{\pi}{4}}^{\frac{\pi}{2}} \frac{1}{\cos^2 x} \, dx + \int_{\frac{\pi}{2}}^{\frac{3\pi}{4}} \frac{1}{\cos^2 x} \, dx = \tan x \Big|_{\frac{\pi}{4}}^{\frac{\pi}{2}^-} + \tan x \Big|_{\frac{\pi}{2}^+}^{\frac{3\pi}{4}}.$$

因为 $\lim\limits_{x \to \frac{\pi}{2}} \tan x$ 不存在，所以积分发散.

5.4.3 习题解答

1. 计算下列反常积分.

(1) $\int_1^{+\infty} \frac{1}{x^3} \, dx$;

(2) $\int_0^{-\infty} e^{3x} \, dx$;

(3) $\int_0^{+\infty} x e^{-x^2} \, dx$;

(4) $\int_1^{+\infty} \frac{\ln x}{x^2} \, dx$;

(5) $\int_{-1}^1 \frac{1}{\sqrt{1-x^2}} \, dx$;

(6) $\int_0^1 \ln x \, dx$;

(7) $\int_1^2 \dfrac{1}{(x-1)^\alpha}\mathrm{d}x (0<\alpha<1)$;　(8) $\int_{-\infty}^{+\infty} \dfrac{1}{x^2+2x+2}\mathrm{d}x$.

解　(1) $\int_1^{+\infty} \dfrac{1}{x^3}\mathrm{d}x = -\dfrac{1}{2}x^{-2}\Big|_1^{+\infty} = \lim\limits_{x\to+\infty} -\dfrac{1}{2x^2}+\dfrac{1}{2} = \dfrac{1}{2}$;

(2) $\int_0^{-\infty} \mathrm{e}^{3x}\mathrm{d}x = \dfrac{1}{3}\int_0^{-\infty} \mathrm{e}^{3x}\mathrm{d}3x = \dfrac{1}{3}\mathrm{e}^{3x}\Big|_0^{-\infty} = \lim\limits_{x\to-\infty} \dfrac{1}{3}\mathrm{e}^{3x}-\dfrac{1}{3} = -\dfrac{1}{3}$;

(3) $\int_0^{+\infty} x\mathrm{e}^{-x^2}\mathrm{d}x = -\dfrac{1}{2}\int_0^{+\infty} \mathrm{e}^{-x^2}\mathrm{d}(-x^2) = -\dfrac{1}{2}\mathrm{e}^{-x^2}\Big|_0^{+\infty}$

$$= \lim\limits_{x\to+\infty} -\dfrac{1}{2}\mathrm{e}^{-x^2}+\dfrac{1}{2} = \dfrac{1}{2};$$

(4) $\int_1^{+\infty} \dfrac{\ln x}{x^2}\mathrm{d}x = -\int_1^{+\infty} \ln x\,\mathrm{d}x^{-1} = -\dfrac{\ln x}{x}\Big|_1^{+\infty} + \int_1^{+\infty} \dfrac{1}{x}\mathrm{d}\ln x$

$$= -\dfrac{\ln x}{x}\Big|_1^{+\infty} - \dfrac{1}{x}\Big|_1^{+\infty} = \lim\limits_{x\to+\infty} -\dfrac{\ln x}{x}+\dfrac{\ln 1}{1} - \lim\limits_{x\to+\infty}\dfrac{1}{x}+1$$

$$= \lim\limits_{x\to+\infty} -\dfrac{\dfrac{1}{x}}{1}+0-0+1 = 1;$$

(5) $\lim\limits_{x\to 1}\dfrac{1}{\sqrt{1-x^2}} = \infty$, $\lim\limits_{x\to-1}\dfrac{1}{\sqrt{1-x^2}} = \infty$, 所以 $x=1, x=-1$ 为瑕点,

　　原式 $= \arcsin x\Big|_{-1^+}^{1^-} = \lim\limits_{x\to1^-}\arcsin x - \lim\limits_{x\to-1^+}\arcsin x = \pi$;

(6) $x=0$ 为瑕点, 所以

原式 $= x\ln x\Big|_{0^+}^1 - \int_0^1 x\cdot\dfrac{1}{x}\mathrm{d}x = x\ln x\Big|_{0^+}^1 - x\Big|_0^1 = 0 - \lim\limits_{x\to0^+}\ln x\cdot x - 1 = -1$;

(7) $x=1$ 为瑕点, 所以

原式 $= \dfrac{1}{1-\alpha}(x-1)^{1-\alpha}\Big|_{1^+}^2 = \dfrac{1}{1-\alpha} - \dfrac{1}{1-\alpha}\lim\limits_{x\to1^+}(x-1)^{1-\alpha} = \dfrac{1}{1-\alpha}$;

(8) $\int_{-\infty}^{+\infty} \dfrac{1}{x^2+2x+2}\mathrm{d}x = \int_{-\infty}^{+\infty} \dfrac{1}{(x+1)^2+1}\mathrm{d}(x+1)$

$= \arctan(x+1)\Big|_{-\infty}^{+\infty} = \lim\limits_{x\to+\infty}\arctan(x+1) - \lim\limits_{x\to-\infty}\arctan(x+1) = \pi$.

2. 讨论反常积分 $\int_e^{+\infty} \dfrac{1}{x\ln^k x}\mathrm{d}x$ 的敛散性, k 为常数.

解　当 $k=1$ 时, $\int_e^{+\infty} \dfrac{1}{x\ln x}\mathrm{d}x = \int_e^{+\infty} \dfrac{1}{\ln x}\mathrm{d}\ln x = \ln\ln x\Big|_e^{+\infty}$

$$= \lim\limits_{x\to+\infty}\ln\ln x - 0 = +\infty,$$

当 $k\neq1$ 时, $\int_e^{+\infty} \dfrac{1}{x\ln^k x}\mathrm{d}x = \int_e^{+\infty} \dfrac{1}{\ln^k x}\mathrm{d}\ln x = \dfrac{\ln^{1-k}x}{1-k}\Big|_e^{+\infty} = \begin{cases} \dfrac{1}{k-1}, & k>1, \\ \infty, & k<1, \end{cases}$

所以当 $k \leqslant 1$ 时，$\displaystyle\int_{e}^{+\infty} \frac{1}{x \ln^k x}$ 发散，当 $k > 1$ 时，$\displaystyle\int_{e}^{+\infty} \frac{1}{x \ln^k x}$ 收敛.

3. 计算由曲线 $y = \dfrac{1}{x^2 + 2x + 2}$ $(x \geqslant 0)$，直线 $x = 0$ 和 $y = 0$ 所围成的无界图形的面积.

解 根据几何意义，$A = \displaystyle\int_{0}^{+\infty} \frac{1}{x^2 + 2x + 2} \mathrm{d}x = \int_{0}^{+\infty} \frac{1}{(x+1)^2 + 1} \mathrm{d}(x+1)$

$$= \arctan(x+1) \Big|_{0}^{+\infty} = \lim_{x \to +\infty} \arctan(x+1) - \arctan 1 = \frac{\pi}{2} - \frac{\pi}{4} = \frac{\pi}{4}.$$

5.5 定积分的元素法及其在几何学上的应用

5.5.1 知识点分析

1. 元素法思想方法

①建立坐标系，确定积分变量及其变化范围；②任取小区间，求出所求量的元素；③对量的元素在变化范围内积分，并求解.

2. 求平面图形的面积

1) 直角坐标系下计算

X 型区域：由曲线 $y = f_1(x)$，$y = f_2(x)$ 与直线 $x = a$，$x = b$ 围成（图 5.7）. 图形的面积元素 $\mathrm{d}A = |f_1(x) - f_2(x)| \mathrm{d}x$，面积为

$$A = \int_{a}^{b} |f_1(x) - f_2(x)| \mathrm{d}x.$$

Y 型区域：由曲线 $x = g_1(y)$，$x = g_2(y)$ 与直线 $y = c$，$y = d$ 围成（图 5.8）. 图形的面积元素 $\mathrm{d}A = |g_1(y) - g_2(y)| \mathrm{d}y$，面积为

$$A = \int_{c}^{d} |g_1(y) - g_2(y)| \mathrm{d}y.$$

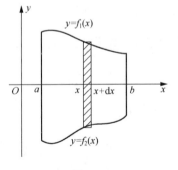

图 5.7

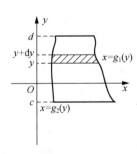

图 5.8

2) 极坐标系下计算

由曲线 $\rho=\rho_1(\theta)$，$\rho=\rho_2(\theta)$ 及射线 $\theta=\alpha$，$\theta=\beta$ 围成的图形（图5.9）. 其面积元素 $\mathrm{d}A=\dfrac{1}{2}\left|\rho_2^2(\theta)-\rho_1^2(\theta)\right|\mathrm{d}\theta$，面积为 $A=\dfrac{1}{2}\displaystyle\int_\alpha^\beta\left|\rho_2^2(\theta)-\rho_1^2(\theta)\right|\mathrm{d}\theta$.

由曲线 $\rho=\rho(\theta)$ 及射线 $\theta=\alpha$，$\theta=\beta$ 围成的图形（图5.10）. 其面积元素 $\mathrm{d}A=\dfrac{1}{2}\rho^2(\theta)\mathrm{d}\theta$，面积为 $A=\dfrac{1}{2}\displaystyle\int_\alpha^\beta\rho^2(\theta)\mathrm{d}\theta$.

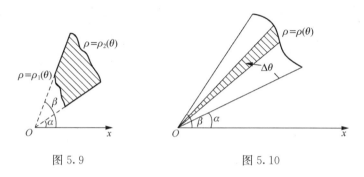

图 5.9 图 5.10

由包含原点的封闭曲线 $\rho=\rho(\theta)$ 围成的图形（图5.11）. 其面积元素 $\mathrm{d}A=\dfrac{1}{2}\rho^2(\theta)\mathrm{d}\theta$，面积为

$$A=\frac{1}{2}\int_\alpha^{2\pi}\rho^2(\theta)\mathrm{d}\theta.$$

图 5.11

3. 求立体的体积

1) 已知截面面积的立体的体积

立体在 $x=a$，$x=b$ 两个平行平面之间，过任意一点 x 做垂直 x 轴的截面，截面面积为 $A(x)$（图5.12），则立体的体积元素为 $\mathrm{d}V=A(x)\mathrm{d}x$，体积为 $V=\displaystyle\int_a^b A(x)\mathrm{d}x$.

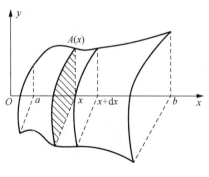

图 5.12

2) 旋转体的体积

绕 x 轴旋转：连续曲线 $y=f(x)$、直线 $x=a$、$x=b$ 及 x 轴所围成的曲边梯形绕 x 轴旋转一周而成的旋转体（图5.13），其体积元素 $\mathrm{d}V=\pi[f(x)]^2\mathrm{d}x$，体积公式 $V=\pi\displaystyle\int_a^b[f(x)]^2\mathrm{d}x$.

绕 y 轴旋转：连续曲线 $x=\varphi(y)$，直线 $y=c$、$y=d$ 及 y 轴所围成的曲边

梯形绕 y 轴旋转一周的旋转体（图 5.14），其体积元素 $\mathrm{d}V = \pi[\varphi(y)]^2\,\mathrm{d}y$，体积公式 $V = \pi\int_c^d[\varphi(y)]^2\,\mathrm{d}y$.

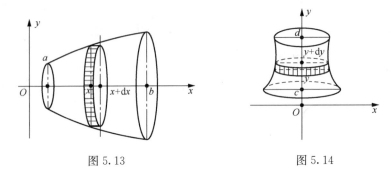

图 5.13　　　　　　　　　图 5.14

4. 求平面曲线的弧长

1) **参数方程情形**

曲线方程是 $\begin{cases} x = \varphi(t), \\ y = \psi(t), \end{cases}$ $(\alpha \leqslant t \leqslant \beta)$，则弧长

$$s = \int_\alpha^\beta \sqrt{[\varphi'(t)]^2 + [\psi'(t)]^2}\,\mathrm{d}t.$$

2) **直角坐标情形**

曲线方程是 $y = f(x), x \in [a, b]$，则弧长 $s = \int_a^b \sqrt{1 + y'^2}\,\mathrm{d}x$.

曲线方程是 $x = g(y), y \in [c, d]$，则弧长 $s = \int_c^d \sqrt{1 + x'^2}\,\mathrm{d}y$.

3) **极坐标方程情形**

曲线方程是 $\rho = \rho(\theta)$ $(\alpha \leqslant \theta \leqslant \beta)$，则弧长 $s = \int_\alpha^\beta \sqrt{\rho^2(\theta) + \rho'^2(\theta)}\,\mathrm{d}\theta$.

5.5.2　典例解析

1. 求平面图形的面积

步骤为：①画出图形，求出交点；②选择坐标系，选取积分变量及公式，写出表达式；③计算定积分，求出面积.

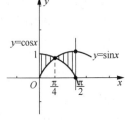

例 1　求曲线 $y = \sin x$，$y = \cos x$ 和直线 $x = 0$，$x = \dfrac{\pi}{2}$ 所围成平面图形的面积.

解　如图 5.15 所示，围成的图形可分为两个 X 型区域，选取 x 作为积分变量，面积为

图 5.15

$$A = \int_0^{\frac{\pi}{2}} |\sin x - \cos x| \, dx$$

$$= \int_0^{\frac{\pi}{4}} (\cos x - \sin x) \, dx + \int_{\frac{\pi}{4}}^{\frac{\pi}{2}} (\sin x - \cos x) \, dx$$

$$= (\sin x + \cos x) \Big|_0^{\frac{\pi}{4}} + (-\cos x - \sin x) \Big|_{\frac{\pi}{4}}^{\frac{\pi}{2}}$$

$$= 2\sqrt{2} - 2.$$

例 2 求曲线 $x = 1 - y^2$ 和直线 $y = x + 1$ 所围成平面图形的面积.

解 如图 5.16 所示，求出交点 $(0,1)$ 和 $(-3,-2)$. 图形为 Y 型区域，选取 y 作为积分变量，面积为

$$A = \int_{-2}^1 [(1 - y^2) - (y - 1)] \, dy = \int_{-2}^1 (2 - y - y^2) \, dy = \frac{9}{2}.$$

点拨 本题若采用 x 为积分变量，则有

$$A = \int_{-3}^0 [x + 1 - (-\sqrt{1-x})] \, dx + \int_0^1 [\sqrt{1-x} - (-\sqrt{1-x})] \, dx,$$

计算较麻烦. 可见，积分变量选择恰当，可以减少计算量.

例 3 求星形线 $\begin{cases} x = a\cos^3 t, \\ y = a\sin^3 t, \end{cases}$ $(a > 0)$ 所围平面图形的面积.

解 如图 5.17 所示，选取 x 作为积分变量，由对称性得

$$A = 4\int_0^a y \, dx = 12\int_{\frac{\pi}{2}}^0 a^2 \sin^3 t \cos^2 t(-\sin t) \, dt = -12a^2 \int_{\frac{\pi}{2}}^0 \sin^4 t(1 - \sin^2 t) \, dt$$

$$= 12a^2 \int_0^{\frac{\pi}{2}} (\sin^4 t - \sin^6 t) \, dt = 12a^2 \left(\frac{3!!}{4!!} \cdot \frac{\pi}{2} - \frac{5!!}{6!!} \cdot \frac{\pi}{2} \right) = \frac{3}{8}\pi a^2.$$

点拨 参数方程下求面积应先表示为直角坐标下的积分，再换元成参数 t 的积分.

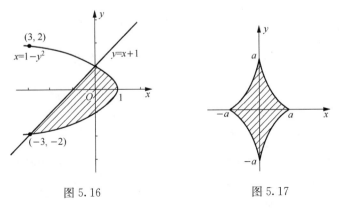

图 5.16   图 5.17

例 4 求伯努利双扭线 $\rho^2 = a^2 \sin 2\theta$ 所围图形的面积.

解 因为 $\sin 2\theta \geqslant 0$，所以取值范围为 $0 \leqslant \theta \leqslant \dfrac{\pi}{2}$ 及 $\pi \leqslant \theta \leqslant \dfrac{3\pi}{2}$. 如图 5.18

所示，由对称性可知，面积为 $A = 2\displaystyle\int_0^{\frac{\pi}{2}} \dfrac{1}{2} a^2 \sin 2\theta \mathrm{d}\theta = a^2 \left(-\dfrac{1}{2}\cos 2\theta \right) \Big|_0^{\frac{\pi}{2}} = a^2.$

点拨 曲线由极坐标表达，因此利用极坐标系下求面积的方法和公式.

2. 求立体的体积

例5 求由抛物线 $y = 2 - x^2$ 与直线 $y = x(x \geqslant 0)$，$x = 0$ 围成的平面图形绕 x 轴或 y 轴旋转一周所生成的旋转体体积.

解 如图 5.19 所示，绕 x 轴旋转的旋转体体积为

$$V_x = \pi \int_0^1 (2 - x^2)^2 \mathrm{d}x - \pi \int_0^1 x^2 \mathrm{d}x = \pi \int_0^1 (x^4 - 5x^2 + 4) \mathrm{d}x = \dfrac{38}{15}\pi.$$

如图，绕 y 轴旋转的旋转体体积为

$$V_y = \pi \int_0^1 y^2 \mathrm{d}y + \pi \int_1^2 (\sqrt{2 - y})^2 \mathrm{d}y = \dfrac{5}{6}\pi.$$

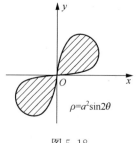

图 5.18

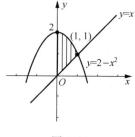

图 5.19

例6 计算底面是半径为 R 的圆，而垂直于底面上一条固定直径的所有截面都是等边三角形的立体体积.

解 如图 5.20 所示，过点 x 且垂直于 x 轴的截面是等边三角形，其边长是 $2\sqrt{R^2 - x^2}$，高是 $2\sqrt{R^2 - x^2} \cdot \dfrac{\sqrt{3}}{2}$，所以截面面积

$$A(x) = \dfrac{1}{2} \cdot 2\sqrt{R^2 - x^2} \cdot \sqrt{3}\sqrt{R^2 - x^2} = \sqrt{3}(R^2 - x^2).$$

所求立体体积为 $V = \displaystyle\int_{-R}^{R} \sqrt{3}(R^2 - x^2) \mathrm{d}x = \dfrac{4}{3}\sqrt{3}R^3.$

点拨 这类题的关键是利用已知条件求出截面面积，截面面积求出后在相应区间上积分即可.

3. 求平面曲线的弧长

例7 计算心形线 $\rho = a(1 + \cos\theta)(a > 0)$ 的长度.

解 如图 5.21 所示，曲线关于极轴对称，所以有

$$s = \int_\alpha^\beta \sqrt{\rho^2(\theta) + \rho'^2(\theta)}\, d\theta = 2\int_0^\pi \sqrt{a^2(1+\cos\theta)^2 + (-a\sin\theta)^2}\, d\theta$$

$$= 2a\int_0^\pi \sqrt{2+2\cos\theta}\, d\theta = 4a\int_0^\pi \cos\frac{\theta}{2}\, d\theta = 8a\sin\frac{\theta}{2}\Big|_0^\pi = 8a.$$

点拨 根据曲线方程的表达方式，选择相应的曲线弧长公式.

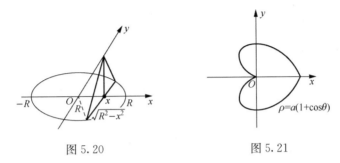

图 5.20   图 5.21

5.5.3 习题解答

1. 求由下列各曲线所围成的图形的面积.

(1) $y = \dfrac{1}{x}$ 与直线 $y = x$ 及 $x = 2$；（图 5.22）

解 取 x 为自变量，则 x 的变化范围为 $[1,2]$，任取一小段区间 $[x, x+dx] \subset [1,2]$，所以 $dA = \left(x - \dfrac{1}{x}\right)dx$，所以

$$A = \int_1^2 \left(x - \frac{1}{x}\right)dx = \left(\frac{1}{2}x^2 - \ln x\right)\Big|_1^2 = \frac{3}{2} - \ln 2;$$

(2) $y = \dfrac{1}{2}x^2$ 与 $x^2 + y^2 = 8$（两部分都要计算）（图 5.23）；

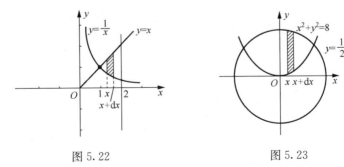

图 5.22   图 5.23

解 $\begin{cases} y = \dfrac{1}{2}x^2, \\ x^2 + y^2 = 8, \end{cases}$ 解得交点为 $(2,2),(-2,2)$，取 x 为积分变量，则 x

的变化范围为 $[-2,2]$，任取一小段区间 $[x, x+\mathrm{d}x] \subset [-2,2]$，上半部分面

积元素为 $\mathrm{d}A = \left(\sqrt{8-x^2} - \dfrac{1}{2}x^2 \right)\mathrm{d}x$，所以

$$A = \int_{-2}^{2} \left(\sqrt{8-x^2} - \frac{1}{2}x^2 \right)\mathrm{d}x = \int_{-2}^{2} \sqrt{8-x^2}\,\mathrm{d}x - \frac{1}{6}x^3 \Big|_{-2}^{2}$$

$$= \int_{-2}^{2} \sqrt{8-x^2}\,\mathrm{d}x - \frac{8}{3}$$

$$\xrightarrow{\text{令 } x = 2\sqrt{2}\sin t} \int_{-\frac{\pi}{4}}^{\frac{\pi}{4}} 2\sqrt{2}\cos t \cdot 2\sqrt{2}\cos t\,\mathrm{d}t - \frac{8}{3}$$

$$= 4\int_{-\frac{\pi}{4}}^{\frac{\pi}{4}} (1+\cos 2t)\,\mathrm{d}t - \frac{8}{3} = 2\pi + \frac{4}{3},$$

另一部分的面积为 $6\pi - \dfrac{4}{3}$；

(3) $y = \sqrt{x}$ 与 $y = x$；

解 如图 5.24 所示，$\begin{cases} y = \sqrt{x}, \\ y = x, \end{cases}$ 解得交点为 $(0,0)$，$(1,1)$，取 x 为积分

变量，则 x 的变化范围为 $[0,1]$，任取一小段区间 $[x, x+\mathrm{d}x] \subset [0,1]$，

$$\mathrm{d}A = (\sqrt{x} - x)\mathrm{d}x, \quad A = \int_0^1 (\sqrt{x} - x)\mathrm{d}x = \left(\frac{2}{3}x^{\frac{3}{2}} - \frac{1}{2}x^2 \right)\Big|_0^1 = \frac{1}{6};$$

(4) $y = \mathrm{e}^x$ 与 $y = x$ 以及 $x = 0$，$x = 2$；

解 如图 5.25 所示，取 x 为积分变量，则 x 的变化范围在 $[0,2]$，任取

一小段区间 $[x, x+\mathrm{d}x] \subset [0,2]$，

$$\mathrm{d}A = (\mathrm{e}^x - x)\mathrm{d}x, \quad 所以 A = \int_0^2 (\mathrm{e}^x - x)\mathrm{d}x = \left(\mathrm{e}^x - \frac{1}{2}x^2 \right)\Big|_0^2 = \mathrm{e}^2 - 3;$$

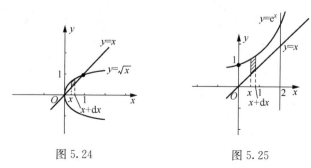

图 5.24   图 5.25

（5）$y = \sin x$ 在区间 $\left[0, \dfrac{\pi}{2}\right]$ 上的部分与直线 $x = 0$，$y = 1$；

解 如图 5.26 所示，取 y 为积分变量，则 y 的变化范围为 $[0,1]$.
任取一小段区间 $[y, y + \mathrm{d}y] \subset [0,1]$，
$\mathrm{d}A = \arcsin y\, \mathrm{d}y$，所以 $A = \displaystyle\int_0^1 \arcsin y\, \mathrm{d}y = (y \arcsin y)\Big|_0^1 - \int_0^1 \dfrac{y}{\sqrt{1 - y^2}}\mathrm{d}y$

$= (y \arcsin y)\Big|_0^1 + \dfrac{1}{2}\displaystyle\int_0^1 \dfrac{1}{\sqrt{1 - y^2}}\mathrm{d}(1 - y^2) = \dfrac{\pi}{2} - 1$；

（6）$y^2 = 4(x + 1)$ 与 $y^2 = 4(1 - x)$；

解 如图 5.27 所示，取 y 为积分变量，则 y 的变化范围为 $[-2, 2]$.

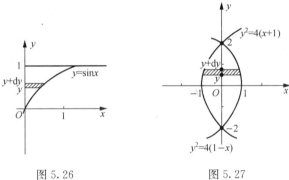

图 5.26　　　　　图 5.27

任取一小段区间 $[y, y + \mathrm{d}y] \subset [-2, 2]$，所以
$\mathrm{d}A = 2\left(1 - \dfrac{1}{4}y^2\right)\mathrm{d}y$，$A = 2\displaystyle\int_{-2}^2 \left(1 - \dfrac{1}{4}y^2\right)\mathrm{d}y = 2\left(y - \dfrac{1}{12}y^3\right)\Big|_{-2}^2 = \dfrac{16}{3}$；

（7）$y = \ln x$，$x = 0$，$y = \ln a$，$y = \ln b\,(b > a > 0)$；

解 如图 5.28 所示，取 y 为积分变量，则 y 的变化范围为 $[\ln a, \ln b]$.
任取一小段区间 $[y, y + \mathrm{d}y] \subset [\ln a, \ln b]$，所以
$$\mathrm{d}A = \mathrm{e}^y \mathrm{d}y, \quad A = \int_{\ln a}^{\ln b} \mathrm{e}^y \mathrm{d}y = \mathrm{e}^y \Big|_{\ln a}^{\ln b} = b - a；$$

（8）$y = 3 - x^2$ 与 $y = 2x$；

解 如图 5.29 所示，$\begin{cases} y = 3 - x^2, \\ y = 2x, \end{cases}$ 解得交点为 $(-3, -6)$，$(1, 2)$，取 x
为积分变量，则 x 的变化范围为 $[-3, 1]$，所以
$$A = \int_{-3}^1 (3 - x^2 - 2x)\mathrm{d}x = \left(3x - \dfrac{1}{3}x^3 - x^2\right)\Big|_{-3}^1 = \dfrac{32}{3}；$$

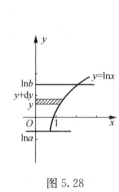

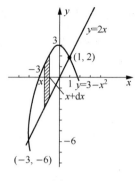

图 5.28   图 5.29

(9) $\rho = 2a\cos\theta$;

解 如图 5.30 所示，取 θ 为积分变量，变化范围为 $\left[-\dfrac{\pi}{2}, \dfrac{\pi}{2}\right]$，所以

$$dA = \frac{1}{2}(2a\cos\theta)^2 d\theta,$$

$$A = \int_{-\frac{\pi}{2}}^{\frac{\pi}{2}} dA = \int_{-\frac{\pi}{2}}^{\frac{\pi}{2}} 2a^2\cos^2\theta d\theta = a^2 \int_{-\frac{\pi}{2}}^{\frac{\pi}{2}} (1+\cos2\theta) d\theta = \pi a^2;$$

(10) $y = e^x$，$y = e^{-x}$ 与 $x = 1$;

解 如图 5.31 所示，取 x 为积分变量，则 x 的变化范围为 $[0,1]$，任取一小段区间 $[x, x+dx] \subset [0,1]$，

$$dA = (e^x - e^{-x})dx,\ \text{所以}\ A = \int_0^1 (e^x - e^{-x})dx = (e^x + e^{-x})\Big|_0^1 = \frac{1}{e} + e - 2;$$

(11) $y^2 = x$ 与 $x - y - 2 = 0$. 如图 5.32 所示.

解 $\begin{cases} y^2 = x, \\ x - y - 2 = 0, \end{cases}$ 解得交点为 $(4,2)$ 和 $(1,-1)$，取 y 为积分变量 $y \in [-1,2]$.

取一小段区间 $[y, y+dy] \subset [-1,2]$，$dA = [(y+2) - y^2]dy$，

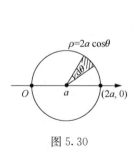

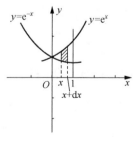

图 5.30   图 5.31

$$A = \int_{-1}^{2} (y + 2 - y^2)\,dy = \left(\frac{1}{2}y^2 + 2y - \frac{1}{3}y^3\right)\Big|_{-1}^{2} = \frac{9}{2}.$$

2. 求抛物线 $y = -x^2 + 4x - 3$ 及其在点 $(0, -3)$ 和点 $(3, 0)$ 处的切线所围成图形的面积.

解 如图 5.33 所示, $y' = -2x + 4$, 则 $y'(0) = 4, y'(3) = -2$.

过点 $(0, -3)$ 的切线 $l_1 : y = 4x - 3$; 过点 $(3, 0)$ 的切线 l_2:

$y = -2x + 6$, 联立 $\begin{cases} y = 4x - 3, \\ y = -2x + 6, \end{cases}$ 解得交点为 $\left(\frac{3}{2}, 3\right)$, 所以

$$A = \int_{0}^{\frac{3}{2}} (4x - 3 + x^2 - 4x + 3)\,dx + \int_{\frac{3}{2}}^{3} (-2x + 6 + x^2 - 4x + 3)\,dx$$

$$= \int_{0}^{\frac{3}{2}} x^2\,dx + \int_{\frac{3}{2}}^{3} (x^2 - 6x + 9)\,dx = \frac{9}{4}.$$

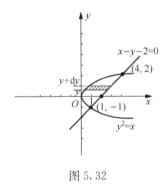

图 5.32

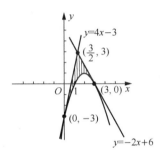

图 5.33

3. 求抛物线 $y^2 = 2px$ 及其在点 $\left(\frac{p}{2}, p\right)$ 处的法线所围成的图形的面积.

解 如图 5.34 所示, $2yy' = 2p$, 所以 $y' = \frac{p}{y}$, $y'|_{y=p} = 1$, 所以该点处法线的斜率为 -1.

所以该法线方程为 $y - p = -1\left(x - \frac{p}{2}\right)$, 即 $y = -x + \frac{3}{2}p$.

联立 $\begin{cases} y^2 = 2px, \\ y = -x + \frac{3}{2}p, \end{cases}$ 解得另一交点为 $\left(\frac{9}{2}p, -3p\right)$.

取 y 为积分为变量, y 的变化范围为 $[-3p, p]$,

$$A = \int_{-3p}^{p} \left(\frac{3}{2}p - y - \frac{y^2}{2p}\right)dy = \left(\frac{3}{2}py - \frac{1}{2}y^2 - \frac{1}{6p}y^3\right)\Big|_{-3p}^{p} = \frac{16}{3}p^2.$$

4. 从点 $(2, 0)$ 引两条直线与曲线 $y = x^3$ 相切, 求由这两条直线与曲线 $y = x^3$ 所围成图形的面积.

解 如图 5.35 所示，设切点为 (a, a^3)，$y' = 3x^2$，$y'|_{x=a} = 3x^2|_{x=a} = 3a^2$，切线方程为 $y - a^3 = 3a^2(x - a)$，即 $y = 3a^2 x - 2a^3$.

切线经过 $(2, 0)$，所以 $6a^2 = 2a^3$　解得 $a = 0$ 或 $a = 3$，所以切线方程为 $y = 0$ 和 $y = 27x - 54$，切点为 $(0, 0)$ 和 $(3, 27)$.

所以 $A = \int_0^3 x^3 \mathrm{d}x - 27 \times \dfrac{1}{2} = \dfrac{1}{4} x^4 \Big|_0^3 - \dfrac{27}{2} = \dfrac{27}{4}$.

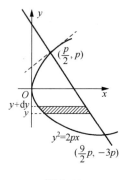

图 5.34

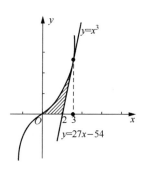

图 5.35

5. 求下列曲线所围成的图形绕指定的轴旋转而形成的旋转的体积.

(1) $y = x^2$ 与 $x = y^2$，绕 y 轴；

解 如图 5.36 所示，联立 $\begin{cases} y = x^2, \\ x = y^2, \end{cases}$ 解得交点为 $(0, 0)$ 和 $(1, 1)$.

取 y 为积分变量，则 y 的变化范围为 $[0, 1]$，任取一小段区间 $[y, y + \mathrm{d}y] \subset [0, 1]$，$\mathrm{d}V = (\pi y - \pi y^4)\mathrm{d}y$，所以

$$V = \pi \int_0^1 (y - y^4)\mathrm{d}y = \pi \left(\frac{1}{2} y^2 - \frac{1}{5} y^5 \right) \Big|_0^1 = \frac{3}{10}\pi.$$

(2) $y = x^3$，$y = 0$，$x = 2$，绕 x 轴和 y 轴；

解 如图 5.37 所示，绕 x 轴：取 x 为积分变量，则 x 的变化范围为 $[0, 2]$，任取一小段区间 $[x, x + \mathrm{d}x] \subset [0, 2]$，$\mathrm{d}V = \pi x^6 \mathrm{d}x$，所以

$$V = \int_0^2 \pi x^6 \mathrm{d}x = \frac{1}{7} \pi x^7 \Big|_0^2 = \frac{128}{7}\pi,$$

绕 y 轴：取 y 为积分变量，则 y 的变化范围为 $[0, 8]$，任取一小段区间 $[y, y + \mathrm{d}y] \subset [0, 8]$，所以 $\mathrm{d}V = \pi 4 \mathrm{d}y - \pi y^{\frac{2}{3}} \mathrm{d}y$，所以

$$V = \int_0^8 \pi (4 - y^{\frac{2}{3}})\mathrm{d}y = \pi \left(4y - \frac{3}{5} y^{\frac{5}{3}} \right) \Big|_0^8 = \frac{64}{5}\pi.$$

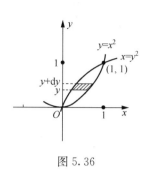 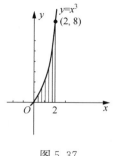

图 5.36　　　　　　　图 5.37

（3）$x^2 + (y-5)^2 = 16$，绕 x 轴.

解　如图 5.38 所示，$x^2 + (y-5)^2 = 16$，解得 $y = 5 \pm \sqrt{16-x^2}$，

上半圆方程为 $y = 5 + \sqrt{16-x^2}$，下半圆方程为 $y = 5 - \sqrt{16-x^2}$，

取 x 为积分变量，$x \in [-4,4]$，任取一小段区间 $[x, x+\mathrm{d}x] \subset [-4,4]$，

$$\mathrm{d}V = \pi(5 + \sqrt{16-x^2})^2\mathrm{d}x - \pi(5 - \sqrt{16-x^2})^2\mathrm{d}x,$$

所以 $V = \pi \displaystyle\int_{-4}^{4} \left[(5 + \sqrt{16-x^2})^2 - (5 - \sqrt{16-x^2})^2\right]\mathrm{d}x$

$\qquad = \pi \displaystyle\int_{-4}^{4} 20\sqrt{16-x^2}\mathrm{d}x \xrightarrow{\text{令}\, x = 4\sin t} \pi \int_{-\frac{\pi}{2}}^{\frac{\pi}{2}} 20 \cdot 4\cos t \cdot 4\cos t\,\mathrm{d}t$

$\qquad = 320\pi \displaystyle\int_{-\frac{\pi}{2}}^{\frac{\pi}{2}} \cos^2 t\,\mathrm{d}t = 160\pi^2$；

（4）$y = \sin x (0 \leqslant x \leqslant \pi)$，$y = 0$，绕 $y = 1$；

解　如图 5.39 所示，将图形向下平移一个单位，即求 $y = \sin x - 1$
$(0 \leqslant x \leqslant \pi)$ 和 $y = -1$ 围成的图形绕 x 轴形成的旋转体的体积：

$$V = \pi^2 - \int_0^{\pi} \pi(\sin x - 1)^2\mathrm{d}x = \pi^2 - \pi \int_0^{\pi} (\sin^2 x + 1 - 2\sin x)\mathrm{d}x = 4\pi - \frac{1}{2}\pi^2.$$

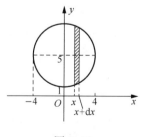 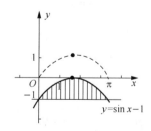

图 5.38　　　　　　　图 5.39

（5）$y = x^2$，$y = 0$，$x = 1$，$x = 2$ 绕 x 轴和 y 轴.

解 如图 5.40 所示，绕 x 轴：取 x 为积分变量，则 x 的变化范围为 $[1,2]$，任取一小段区间 $[x,x+\mathrm{d}x]\subset[1,2]$，$\mathrm{d}V=\pi x^4\mathrm{d}x$，

$$V=\int_1^2 \pi x^4 \mathrm{d}x = \pi \frac{1}{5}x^5 \Big|_1^2 = \frac{31}{5}\pi;$$

绕 y 轴：$V=16\pi - \pi - \pi \int_1^4 y\mathrm{d}y = \frac{15}{2}\pi.$

6. 求曲线 $y=\ln x$，x 轴和曲线上点 $B(\mathrm{e},1)$ 处的切线所围成的图形分别绕 x 轴和 y 轴旋转而成的旋转体的体积.

解 曲线 $y=\ln x$ 在点 $B(\mathrm{e},1)$ 处的切线为：$y-1=\frac{1}{\mathrm{e}}(x-\mathrm{e})$，即

$y=\frac{x}{\mathrm{e}}$. 如图 5.41 所示，绕 x 轴：取 x 为积分变量，则 x 的变化范围为 $[0,\mathrm{e}]$，

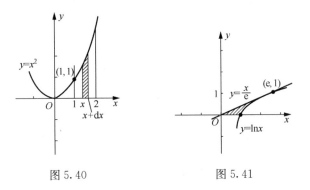

图 5.40　　　　　　图 5.41

$$V=\int_0^{\mathrm{e}} \pi \left(\frac{1}{\mathrm{e}}x\right)^2 \mathrm{d}x - \pi \int_1^{\mathrm{e}} \ln^2 x \mathrm{d}x$$

$$=\frac{\pi}{\mathrm{e}^2}\int_0^{\mathrm{e}} x^2 \mathrm{d}x - \pi \left(x \ln^2 x \Big|_1^{\mathrm{e}} - \int_1^{\mathrm{e}} x \cdot 2\ln x \cdot \frac{1}{x}\mathrm{d}x\right)$$

$$=\frac{\mathrm{e}\pi}{3} - \pi\mathrm{e} + 2\pi \int_1^{\mathrm{e}} \ln x \mathrm{d}x = \frac{\mathrm{e}\pi}{3} - \pi\mathrm{e} + 2\pi\, x\ln x \Big|_1^{\mathrm{e}} - 2\pi \int_1^{\mathrm{e}} 1\mathrm{d}x = -\frac{2\pi\mathrm{e}}{3} + 2\pi.$$

绕 y 轴：取 y 为积分变量，则 y 的变化范围为 $[0,1]$，任取一小段区间 $[y,y+\mathrm{d}y]\subset[0,1]$，$\mathrm{d}V=(\pi\mathrm{e}^{2y}-\pi\mathrm{e}^2 y^2)\mathrm{d}y$，所以

$$V=\pi \int_0^1 (\mathrm{e}^{2y}-\mathrm{e}^2 y^2)\mathrm{d}y = \frac{1}{6}\pi\mathrm{e}^2 - \frac{1}{2}\pi.$$

7. 已知曲线 $y=a\sqrt{x}(a>0)$ 与曲线 $y=\ln\sqrt{x}$ 在点 (x_0,y_0) 处有公共切线，求 (1) 常数 a 及切点 (x_0,y_0).

解 分别对 $y=a\sqrt{x}$ 和 $y=\ln\sqrt{x}$ 求导，得 $y'=\frac{a}{2\sqrt{x}}$ 和 $y'=\frac{1}{2x}$，

由于两曲线在 (x_0, y_0) 处有公共切线，所以 $\dfrac{a}{2\sqrt{x_0}} = \dfrac{1}{2x_0}$，得 $x_0 = \dfrac{1}{a^2}$；

将 $x_0 = \dfrac{1}{a^2}$ 分别代入两曲线方程，有 $y_0 = a\sqrt{\dfrac{1}{a^2}} = \dfrac{1}{2}\ln\dfrac{1}{a^2}$，

于是 $a = \dfrac{1}{e}$；$x_0 = \dfrac{1}{a^2} = e^2$，$y_0 = a\sqrt{x_0} = \dfrac{1}{e}\sqrt{e^2} = 1$ 从而切点为 $(e^2, 1)$。

（2）两曲线与 x 轴围成的平面图形的面积 S。

解 如图 5.42 所示，$S = \displaystyle\int_0^1 (e^{2y} - e^2 y^2)\mathrm{d}y = \dfrac{1}{2}e^{2y}\Big|_0^1 - \dfrac{1}{3}e^2 y^3\Big|_0^1$

$$= \dfrac{1}{6}e^2 - \dfrac{1}{2}.$$

8. 求下列各曲线所围成图形的公共部分的面积。

（1）$\rho = 3\cos\theta$ 及 $\rho = 1 + \cos\theta$；

解 $\begin{cases} \rho = 3\cos\theta, \\ \rho = 1 + \cos\theta, \end{cases}$ 如图 5.43 所示，解得两交点处 $\theta = \dfrac{\pi}{3}$，$\theta = -\dfrac{\pi}{3}$。

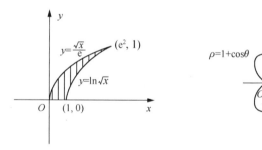

图 5.42

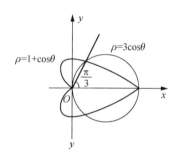

图 5.43

$$A = 2\left[\int_0^{\frac{\pi}{3}} \dfrac{1}{2}(1+\cos\theta)^2\mathrm{d}\theta + \int_{\frac{\pi}{3}}^{\frac{\pi}{2}} \dfrac{1}{2}(3\cos\theta)^2\mathrm{d}\theta\right]$$

$$= \int_0^{\frac{\pi}{3}}(1 + \cos^2\theta + 2\cos\theta)\mathrm{d}\theta + 9\int_{\frac{\pi}{3}}^{\frac{\pi}{2}}\cos^2\theta\mathrm{d}\theta = \dfrac{5}{4}\pi;$$

（2）$\rho = \sqrt{2}\sin\theta$ 及 $\rho^2 = \cos2\theta$。

解 $\begin{cases} \rho = \sqrt{2}\sin\theta, \\ \rho^2 = \cos2\theta, \end{cases}$ 如图 5.44 所示，解得交

点为 $\left(\dfrac{\sqrt{2}}{2}, \dfrac{\pi}{6}\right)$，$\left(\dfrac{\sqrt{2}}{2}, \dfrac{5\pi}{6}\right)$，

$$A = 2\left[\int_0^{\frac{\pi}{6}} \dfrac{1}{2}(\sqrt{2}\sin\theta)^2\mathrm{d}\theta + \int_{\frac{\pi}{6}}^{\frac{\pi}{4}} \dfrac{1}{2}\cos2\theta\mathrm{d}\theta\right]$$

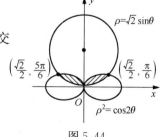

图 5.44

$$= 2\int_0^{\frac{\pi}{6}} \sin^2\theta d\theta + 2\int_{\frac{\pi}{6}}^{\frac{\pi}{4}} \frac{1}{2}\cos 2\theta d\theta$$

$$= \frac{\pi}{6} + \frac{1-\sqrt{3}}{2}.$$

9. 计算曲线 $y = \ln x$ 上相应于 $\sqrt{3} \leqslant x \leqslant \sqrt{8}$ 的一段弧.

解 $s = \int_a^b \sqrt{1+y'^2}dx = \int_{\sqrt{3}}^{\sqrt{8}} \sqrt{1+\frac{1}{x^2}}dx = \int_{\sqrt{3}}^{\sqrt{8}} \frac{\sqrt{1+x^2}}{x}dx = 1 + \frac{1}{2}\ln\frac{3}{2}.$

10. 求曲线 $\rho\theta = 1$ 相应于自 $\theta = \frac{3}{4}$ 至 $\theta = \frac{4}{3}$ 的一段弧.

解 $s = \int_{\frac{3}{4}}^{\frac{4}{3}} \sqrt{\frac{1}{\theta^2} + \frac{1}{\theta^4}}d\theta = \int_{\frac{3}{4}}^{\frac{4}{3}} \frac{1}{\theta^2}\sqrt{1+\theta^2}d\theta \xrightarrow{\theta = \tan t} \int_{\arctan\frac{3}{4}}^{\arctan\frac{4}{3}} \frac{\sec t}{\tan^2 t} \cdot \sec^2 t dt$

$$= \int_{\arctan\frac{3}{4}}^{\arctan\frac{4}{3}} \frac{1}{\cos t \sin^2 t}dt = \int_{\arctan\frac{3}{4}}^{\arctan\frac{4}{3}} \frac{1}{(1-\sin^2 t)\sin^2 t}d\sin t$$

$$= \int_{\arctan\frac{3}{4}}^{\arctan\frac{4}{3}} \left(\frac{1}{1-\sin^2 t} + \frac{1}{\sin^2 t}\right)d\sin t = \left(\frac{1}{2}\ln\left|\frac{1+\sin t}{1-\sin t}\right| - \frac{1}{\sin t}\right)\Big|_{\arctan\frac{3}{4}}^{\arctan\frac{4}{3}}$$

$$= \ln\frac{3}{2} + \frac{5}{12}.$$

5.6 定积分的元素法在物理学上的应用

5.6.1 知识点分析

定积分经常用来解决物理上的变力沿直线做功、压力、引力等问题. 其思想方法是用元素法：①建立直角坐标系，确定积分变量及其范围；②任取小区间，求出量的元素，如功元素、压力元素；③写出积分式子并求解.

5.6.2 典例解析

1. 变力做功

例 1 一形如圆台的桶盛满了液体，桶上底半径为 $1\,\mathrm{m}$，下底半径为 $2\,\mathrm{m}$，高 $3\,\mathrm{m}$，求将桶内液体吸尽所做的功（液体密度为 ρ）.

解 如图 5.45 所示，建立直角坐标系，图中直线 AB 的方程是 $y = \frac{x}{3} + 1$，介于深度为 $x\,\mathrm{m}$ 与 $x+\mathrm{d}x\,\mathrm{m}$ 之间的一层水的质量为 $\mathrm{d}m = \rho\pi\left(\frac{x}{3}+1\right)^2\mathrm{d}x$，将这层水吸到桶口所做的功近似为 $\mathrm{d}W = x \cdot g \cdot \mathrm{d}m = xg\rho\pi\left(\frac{x}{3}+1\right)^2\mathrm{d}x.$

所以 $W = \int_0^3 \mathrm{d}W = \int_0^3 xg\rho\pi\left(\dfrac{x}{3}+1\right)^2\mathrm{d}x = \dfrac{51}{4}g\rho\pi(\mathrm{J}).$

2. 水压力

例2 有一等腰梯形闸门，上底边长 10 m，与水面齐平（水密度 $\rho = 1$），下底边长 6 m，高 20 m，计算闸门的一侧所受的压力.

解 如图 5.46 所示，建立直角坐标系，直线 AB 的方程为 $y = -\dfrac{x}{10}+5$，位于 $[x,x+\mathrm{d}x]$ 的压力元素为 $\mathrm{d}P = 2\rho gx\left(5-\dfrac{x}{10}\right)\mathrm{d}x$，所以

$$P = \int_0^{20} 2\rho gx\left(5-\frac{x}{10}\right)\mathrm{d}x \approx 14\,373(\mathrm{N}).$$

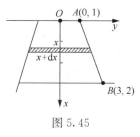

图 5.45

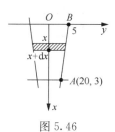

图 5.46

5.6.3 习题解答

1. 用铁锤将一铁钉击入木板，设木板对铁钉的阻力与铁钉击入木板的深度成正比，在击第一次时，将铁钉击入木板 1cm，如果铁锤每次打击铁钉所做的功相等，试问锤击第二次时，铁钉又击入多少？

解 设阻力为 F，铁钉击入木板深度为 h 时的阻力为 $F = kh$，

$$W_1 = \int_0^1 F\mathrm{d}h = \int_0^1 kh\,\mathrm{d}h = \frac{1}{2}kh^2\Big|_0^1 = \frac{1}{2}k;$$

$$W_2 = \int_1^{h_0} F\mathrm{d}h = \int_1^{h_0} kh\,\mathrm{d}h = \frac{1}{2}kh^2\Big|_1^{h_0} = \frac{1}{2}k(h_0^2-1);$$

$W_1 = W_2$，所以 $\dfrac{1}{2}k = \dfrac{1}{2}k(h_0^2-1)$，即 $h_0 = \sqrt{2}.$

所以锤击第二次时，铁钉又击入 $(\sqrt{2}-1)$ cm.

2. 一圆柱形蓄水池高为 10 m，底半径为 6 m，池内盛满了水，问要把池内的水全部吸出，需要做多少功？

解 建立坐标系如图 5.47 所示，取 x 为积分变量，则 $x \in [0,10]$，将图中阴影部分吸出需要做的功的近似值，即功元素为

$$\mathrm{d}W = 1 \cdot 36\pi \cdot gx\mathrm{d}x,$$

所以 $W = \int_0^{10} \mathrm{d}W = \int_0^{10} 36\pi gx\,\mathrm{d}x = 36\pi g \cdot \dfrac{1}{2}x^2\Big|_0^{10} = 1800\pi g \approx 55\,390\mathrm{J}.$

3. 一底为 8 m，高为 6 m 的等腰三角形，铅直地沉没在水中，顶在上，底在下且与水面平行，而顶离水面 3 m，试求该三角形侧面所受的压力.

解 建立坐标系如图 5.48 所示，取 x 为积分变量，则 $x \in [0,6]$，

阴影部分面积 $S = \dfrac{2}{3}x \cdot 2\mathrm{d}x$，压力元素 $\mathrm{d}P = \rho g(x+3) \cdot \dfrac{4}{3}x\mathrm{d}x$，

所以 $P = \displaystyle\int_0^6 \rho g(x+3) \cdot \dfrac{4}{3}x\mathrm{d}x \approx 1646.4(\mathrm{N})$.

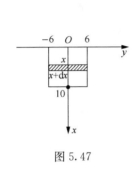

图 5.47 图 5.48

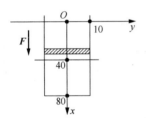

图 5.49

4. 直径为 20 cm，高为 80 cm 的圆柱体内充满压强为 $10 \mathrm{~N/cm^2}$ 的蒸汽，设温度保持不变，要使蒸汽体积缩小一半（底半径保持不变，高压缩 40 cm），问需要做多少功？

解 根据理想气体状态方程 $pV = nRT$ 知，温度保持不变，则压强与体积成反比，不妨设 $pV = k$，由题意当 $p = 10 \mathrm{~N/cm^2}$ 时，$V = 8\,000 \mathrm{~\pi cm^3}$，所以 $k = 8 \times 10^4 \pi$，设体积变化时，气体的高度为 x，如

图 5.49 所示，$x \in [0,80]$，则 $V = x \cdot S$（S 表示圆柱体的底面积），

功元素为 $\mathrm{d}W = pS\mathrm{d}x = \dfrac{k}{V}S\mathrm{d}x = \dfrac{k}{(80-x)S}S\mathrm{d}x = \dfrac{k}{80-x}\mathrm{d}x$，

$W = \displaystyle\int_0^{40} \dfrac{k}{80-x}\mathrm{d}x \approx 8 \times 10^4 \pi \ln2(\mathrm{N \cdot cm}) = 800\pi\ln2(\mathrm{J})$.

复习题 5 解答

1. 选择题.

(1) $\varphi(x)$ 在 $[a,b]$ 上连续，$f(x) = (x-b)\displaystyle\int_a^x \varphi(t)\mathrm{d}t$，则由罗尔定理，必有 $\xi \in (a,b)$，使得 $f'(\xi) = $ (B).

A. 1   B. 0   C. -1 D. $e-1$

点拨 对 $f(x)$ 验证 Rolle 的三个条件.

(2) 已知 $\int_0^x [2f(t)-1]\mathrm{d}t = f(x)-1$ 则 $f'(0) = $ (C).

A. 2   B. $2e-1$ C. 1   D. $e-1$

点拨 令 $x=0$ 得 $f(0)=1$，对等式两端求导，得 $2f(x)-1=f'(x)$，所以 $f'(0)=1$.

(3) 设定积分 $I_1 = \int_1^e \ln x \mathrm{d}x$，$I_2 = \int_1^e \ln^2 x \mathrm{d}x$，则 (D).

A. $I_2 - I_1 = 0$ B. $I_2 - 2I_1 = 0$

C. $I_2 - 2I_1 = e$ D. $I_2 + 2I_1 = e$

(4) 下列广义积分中 (B) 是收敛的.

A. $\int_{-1}^1 \frac{1}{t} \mathrm{d}t$ B. $\int_{-\infty}^0 e^t \mathrm{d}t$ C. $\int_0^{+\infty} e^t \mathrm{d}t$ D. $\int_1^{+\infty} \frac{1}{\sqrt{t}} \mathrm{d}t$

点拨 $\int_{-\infty}^0 e^t \mathrm{d}t = e^t \Big|_{-\infty}^0 = 1$.

(5) 下列积分中 (A) 是广义积分.

A. $\int_{-1}^1 \frac{1}{\sqrt{t^3}} \mathrm{d}t$ B. $\int_0^1 t \ln t \mathrm{d}t$ C. $\int_0^1 \frac{\sin t}{t} \mathrm{d}t$ D. $\int_0^1 \frac{1}{t^{-2}} \mathrm{d}t$

点拨 积分区间为无限区间或者被积函数在积分区间上无界，这样的积分称为广义积分或者反常积分. 因为 $\lim_{t\to 0} \frac{1}{\sqrt{t^3}} = \infty$，所以 $\int_{-1}^1 \frac{1}{\sqrt{t^3}} \mathrm{d}t$ 是广义积分.

(6) 设 $a > 0$，则 $\int_a^{2a} f(2a-x)\mathrm{d}x = $ (A).

A. $\int_0^a f(t)\mathrm{d}t$ B. $-\int_0^a f(t)\mathrm{d}t$

C. $2\int_0^a f(t)\mathrm{d}t$ D. $-2\int_0^a f(t)\mathrm{d}t$

点拨 $\int_a^{2a} f(2a-x)\mathrm{d}x \xrightarrow{\text{令} 2a-x=t} \int_a^0 f(t)\mathrm{d}(2a-t) = \int_0^a f(t)\mathrm{d}t$.

(7) $\int_{-a}^a x[f(x)+f(-x)]\mathrm{d}x = $ (C).

A. $4\int_0^a t f(t)\mathrm{d}t$ B. $2\int_0^a x[f(x)+f(-x)]\mathrm{d}x$

C. 0   D. 以上都不正确

点拨 函数 $x[f(x)+f(-x)]$ 是奇函数，奇函数在对称区间上积分为 0.

2. 填空题.

(1) 函数 $f(x)$ 在 $[a,b]$ 上有界是 $f(x)$ 在 $[a,b]$ 上可积的必要条件，而 $f(x)$ 在 $[a,b]$ 连续是 $f(x)$ 在 $[a,b]$ 可积的充分条件.

(2) 设 $f(5)=2$，$\int_0^5 f(x)\mathrm{d}x=3$，则 $\int_0^5 xf'(x)\mathrm{d}x=\underline{7}$.

点拨 $\int_0^5 xf'(x)\mathrm{d}x=\int_0^5 x\mathrm{d}f(x)=xf(x)\big|_0^5-\int_0^5 f(x)\mathrm{d}x=10-3=7.$

(3) $\int_{-1}^1 (x+\sqrt{1-x^2})\mathrm{d}x=\underline{\dfrac{\pi}{2}}$.

点拨 奇函数在对称区间上积分为 0，所以 $\int_{-1}^1 x\mathrm{d}x=0$，另根据定积分几何意义可知 $\int_{-1}^1 \sqrt{1-x^2}\mathrm{d}x$ 为半径为 1 的半圆面积.

(4) 设 $f(x)$，$\varphi(x)$ 在点 $x=0$ 的某邻域内连续，且当 $x\to 0$ 时，$f(x)$ 是 $\varphi(x)$ 的高阶无穷小，则当 $x\to 0$ 时，$\int_0^x f(t)\sin t\mathrm{d}t$ 是 $\int_0^x t\varphi(t)\mathrm{d}t$ 的高阶无穷小.

点拨
$$\lim_{x\to 0}\frac{\int_0^x f(t)\sin t\mathrm{d}t}{\int_0^x t\varphi(t)\mathrm{d}t}=\lim_{x\to 0}\frac{\dfrac{\mathrm{d}}{\mathrm{d}x}\int_0^x f(t)\sin t\mathrm{d}t}{\dfrac{\mathrm{d}}{\mathrm{d}x}\int_0^x t\varphi(t)\mathrm{d}t}=\lim_{x\to 0}\frac{f(x)\sin x}{x\varphi(x)}$$
$$=\lim_{x\to 0}\frac{f(x)}{\varphi(x)}=0.$$

3. 计算下列极限.

(1) $\lim\limits_{x\to a}\dfrac{x}{x-a}\int_a^x f(t)\mathrm{d}t$；

(2) $\lim\limits_{x\to 0^+}\dfrac{1}{x-\sin x}\int_0^x \dfrac{t^2}{\sqrt{1+t^2}}\mathrm{d}t$；

(3) $\lim\limits_{x\to 0}\dfrac{\int_0^{\sin^2 x}\ln(1+t)\mathrm{d}t}{\sqrt{1+x^4}-1}$；

(4) $\lim\limits_{x\to 0}\dfrac{\int_0^{x^2}\sin t\mathrm{d}t}{\int_x^0 t\ln(1+t^2)\mathrm{d}t}$.

解 (1) $\lim\limits_{x\to a}\dfrac{x}{x-a}\int_a^x f(t)\mathrm{d}t=\lim\limits_{x\to a}\dfrac{\left[x\int_a^x f(t)\mathrm{d}t\right]'}{(x-a)'}$

$\qquad=\lim\limits_{x\to a}\left[\int_a^x f(t)\mathrm{d}t+xf(x)\right]=af(a)$；

(2) $\lim\limits_{x\to 0^+}\dfrac{1}{x-\sin x}\int_0^x \dfrac{t^2}{\sqrt{1+t^2}}\mathrm{d}t=\lim\limits_{x\to 0^+}\dfrac{\dfrac{x^2}{\sqrt{1+x^2}}}{1-\cos x}=\lim\limits_{x\to 0^+}\dfrac{x^2}{1-\cos x}=2$；

(3) $\lim\limits_{x\to 0}\dfrac{\int_0^{\sin^2 x}\ln(1+t)\mathrm{d}t}{\sqrt{1+x^4}-1}=\lim\limits_{x\to 0}\dfrac{\int_0^{\sin^2 x}\ln(1+t)\mathrm{d}t}{\dfrac{1}{2}x^4}=\lim\limits_{x\to 0}\dfrac{\dfrac{\mathrm{d}}{\mathrm{d}x}\int_0^{\sin^2 x}\ln(1+t)\mathrm{d}t}{\left(\dfrac{1}{2}x^4\right)'}$

$$= \lim_{x \to 0} \frac{\ln(1 + \sin^2 x) 2 \sin x \cos x}{2x^3} = 1;$$

$$(4) \lim_{x \to 0} \frac{\int_0^{x^2} \sin t \, dt}{\int_x^0 t \ln(1 + t^2) \, dt} = \lim_{x \to 0} \frac{\dfrac{d}{dx} \int_0^{x^2} \sin t \, dt}{\dfrac{d}{dx} \int_x^0 t \ln(1 + t^2) \, dt}$$

$$= \lim_{x \to 0} \frac{2x \sin x^2}{-x \ln(1 + x^2)} = -2.$$

4. 设函数 $f(x) = \begin{cases} \dfrac{2}{x^2}(1 - \cos x), & x < 0, \\ 1, & x = 0, \\ \dfrac{1}{x} \displaystyle\int_0^x \cos t^2 \, dt, & x > 0, \end{cases}$ 试讨论 $f(x)$ 在 $x = 0$ 处的连

续性和可导性.

解 (1) 由 $\lim\limits_{x \to 0^-} \dfrac{2}{x^2}(1 - \cos x) = \lim\limits_{x \to 0^-} \dfrac{2 \cdot \frac{1}{2} x^2}{x^2} = 1$, $\lim\limits_{x \to 0^+} \dfrac{1}{x} \displaystyle\int_0^x \cos t^2 \, dt =$

$\lim\limits_{x \to 0^+} \dfrac{\cos x^2}{1} = 1, f(0^+) = f(0^-) = f(0)$, 所以函数 $f(x)$ 在 $x = 0$ 处连续;

(2) 分别求 $f(x)$ 在 $x = 0$ 处的左、右导数.

$$f'_-(0) = \lim_{x \to 0^-} \frac{\dfrac{2}{x^2}(1 - \cos x) - 1}{x} = \lim_{x \to 0^-} \frac{2(1 - \cos x) - x^2}{x^3}$$

$$= \lim_{x \to 0^-} \frac{2 \sin x - 2x}{3x^2} = \lim_{x \to 0^-} \frac{2 \cos x - 2}{6x} = \lim_{x \to 0^-} \frac{-\sin x}{3} = 0;$$

$$f'_+(0) = \lim_{x \to 0^+} \frac{\dfrac{1}{x} \displaystyle\int_0^x \cos t^2 \, dt - 1}{x} = \lim_{x \to 0^+} \frac{\displaystyle\int_0^x \cos t^2 \, dt - x}{x^2}$$

$$= \lim_{x \to 0^+} \frac{\cos x^2 - 1}{2x} = \lim_{x \to 0^+} \frac{-\frac{1}{2} x^4}{2x} = 0;$$

所以 $f'_-(0) = f'_+(0) = 0$, 从而 $f(x)$ 在 $x = 0$ 处可导, 且 $f'(0) = 0$.

5. 确定常数 a, b, c 的值, 使 $\lim\limits_{x \to 0} \dfrac{ax - \sin x}{\displaystyle\int_b^x \dfrac{\ln(1 + t^3)}{t} \, dt} = c(c \neq 0)$.

解 因为 $\lim\limits_{x \to 0}(ax - \sin x) = 0$, $\lim\limits_{x \to 0} \dfrac{ax - \sin x}{\displaystyle\int_b^x \dfrac{\ln(1 + t^3)}{t} \, dt} = c(c \neq 0)$,

所以 $\lim\limits_{x \to 0} \displaystyle\int_b^x \dfrac{\ln(1 + t^3)}{t} \, dt = 0$, 所以 $b = 0$, 又因为

$$\lim_{x \to 0} \frac{ax - \sin x}{\int_b^x \frac{\ln(1+t^3)}{t}\mathrm{d}t} = \lim_{x \to 0} \frac{(ax - \sin x)'}{\frac{\mathrm{d}}{\mathrm{d}x}\int_b^x \frac{\ln(1+t^3)}{t}\mathrm{d}t} = \lim_{x \to 0} \frac{a - \cos x}{\frac{\ln(1+x^3)}{x}} =$$

$$\lim_{x \to 0} \frac{a - \cos x}{x^2} = c，\text{所以必有 } a = 1, c = \frac{1}{2}.$$

6. 计算下列积分.

解 （1）令 $x = \sin t$，则

$$\int_{\frac{1}{\sqrt{2}}}^1 \frac{\sqrt{1-x^2}}{x^2}\mathrm{d}x = \int_{\frac{\pi}{4}}^{\frac{\pi}{2}} \frac{\cos t}{\sin^2 t}\cos t \mathrm{d}t = \int_{\frac{\pi}{4}}^{\frac{\pi}{2}} \frac{1 - \sin^2 t}{\sin^2 t}\mathrm{d}t$$

$$= \int_{\frac{\pi}{4}}^{\frac{\pi}{2}} (\csc^2 t - 1)\mathrm{d}t = (-\cot t - t)\Big|_{\frac{\pi}{4}}^{\frac{\pi}{2}} = 1 - \frac{\pi}{4};$$

（2）$\displaystyle\int_0^{16} \frac{1}{\sqrt{x+9} - \sqrt{x}}\mathrm{d}x = \frac{1}{9}\int_0^{16} (\sqrt{x+9} + \sqrt{x})\mathrm{d}x$

$$= \frac{1}{9}\left[\frac{2}{3}(x+9)^{\frac{3}{2}} + \frac{2}{3}x^{\frac{3}{2}}\right]\Big|_0^{16} = 12;$$

（3）$\displaystyle\int_{-\frac{\pi}{2}}^{\frac{\pi}{2}} (x^4 - x + 1)\sin x \mathrm{d}x = \int_{-\frac{\pi}{2}}^{\frac{\pi}{2}} (x^4\sin x - x\sin x + \sin x)\mathrm{d}x$

$$\xrightarrow{\text{奇偶性}} \int_{-\frac{\pi}{2}}^{\frac{\pi}{2}} -x\sin x \mathrm{d}x = \int_{-\frac{\pi}{2}}^{\frac{\pi}{2}} x\mathrm{d}\cos x = x\cos x\Big|_{-\frac{\pi}{2}}^{\frac{\pi}{2}} - \int_{-\frac{\pi}{2}}^{\frac{\pi}{2}} \cos x \mathrm{d}x$$

$$= -\sin x\Big|_{-\frac{\pi}{2}}^{\frac{\pi}{2}} = -2;$$

（4）$\displaystyle\int_0^1 x\arctan\sqrt{x}\mathrm{d}x \xrightarrow{\sqrt{x}=t} \int_0^1 t^2\arctan t \mathrm{d}t^2 = 2\int_0^1 t^3\arctan t \mathrm{d}t$

$$= \frac{1}{2}\int_0^1 \arctan t \mathrm{d}t^4 = \frac{1}{2}t^4\arctan t\Big|_0^1 - \frac{1}{2}\int_0^1 t^4 \frac{1}{1+t^2}\mathrm{d}t$$

$$= \frac{1}{2}\cdot\frac{\pi}{4} - \frac{1}{2}\int_0^1 \frac{t^4 - 1 + 1}{1+t^2}\mathrm{d}t = \frac{\pi}{8} - \frac{1}{2}\int_0^1 \frac{(t^2-1)(t^2+1)+1}{1+t^2}\mathrm{d}t$$

$$= \frac{\pi}{8} - \frac{1}{2}\int_0^1 \left(t^2 - 1 + \frac{1}{1+t^2}\right)\mathrm{d}t = \frac{1}{3};$$

（5）$\displaystyle\int_0^{\frac{\pi}{2}} \frac{x + \sin x}{1 + \cos x}\mathrm{d}x = \int_0^{\frac{\pi}{2}} \frac{x}{1 + \cos x}\mathrm{d}x + \int_0^{\frac{\pi}{2}} \frac{\sin x}{1 + \cos x}\mathrm{d}x$

$$= \int_0^{\frac{\pi}{2}} \frac{x}{2\cos^2 \frac{x}{2}}\mathrm{d}x + \int_0^{\frac{\pi}{2}} \frac{\sin x}{1 + \cos x}\mathrm{d}x$

$$= \frac{1}{2}\int_0^{\frac{\pi}{2}} x\sec^2 \frac{x}{2}\mathrm{d}x - \int_0^{\frac{\pi}{2}} \frac{1}{1 + \cos x}\mathrm{d}(1 + \cos x)$$

$$= \int_0^{\frac{\pi}{2}} x\mathrm{d}\tan\frac{x}{2} - \ln(1 + \cos x)\Big|_0^{\frac{\pi}{2}} = \left(x\tan\frac{x}{2}\right)\Big|_0^{\frac{\pi}{2}} - \int_0^{\frac{\pi}{2}} \tan\frac{x}{2}\mathrm{d}x + \ln 2$$

$$= \frac{\pi}{2} + 2\ln \left| \cos \frac{x}{2} \right| \Big|_0^{\frac{\pi}{2}} + \ln 2 = \frac{\pi}{2} + 2\ln \frac{\sqrt{2}}{2} + \ln 2 = \frac{\pi}{2};$$

$$(6) \int_0^{\frac{\pi}{2}} \frac{1}{1+\cos^2 x} dx = \int_0^{\frac{\pi}{2}} \frac{1}{1+\frac{1+\cos 2x}{2}} dx = 2\int_0^{\frac{\pi}{2}} \frac{1}{3+\cos 2x} dx$$

$$\xlongequal{\tan x = t} 2\int_0^{+\infty} \frac{1}{3+\frac{1-t^2}{1+t^2}} d(\arctan t) = \int_0^{+\infty} \frac{1}{t^2+2} dt$$

$$= \frac{1}{\sqrt{2}} \arctan \frac{t}{\sqrt{2}} \Big|_0^{+\infty} = \frac{\sqrt{2}}{4}\pi;$$

$$(7) \int_1^4 \frac{1}{x(1+\sqrt{x})} dx \xlongequal{\sqrt{x}=t} \int_1^2 \frac{2t}{t^2(1+t)} dt = 2\int_1^2 \frac{1}{t(1+t)} dt$$

$$= 2\int_1^2 \left(\frac{1}{t} - \frac{1}{1+t} \right) dt = 2[\ln t - \ln(1+t)] \Big|_1^2 = 4\ln 2 - 2\ln 3;$$

$$(8) \int_{-\frac{1}{2}}^{\frac{1}{2}} \frac{x \arcsin x}{\sqrt{1-x^2}} dx \xlongequal{x=\sin t} \int_{-\frac{\pi}{6}}^{\frac{\pi}{6}} \frac{\sin t \cdot t}{\cos t} d\sin t = \int_{-\frac{\pi}{6}}^{\frac{\pi}{6}} \sin t \cdot t dt$$

$$= -\int_{-\frac{\pi}{6}}^{\frac{\pi}{6}} t d\cos t = -t\cos t \Big|_{-\frac{\pi}{6}}^{\frac{\pi}{6}} + \int_{-\frac{\pi}{6}}^{\frac{\pi}{6}} \cos t dt = 1 - \frac{\sqrt{3}\pi}{6};$$

$$(9) \int_0^{+\infty} x e^{-2x^2} dx = -\frac{1}{4} \int_0^{+\infty} e^{-2x^2} d(-2x^2) = -\frac{1}{4} e^{-2x^2} \Big|_0^{+\infty}$$

$$= \lim_{x \to +\infty} -\frac{1}{4} e^{-2x^2} + \frac{1}{4} = \frac{1}{4};$$

$$(10) \int_1^e \frac{1}{x\sqrt{1-\ln^2 x}} dx = \int_1^e \frac{1}{\sqrt{1-\ln^2 x}} d\ln x = \arcsin \ln x \Big|_1^e = \frac{\pi}{2};$$

$$(11) \int_0^{2\pi} e^{2x} \cos x dx = \frac{1}{2} \int_0^{2\pi} \cos x \, de^{2x} = \frac{1}{2} \cos x e^{2x} \Big|_0^{2\pi} - \frac{1}{2} \int_0^{2\pi} e^{2x} d\cos x$$

$$= \frac{1}{2} e^{4\pi} - \frac{1}{2} + \frac{1}{2} \int_0^{2\pi} e^{2x} \sin x dx = \frac{1}{2} e^{4\pi} - \frac{1}{2} + \frac{1}{4} \int_0^{2\pi} \sin x \, de^{2x}$$

$$= \frac{1}{2} e^{4\pi} - \frac{1}{2} + \frac{1}{4} \sin x e^{2x} \Big|_0^{2\pi} - \frac{1}{4} \int_0^{2\pi} e^{2x} d\sin x = \frac{1}{2} e^{4\pi} - \frac{1}{2} - \frac{1}{4} \int_0^{2\pi} e^{2x} \cos x dx,$$

移项得 $\int_0^{2\pi} e^{2x} \cos x dx = \frac{2}{5} e^{4\pi} - \frac{2}{5};$

$$(12) \int_{\frac{1}{e}}^e |\ln x| dx = \int_{\frac{1}{e}}^1 -\ln x dx + \int_1^e \ln x dx$$

$$= -\ln x \cdot x \Big|_{\frac{1}{e}}^1 + \int_{\frac{1}{e}}^1 x \frac{1}{x} dx + \ln x \cdot x \Big|_1^e - \int_1^e x \frac{1}{x} dx = 2\left(1 - \frac{1}{e}\right);$$

$$(13) \int_{-\infty}^{\frac{2}{\pi}} \frac{1}{x^2} \sin \frac{1}{x} dx = \int_{-\infty}^0 \frac{1}{x^2} \sin \frac{1}{x} dx + \int_0^{\frac{2}{\pi}} \frac{1}{x^2} \sin \frac{1}{x} dx, 因为 \int_0^{-\infty} \sin \frac{1}{x} d\frac{1}{x} =$$

$\cos\dfrac{1}{x}\Big|_{-\infty}^{0}$ 不存在，所以原积分发散。

（14）因为 $\lim\limits_{x\to 1}\dfrac{x}{\sqrt{x-1}}=\infty$，所以 $x=1$ 为被积函数的瑕点，所以

$$\int_1^2\frac{x}{\sqrt{x-1}}\mathrm{d}x\xrightarrow{\sqrt{x-1}=t}\int_0^1\frac{t^2+1}{t}\cdot 2t\mathrm{d}t=\int_0^1(2t^2+2)\mathrm{d}t$$

$$=\left(\frac{2}{3}t^3+2t\right)\Big|_0^1=\frac{8}{3}.$$

7. 设 n 为正整数，证明：$\displaystyle\int_0^\pi\sin^n x\mathrm{d}x=2\int_0^{\frac{\pi}{2}}\sin^n x\mathrm{d}x$，并进而计算 $\displaystyle\int_0^\pi\sin^5 x\mathrm{d}x$.

证明 $\displaystyle\int_{\frac{\pi}{2}}^\pi\sin^n x\mathrm{d}x\xrightarrow{x=\pi-t}\int_{\frac{\pi}{2}}^0\sin^n(\pi-t)\mathrm{d}(\pi-t)=-\int_{\frac{\pi}{2}}^0\sin^n t\mathrm{d}t$

$=\displaystyle\int_0^{\frac{\pi}{2}}\sin^n x\mathrm{d}x$，所以 $\displaystyle\int_0^\pi\sin^n x\mathrm{d}x=\int_0^{\frac{\pi}{2}}\sin^n x\mathrm{d}x+\int_{\frac{\pi}{2}}^\pi\sin^n x\mathrm{d}x=2\int_0^{\frac{\pi}{2}}\sin^n x\mathrm{d}x$，

所以 $\displaystyle\int_0^\pi\sin^5 x\mathrm{d}x=2\int_0^{\frac{\pi}{2}}\sin^5 x\mathrm{d}x=-2\int_0^{\frac{\pi}{2}}\sin^4 x\mathrm{d}\cos x$

$=-2\displaystyle\int_0^{\frac{\pi}{2}}(1-\cos^2 x)^2\mathrm{d}\cos x=-2\int_0^{\frac{\pi}{2}}(1+\cos^4 x-2\cos^2 x)\mathrm{d}\cos x$

$=-2\left(\cos x+\dfrac{1}{5}\cos^5 x-\dfrac{2}{3}\cos^3 x\right)\Big|_0^{\frac{\pi}{2}}=\dfrac{16}{15}.$

8. 求曲线 $y=x^2$，$4y=x^2$ 及直线 $y=1$ 所围图形面积.

解 如图 5.50 所示，根据图形所求阴影面积关于 y 轴对称，

取 y 为积分变量，$y\in[0,1]$，所以 $A=\displaystyle\int_0^1 2(2\sqrt{y}-\sqrt{y})\mathrm{d}y=\dfrac{4}{3}.$

9. 求由抛物线 $y^2=4ax$ 与过焦点的弦所围成的图形面积的最小值.

解 如图 5.51 所示，抛物线的焦点为 $(a,0)$，设过焦点的直线为

$y=k(x-a)$，该直线与抛物线的交点纵坐标为 $y_1=\dfrac{2a-2a\sqrt{1+k^2}}{k}$，

$y_2=\dfrac{2a+2a\sqrt{1+k^2}}{k}.$

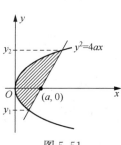

图 5.50　　　　图 5.51

面积为 $A = \int_{y_1}^{y_2} \left(a + \dfrac{y}{k} - \dfrac{y^2}{4a} \right) \mathrm{d}y = a(y_2 - y_1) + \dfrac{y_2^2 - y_1^2}{2k} - \dfrac{y_2^3 - y_1^3}{12a}$

$$= \dfrac{8a^2 (1+k^2)^{\frac{3}{2}}}{3k^3} = \dfrac{8a^2}{3} \left(1 + \dfrac{1}{k^2} \right)^{\frac{3}{2}}.$$

故面积 A 是 k 的单调递减函数，因此在 $k \to \infty$ 时，A 取得最小值，此时过焦点的直线垂直于 x 轴，即直线方程为 $x = a$，此时最小值为 $\dfrac{8}{3}a^2$.

10. 求由 $y = x^{\frac{3}{2}}$，$x = 4$，$y = 0$ 所围图形绕 y 轴旋转的旋转体的体积.

解 如图 5.52 所示，取 y 为积分变量，$y \in [0, 8]$，所以

$$V = \pi \cdot 4^2 \cdot 8 - \pi \int_0^8 y^{\frac{4}{3}} \mathrm{d}y = \dfrac{512}{7}\pi.$$

11. 半径为 r 的球沉入水中，球的上部与水面相切，球的比重与水相同，现将球从水中提出，需做多少功？

解 如图 5.53 所示建立坐标系，取 x 为积分变量，$x \in [-r, r]$，相应于小区间 $[x, x+\mathrm{d}x]$，对应薄片由 A 升至 B 在水中行为 $r+x$，在水上的行程为 $2r - (r+x) = r - x$. 由于球的比重与水相同，薄片所受浮力与重力合力为零，不做功，由水面再上升到 B 时需做功，即功元素

$$\mathrm{d}W = (r-x)[\pi y^2(x)\mathrm{d}x]g = \pi g(r-x)(r^2 - x^2)\mathrm{d}x,$$

所求功为 $W = \int_{-r}^{r} \pi g(r-x)(r^2 - x^2)\mathrm{d}x = \dfrac{4}{3}\pi g r^4.$

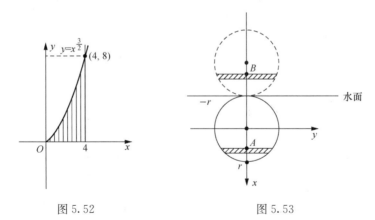

图 5.52   图 5.53

12. 若 1N 的力能使弹簧伸长 1 cm，问要使弹簧伸长 10 cm，需要花费多大的功？

解 弹簧在拉伸过程中，需要的力与单位伸长量成正比，即 $F = ks$，因为 $F = 1$N 时，$s = 0.01$ m，所以 $k = 100$，要使弹簧伸长 10 cm，所以，所求

功为 $W = \int_0^{0.1} 100s\,\mathrm{d}s = 0.5(\mathrm{J}).$

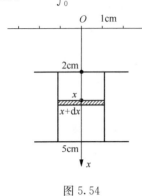

图 5.54

13. 设有一矩形闸门，宽 2 cm，高 3 cm，闸门上沿在水面以下 2 cm 处，求闸门一侧所受的水压力.

解　如图 5.54 所示，建立直角坐标系，取 x 为积分变量，$x \in [0.02, 0.05]$，位于 $[x, x+\mathrm{d}x]$ 的压力元素为 $\mathrm{d}P = \rho g x \cdot 0.02\mathrm{d}x$，所以 $P = \int_{0.02}^{0.05} \rho g x \cdot 0.02\mathrm{d}x$

$\qquad = 2.058 \times 10^{-4} (\mathrm{N}).$

单元练习 A

1. 下列反常积分收敛的是（　　　）.

　A. $\int_0^{+\infty} \mathrm{e}^x \mathrm{d}x$　　　　　　　B. $\int_e^{+\infty} \frac{1}{x\ln x} \mathrm{d}x$

　C. $\int_1^{+\infty} \frac{1}{\sqrt{x}} \mathrm{d}x$　　　　　　　D. $\int_1^{+\infty} x^{-\frac{3}{2}} \mathrm{d}x$

2. 设 $f(x) = \int_x^{\frac{\pi}{2}} \frac{\sin t}{t} \mathrm{d}t$，则 $f'(x) = $ _____.

3. $\lim\limits_{x \to 0} \dfrac{\int_0^x \cos t^2 \mathrm{d}t}{x} = $ _____.

4. 已知 $\int_0^x f(t)\mathrm{d}t = \sin^2 x$，则 $f(x) = $ _____.

5. 定积分 $\int_{-1}^1 \frac{\sin x}{1+x^2} \mathrm{d}x = $ _____.

6. 反常积分 $\int_1^{+\infty} \frac{1}{x^3} \mathrm{d}x$ 收敛_____.（填收敛或发散）

7. 设 $p > 0$，则当_____时（填 p 的取值范围），广义积分 $\int_1^{+\infty} \frac{1}{x^p} \mathrm{d}x$ 收敛.

8. 求定积分 $\int_0^{\ln 2} \sqrt{\mathrm{e}^x - 1}\mathrm{d}x.$

9. 求定积分 $\int_1^e x\ln x \mathrm{d}x.$

10. 求定积分 $\displaystyle\int_1^{16} \frac{1}{\sqrt{x} + \sqrt[4]{x}} \mathrm{d}x$.

11. 求定积分 $\displaystyle\int_{-1}^0 \frac{1}{x^2 + 2x + 2} \mathrm{d}x$.

12. 已知某一汽车以 $v(t) = (3t + 5)\mathrm{m/s}$ 做直线运动，试用定积分表示汽车在时间 $T_1 = 1\mathrm{s}$，$T_2 = 3\mathrm{s}$ 期间所经过的路程 s，并计算 s 的值.

13. 求由 $y^2 = 2x + 1$ 与 $x - y - 1 = 0$ 所围图形的面积.

14. 求 $y = \mathrm{e}^x$，$y = \sin x$，$x = 0$，$x = 1$ 所围成图形绕 x 轴旋转一周而成的旋转体的体积.

单元练习 B

1. 求极限 $\displaystyle\lim_{n \to \infty} \sin \frac{\pi}{n} \left(\cos^2 \frac{\pi}{n} + \cos^2 \frac{2\pi}{n} + \cdots + \cos^2 \frac{n\pi}{n} \right)$.

2. 已知 $\sin x - \displaystyle\int_1^{y-x} \mathrm{e}^{-u^2} \mathrm{d}u = 0$，求 $\dfrac{\mathrm{d}y}{\mathrm{d}x}$.

3. 已知 $f(x) = \displaystyle\int_0^x \cos(x - t)^2 \mathrm{d}t$，求 $f'(x)$.

4. $f(x) = \begin{cases} x + 1 & x \leqslant 1, \\ \dfrac{1}{2}x^2 & x > 1, \end{cases}$ 求 $\displaystyle\int_0^2 f(x)\mathrm{d}x$，及 $\varphi(x) = \displaystyle\int_0^x f(x)\mathrm{d}x$.

5. 设 $f(x)$ 在 $[0,1]$ 上连续，$f(x) < 1$，$F(x) = 2x - 1 - \displaystyle\int_0^x f(t)\mathrm{d}t$，证明：$F(x) = 0$ 在 $(0,1)$ 内只有一个根.

6. 求定积分.

(1) $\displaystyle\int_{-\frac{3\pi}{4}}^{\frac{3\pi}{4}} \sqrt{1 + \cos 2x}(1 + \arctan x)\mathrm{d}x$； (2) $\displaystyle\int_0^{2n\pi} \sqrt{1 + \sin x}\,\mathrm{d}x$ $(n \in N)$；

(3) $\displaystyle\int_0^{\frac{\pi}{4}} \ln(1 + \tan x)\mathrm{d}x$； (4) $\displaystyle\int_{-1}^1 \frac{\mathrm{d}x}{x(x + 2)}$.

7. 过曲线 $y = \sqrt{x}$ 上一点 $(t, \sqrt{t})$ 作切线 l，问 t 取何值时，使该曲线与切线 l 及直线 $x = 0, x = 2$ 所围成的平面图形面积最小，并求出此最小面积.

8. 把星形线 $x^{\frac{2}{3}} + y^{\frac{2}{3}} = a^{\frac{2}{3}}$ 所围成的图形绕 x 轴旋转，计算所得旋转体的体积.

9. 设有一薄板，如图 5.55 所示，其边

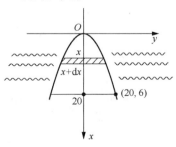

图 5.55

缘为一抛物线，垂直沉入水中，顶点恰在水平面上，试求薄板所受的静压力.

    10. 横截面面积为 S，深为 h 的水池装满水，其中 S，h 为常数，水密度 $\rho = 1$ 若将水全部抽到距原水面高为 H 的水塔则需做多少功？

单元练习 A 答案

1. D   2. $-\dfrac{\sin x}{x}$ 3. 1   4. $\sin 2x$ 5. 0   6. 收敛   7. $p > 1$

8. **解** 令 $\sqrt{e^x - 1} = t$，则 $x = \ln(t^2 + 1)$，

$$\int_0^{\ln 2} \sqrt{e^x - 1}\,dx = \int_0^1 \frac{2t^2}{t^2 + 1}\,dt = 2\int_0^1 \left(1 - \frac{1}{t^2 + 1}\right)dt$$

$$= 2\left(t - \arctan t\right)\Big|_0^1 = 2 - \frac{\pi}{2}.$$

9. **解** $\displaystyle\int_1^e x\ln x\,dx = \frac{1}{2}\int_1^e \ln x\,dx^2 = \frac{1}{2}(x^2 \ln x)\Big|_1^e - \frac{1}{2}\int_1^e x\,dx$

$$= \frac{e^2}{2} - \frac{1}{4}x^2\Big|_1^e = \frac{1}{4} + \frac{e^2}{4}.$$

10. **解** 令 $\sqrt[4]{x} = t$，则

$$\int_1^{16} \frac{1}{\sqrt{x} + \sqrt[4]{x}}\,dx = \int_1^2 \frac{4t^3}{t^2 + t}\,dt = 4\int_1^2 \frac{t^2}{t + 1}\,dt = 4\int_1^2 \left(t - 1 + \frac{1}{t + 1}\right)dt$$

$$= 4\left[\frac{1}{2}t^2 - t + \ln(t + 1)\right]\Big|_1^2 = 4\ln\frac{3}{2} + 2.$$

11. **解** $\displaystyle\int_{-1}^0 \frac{1}{x^2 + 2x + 2}\,dx = \int_{-1}^0 \frac{d(x + 1)}{(x + 1)^2 + 1} = \arctan(x + 1)\Big|_{-1}^0 = \frac{\pi}{4}.$

12. **解** 由题意可知：$s = \displaystyle\int_1^3 v(t)\,dt = \int_1^3 (3t + 5)\,dt = \left(\frac{3}{2}t^2 + 5t\right)\Big|_1^3 = 22.$

13. **解** 如图 5.56 所示，由 $\begin{cases} y^2 = 2x + 1, \\ x - y - 1 = 0, \end{cases}$ 联立解得交点 $M(0, -1)$，

$N(4, 3)$，

    方法 1：取 y 为积分变量时，$A = \displaystyle\int_{-1}^3 \left[(y + 1) - \frac{y^2 - 1}{2}\right]dy = \frac{16}{3}$；

    方法 2：取 x 为积分变量时，

$$A = \int_{-\frac{1}{2}}^0 2\sqrt{2x + 1}\,dx + \int_0^4 \left[\sqrt{2x + 1} - (x - 1)\right]dx = \frac{16}{3}.$$

14. **解** 如图 5.57 所示，

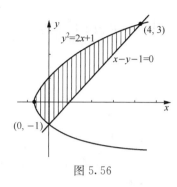

图 5.56

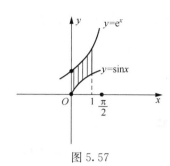

图 5.57

$$V = \int_0^1 \pi\big[(e^x)^2 - (\sin x)^2\big]\mathrm{d}x = \pi\int_0^1 e^{2x}\mathrm{d}x - \pi\int_0^1 \frac{1-\cos 2x}{2}\mathrm{d}x$$

$$= \frac{\pi}{2}\Big(e^2 - 2 + \frac{1}{2}\sin 2\Big).$$

单元练习 B 答案

1. **解** 原式 $= \lim\limits_{n\to\infty} \dfrac{1}{n}\sum\limits_{i=1}^{n} \cos^2 \dfrac{i}{n}\pi \cdot \dfrac{\sin\dfrac{\pi}{n}}{\dfrac{\pi}{n}} \cdot \pi$

$= \lim\limits_{n\to\infty} \dfrac{1}{n}\sum\limits_{i=1}^{n} \cos^2 \dfrac{i}{n}\pi \cdot \lim\limits_{n\to\infty} \dfrac{\sin\dfrac{\pi}{n}}{\dfrac{\pi}{n}} \cdot \pi = \pi\int_0^1 \cos^2 \pi x\,\mathrm{d}x = \dfrac{\pi}{2}.$

2. **解** 在等式两边对 x 求导，得 $\cos x - e^{-(y-x)^2}(y'-1) = 0$，解得

$\dfrac{\mathrm{d}y}{\mathrm{d}x} = 1 + e^{(y-x)^2}\cos x.$

3. **解** 令 $x - t = u$，即 $t = x - u$；

所以 $\displaystyle\int_0^x \cos(x-t)^2\,\mathrm{d}t = -\int_x^0 \cos u^2\,\mathrm{d}u = \int_0^x \cos u^2\,\mathrm{d}u.$

所以 $f'(x) = \dfrac{\mathrm{d}}{\mathrm{d}x}\Big(\displaystyle\int_0^x \cos u^2\,\mathrm{d}u\Big) = \cos x^2.$

4. **解** $\displaystyle\int_0^2 f(x)\mathrm{d}x = \int_0^1 f(x)\mathrm{d}x + \int_1^2 f(x)\mathrm{d}x = \int_0^1 (x+1)\mathrm{d}x + \int_1^2 \frac{1}{2}x^2\mathrm{d}x$

$$= \frac{8}{3}.\ \varphi(x) = \int_0^x f(x)\mathrm{d}x = \int_0^x f(t)\mathrm{d}t.$$

(1) 当 $x \leqslant 1$ 时，则 $\varphi(x) = \displaystyle\int_0^x f(t)\mathrm{d}t = \int_0^x (t+1)\mathrm{d}t = \frac{1}{2}x^2 + x;$

(2) 当 $x>1$ 时，则 $\varphi(x)=\int_0^x f(t)\,\mathrm{d}t=\int_0^1(t+1)\,\mathrm{d}t+\int_1^x\frac{t^2}{2}\,\mathrm{d}t=\frac{1}{6}x^3+\frac{4}{3}$.

所以 $\varphi(x)=\begin{cases}\dfrac{1}{2}x+x, & x\leqslant 1,\\[2mm]\dfrac{x^3}{6}+\dfrac{4}{3}, & x>1.\end{cases}$

5. 解 $F(x)$ 在 $[0,1]$ 上连续，$F(0)=-1<0$，$F(1)=1-\int_0^1 f(t)\,\mathrm{d}t=$ $1-f(\xi)>0$（积分中值定理），由零点定理知，至少存在 $\eta\in(0,1)$，使 $F(\eta)=0$，即 $F(x)=0$ 在 $(0,1)$ 内至少有一个根. 又 $F'(x)=2-f(x)>1>0$，所以 $F(x)$ 在 $[0,1]$ 上单调递增，所以 $F(x)=0$ 在 $(0,1)$ 内只有一个根.

6. 解 (1) 原式 $=\int_{-\frac{3\pi}{4}}^{\frac{3\pi}{4}}\sqrt{1+\cos 2x}\,\mathrm{d}x+\int_{-\frac{3\pi}{4}}^{\frac{3\pi}{4}}\sqrt{1+\cos 2x}\arctan x\,\mathrm{d}x$

$=2\int_0^{\frac{3\pi}{4}}\sqrt{1+\cos 2x}\,\mathrm{d}x+0=2\sqrt{2}\int_0^{\frac{3\pi}{4}}|\cos x|\,\mathrm{d}x$

$=2\sqrt{2}\int_0^{\frac{\pi}{2}}\cos x\,\mathrm{d}x-2\sqrt{2}\int_{\frac{\pi}{2}}^{\frac{3\pi}{4}}\cos x\,\mathrm{d}x=4\sqrt{2}-2$.

(2) 原式 $=n\int_0^{2\pi}\sqrt{1+\sin x}\,\mathrm{d}x=n\int_0^{2\pi}\sqrt{1+2\sin\frac{x}{2}\cos\frac{x}{2}}\,\mathrm{d}x$

$=n\int_0^{2\pi}\left|\sin\frac{x}{2}+\cos\frac{x}{2}\right|\,\mathrm{d}x=n\int_0^{2\pi}\sqrt{2}\left|\sin\left(\frac{x}{2}+\frac{\pi}{4}\right)\right|\,\mathrm{d}x$

$\xlongequal{\frac{x}{2}+\frac{\pi}{4}=t}2\sqrt{2}n\int_{\frac{\pi}{4}}^{\frac{5\pi}{4}}|\sin t|\,\mathrm{d}t=2\sqrt{2}n\int_0^{\pi}|\sin t|\,\mathrm{d}t=4\sqrt{2}n$.

(3) $\int_0^{\frac{\pi}{4}}\ln(1+\tan x)\,\mathrm{d}x\xlongequal{x=\frac{\pi}{4}-t}\int_{\frac{\pi}{4}}^0\ln\left[1+\tan\left(\frac{\pi}{4}-t\right)\right]\mathrm{d}\left(\frac{\pi}{4}-t\right)$

$=\int_0^{\frac{\pi}{4}}\ln\left(1+\frac{1-\tan t}{1+\tan t}\right)\mathrm{d}t=\int_0^{\frac{\pi}{4}}\ln\frac{2}{1+\tan t}\,\mathrm{d}t=\int_0^{\frac{\pi}{4}}[\ln 2-\ln(1+\tan t)]\,\mathrm{d}t$,

移项得 $\int_0^{\frac{\pi}{4}}\ln(1+\tan x)\,\mathrm{d}x=\frac{\pi}{8}\ln 2$.

(4) $x=0$ 是瑕点，原式 $=\int_{-1}^0\frac{\mathrm{d}x}{x(x+2)}+\int_0^1\frac{\mathrm{d}x}{x(x+2)}$,

$\int_{-1}^0\frac{\mathrm{d}x}{x(x+2)}=\frac{1}{2}\int_{-1}^0\left(\frac{1}{x}-\frac{1}{x+2}\right)\mathrm{d}x=\left(\frac{1}{2}\ln\left|\frac{x}{x+2}\right|\right)\Big|_{-1}^{0^-}$

$=\lim_{x\to 0}\frac{1}{2}\ln\left|\frac{x}{x+2}\right|-0=\infty$.

所以 $\int_{-1}^0\frac{\mathrm{d}x}{x(x+2)}$ 发散，从而 $\int_{-1}^1\frac{\mathrm{d}x}{x(x+2)}$ 发散.

7. **解**　如图 5.58 所示，$y' = \dfrac{1}{2\sqrt{x}}$，故 $y = \sqrt{x}$ 在点 $(t, \sqrt{t})$ 处的切线方程

为 $y - \sqrt{t} = \dfrac{1}{2\sqrt{t}}(x - t)$. 即 $y = \dfrac{1}{2\sqrt{t}}x + \dfrac{\sqrt{t}}{2}$.

由面积公式知：$S(t) = \displaystyle\int_0^2 \left[\left(\dfrac{1}{2\sqrt{t}}x + \dfrac{\sqrt{t}}{2} \right) - \sqrt{x} \right] \mathrm{d}x = \dfrac{1}{\sqrt{t}} + \sqrt{t} - \dfrac{4}{3}\sqrt{2}$,

$S'(t) = -\dfrac{1}{2}t^{-\frac{3}{2}} + \dfrac{1}{2}t^{-\frac{1}{2}}$. 解 $S'(t) = 0$ 得 $t = 1$. 因 $S''(1) > 0$，故 $t = 1$ 时，S

取得极小值也是最小值，最小面积是 $S = 2 - \dfrac{4}{3}\sqrt{2}$.

8. **解**　如图 5.59 所示，利用对称性，

$$V = 2\int_0^a \pi y^2(x)\mathrm{d}x = 2\pi \int_0^a (a^{\frac{2}{3}} - x^{\frac{2}{3}})^3 \mathrm{d}x$$

$$= 2\pi \int_0^a (a^2 - 3a^{\frac{4}{3}}x^{\frac{2}{3}} + 3a^{\frac{2}{3}}x^{\frac{4}{3}} - x^2)\mathrm{d}x = \dfrac{32}{105}\pi a^3.$$

9. **解**　建立坐标系，设抛物线方程 $y^2 = 2px$，代入 $x = 20, y = 6$，得

$p = \dfrac{9}{10}$，故 $y^2 = \dfrac{9}{5}x$. 取一薄层如图阴影部分，$\mathrm{d}F = \rho \cdot x \cdot 2y\mathrm{d}x \cdot g$,

$$F = \int_0^{20} 1 \cdot x \cdot 2y \cdot g\mathrm{d}x = 2\int_0^{20} x \cdot g \cdot \sqrt{\dfrac{9}{5}x}\mathrm{d}x \approx 18\,816.$$

10. **解**　如图 5.60 所示，建立坐标系.

$$\mathrm{d}W = \rho g S \mathrm{d}x \cdot (h + H - x)$$
$$= gS(h + H - x)\mathrm{d}x,$$
$$W = \int_0^h gS(h + H - x)\mathrm{d}x$$
$$= gS\left(\dfrac{h^2}{2} + Hh \right).$$

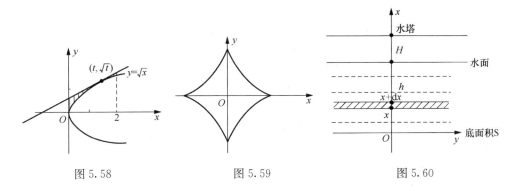

图 5.58　　　　　　　图 5.59　　　　　　　图 5.60

第 6 章

常微分方程

知识结构图

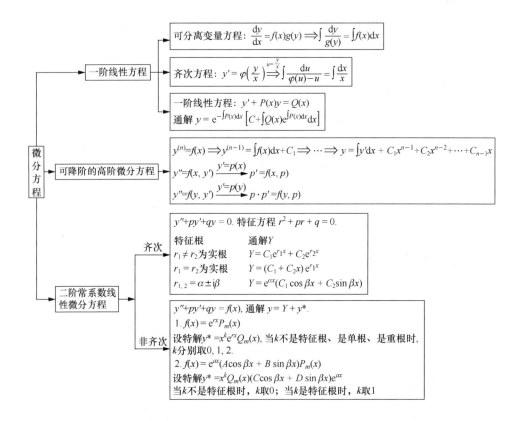

可分离变量方程: $\dfrac{\mathrm{d}y}{\mathrm{d}x}=f(x)g(y)\Longrightarrow\displaystyle\int\dfrac{\mathrm{d}y}{g(y)}=\int f(x)\mathrm{d}x$

齐次方程: $y'=\varphi\left(\dfrac{y}{x}\right)\overset{u=\frac{y}{x}}{\Longrightarrow}\displaystyle\int\dfrac{\mathrm{d}u}{\varphi(u)-u}=\int\dfrac{\mathrm{d}x}{x}$

一阶线性方程: $y'+P(x)y=Q(x)$
通解 $y=\mathrm{e}^{-\int P(x)\mathrm{d}x}\left[C+\displaystyle\int Q(x)\mathrm{e}^{\int P(x)\mathrm{d}x}\mathrm{d}x\right]$

一阶线性方程

$y^{(n)}=f(x)\Longrightarrow y^{(n-1)}=\displaystyle\int f(x)\mathrm{d}x+C_1\Longrightarrow\cdots\Longrightarrow y=\int y'\mathrm{d}x+C_1x^{n-1}+C_2x^{n-2}+\cdots+C_{n-1}x$

$y''=f(x,y')\xrightarrow{y'=p(x)}p'=f(x,p)$

$y''=f(y,y')\xrightarrow{y'=p(y)}p\cdot p'=f(y,p)$

可降阶的高阶微分方程

微分方程

齐次

$y''+py'+qy=0.$ 特征方程 $r^2+pr+q=0.$

特征根	通解 Y
$r_1\neq r_2$ 为实根	$Y=C_1\mathrm{e}^{r_1x}+C_2\mathrm{e}^{r_2x}$
$r_1=r_2$ 为实根	$Y=(C_1+C_2x)\,\mathrm{e}^{r_1x}$
$r_{1,2}=\alpha\pm\mathrm{i}\beta$	$Y=\mathrm{e}^{\alpha x}(C_1\cos\beta x+C_2\sin\beta x)$

二阶常系数线性微分方程

非齐次

$y''+py'+qy=f(x)$, 通解 $y=Y+y^*$.
1. $f(x)=\mathrm{e}^{rx}P_m(x)$
设特解 $y^*=x^k\mathrm{e}^{rx}Q_m(x)$, 当 k 不是特征根、是单根、是重根时,
k 分别取 0, 1, 2.
2. $f(x)=\mathrm{e}^{\alpha x}(A\cos\beta x+B\sin\beta x)P_m(x)$
设特解 $y^*=x^kQ_m(x)(C\cos\beta x+D\sin\beta x)\mathrm{e}^{\alpha x}$
当 k 不是特征根时, k 取 0; 当 k 是特征根时, k 取 1

本章学习目标

- 了解微分方程的阶、通解、初始条件及特解的概念;
- 掌握可分离变量方程和齐次方程的解法;

- 掌握一阶线性微分方程的解法；
- 会解一些可降阶的二阶微分方程；
- 理解线性微分方程的概念与线性微分方程解的结构，掌握二阶常系数线性微分方程的解法；
- 会用微分方程解决一些简单的应用问题.

6.1 微分方程的基本概念

6.1.1 知识点分析

1. 常微分方程

含有自变量、未知函数和未知函数的导数（或微分）的方程称为微分方程. 若未知函数是一元函数则称为常微分方程，未知函数是多元函数则称为偏微分方程. 我们只讨论常微分方程，故简称为微分方程.

2. 微分方程的阶

微分方程中未知函数的导数的最高阶数称为该微分方程的阶.

3. 微分方程的解、通解和特解

（1）解：满足微分方程的函数称为微分方程的解；

（2）通解：含有独立常数的个数与方程的阶数相同的解；通解不一定是全部解；

（3）特解：不含有任意常数或任意常数确定后的解称为特解.

4. 微分方程的初始条件

要求自变量取某定值时，对应函数与各阶导数取指定的值，这种条件称为初始条件，满足初始条件的解称为满足该初始条件的特解.

6.1.2 典例解析

1. 微分方程阶的定义

例 1 求 $x(y')^2 - 4yy' + 3xy = 0$ 的阶.

解 因为出现的未知函数 y 的最高阶导数的阶数为 1，所以方程的阶数为 1.

注 通常会有同学误解成未知函数 y 的幂或 y 的导数的幂.

例 2 求 $xy'' + 2y' + x^2y = 0$ 的阶.

解 因为出现的未知函数 y 的最高阶导数的阶数为 2，所以方程的阶数为 2.

2. 微分方程解的定义

例 3 验证 $y = C_1\cos\omega x + C_2\sin\omega x$ 是 $y'' + \omega^2 y = 0$ 的解.

解 计算得 $y' = -\omega C_1 \sin\omega x + \omega C_2 \cos\omega x$ 及 $y'' = -\omega^2 C_1 \cos\omega x - \omega^2 C_2 \sin\omega x$，代入原方程，得 $y'' + \omega^2 y = -\omega^2 C_1 \cos\omega x - \omega^2 C_2 \sin\omega x + \omega^2 (C_1 \cos\omega x + C_2 \sin\omega x) = 0$. 所以 $y = C_1 \cos\omega x + C_2 \sin\omega x$ 是 $y'' + \omega^2 y = 0$ 的解.

点拨 将所给函数及其相应阶导数代入方程验证方程是否成立.

6.1.3 习题解答

1. 试写出下列各微分方程的阶数.

(1) $x^2 \mathrm{d}x + y\mathrm{d}y = 0$；   (2) $x(y')^2 + 3yy' + 2x = 0$；

(3) $x^2 y'' - 2x^2 y' + y = 0$；   (4) $xy''' + 2y'' + xy = 0$；

(5) $\dfrac{\mathrm{d}^2 s}{\mathrm{d}x^2} + 2s\dfrac{\mathrm{d}s}{\mathrm{d}x} + t^2 s = 0$.

解 (1) 一阶；(2) 一阶；(3) 二阶；(4) 三阶；(5) 二阶.

2. 验证函数 $y = C\mathrm{e}^{-x} + x - 1$ 是微分方程 $y' + y = x$ 的通解，并求满足初始条件 $y|_{x=0} = 2$ 的特解.

解 由 $y = C\mathrm{e}^{-x} + x - 1$，得 $y' = -C\mathrm{e}^{-x} + 1$，

$y + y' = C\mathrm{e}^{-x} + x - 1 + (-C\mathrm{e}^{-x} + 1) = x$.

易知 $y = C\mathrm{e}^{-x} + x - 1$ 中含有一个任意的常数且该方程为一阶微分方程，故 $y = C\mathrm{e}^{-x} + x - 1$ 为方程的通解. 进一步，由 $y|_{x=0} = 2$ 得 $C = 3$，从而方程的特解为

$$y = 3\mathrm{e}^{-x} + x - 1.$$

3. 把一个质量为 m 的物体以初速 v_0 自地面垂直上抛，设它所受空气阻力与速度成正比，比例系数为 k，求物体在上升过程中速度 v 所应满足的微分方程和初始条件.

解 由题意知，$m\dfrac{\mathrm{d}v}{\mathrm{d}t} = -kv - mg, v|_{t=0} = v_0$.

4. 物体在空气中的冷却速度与物体和空气的温差成正比，比例系数为 k. 试用微分方程描述这一物理现象（设空气温度为 T_0）.

解 由题意知，$\dfrac{\mathrm{d}T}{\mathrm{d}t} = k(T - T_0), T(0) = T_0$.

6.2 可分离变量的微分方程

6.2.1 知识点分析

1. 可分离变量方程的概念和解法

形如 $y' = f(x)g(y)$ 的一阶微分方程称为变量可分离微分方程.

可分离变量的微分方程的解题步骤：

当 $g(y) \neq 0$ 时，$y' = f(x)g(y) \Leftrightarrow \dfrac{\mathrm{d}y}{g(y)} = f(x)\mathrm{d}x$，左右两端积分，得

$\displaystyle\int \dfrac{\mathrm{d}y}{g(y)} = \int f(x)\mathrm{d}x + C$，该式即为可分离变量微分方程的通解，其中 C 为任意

常数. 这里 $\displaystyle\int \dfrac{\mathrm{d}y}{g(y)}$ 表示函数 $\dfrac{1}{g(y)}$ 的一个原函数，$\displaystyle\int f(x)\mathrm{d}x$ 表示函数 $f(x)$ 的

一个原函数.

2. 可化为可分离变量微分方程的微分方程

形如 $\dfrac{\mathrm{d}y}{\mathrm{d}x} = \phi\left(\dfrac{y}{x}\right)$ 的微分方程称为齐次方程. 解法如下：令 $u = \dfrac{y}{x}$，则

$y = ux, \dfrac{\mathrm{d}y}{\mathrm{d}x} = u + x\dfrac{\mathrm{d}u}{\mathrm{d}x}$，代入原方程，得 $u + x\dfrac{\mathrm{d}u}{\mathrm{d}x} = \phi(u)$. 分离变量，得

$\dfrac{\mathrm{d}u}{\phi(u) - u} = \dfrac{\mathrm{d}x}{x}$；两端积分，得 $\displaystyle\int \dfrac{\mathrm{d}u}{\phi(u) - u} = \int \dfrac{\mathrm{d}x}{x}$. 求出积分后，将 u 换成 $\dfrac{y}{x}$，

即得齐次方程的通解.

6.2.2 典例解析

1. 可分离变量的微分方程

例 1 求微分方程 $y' = \mathrm{e}^{x-y}$ 的通解.

解 将方程分离变量，得 $\mathrm{e}^y\mathrm{d}y = \mathrm{e}^x\mathrm{d}x$；两边积分，得 $\displaystyle\int \mathrm{e}^y\mathrm{d}y = \int \mathrm{e}^x\mathrm{d}x$，

即 $\mathrm{e}^y = \mathrm{e}^x + C$. 故 $y = \ln(\mathrm{e}^x + C)$.

例 2 求微分方程 $x^2\mathrm{d}y - (y+1)\mathrm{d}x = 0$ 的通解.

解 分离变量，得 $\dfrac{\mathrm{d}y}{y+1} = \dfrac{\mathrm{d}x}{x^2}$，两边积分，得 $\displaystyle\int \dfrac{\mathrm{d}y}{y+1} = \int \dfrac{\mathrm{d}x}{x^2}$，则

$\ln|y+1| = -\dfrac{1}{x} + C_1$，即 $y = \pm \mathrm{e}^{-x^{-1}+C_1} - 1 = \pm \mathrm{e}^{C_1}\mathrm{e}^{-x^{-1}} - 1$. 由于 $\pm \mathrm{e}^{C_1}$ 仍表示

任意的常数，因此可设 $C = \pm \mathrm{e}^{C_1}$，则方程通解为 $y = C\mathrm{e}^{-x^{-1}} - 1$.

例 3 求微分方程 $y' = y\cos x$ 满足 $y|_{x=0} = \mathrm{e}$ 的特解.

解 分离变量，得 $\dfrac{\mathrm{d}y}{y} = \cos x\mathrm{d}x$；两边积分，得 $\displaystyle\int \dfrac{\mathrm{d}y}{y} = \int \cos x\mathrm{d}x$，则

$\ln|y| = \sin x + C$，即方程通解为 $y = C\mathrm{e}^{\sin x}$. 根据 $y|_{x=0} = \mathrm{e}$，得 $C = 1$. 因此微

分方程特解为 $y = \mathrm{e}^{\sin x+1}$.

2. 可化为可分离变量微分方程的微分方程

例 4 求微分方程 $xy' = y(\ln y - \ln x)$ 的通解.

解 整理方程，得 $y' = \dfrac{y}{x}\ln\left(\dfrac{y}{x}\right)$. 令 $u = \dfrac{y}{x}$，得 $y = ux$ 及 $y' = u'x + u$，

则原方程变为 $u'x + u = u\ln u$. 分离变量，得 $\dfrac{\mathrm{d}u}{u(\ln u - 1)} = \dfrac{\mathrm{d}x}{x}$；两边积分，得

$$\int \frac{\mathrm{d}u}{u(\ln u - 1)} = \int \frac{\mathrm{d}x}{x}, \quad 即 \int \frac{\mathrm{d}(\ln u - 1)}{\ln u - 1} = \int \frac{\mathrm{d}x}{x}, \quad 可得$$

$\ln|\ln u - 1| = \ln|x| + \ln|C| = \ln|Cx|$，从而 $\ln u - 1 = Cx$. 将 $u = \dfrac{y}{x}$ 代入方

程，得通解为 $\ln \dfrac{y}{x} = 1 + Cx$，即 $y = x\mathrm{e}^{Cx+1}$.

点拨 为了化简方便，解题中任意常数 C 可以用 $\ln|C|$ 代替.

例 5 求微分方程 $y' = \dfrac{y}{x} + \sec \dfrac{y}{x}$ 的通解.

解 令 $u = \dfrac{y}{x}$，则 $y = ux$，$y' = u'x + u$，则原方程变为

$u'x + u = u + \sec u$. 分离变量，得 $\cos u \mathrm{d}u = \dfrac{1}{x}\mathrm{d}x$，两边积分，得

$$\int \cos u \mathrm{d}u = \int \frac{1}{x}\mathrm{d}x, \quad 故 \sin u = \ln|x| + \ln|C| = \ln|Cx|,$$

将 $u = \dfrac{y}{x}$ 代入上式，得方程的通解为 $\sin \dfrac{y}{x} = \ln|Cx|$.

6.2.3 习题解答

1. 求下列微分方程的通解.

(1) $2x^2 yy' = y^2 + 1$；　　　　　　　(2) $xy' - y\ln y = 0$；

(3) $\cos\theta + r\sin\theta \dfrac{\mathrm{d}\theta}{\mathrm{d}r} = 0$；　　　　(4) $\sqrt{1-x^2}\, y' = \sqrt{1-y^2}$；

(5) $y' = \dfrac{y}{x} + \tan \dfrac{y}{x}$；　　　　　(6) $(x^2 + y^2)\mathrm{d}x - xy\mathrm{d}y = 0$.

解 (1) 分离变量，得 $\dfrac{2y\mathrm{d}y}{y^2 + 1} = \dfrac{\mathrm{d}x}{x^2}$，两边积分，得 $\displaystyle\int \frac{2y\mathrm{d}y}{y^2 + 1} = \int \frac{\mathrm{d}x}{x^2}$，得

$\ln(y^2 + 1) = -\dfrac{1}{x} + C_1$，进而有 $y^2 + 1 = C\mathrm{e}^{-\frac{1}{x}}$，其中 $C = \mathrm{e}^{C_1}$.

(2) 分离变量，得 $\dfrac{\mathrm{d}y}{y\ln y} = \dfrac{\mathrm{d}x}{x}$，两边积分得 $\displaystyle\int \frac{\mathrm{d}y}{y\ln y} = \int \frac{\mathrm{d}x}{x}$，即

$\ln|\ln y| = \ln|x| + \ln|C|$，从而 $\ln y = Cx$.

(3) 分离变量，得 $-\dfrac{\sin\theta\mathrm{d}\theta}{\cos\theta} = \dfrac{\mathrm{d}r}{r}$；两边积分，得

$\ln|\cos\theta| = \ln|r| + \ln|C|$，从而 $\cos\theta = rC$.

(4) 分离变量，得 $\dfrac{\mathrm{d}y}{\sqrt{1-y^2}} = \dfrac{\mathrm{d}x}{\sqrt{1-x^2}}$；两边积分，得

$\arcsin y = \arcsin x + C.$

(5) 令 $u = \dfrac{y}{x}$，则 $y = xu$，代入方程得 $u + x\dfrac{\mathrm{d}u}{\mathrm{d}x} = u + \tan u$，分离变量

得 $\cot u\,\mathrm{d}u = \dfrac{\mathrm{d}x}{x}$；两边积分得 $\ln|\sin u| = \ln|x| + \ln|C|$，即原方程通解为

$\sin\dfrac{y}{x} = Cx.$

(6) 原方程可化为 $\dfrac{\mathrm{d}y}{\mathrm{d}x} = \dfrac{x^2 + y^2}{xy} = \dfrac{x}{y} + \dfrac{y}{x}$. 令 $u = \dfrac{y}{x}$，则 $y = xu$，代入

方程得 $x\dfrac{\mathrm{d}u}{\mathrm{d}x} = \dfrac{1}{u}$，分离变量，并两边积分得 $\dfrac{1}{2}u^2 = \ln|x| + C$，即

$y^2 = 2x^2(\ln|x| + C).$

2. 求下列微分方程的特解.

(1) $x\mathrm{d}y + 2y\mathrm{d}x = 0$，$y|_{x=1} = 2$； (2) $y'\sin x = y\ln y$，$y|_{x=\frac{\pi}{2}} = \mathrm{e}$；

(3) $y^2\mathrm{d}x + (x^2 - xy)\mathrm{d}y = 0$，$y|_{x=1} = 1$； (4) $y' = \dfrac{x}{y} + \dfrac{y}{x}$，$y|_{x=1} = 2$.

解 (1) 分离变量，得 $\dfrac{\mathrm{d}y}{y} = -\dfrac{2\mathrm{d}x}{x}$，两边积分，得 $\ln|y| = -2\ln|x| +$

$\ln|C|$，化简得 $y = Cx^{-2}$. 由 $y|_{x=1} = 2$ 得 $C = 2$，从而方程特解为 $y = \dfrac{2}{x^2}$.

(2) 分离变量，得 $\dfrac{\mathrm{d}y}{y\ln y} = \dfrac{\mathrm{d}x}{\sin x}$，两边积分，得

$\ln|\ln y| = \ln|\csc x - \cot x| + \ln|C|$，化简得 $\ln y = C(\csc x - \cot x)$.

由 $y\left(\dfrac{\pi}{2}\right) = \mathrm{e}$，得 $C = 1$，从而特解为 $y = \mathrm{e}^{\csc x - \cot x}$.

(3) 原方程可化简为 $\dfrac{\mathrm{d}y}{\mathrm{d}x} = \dfrac{y^2}{xy - x^2}$，即 $\dfrac{\mathrm{d}y}{\mathrm{d}x} = \dfrac{\left(\dfrac{y}{x}\right)^2}{\dfrac{y}{x} - 1}$，令 $u = \dfrac{y}{x}$，则

$y = xu$，代入方程得 $u + x\dfrac{\mathrm{d}u}{\mathrm{d}x} = \dfrac{u^2}{u - 1}$，从而 $\dfrac{(u-1)\mathrm{d}u}{u} = \dfrac{\mathrm{d}x}{x}$，两边积分得

$\ln|x| = u - \ln|u| + \ln|C|$，化简可得 $y = C\mathrm{e}^{\frac{y}{x}}$，由 $y|_{x=1} = 1$，得 $C = \mathrm{e}^{-1}$，

从而所得特解为 $y = \mathrm{e}^{\frac{y}{x} - 1}$.

(4) 令 $u = \dfrac{y}{x}$，则 $y = xu$，代入方程得 $u + x\dfrac{\mathrm{d}u}{\mathrm{d}x} = u + \dfrac{1}{u}$，分离变量，

得 $u\mathrm{d}u = \dfrac{\mathrm{d}x}{x}$，两边积分，得 $\dfrac{1}{2}u^2 = \ln|x| + \dfrac{1}{2}\ln|C|$，故 $y^2 = x^2\ln|Cx^2|$，

由 $y|_{x=1} = 2$，得 $C = \mathrm{e}^2$，从而所得特解为 $y^2 = 2x^2(\ln|x| + 2)$.

3. 由原子物理学知道，镭的衰变速度与它的现存量成正比. 由经验材料得知，镭经过 1600 年以后，只剩下原始量 m_0 的一半，求在衰变过程中镭的现存量与时间 t 的函数关系.

解 设现存量函数为 $R(t)$，则 $R'(t) = -kR$ 且 $R(0) = m_0$，

$R(1600) = \dfrac{m_0}{2}$. $R'(t) = -kR$ 为可分离变量微分方程，分离变量得 $\dfrac{\mathrm{d}R}{R} = -k\mathrm{d}t$，

两边积分，得 $R(t) = C\mathrm{e}^{-kt}$，根据 $R(0) = m_0$，得 $C = m_0$. 根据 $R(1600) = \dfrac{m_0}{2}$，

得 $k = \dfrac{\ln 2}{1600}$. 因此 $R(t) = m_0 \mathrm{e}^{-\frac{\ln 2}{1600}t}$.

4. 一质量为 m 千克的物体从高处落下，所受空气阻力与速度成正比（比例系数为 k）. 设物体开始下落时（$t = 0$）的速度为零，求物体下落速度与时间的函数关系 $v(t)$.

解 易知 $mg - kv = ma = m\dfrac{\mathrm{d}v}{\mathrm{d}t}$，$v|_{t=0} = 0$. 分离变量，得 $\dfrac{m\mathrm{d}v}{mg - kv} = \mathrm{d}t$；

两边积分，得 $mg - kv = C\mathrm{e}^{-\frac{kt}{m}}$. 由 $v(0) = 0$，得 $C = mg$，从而

$$v(t) = \dfrac{mg}{k}\left(1 - \mathrm{e}^{-\frac{kt}{m}}\right).$$

5. 用适当的变换将下列方程化成可分离变量的方程，然后求出通解.

(1) $y' = (x+y)^2$；(2) $y' = \sin(x-y)$；(3) $y' = \dfrac{1}{x-y} + 1$.

解 (1) 令 $x+y = u$，则原方程可化简为 $\dfrac{\mathrm{d}u}{\mathrm{d}x} = u^2 + 1$. 分离变量，得

$\dfrac{\mathrm{d}u}{u^2+1} = \mathrm{d}x$，两边积分，得 $\arctan u = x + C$，即方程通解为

$$\arctan(x+y) = x + C.$$

(2) 令 $x-y = u$，则原方程可化简为 $1 - \dfrac{\mathrm{d}u}{\mathrm{d}x} = \sin u$. 分离变量，得

$\dfrac{\mathrm{d}u}{1-\sin u} = \mathrm{d}x$，两边积分，得 $\tan u + \sec u = x + C$，即方程通解为

$$\tan(x-y) + \sec(x-y) = x + C.$$

(3) 令 $x-y = u$，则原方程可化简为 $1 - \dfrac{\mathrm{d}u}{\mathrm{d}x} = \dfrac{1}{u} + 1$. 分离变量得

$u\mathrm{d}u = -\mathrm{d}x$，两边积分，得 $\dfrac{1}{2}u^2 = -x + C$，即方程通解为 $\dfrac{1}{2}(x-y)^2 = -x + C$.

6.3 一阶线性微分方程

6.3.1 知识点分析

1. 形如 $\dfrac{\mathrm{d}y}{\mathrm{d}x} + P(x)y = Q(x) \neq 0$ 的微分方程称为一阶线性非齐次微分方程，其通解为

$$y = \mathrm{e}^{-\int P(x)\mathrm{d}x}\left[\int Q(x)\mathrm{e}^{\int P(x)\mathrm{d}x} + C\right].$$

注 通解公式中的积分 $\int P(x)\mathrm{d}x$ 和 $\int Q(x)\mathrm{e}^{\int P(x)\mathrm{d}x}\mathrm{d}x$，只表示其中一个任意的原函数，不含任意常数 C.

2. 求通解可以直接套用上述公式，如不套用公式，则利用教材中常数变易法进行求解.

6.3.2 典例解析

例 1 利用常数变易法，求微分方程 $y' - y = \mathrm{e}^x$ 的通解.

解 先求 $y' - y = 0$ 的通解，分离变量，得 $\dfrac{\mathrm{d}y}{y} = \mathrm{d}x$；两边积分

$\displaystyle\int \dfrac{\mathrm{d}y}{y} = \int \mathrm{d}x$，得 $\ln|y| = x + C_1$，从而 $y = \pm\mathrm{e}^{x+C_1} = \pm\mathrm{e}^{C_1}\mathrm{e}^x = C\mathrm{e}^x$，这里

$C = \pm\mathrm{e}^{C_1}$. 设 $y = C(x)\mathrm{e}^x$ 为原方程的通解，代入得 $(C(x)\mathrm{e}^x)' - C(x)\mathrm{e}^x = \mathrm{e}^x$，

可得 $C'(x)\mathrm{e}^x + C(x)\mathrm{e}^x - C(x)\mathrm{e}^x = \mathrm{e}^x$，即 $C'(x) = 1$，则 $C(x) = x + C$. 因此通解为 $y = \mathrm{e}^x(x + C)$.

例 2 求微分方程 $y' + \dfrac{1}{x}y = \dfrac{\sin x}{x}$ 的通解.

解 由 $P(x) = \dfrac{1}{x}, Q(x) = \dfrac{\sin x}{x}$，则通解为

$y = \mathrm{e}^{-\int \frac{1}{x}\mathrm{d}x}\left(\displaystyle\int \dfrac{\sin x}{x}\mathrm{e}^{\int \frac{1}{x}\mathrm{d}x}\mathrm{d}x + C\right)$，从而 $y = \mathrm{e}^{-\ln x}\left(\displaystyle\int \dfrac{\sin x}{x}\mathrm{e}^{\ln x}\mathrm{d}x + C\right)$，解得

$y = \dfrac{1}{x}\left(\displaystyle\int \sin x\,\mathrm{d}x + C\right) = \dfrac{1}{x}(-\cos x + C)$.

例 3 求微分方程 $xy' + y = \ln x$ 的通解.

解 整理方程，得 $y' + \dfrac{1}{x}y = \dfrac{\ln x}{x}$，则 $P(x) = \dfrac{1}{x}, Q(x) = \dfrac{\ln x}{x}$. 故通解为

$y = \mathrm{e}^{-\int \frac{1}{x}\mathrm{d}x}\left(\displaystyle\int \dfrac{\ln x}{x}\mathrm{e}^{\int \frac{1}{x}\mathrm{d}x}\mathrm{d}x + C\right)$，从而 $y = \mathrm{e}^{-\ln x}\left(\displaystyle\int \dfrac{\ln x}{x}\mathrm{e}^{\ln x}\mathrm{d}x + C\right)$，解得

$y = \dfrac{1}{x}(x\ln x - x + C)$，即 $y = \ln x - 1 + \dfrac{C}{x}$.

例 4 求微分方程 $y' - y = xe^x$ 满足 $y|_{x=0} = 2$ 条件下的特解.

解 由 $P(x) = -1, Q(x) = xe^x$，则通解为 $y = e^{\int dx}\left(\int xe^x e^{\int -dx}dx + C\right)$，

从而 $y = e^x\left(\int xe^x e^{-x}dx + C\right)$，解得 $y = e^x\left(\int x dx + C\right)$，即 $y = e^x\left(\dfrac{x^2}{2} + C\right)$.

将 $y|_{x=0} = 2$ 代入通解，得 $C = 2$，则方程的特解为 $y = e^x\left(\dfrac{x^2}{2} + 2\right)$.

例 5 求微分方程 $ydx + (1 + y)xdy = e^y dy$ 的通解.

解 原方程可变形为 $\dfrac{dx}{dy} + \dfrac{1+y}{y}x = \dfrac{e^y}{y}$，其中 $P(y) = \dfrac{1+y}{y}, Q(y) = \dfrac{e^y}{y}$.
于是通解为

$$x = e^{-\int \frac{1+y}{y}dy}\left(\int \dfrac{e^y}{y}e^{\int \frac{1+y}{y}dy}dy + C\right) = \dfrac{e^{-y}}{y}\left(\int \dfrac{e^y}{y} \cdot ye^y dy + C\right) = \dfrac{1}{y}\left(\dfrac{e^y}{2} + Ce^{-y}\right).$$

点拨 根据题型特点，可以将原方程化简成 $\dfrac{dx}{dy} + P(y)x = Q(y)$，然后再利用公式求解.

6.3.3 习题解答

1. 求下列微分方程的通解.

(1) $\dfrac{dy}{dx} + y = e^{-x}$；(2) $y' + y = x^2 e^x$；(3) $xy' + y - \cos x = 0$；

(4) $(y^2 - 6x)y' + 2y = 0$（提示：将 y 作自变量）.

解 (1) 根据 $\dfrac{dy}{dx} + y = e^{-x}$，知 $P(x) = 1, Q(x) = e^{-x}$. 由

$$y = e^{-\int P(x)dx}\left[\int Q(x)e^{\int P(x)dx}dx + C\right]，得 y = e^{-x}(C + x)；$$

(2) 原方程对应 $P(x) = 1, Q(x) = x^2 e^x$，由

$$y = e^{-\int P(x)dx}\left[\int Q(x)e^{\int P(x)dx}dx + C\right]，得$$

$$y = e^{-\int dx}\left[\int x^2 e^x e^{\int dx}dx + C\right] = \dfrac{1}{2}e^x\left(x^2 - x + \dfrac{1}{2}\right) + Ce^{-x}；$$

(3) 原方程可化简为 $\dfrac{dy}{dx} + \dfrac{1}{x}y = \dfrac{1}{x}\cos x$，根据

$$y = e^{-\int P(x)dx}\left[\int Q(x)e^{\int P(x)dx}dx + C\right]，得$$

$$y = e^{-\int \frac{1}{x}dx}\left[\int \dfrac{1}{x}\cos x e^{\int \frac{1}{x}dx}dx + C\right] = \dfrac{1}{x}(\sin x + C)；$$

(4) 原方程可化为 $\dfrac{\mathrm{d}x}{\mathrm{d}y} - \dfrac{3}{y}x = -\dfrac{y}{2}$，由 $x = \mathrm{e}^{-\int P(y)\mathrm{d}y}\left[\displaystyle\int Q(y)\mathrm{e}^{\int P(y)\mathrm{d}y}\mathrm{d}y + C\right]$，

得 $x = \mathrm{e}^{\int \frac{3}{y}\mathrm{d}y}\left[\displaystyle\int \dfrac{-y}{2}\mathrm{e}^{-\int \frac{3}{y}\mathrm{d}y}\mathrm{d}y + C\right] = Cy^3 + \dfrac{y^2}{2}$.

2. 求下列微分方程的特解.

(1) $x\dfrac{\mathrm{d}y}{\mathrm{d}x} + y - \mathrm{e}^x = 0$，$y\big|_{x=1} = 0$；

(2) $y' + y\cos x = \sin x \cdot \cos x$，$y\big|_{x=0} = 1$；

(3) $(x^2 - 1)y' + 2xy - \cos x = 0$，$y\big|_{x=0} = 1$.

解 （1）原方程可化为 $\dfrac{\mathrm{d}y}{\mathrm{d}x} + \dfrac{1}{x}y = \dfrac{1}{x}\mathrm{e}^x$，得

$$y = \mathrm{e}^{-\int P(x)\mathrm{d}x}\left[\int Q(x)\mathrm{e}^{\int P(x)\mathrm{d}x}\mathrm{d}x + C\right] = \mathrm{e}^{-\int \frac{1}{x}\mathrm{d}x}\left[\int \dfrac{1}{x}\mathrm{e}^x\mathrm{e}^{\int \frac{1}{x}\mathrm{d}x}\mathrm{d}x + C\right]$$

$$= \dfrac{1}{x}(\mathrm{e}^x + C),$$

由 $y\big|_{x=1} = 0$，得 $C = -\mathrm{e}$，从而特解为 $y = \dfrac{1}{x}(\mathrm{e}^x - \mathrm{e})$；

（2）原方程对应 $P(x) = \cos x, Q(x) = \sin x\cos x$，根据求解公式

$y = \mathrm{e}^{-\int P(x)\mathrm{d}x}\left[\displaystyle\int Q(x)\mathrm{e}^{\int P(x)\mathrm{d}x}\mathrm{d}x + C\right]$，得 $y = \mathrm{e}^{-\sin x}(\sin x \cdot \mathrm{e}^{\sin x} - \mathrm{e}^{\sin x} + C) =$

$\sin x - 1 + C\mathrm{e}^{-\sin x}$. 根据条件 $y\big|_{x=0} = 1$，得 $C = 2$. 故方程的特解为 $y = \sin x + 2\mathrm{e}^{-\sin x} - 1$；

（3）原方程对应 $P(x) = \dfrac{2x}{x^2 - 1}, Q(x) = \dfrac{\cos x}{x^2 - 1}$，由求解公式，得

$y = \mathrm{e}^{-\int \frac{2x}{x^2-1}\mathrm{d}x}\left[\displaystyle\int \dfrac{\cos x}{x^2-1}\mathrm{e}^{\int \frac{2x}{x^2-1}\mathrm{d}x}\mathrm{d}x + C\right] = \dfrac{\sin x + C}{x^2 - 1}$. 由条件 $y\big|_{x=0} = 1$，得 $C = -1$.

因此原方程的特解为 $y = \dfrac{\sin x - 1}{x^2 - 1}$.

3. 设有前进速度的潜水艇，在下沉力（包括重力）的作用下向水底下沉，设水的阻力与下沉速度成正比，比例系数为 k. 开始时下沉速度为零，求速度与时间的函数关系.

解 因为 $mg - f_{浮} = ma$，所以 $mg - kv = m\dfrac{\mathrm{d}v}{\mathrm{d}t}$，且 $v\big|_{t=0} = 0$. 可知此

方程为一阶线性微分方程，对应的 $P(x) = \dfrac{k}{m}, Q(x) = g$. 根据

$y = \mathrm{e}^{-\int P(x)\mathrm{d}x}\left[\displaystyle\int Q(x)\mathrm{e}^{\int P(x)\mathrm{d}x}\mathrm{d}x + C\right]$，得 $v = \mathrm{e}^{-\frac{k}{m}t}\left[g\dfrac{m}{k}\mathrm{e}^{\frac{k}{m}t} + C\right]$，由条件

$v\big|_{t=0} = 0$，得 $C = -\dfrac{mg}{k}$，即 $v = \mathrm{e}^{-\frac{k}{m}t}\left[g\dfrac{m}{k}\mathrm{e}^{\frac{k}{m}t} - \dfrac{mg}{k}\right] = \dfrac{mg}{k} - \dfrac{mg}{k}\mathrm{e}^{-\frac{k}{m}t}$.

6.4 可降阶的二阶微分方程

6.4.1 知识点分析

1. $y'' = f(x)$ 型的方程

解法 通过直接积分的方法可求得含有两个任意常数的通解.

2. $y'' = f(x, y')$ 型的不显含 y 的方程

解法 令 $y' = p(x)$，则 $y'' = p'(x)$，方程可变为关于 p 与 x 的一阶微分方程.

3. $y'' = f(y, y')$ 型的不显含 x 的方程

解法 令 $y' = p(y)$，则 $y'' = p'(y) \cdot y' = p'(y)p(y)$，因此方程可变为关于 p 和 y 的一阶微分方程，进而求解.

6.4.2 典例解析

1. $y'' = f(x)$ 型的方程

例 1 求微分方程 $y'' = e^{3x}$ 的通解.

解 方程两边积分，得 $y' = \int e^{3x} dx = \dfrac{1}{3} e^{3x} + C_1$；再积分，得

$$y = \int \left(\frac{1}{3} e^{3x} + C_1 \right) dx = \frac{1}{9} e^{3x} + C_1 x + C_2.$$

2. $y'' = f(x, y')$ 型的不显含 y 的方程

例 2 求微分方程 $y'' = \sqrt{1 - y'^2}$ 的通解.

解 令 $y' = p(x)$，则 $y'' = p'(x)$，代入原式得 $p' = \sqrt{1 - p^2}$，即 $\dfrac{dp}{dx} = \sqrt{1 - p^2}$. 分离变量，得 $\dfrac{dp}{\sqrt{1 - p^2}} = dx$；两边积分，得 $\arcsin p = x + C_1$，则 $y' = p = \sin(x + C_1)$. 两边再次积分，可得 $y = -\cos(x + C_1) + C_2$.

例 3 求微分方程 $xy'' - y' = x^2$ 的通解.

解 令 $y' = p(x)$，则 $y'' = p'(x)$，代入原式得 $xp' - p = x^2$，即 $p' - \dfrac{1}{x} p = x$. 由一阶线性微分方程的求解公式，得

$$p = e^{\int \frac{1}{x} dx} \left(\int x e^{\int -\frac{1}{x} dx} dx + C_1 \right) = e^{\ln x} \left(\int x e^{-\ln x} dx + C_1 \right) = x \left(\int x \cdot \frac{1}{x} dx + C_1 \right) = x^2 + C_1 x,$$

即，$y' = x^2 + C_1 x$. 两边积分，得 $y = \dfrac{x^3}{3} + \dfrac{C_1 x^2}{2} + C_2$.

3. $y'' = f(y, y')$ 型的不显含 x 的方程

例 4 求微分方程 $y'' - \dfrac{2y}{1+y^2}y'^2 = 0$ 的通解.

解 令 $y' = p(y)$，则 $y'' = p'(y) \cdot y' = p'(y)p(y)$，代入方程，得

$p'p - \dfrac{2y}{1+y^2}p^2 = 0$，即 $\dfrac{\mathrm{d}p}{\mathrm{d}y} = \dfrac{2y}{1+y^2}p$. 分离变量，得 $\dfrac{\mathrm{d}p}{p} = \dfrac{2y}{1+y^2}\mathrm{d}y$；两边积

分，得 $\displaystyle\int \dfrac{\mathrm{d}p}{p} = \int \dfrac{2y}{1+y^2}\mathrm{d}y$，即 $\ln p = \ln C_1(1+y^2)$. 根据 $p = C_1(1+y^2)$，有

$\dfrac{\mathrm{d}y}{\mathrm{d}x} = C_1(1+y^2)$. 分离变量两边积分，得 $\displaystyle\int \dfrac{\mathrm{d}y}{1+y^2} = \int C_1\mathrm{d}x$，即

$\arctan y = C_1 x + C_2$. 故原方程的通解为 $y = \tan(C_1 x + C_2)$.

6.4.3 习题解答

1. 求下列各微分方程的通解.

(1) $y'' = x + \cos x$；(2) $y'' = xe^x$；(3) $y'' = 1 + y'^2$；(4) $y'' = y' + x$；

(5) $(1-x^2)y'' - xy' = 2$；(6) $yy'' - y'^2 = 0$；(7) $y'' = y'^3 + y'$.

解 (1) 两边积分，得 $y' = \displaystyle\int (x + \cos x)\mathrm{d}x = \dfrac{x^2}{2} + \sin x + C_1$；再次积分，

得 $y = \displaystyle\int \left(\dfrac{x^2}{2} + \sin x + C_1\right)\mathrm{d}x = \dfrac{x^3}{6} - \cos x + C_1 x + C_2$；

(2) 两边积分，得 $y' = \displaystyle\int e^x x\,\mathrm{d}x = \int x\,\mathrm{d}e^x = e^x x - \int e^x\mathrm{d}x = e^x x - e^x + C_1$；

两边积分，得 $y = \displaystyle\int (e^x x - e^x + C_1)\mathrm{d}x = e^x x - 2e^x + C_1 x + C_2$；

(3) 令 $y' = p(x)$，则 $y'' = p'(x)$，故原方程化简为 $\dfrac{\mathrm{d}p}{\mathrm{d}x} = 1 + p^2$，分离

变量并两边积分，得 $\arctan p(x) = x + C_1$，即 $\arctan y'(x) = x + C_1$，得

$y'(x) = \tan(x + C_1)$，故两边积分得

$$y(x) = \int \tan(x + C_1)\mathrm{d}x = -\ln|\cos(x + C_1)| + C_2;$$

(4) 令 $y' = p(x)$，则 $y'' = p'(x)$，故原方程化简为 $\dfrac{\mathrm{d}p}{\mathrm{d}x} - p = x$，所以

$p(x) = e^{\int 1\mathrm{d}x}\left[\displaystyle\int xe^{-\int \mathrm{d}x}\mathrm{d}x + C\right] = C_1 e^x - x - 1$，即 $y'(x) = C_1 e^x - x - 1$，因此

$$y(x) = \int (C_1 e^x - x - 1)\mathrm{d}x = C_1 e^x - \dfrac{x^2}{2} - x + C_2;$$

(5) 令 $y' = p(x)$，则 $y'' = p'(x)$，故原方程化简为

$\dfrac{\mathrm{d}p}{\mathrm{d}x} - \dfrac{x}{1-x^2}p = \dfrac{2}{1-x^2}$. 根据一阶线性微分方程的求解公式，可得

$p = \dfrac{1}{\sqrt{1-x^2}}(2\arcsin x + C_1)$，即 $y' = \dfrac{1}{\sqrt{1-x^2}}(2\arcsin x + C_1)$，两边积分，

可得 $y = \arcsin^2 x + C_1\arcsin x + C_2$；

（6）$y' = p(y)$，则 $y'' = p(x)\dfrac{\mathrm{d}p}{\mathrm{d}y}$，故原方程化简为 $py\dfrac{\mathrm{d}p}{\mathrm{d}y} = p^2$，分离变

量两边积分可得 $\ln|p| = \ln|y| + \ln|C_1|$，化简得 $\dfrac{\mathrm{d}y}{\mathrm{d}x} = C_1 y$，分离变量两边

积分，得 $\ln|y| = C_1 x + C_2'$，即 $y = \pm\,\mathrm{e}^{C_1 x + C_2'}$，从而 $y = C_2\mathrm{e}^{C_1 x}$，这里

$C_2 = \pm\,\mathrm{e}^{C_2'}$；

（7）设 $y' = p(y)$，于是 $y'' = p\dfrac{\mathrm{d}p}{\mathrm{d}y}$，代入原方程，得 $p\dfrac{\mathrm{d}p}{\mathrm{d}y} = p^3 + p$. 分

离变量，得 $\dfrac{\mathrm{d}p}{1+p^2} = \mathrm{d}y$，两端积分，得 $\arctan(p) = y + C_1$，即

$p = \tan(y + C_1)$. 所以 $p = \dfrac{\mathrm{d}y}{\mathrm{d}x} = \tan(y + C_1)$. 再分离变量得

$\dfrac{\cos(y+C_1)\mathrm{d}y}{\sin(y+C_1)} = \mathrm{d}x$，两端积分得 $\ln|\sin(y+C_1)| = x + C_2$，化简可得

$y = \arcsin(C_2'\mathrm{e}^x) - C_1$，这里 $C_2' = \pm\,\mathrm{e}^{C_1}$.

2. 求下列微分方程满足所给初始条件的特解.

（1）$y'' - ay'^2 = 0$，$y|_{x=0} = 0$，$y'|_{x=0} = -1$；

（2）$y'' - \mathrm{e}^{2y} = 0$，$y|_{x=0} = y'|_{x=0} = 0$；

（3）$x^2 y'' + xy' = 1$，$y|_{x=1} = 0$，$y'|_{x=1} = 1$.

解 （1）令 $y' = p(x)$，则 $y'' = p'(x)$，故原方程化简为 $\dfrac{\mathrm{d}p}{\mathrm{d}x} = ap^2$，分

离变量并两边积分，得 $\displaystyle\int\dfrac{\mathrm{d}p}{p^2} = \int a\mathrm{d}x$，即 $\dfrac{-1}{p} = ax + C$，故 $\dfrac{\mathrm{d}y}{\mathrm{d}x} = \dfrac{-1}{ax+C}$. 根

据 $y'|_{x=0} = -1$，得 $C = 1$，即 $\dfrac{\mathrm{d}y}{\mathrm{d}x} = \dfrac{-1}{ax+1}$. 两边再次积分，得

$y(x) = -\dfrac{1}{a}\ln|ax+1| + C'$，根据 $y|_{x=0} = 0$，得 $C' = 0$，所以原方程的通

解为 $y(x) = -\dfrac{1}{a}\ln|ax+1|$；

（2）设 $y' = p(y)$，于是 $y'' = p\dfrac{\mathrm{d}p}{\mathrm{d}y}$，代入原方程，得 $p\dfrac{\mathrm{d}p}{\mathrm{d}y} = \mathrm{e}^{2y}$. 分离变

量，得 $p\mathrm{d}p = \mathrm{e}^{2y}\mathrm{d}y$，两端积分，得 $\dfrac{1}{2}p^2 = \dfrac{1}{2}\mathrm{e}^{2y} + C_1$. 根据 $y'|_{x=0} = 0$，得

$C_1 = -\dfrac{1}{2}$，即 $p^2 = \mathrm{e}^{2y} - 1$，故 $\dfrac{\mathrm{d}y}{\mathrm{d}x} = \pm\sqrt{\mathrm{e}^{2y} - 1}$. 两边积分，得

$\operatorname{arccose}^{-y} = \pm x + C_2$. 根据 $y|_{x=0} = 0$，得 $C_2 = 0$，故原方程的解为 $\operatorname{arccose}^{-y}$ $= \pm x$；

（3）令 $y' = p(x)$，则 $y'' = p'(x)$，故原方程化简为 $\dfrac{\mathrm{d}p}{\mathrm{d}x} + \dfrac{1}{x}p = \dfrac{1}{x^2}$. 根据一阶线性微分方程的求解公式，得

$$p(x) = \mathrm{e}^{-\int \frac{1}{x}\mathrm{d}x}\left(\int \dfrac{1}{x^2}\mathrm{e}^{\int \frac{1}{x}\mathrm{d}x}\mathrm{d}x + C\right) = \dfrac{1}{x}(\ln|x| + C_1)；$$

根据 $y'|_{x=1} = 1$，得 $C_1 = 1$，即 $y'(x) = \dfrac{1}{x}(\ln|x| + 1)$，两边积分，得

$$y(x) = \dfrac{(\ln|x|)^2}{2} + \ln|x| + C_2,$$

根据 $y|_{x=1} = 0$，得 $C_2 = 0$，即原方程的通解为

$$y(x) = \dfrac{(\ln|x|)^2}{2} + \ln|x|.$$

3. 试求 $xy'' = y' + x^2$ 经过点 $(1,0)$ 且在此点的切线与直线 $y = 3x - 3$ 垂直的积分曲线.

解 令 $y' = p(x)$，则 $y'' = p'(x)$，故方程化简为 $\dfrac{\mathrm{d}p}{\mathrm{d}x} - \dfrac{1}{x}p = x$. 根据一阶线性微分方程的求解公式，得

$$p(x) = \mathrm{e}^{\int \frac{1}{x}\mathrm{d}x}\left(\int x\mathrm{e}^{-\int \frac{1}{x}\mathrm{d}x}\mathrm{d}x + C_1\right) = x(x + C_1).$$

因为该曲线经过点 $(1,0)$ 时，该点的切线与直线 $y = 3x - 3$ 垂直，所以有 $y'|_{x=1} = -\dfrac{1}{3}$，得 $C_1 = -\dfrac{4}{3}$，即 $y'(x) = x^2 - \dfrac{4}{3}x$，两边积分得 $y(x) = \dfrac{x^3}{3} - \dfrac{2}{3}x^2 + C_2$. 根据 $y|_{x=1} = 0$，得 $C_2 = \dfrac{1}{3}$，即曲线方程为

$$y(x) = \dfrac{x^3}{3} - \dfrac{2}{3}x^2 + \dfrac{1}{3}.$$

6.5 二阶常系数齐次线性微分方程

6.5.1 知识点分析

求二阶常系数齐次线性微分方程 $y'' + py' + qy = 0$ 的通解的步骤如下：第一步，写出微分方程的特征方程 $r^2 + pr + q = 0$；第二步，求特征方程的两个根 r_1, r_2；第三步，根据特征方程的两个根的不同情形，按照下列表格写出其通解.

特征方程 $r^2 + pr + q = 0$ 的两个根 r_1, r_2	微分方程 $y'' + py' + qy = 0$ 的通解
两个不相等的实根 r_1, r_2 两个相等的实根 $r_1 = r_2$ 一对共轭的复根 $r_{1,2} = \alpha \pm \mathrm{i}\beta$, 其中 $\alpha = -\dfrac{p}{2}$，$\beta = \dfrac{\sqrt{4q - p^2}}{2}$	$y = C_1 \mathrm{e}^{r_1 x} + C_2 \mathrm{e}^{r_2 x}$ $y = (C_1 + C_2 x)\mathrm{e}^{r_1 x}$ $y = \mathrm{e}^{\alpha x}(C_1 \cos\beta x + C_2 \sin\beta x)$

6.5.2 典例解析

1. 两个函数线性相关性

例 1 判断下列函数之间是线性相关性.

（1）x^2, x^3；（2）$\sin 2x, \sin x \cos x$.

解 （1）因为 $\dfrac{x^2}{x^3} = \dfrac{1}{x}$ 不恒为常数，所以 x^2, x^3 线性无关.

（2）因为 $\dfrac{\sin 2x}{\sin x \cos x} = 2$ 为常数，所以 $\sin 2x, \sin x \cos x$ 线性相关.

例 2 验证 $y_1 = \cos\omega x$ 及 $y_2 = \sin\omega x$ 都是方程 $y'' + \omega^2 y = 0$ 的解并写出该方程的通解.

解 容易验证 y_1, y_2 均为方程的解. 进一步，$\dfrac{y_1}{y_2} = \cot\omega x$ 不恒为常数，所以 $y_1 = \cos\omega x$ 及 $y_2 = \sin\omega x$ 是方程的两个线性无关解，从而方程的通解为 $y = C_1 \sin\omega x + C_2 \cos\omega x$.

2. 求解二阶常系数齐次线性微分方程

例 3 求微分方程 $y'' - y' - 2y = 0$ 的通解.

解 特征方程为 $r^2 - r - 2 = 0$，特征根为 $r_1 = -1, r_2 = 2$，从而方程通解为 $y = C_1 \mathrm{e}^{-x} + C_2 \mathrm{e}^{2x}$.

例 4 求微分方程 $y'' - 2y' + y = 0$ 的通解.

解 特征方程为 $r^2 - 2r + 1 = 0$，特征根为 $r_1 = r_2 = 1$，通解为 $y = (C_1 + C_2 x)\mathrm{e}^x$.

例 5 求微分方程 $y'' - 2y' + 5y = 0$ 的通解.

解 特征方程为 $r^2 - 2r + 5 = 0$，特征根为 $r_{1,2} = \dfrac{2 \pm \mathrm{i}\sqrt{20 - 4}}{2} = 1 \pm 2\mathrm{i}$，通解为 $y = \mathrm{e}^x(C_1 \cos 2x + C_2 \sin 2x)$.

例 6 求解微分方程 $y'' - 3y' - 4y = 0$，$y|_{x=0} = 1$，$y'|_{x=0} = 4$.

解 特征方程为 $r^2 - 3r - 4 = 0$，特征根为 $r_1 = -1, r_2 = 4$，从而方程通解为 $y = C_1 \mathrm{e}^{-x} + C_2 \mathrm{e}^{4x}$. 根据初值条件 $y|_{x=0} = 1$，$y'|_{x=0} = 4$，得 $C_1 = 0$，

$C_2 = 1$，从而方程的特解为 $y = \mathrm{e}^{4x}$.

6.5.3 习题解答

1. 下列函数组在定义区间内哪些是线性无关的?

(1) x, x^2；(2) $x, 3x$；(3) $\mathrm{e}^{3x}, 3\mathrm{e}^{3x}$；(4) $\mathrm{e}^x\cos8x, \mathrm{e}^x\sin8x$.

解 (1) 无关；(2) 相关；(3) 相关；(4) 无关.

2. 验证 $y_1 = \cos2x$ 及 $y_2 = \sin2x$ 都是方程 $y'' + 4y = 0$ 的解，并写出该方程的通解.

解 容易证明 $y_1 = \cos2x, y_2 = \sin2x$ 是微分方程 $y'' + y = 0$ 的解. 进一步，$\dfrac{y_1}{y_2} = \cot2x$，所以 y_1, y_2 线性无关，从而是 $y = C_1\cos2x + C_2\sin2x$ 微分方程的通解.

3. 验证 $y_1 = \mathrm{e}^{x^2}$ 及 $y_2 = x\mathrm{e}^{x^2}$ 都是方程 $y'' - 4xy' + (4x^2 - 2)y = 0$ 的解，并写出该方程的通解.

解 容易证明 $y_1 = \mathrm{e}^{x^2}, y_2 = x\mathrm{e}^{x^2}$ 是微分方程 $y'' - 4xy + 4(x^2 - 2)y = 0$ 的解. 进一步，$\dfrac{y_1}{y_2} = \dfrac{1}{x}$，所以 y_1, y_2 线性无关，从而 $y = (C_1 + C_2x)\mathrm{e}^{x^2}$ 是微分方程的通解.

4. 求下列微分方程的通解.

(1) $y'' + 7y' + 12y = 0$；$\qquad$ (2) $y'' - 12y' + 36y = 0$；

(3) $y'' + 6y' + 13y = 0$；$\qquad$ (4) $y'' + y = 0$.

解 (1) 特征方程为 $r^2 + 7r + 12 = 0$，特征根为 $r_1 = -3, r_2 = -4$，所以通解为 $y = C_1\mathrm{e}^{-3x} + C_2\mathrm{e}^{-4x}$；

(2) 特征方程为 $r^2 - 12r + 36 = 0$，特征根为 $r_1 = r_2 = 6$，所以通解为 $y = C_1\mathrm{e}^{6x} + C_2x\mathrm{e}^{6x}$；

(3) 特征方程为 $r^2 + 6r + 13 = 0$，特征根为 $r_1 = -3 + 2\mathrm{i}, r_2 = -3 - 2\mathrm{i}$，所以通解为 $y = C_1\mathrm{e}^{-3x}\sin2x + C_2\mathrm{e}^{-3x}\cos2x$；

(4) 特征方程为 $r^2 + 1 = 0$，特征根为 $r_1 = \mathrm{i}, r_2 = -\mathrm{i}$，所以通解为 $y = C_1\sin x + C_2\cos x$.

5. 求下列微分方程满足所给初始条件的特解.

(1) $y'' - 4y' + 3y = 0$，$y|_{x=0} = 6$，$y'|_{x=0} = 10$；

(2) $4y'' + 4y' + y = 0$，$y|_{x=0} = 2$，$y'|_{x=0} = 0$；

(3) $y'' + 4y' + 29y = 0$，$y|_{x=0} = 0$，$y'|_{x=0} = 15$.

解 (1) 特征方程为 $r^2 - 4r + 3 = 0$，特征根为 $r_1 = 1, r_2 = 3$，所以通解为 $y = C_1\mathrm{e}^x + C_2\mathrm{e}^{3x}$，由初始条件 $y|_{x=0} = 6, y'|_{x=0} = 10$，得 $C_1 = 4, C_2 = 2$，

故特解为 $y = 4\mathrm{e}^x + 2\mathrm{e}^{3x}$；

（2）特征方程为 $4r^2 + 4r + 1 = 0$，特征根为 $r_1 = r_2 = -\dfrac{1}{2}$，所以通解为 $y = (C_1 + C_2 x)\mathrm{e}^{-\frac{1}{2}x}$，由初始条件 $y|_{x=0} = 2, y'|_{x=0} = 0$，得 $C_1 = 2, C_2 = 1$，故特解为 $y = (2 + x)\mathrm{e}^{-\frac{1}{2}x}$；

（3）特征方程为 $r^2 + 4r + 29 = 0$，特征根为 $r_{1,2} = -2 \pm 5i$，故通解为 $y = \mathrm{e}^{-2x}(C_1 \cos 5x + C_2 \sin 5x)$，由初始条件 $y|_{x=0} = 0, y'|_{x=0} = 15$，得 $C_1 = 0, C_2 = 3$，所以特解为 $y = 3\mathrm{e}^{-2x}\sin 5x$.

6.6 二阶常系数非齐次线性微分方程

6.6.1 知识点分析

1. 求解二阶常系数非齐次线性微分方程的方法

求出对应的齐次方程的通解 Y；再求出非齐次方程的一个特解 y^*；从而方程的通解为 $y = Y + y^*$.

2. 求特解 y^* 的方法

（1）若方程类型为 $y'' + py' + qy = P(x)\mathrm{e}^{\alpha x}$，其中 $P(x)$ 为多项式，则方程具有 $y^* = x^k Q(x)\mathrm{e}^{\alpha x}$ 的特解，其中 $Q(x)$ 是与 $P(x)$ 同次的待定多项式，k 值确定方法如下：

①若 α 与两个特征根都不相等，取 $k = 0$；

②若 α 与一个特征根相等，取 $k = 1$；

③若 α 与两个特征根都相等，取 $k = 2$.

（2）若方程类型为 $y'' + py' + qy = \mathrm{e}^{\lambda x}[P_n(x)\cos \omega x + P_l(x)\sin \omega x]$，其特解为

$$y^* = x^k \mathrm{e}^{\lambda x}[R_m(x)\cos \omega x + Q_m(x)\sin \omega x],$$

其中 $m = \max\{n, l\}$，而 k 按 $\lambda + \mathrm{i}\omega$（或 $\lambda - \mathrm{i}\omega$）不是特征方程的根或是特征方程的单根依次取 0 或 1.

注 二阶常系数非齐次线性微分方程 $y'' + py' + qy = f(x)$ 解题步骤：

（1）求出特征方程 $r^2 + pr + q = 0$ 的特征根；

（2）写出 $y'' + py' + qy = 0$ 的通解 Y；

（3）求出 $y'' + py' + qy = f(x)$ 的一个特解 y^*；所求方程通解为 $y = Y + y^*$.

6.6.2 典例解析

例 1 下列微分方程具有何种形式的特解.

(1) $y'' + 4y' - 5y = x$;　　　　(2) $y'' + 4y' = x$;

(3) $y'' + y = 2e^x$;　　　　　　(4) $y'' + y = 3\sin x$.

解　(1) 特征根为 $r_1 = -5, r_2 = 1$，$f(x) = x, \lambda = 0$ 不是特征根，所以设特解 $y^* = b_0 x + b_1$；

(2) 特征根为 $r_1 = 0, r_2 = -4$，$f(x) = x, \lambda = 0$ 是单根，所以设特解 $y^* = x(b_0 x + b_1)$；

(3) 特征根为 $r_1 = i, r_2 = -i, f(x) = 2e^x, \lambda = 1$ 不是方程的根，所以设特解形式 $y^* = b_1 e^x$；

(4) 因为其特征根为 $r_1 = i, r_2 = -i, f(x) = 3\sin x, \lambda = 0, \omega = 1$，$\lambda + \omega i = i$ 是方程的一个特征根，所以设特解形式 $y^* = x(b_0 \cos x + b_1 \sin x)$.

例 2　求微分方程 $y'' + y' = 2x^2 e^x$ 的通解.

解　微分方程的特征方程为 $r^2 + r = 0$，其根为 $r_1 = 0, r_2 = -1$，故对应的齐次方程的通解为 $Y = C_1 + C_1 e^{-x}$. 故原方程的特解设为 $y^* = (ax^2 + bx + c)e^x$，代入原方程得 $a = 1, b = -3, c = 3.5$，从而 $y^* = \left(x^2 - 3x + \dfrac{7}{2}\right)e^x$. 综上，原方程的通解为 $y = C_1 + C_1 e^{-x} + \left(x^2 - 3x + \dfrac{7}{2}\right)e^x$.

例 3　求微分方程 $y'' - 3y' + 2y = 5$ 满足初始条件 $y(0) = 1, y'(0) = 2$ 的特解.

解　微分方程的特征方程为 $r^2 - 3r + 2 = 0$，其根为 $r_1 = 1, r_2 = 2$，故对应的齐次方程的通解为 $Y = C_1 e^x + C_2 e^{2x}$. 易知 $y^* = \dfrac{5}{2}$ 为原方程的一个特解，故原方程的通解为 $y = C_1 e^x + C_2 e^{2x} + \dfrac{5}{2}$. 由 $y(0) = 1, y'(0) = 2$，得
$$\begin{cases} C_1 + C_2 + 2.5 = 1, \\ C_1 + 2C_2 = 2, \end{cases}$$
解得 $C_1 = -5, C_2 = \dfrac{7}{2}$. 综上，满足初始条件的特解为
$$y = -5e^x + \frac{7}{2}e^{2x} + \frac{5}{2}.$$

例 4　设二阶常系数线性微分方程 $y'' + \alpha y' + \beta y = \gamma e^x$ 的一个特解为 $y = e^{2x} + (1+x)e^x$，试确定 α, β, γ，并求方程的通解.

解　将 $y = e^{2x} + (1+x)e^x$ 代入原方程化简得
$$(4 + 2\alpha + \beta)e^{2x} + (3 + 2\alpha + \beta)e^x + x(1 + \alpha + \beta)e^x = \gamma e^x,$$
对应项系数相等，得 $\begin{cases} 4 + 2\alpha + \beta = 0, \\ 3 + 2\alpha + \beta = \gamma, \\ 1 + \alpha + \beta = 0, \end{cases}$ 解得 $\alpha = -3, \beta = 2, \gamma = -1$. 原方程为 $y'' - 3y' + 2y = -e^x$. 微分方程的特征方程为 $r^2 - 3r + 2 = 0$，其根为 $r_1 = 1$，

$r_2 = 2$，故对应的齐次方程的通解为 $y = C_1 e^x + C_2 e^{2x}$. 因为 $f(x) = -e^x$，$\lambda = 1$ 是特征方程的单根，故原方程的特解设为 $y^* = ax e^x$，代入原方程得 $a = 1$，从而 $y^* = x e^x$. 综上，原方程的通解为 $y = C_1 e^x + C_2 e^{2x} + x e^x$.

6.6.3 习题解答

1. 验证 $y = C_1 e^x + C_2 e^{2x} + \dfrac{1}{12} e^{5x}$（$C_1$，$C_2$ 是任意常数）是方程

$y'' - 3y' + 2y = e^{5x}$ 的通解.

解 容易证明 $y = C_1 e^x + C_2 e^{2x}$ 是方程 $y'' - 3y' + 2y = 0$ 的通解，且

$y = \dfrac{1}{12} e^{5x}$ 是原方程的一个特解，故 $y = C_1 e^x + C_2 e^{2x} + \dfrac{1}{12} e^{5x}$（$C_1$，$C_2$ 是任意常数）是方程的通解.

2. 写出下列微分方程一个特解的形式.

(1) $2y'' + y' - y = 2e^x$；　　　　(2) $3y'' - 8y = x^3$；

(3) $y'' + 3y' + 2y = 3x e^{-x}$；　　　 *(4) $y'' + 2y' + 5y = e^{-x}\sin 2x$.

解 (1) $y^* = a e^x$；(2) $y^* = ax^3 + bx^2 + cx + d$；

(3) $y^* = x(ax + b) e^{-x}$；(4) $y^* = x e^{-x}(a\cos 2x + b\sin 2x)$.

3. 求下列微分方程的通解.

(1) $2y'' + 5y' = 5x^2 - 2x - 1$；　　(2) $y'' + 9y' = x - 4$；

(3) $y'' - 5y' + 6y = x e^{2x}$；　　　　 *(4) $y'' + 2y' + y = \cos x$；

*(5) $y'' + 4y = x + 1 + \sin x$.

解 (1) 原方程对应的特征方程为 $2r^2 + 5r = 0$，特征根为 $r_1 = 0$，

$r_2 = -\dfrac{5}{2}$，所以 $r_1 = 0$ 为特征根的单根，故 $k = 1$，因此特解形式为

$y^* = x(ax^2 + bx + c)$. 将 $y^* = x(ax^2 + bx + c)$ 代入原方程可，得 $a = \dfrac{1}{3}$，

$b = -\dfrac{3}{5}, c = \dfrac{7}{25}$，从而特解 $y^* = x\left(\dfrac{1}{3}x^2 - \dfrac{3}{5}x + \dfrac{7}{25}\right)$. 故原方程的通解为

$y = C_1 + C_2 e^{-\frac{5}{2}x} + x\left(\dfrac{1}{3}x^2 - \dfrac{3}{5}x + \dfrac{7}{25}\right)$.

(2) 特征方程为 $r^2 + 9r = 0$，特征根为 $r_1 = 0, r_2 = -9$，所以 $r_1 = 0$ 为特征根的单根，故 $k = 1$，故特解形式为 $y^* = ax^2 + bx$. 将 $y^* = ax^2 + bx$ 代入原方程可得 $a = \dfrac{1}{18}, b = -\dfrac{37}{81}$，即 $y^* = \dfrac{1}{18}x^2 - \dfrac{37}{81}x$. 原方程通解

$y = C_1 + C_2 e^{-9x} + \dfrac{1}{18}x^2 - \dfrac{37}{81}x$.

(3) 原方程对应的特征方程为 $r^2 - 5r + 6 = 0$，特征根为 $r_1 = 2, r_2 = 3$，

所以 $r_1 = 2$ 为特征根的单根，故 $k = 1$，故特解形式为 $y^* = x(ax+b)\mathrm{e}^{2x}$. 将特解形式代入原方程可，得 $a = -\dfrac{1}{2}, b = -1$，即 $y^* = x\left(-\dfrac{1}{2}x - 1\right)\mathrm{e}^{2x}$. 所以原方程的通解为 $y = C_1\mathrm{e}^{2x} + C_2\mathrm{e}^{3x} + x\left(-\dfrac{1}{2}x - 1\right)\mathrm{e}^{2x}$.

（4）原方程对应的特征方程为 $r^2 + 2r + 1 = 0$，特征根为 $r_1 = r_2 = -1$，所以 i 不是特征根，故 $k = 0$，因此特解形式为 $y^* = A\cos x + B\sin x$. 将 $y^* = A\cos x + B\sin x$ 代入原方程可得 $A = 0, B = \dfrac{1}{2}$，即 $y^* = \dfrac{1}{2}\sin x$. 所以原方程的通解为 $y = (C_1 + C_2 x)\mathrm{e}^{-x} + \dfrac{1}{2}\sin x$.

（5）原方程对应的特征方程为 $r^2 + 4 = 0$，特征根为 $r = \pm 2\mathrm{i}$. 对于方程 $y'' + 4y = x + 1, r = \pm 2\mathrm{i}$ 不是特征根，故 $k = 0$，因此特解形式为 $y_1^* = ax + b$. 将 $y_1^* = ax + b$ 代入原方程可得 $a = b = \dfrac{1}{4}$，即对于方程 $y'' + 4y = x + 1$ 有特解 $y_1^* = \dfrac{1}{4}x + \dfrac{1}{4}$. 对于方程 $y'' + 4y = \sin x, r = \pm 2\mathrm{i}$ 不是特征根，故 $k = 0$，故特解形式为 $y_2^* = A\cos x + B\sin x$. 将 $y_2^* = A\cos x + B\sin x$ 代入原方程可，得 $A = 0, B = \dfrac{1}{3}$，即对于方程 $y'' + 4y = \sin x$ 有特解 $y_2^* = \dfrac{1}{3}\sin x$. 故原方程的特解 $y^* = y_1^* + y_2^* = \dfrac{1}{4}x + \dfrac{1}{4} + \dfrac{1}{3}\sin x$. 因此，原方程的通解为 $y = (C_1\sin 2x + C_2\cos 2x) + \dfrac{1}{4}x + \dfrac{1}{4} + \dfrac{1}{3}\sin x$.

4. 求下列微分方程满足所给初始条件的特解.

（1）$y'' - y = 4x\mathrm{e}^x$，$y|_{x=0} = 0$，$y'|_{x=0} = 1$；

* （2）$y'' + y = \sin x$，$y|_{x=0} = 1$，$y'|_{x=0} = 2$.

解 （1）$y'' - y = 4x\mathrm{e}^x$ 的特征方程为 $r^2 - 1 = 0$，从而得特征根为 $r_1 = 1$，$r_2 = -1$，且 $\lambda = 1$ 是特征根，故 $y^* = x(ax+b)\mathrm{e}^x$，代入方程比较系数得 $a = 1, b = -1$，即 $y^* = x(x-1)\mathrm{e}^x$. 原方程的通解为

$y = C_1\mathrm{e}^x + C_2\mathrm{e}^{-x} + x(x-1)\mathrm{e}^x$，根据初始条件，得 $\begin{cases} C_1 + C_2 = 0, \\ C_1 - C_2 - 1 = 1, \end{cases}$ 从而 $\begin{cases} C_1 = 1, \\ C_2 = -1. \end{cases}$ 故特解为 $y = \mathrm{e}^x - \mathrm{e}^{-x} + x(x-1)\mathrm{e}^x$.

（2）$y'' + y = \sin x$ 的特征方程为 $r^2 + 1 = 0$，从而得特征根为 $r_{1,2} = \pm\mathrm{i}$，而 $\lambda + \mathrm{i}\omega = \mathrm{i}$ 为特征根，从而 $k = 1$. 故 $y^* = x(a\cos x + b\sin x)$，代入方程比

较系数得 $a = \dfrac{1}{2}, b = 0$，即特解为 $y^* = -\dfrac{1}{2}x\cos x$，从而原方程的通解为

$y = C_1\cos x + C_2\sin x - \dfrac{1}{2}x\cos x$. 由条件 $y(0) = 1$，得 $C_1 = 1$. 由条件

$y'(0) = 2$，得 $C_2 = \dfrac{5}{2}$. 原方程的特解为 $y = \dfrac{5}{2}\sin x + \cos x - \dfrac{1}{2}x\cos x$.

5. 设有一个质量为 m 的物体在空气中由静止开始下落，如果空气阻力 $f = k \cdot v$（k 为比例系数，v 为物体运动的速度），试求物体下落的距离 s 与时间 t 的函数关系.

解 $F - f = ma$，从而 $mg - ks' = ms''$ 且 $s(0) = s'(0) = 0$，该方程的特征方程为 $mr^2 + kr = 0$，从而得特征根为 $r = 0, -\dfrac{k}{m}$，而 $\lambda = 0$ 是特征单根，从而 $k = 1$. 即特解为 $s^* = ta$，根据初始条件，可得 $a = \dfrac{mg}{k}$. 从而原方程的通

解为 $s = C_1 + C_2\mathrm{e}^{\frac{-kt}{m}} + \dfrac{mg}{k}t$. 根据 $s(0) = s'(0) = 0$，得 $C_1 = -\dfrac{m^2 g}{k^2}$，

$C_2 = \dfrac{m^2 g}{k^2}$，即 $s = \dfrac{m^2 g}{k^2}\mathrm{e}^{\frac{-kt}{m}} + \dfrac{mg}{k}t - \dfrac{m^2 g}{k^2}$.

6. 设函数 $\varphi(x)$ 连续，且满足 $\varphi(x) = \mathrm{e}^x + \displaystyle\int_0^x (t - x)\varphi(t)\mathrm{d}t$，求 $\varphi(x)$.

解 $\varphi(x) = \mathrm{e}^x + \displaystyle\int_0^x t\varphi(t)\mathrm{d}t - \int_0^x x\varphi(t)\mathrm{d}t$ 的两边同时求导，得

$\varphi'(x) = \mathrm{e}^x - \displaystyle\int_0^x \varphi(t)\mathrm{d}t$. 两边再次求导，得 $\varphi''(x) + \varphi(x) = \mathrm{e}^x$. 根据条件可知 $\varphi(0) = \varphi'(0) = 1$. 方程对应的特征方程为 $r^2 + 1 = 0$，从而得特征根为 $r = \pm\mathrm{i}$，

而 $\lambda = 1$ 不是特征单根，从而 $k = 0$. 即特解为 $\varphi^*(x) = a\mathrm{e}^x$，进而可得 $a = \dfrac{1}{2}$，

所以方程的通解为 $\varphi(x) = C_1\sin x + C_2\cos x + \dfrac{1}{2}\mathrm{e}^x$. 由 $\varphi(0) = 1, \varphi'(0) = 1$，

得 $C_1 = C_2 = \dfrac{1}{2}$，故方程通解为 $\varphi(x) = \dfrac{1}{2}\sin x + \dfrac{1}{2}\cos x + \dfrac{1}{2}\mathrm{e}^x$.

复习题 6 解答

1. 填空题.

(1) 微分方程 $xy'^2 - 2yy' + x = 0$ 的阶为 <u>一</u>；

(2) 微分方程 $\mathrm{e}^{-3x}\mathrm{d}x - \mathrm{d}y = 0$ 的通解为 $\underline{y = -\dfrac{1}{3}\mathrm{e}^{-3x} + C}$；

(3) 微分方程 $y'' - 3y' - 4y = 0$ 的通解为 $y = C_1 e^{4x} + C_2 e^{-x}$;

(4) 微分方程 $y'' + 2y' = 2e^{-2x}$ 的特解形式为 $y^* = ax e^{-2x}$.

2. 求下列微分方程的通解.

(1) $y' + y = e^{-x}$;

(2) $y'' = \dfrac{1}{x}$;

(3) $y' - 3x^2 y = x^2$;

(4) $y'' + y' - 2y = x$;

(5) $(3 + 2y)x\mathrm{d}x + (x^2 - 2)\mathrm{d}y = 0$;

(6) $y' = \dfrac{y}{x}(1 + \ln y - \ln x)$;

(7) $xy'' + y' = 0$;

* (8) $y'' + y' - 2y = 8\sin 2x$.

解 (1) $y = e^{-\int \mathrm{d}x}\left(\int e^{-x} e^{\int \mathrm{d}x} \mathrm{d}x + C\right) = e^{-x}(x + C)$.

(2) $y'' = \dfrac{1}{x}$, $y' = \ln|x| + C$,

$$y = \int (\ln|x| + C)\mathrm{d}x = x\ln|x| + C_1 x + C_2.$$

(3) $y' - 3x^2 y = x^2$, 分离变量, 得 $\dfrac{1}{1 + 3y}\mathrm{d}y = x^2 \mathrm{d}x$. 两边积分

$$\int \dfrac{1}{1 + 3y}\mathrm{d}y = \int x^2 \mathrm{d}x, \ \text{得} \ y = \dfrac{1}{3}C_1 e^{x^3} - \dfrac{1}{3}.$$

(4) $y'' + y' - 2y = x$, 特征方程为 $r^2 + r - 2 = 0$. 特征根为 $r = -2, 1$, 其中 $\lambda = 0$ 不是特征根, 从而 $k = 0$. 即特解为 $y^*(x) = ax + b$, 代入原方程, 进而可得 $a = -\dfrac{1}{2}, b = -\dfrac{1}{4}$, 特解 $y^*(x) = -\dfrac{1}{2}x - \dfrac{1}{4}$, 所以方程的通解为

$$y = C_1 e^x + C_2 e^{-2x} - \dfrac{1}{2}x - \dfrac{1}{4}.$$

(5) 方程分离变量, 得 $\dfrac{1}{3 + 2y}\mathrm{d}y = \dfrac{-x}{x^2 - 2}\mathrm{d}x$. 两边积分

$$\int \dfrac{1}{3 + 2y}\mathrm{d}y = \int \dfrac{-x}{x^2 - 2}\mathrm{d}x, \ \text{得} \ \dfrac{1}{2}\ln|3 + 2y| = -\dfrac{1}{2}\ln|x^2 - 2| + C.$$

(6) 令 $u = \dfrac{y}{x}$, 则 $y = xu$, 代入方程得 $x\dfrac{\mathrm{d}u}{\mathrm{d}x} = u\ln u$, 分离变量得

$\dfrac{\mathrm{d}u}{u\ln u} = \dfrac{\mathrm{d}x}{x}$, 两边积分得 $\ln|\ln u| = \ln|x| + C^*$, 化简得 $y = xe^{Cx}$.

(7) 令 $y' = p(x)$, 则 $y'' = p'(x)$, 故原方程化简为 $\dfrac{\mathrm{d}p}{\mathrm{d}x} = \dfrac{p}{-x}$. 方程分离变量, 得 $\dfrac{\mathrm{d}p}{p} = \dfrac{\mathrm{d}x}{-x}$; 两边积分, 得 $p = \dfrac{C_1}{x}$, 即 $\dfrac{\mathrm{d}y}{\mathrm{d}x} = \dfrac{C_1}{x}$, 故

$$y = C_1 \ln|x| + C_2.$$

(8) 方程对应的特征方程为 $r^2+r-2=0$，从而得特征根为 $r=-2,1$，这里 $\lambda+i\omega=2i$ 不是特征根，从而 $k=0$. 即特解为 $y^*=a\cos2x+b\sin2x$，代入原方程可得 $a=-\dfrac{2}{5},b=-\dfrac{6}{5}$. 从而原方程的通解为

$$y=C_1e^{-2x}+C_2e^x-\frac{2}{5}\cos2x-\frac{6}{5}\sin2x.$$

3. 求下列微分方程的特解.

(1) $y'=e^{2x-y}$，$y|_{x=0}=0$；

(2) $y''+2y'+2y=xe^{-x}$，$y|_{x=0}=0$，$y'|_{x=0}=0$；

(3) $4y''+4y'+y=0$，$y|_{x=0}=2$，$y'|_{x=0}=0$；

(4) $y'=\dfrac{y}{x}\ln\dfrac{y}{x}$，$y|_{x=1}=1$.

解 （1）方程分离变量，得 $e^y dy=e^{2x}dx$. 两边积分 $\displaystyle\int e^y dy=\int e^{2x}dx$，得 $e^y=\dfrac{1}{2}e^{2x}+C$. 由 $y|_{x=0}=0$，得 $C=-\dfrac{1}{2}$. 所以 $e^y=\dfrac{1}{2}e^{2x}-\dfrac{1}{2}$.

（2）方程对应的特征方程为 $r^2+2r+2=0$，从而得特征根为 $r_{1,2}=-1\pm i$，设特解为 $y^*=(ax+b)e^{-x}$，代入原方程可得 $a=1,b=0$. 从而原方程的通解为 $y=e^{-x}(C_1\cos x+C_2\sin x)+xe^{-x}$. 根据初始条件，可得 $C_1=0,C_2=-1$. 所以特解为 $y=e^{-x}(x-\sin x)$.

（3）方程对应的特征方程为 $4r^2+4r+1=0$，从而得特征根为 $r_{1,2}=-\dfrac{1}{2}$，则通解为 $y^*=(C_1+C_2x)e^{-\frac{1}{2}x}$，根据初始条件 $y|_{x=0}=2$，$y'|_{x=0}=0$，可得 $C_1=2,C_2=1$. 所以特解为 $y=e^{-\frac{x}{2}}(2+x)$.

（4）令 $u=\dfrac{y}{x}$，则 $y=xu$，代入方程得 $x\dfrac{du}{dx}+u=u\ln u$，分离变量得 $\dfrac{du}{u\ln u-u}=\dfrac{dx}{x}$，两边积分得 $\ln u-1=Cx$，故 $\ln\dfrac{y}{x}=Cx+1$，由 $y|_{x=1}=1$，得 $C=-1$，从而所得特解为 $\ln\dfrac{y}{x}=1-x$.

4. 计算题.

（1）已知曲线过点 $\left(1,\dfrac{1}{3}\right)$，且在曲线上任意一点的切线斜率等于自原点到该切点的连线的斜率的两倍，求此曲线方程.

（2）物体在空气中的冷却速度与物体和空气的温差成正比. 如果物体在 20 分钟内由 100 ℃ 冷至 60 ℃，那么在多长时间内这个物体的温度达到 30 ℃（假设空气温度为 20 ℃）？

解 （1）根据题意，有 $\dfrac{\mathrm{d}y}{\mathrm{d}x}=\dfrac{2y}{x}$. 方程分离变量，得 $\dfrac{\mathrm{d}y}{2y}=\dfrac{\mathrm{d}x}{x}$. 两边积分

$\displaystyle\int\dfrac{\mathrm{d}y}{2y}=\int\dfrac{\mathrm{d}x}{x}$，得 $y=Cx^2$. 由 $y|_{x=1}=\dfrac{1}{3}$，得 $C=\dfrac{1}{3}$. 所以 $y=\dfrac{1}{3}x^2$.

（2）根据题意，有 $\dfrac{\mathrm{d}T}{\mathrm{d}t}=k(T-20)$. 方程分离变量，得 $\dfrac{\mathrm{d}T}{T-20}=k\mathrm{d}t$. 两

边积分，得 $\ln|T-20|=kt+C'$，化简得 $T=C\mathrm{e}^{kt}+20$. 由初始条件，知

$t=0$ 时，$T=100$；$t=20$ 时，$T=60$，得 $C=80$，$k=-\dfrac{1}{20}\ln2$，所以得

$T=20+80\mathrm{e}^{-\frac{\ln2}{20}t}$，故当 $t=60$ 分钟，$T=30$.

单元练习 A

1. 填空题.

（1）已知 $y_1=\mathrm{e}^{x^2}$ 及 $y_2=x\mathrm{e}^{x^2}$ 是微分方程 $y''+p(x)y'+q(x)y=0$ 的解（其中 $p(x)$、$q(x)$ 都是已知的连续函数），则该方程的通解为_____；

（2）若曲线 $y=f(x)$ 过点 $M_0\left(0,-\dfrac{1}{2}\right)$，且曲线上任意一点 $M(x,y)$ 处的切线的斜率为 $x\ln(1+x^2)$，则 $f(x)=$_____；

（3）微分方程 $y''-2y'+y=6x\mathrm{e}^x$ 的特解 y^* 的形式为_____；

（4）若 $y_1=x^2$，$y_2=x^2+\mathrm{e}^{2x}$，$y_3=x^2+\mathrm{e}^{2x}+\mathrm{e}^{5x}$ 都是微分方程 $y''+p(x)y'+q(x)y=f(x)$ 的解（其中 $f(x)\neq0$，$p(x)$，$q(x)$ 都是已知的连续函数），则此微分方程的通解为_____.

2. 选择题.

（1）函数 $y=C_1\mathrm{e}^{2x+C_2}$（C_1、C_2 为任意常数）是方程 $y''-y'-2y=0$ 的（　　）.

  A. 通解   B. 特解

  C. 不是解   D. 是解，既不是通解，又不是特解

（2）方程 $(2x-y)\mathrm{d}y=(5x+4y)\mathrm{d}x$ 是（　　）.

  A. 一阶线性齐次方程   B. 一阶线性非齐次方程

  C. 齐次方程   D. 可分离变量的方程

（3）微分方程 $y''-y=\mathrm{e}^x+1$ 的一个特解应具有形式（a, b 为常数）（　　）.

  A. $a\mathrm{e}^x+b$ B. $ax\mathrm{e}^x+b$ C. $a\mathrm{e}^x+bx$ D. $ax\mathrm{e}^x+bx$

3. 求微分方程 $\dfrac{\mathrm{d}y}{\mathrm{d}x}=\dfrac{y}{2(\ln y-x)}$ 的通解.

4. 求微分方程 $y''-2y'^2=0$，满足初值条件 $y|_{x=0}=0$，$y'|_{x=0}=-1$ 的

特解.

5. 设可导函数 $\varphi(x)$ 满足 $\varphi(x)\cos x + 2\int_0^x \varphi(t)\sin t\,dt = x+1$，求函数 $\varphi(x)$.

6. 一曲线过点 $M_0(2,3)$ 在两坐标轴间任意点处的切线被切点所平分，求此曲线的方程.

单元练习 B

1. 填空题.

（1）微分方程 $y'' - 4y = e^{2x}$ 的通解为_____；

（2）微分方程 $xy'' + 3y' = 0$ 的通解为_____；

（3）设 $y = e^x(C_1\sin x + C_2\cos x)$（$C_1$、$C_2$ 为任意常数）为某二阶常系数线性齐次微分方程的通解，则该微分方程为_____；

（4）过点 $\left(\dfrac{1}{2}, 0\right)$ 且满足关系式 $y'\arcsin x + \dfrac{y}{\sqrt{1-x^2}} = 1$ 的曲线方程为_____.

2. 选择题.

（1）设线性无关的函数 y_1，y_2，y_3 都是二阶非齐次方程 $y'' + p(x)y' + q(x)y = f(x)$ 的解，C_1、C_2 为任意常数，则该非齐次方程的通解是（　　）.

    A. $C_1 y_1 + C_2 y_2 + y_3$ B. $C_1 y_1 + C_2 y_2 - (C_1 + C_2)y_3$

    C. $C_1 y_1 + C_2 y_2 - (1 - C_1 - C_2)y_3$ D. $C_1 y_1 + C_2 y_2 + (1 - C_1 - C_2)y_3$

（2）设 $y = f(x)$ 是微分方程 $y'' - y' - e^{\sin x} = 0$ 的解，且 $f'(x_0) = 0$，则 $f(x)$ 在（　　）.

    A. x_0 的某邻域内单调增加   B. x_0 的某邻域内单调减少

    C. x_0 处取得极小值   D. x_0 处取得极大值

3. 求微分方程 $(y^4 - 3x^2)dy + xy\,dx = 0$ 的通解.

4. 求微分方程 $y'' + 2y' + y = \cos x$，满足初值条件 $y\big|_{x=0} = 0$，$y'\big|_{x=0} = \dfrac{3}{2}$ 的特解.

5. 求微分方程 $x^2 y' + xy = y^2$ 满足初始条件 $y(1) = 1$ 的特解.

6. 设有连接原点 O 和 $A(1,1)$ 的一段向上凸的曲线弧 $\overset{\frown}{OA}$，对于 $\overset{\frown}{OA}$ 上任一点 $P(x,y)$，曲线弧 $\overset{\frown}{OP}$ 与直线段 $\overline{OP}$ 所围成图形的面积为 x^2，求曲线弧 $\overset{\frown}{OA}$ 的方程.

7. 对任意的 $x > 0$，曲线 $y = f(x)$ 上的点 $(x, f(x))$ 处的切线在 y 轴上

的截距等于 $\dfrac{1}{x}\displaystyle\int_0^x f(t)\mathrm{d}t$，且 $y=f(x)$ 存在二阶导数，求 $f(x)$ 的表达式.

单元练习 A 解答

1. 填空题.

点拨　(1) 因为 y_1 与 y_2 线性无关，所以通解为
$$y=C_1 y_1 + C_2 y_2 = (C_1 + C_2 x)\mathrm{e}^{x^2};$$

(2) 因为 $f'(x)=x\ln(1+x^2)$，所以 $f(x)=\displaystyle\int f'(x)\mathrm{d}x=$

$\displaystyle\int x\ln(1+x^2)\mathrm{d}x=\dfrac{1}{2}\big[(1+x^2)\ln(1+x^2)-x^2\big]+C$，由定解条件 $f(0)=-\dfrac{1}{2}$，

知 $C=-\dfrac{1}{2}$，故有 $f(x)=\dfrac{1}{2}\big[(1+x^2)\ln(1+x^2)-x^2-1\big]$.

(3) $f(x)=6x\mathrm{e}^x$ 是 $\mathrm{e}^{\lambda x}P_m(x)$ 型（其中 $P_m(x)=6x$，$\lambda=1$），对应齐次方程的特征方程为 $r^2-2r+1=0$. 易知，$\lambda=1$ 是特征方程的二重根，所以特解 y^* 的形式为 $y^*=x^2(Ax+B)\mathrm{e}^x$（这里 A 和 B 为待定系数）.

(4) 因为 $y_2-y_1=\mathrm{e}^{2x}$，$y_3-y_2=\mathrm{e}^{5x}$ 都是对应齐次方程的解，并且线性无关，故对应齐次方程的通解为 $Y=C_1\mathrm{e}^{2x}+C_2\mathrm{e}^{5x}$，取所给方程的一个特解为 $y^*=y_1=x^2$，于是所给方程的通解为 $y=Y+y^*=C_1\mathrm{e}^{2x}+C_2\mathrm{e}^{5x}+x^2$.

2. 选择题.

点拨　(1) 因为 $y=C_1\mathrm{e}^{2x+C_2}=C\mathrm{e}^{2x}(C=C_1\mathrm{e}^{C_2})$，它实际只含有一个任意常数，所以它既不是通解，又不是特解. 而 $C\mathrm{e}^{2x}$ 满足所给方程，所以是所给方程的解. 应选（D）.

(2) 方程 $(2x-y)\mathrm{d}y=(5x+4y)\mathrm{d}x$ 可变形为 $\dfrac{\mathrm{d}y}{\mathrm{d}x}=\dfrac{5x+4y}{2x-y}$，它是典型的齐次方程，故选（C）.

(3) 原方程对应的齐次方程的特征方程的根为 $r_{1,2}=\pm 1$. 相对于方程 $y''-y=\mathrm{e}^x$，因为 $f_1(x)=\mathrm{e}^x$，$\lambda=1$ 是特征方程的（单）根，故该方程的特解应形如 $y_1^*=ax\mathrm{e}^x$. 又相对于方程 $y''-y=1$，因 $f_2(x)=1$，$\lambda=0$ 不是特征方程的根，故该方程的特解应形如 $y_2^*=b$. 按微分方程解的叠加原理，原方程的特解应形如 $y^*=y_1^*+y_2^*=ax\mathrm{e}^x+b$. 本题应选（B）.

3. **解**　原方程可以化为 $\dfrac{\mathrm{d}x}{\mathrm{d}y}+\dfrac{2}{y}x=\dfrac{2}{y}\ln y$，解此线性方程，得

$$x=\mathrm{e}^{-\int\frac{2}{y}\mathrm{d}y}\left(\int\frac{2}{y}\ln y\,\mathrm{e}^{\int\frac{2}{y}\mathrm{d}y}\mathrm{d}y+C\right)=\frac{1}{y^2}\left(\int 2y\ln y\,\mathrm{d}y+C\right)=\ln y-\frac{1}{2}+\frac{C}{y^2}.$$

4. 解 令 $y' = p$，则 $y'' = p'$，代入原方程有 $\dfrac{\mathrm{d}p}{\mathrm{d}x} - 2p^2 = 0$，即

$\dfrac{1}{p^2}\mathrm{d}p = 2\mathrm{d}x$，积分得 $-\dfrac{1}{p} = 2x + C_1$，或 $p = -\dfrac{1}{2x + C_1}$，即 $\dfrac{\mathrm{d}y}{\mathrm{d}x} = -\dfrac{1}{2x + C_1}$，

将初值条件 $y'|_{x=0} = -1$ 代入上式，可得 $C_1 = 1$，从而有 $\dfrac{\mathrm{d}y}{\mathrm{d}x} = -\dfrac{1}{2x+1}$，再

积分，得 $y = -\dfrac{1}{2}\ln(2x+1) + C_2$. 将初值条件 $y|_{x=0} = 0$ 代入上式，可得

$C_2 = 0$，故满足初值条件的特解为 $y = -\dfrac{1}{2}\ln(2x+1)$.

5. 解 对所给的等式两边求导，得 $\varphi'(x)\cos x - \varphi(x)\sin x + 2\varphi(x)\sin x = 1$，
即 $\varphi'(x) + \varphi(x)\tan x = \sec x$，且有 $\varphi(0) = 1$. 故

$\varphi(x) = \mathrm{e}^{-\int \tan x\mathrm{d}x}\left[\int \sec x\mathrm{e}^{\int \tan x\mathrm{d}x}\mathrm{d}x + C\right] = \cos x\left[\int \sec x \cdot \dfrac{1}{\cos x}\mathrm{d}x + C\right] = C\cos x +$

$\sin x$. 由初值条件 $\varphi(0) = 1$，有 $C = 1$，故所求的特解为
$$\varphi(x) = \cos x + \sin x.$$

6. 解 设曲线的方程为 $y = y(x)$，过点 $M(x,y)$ 的切线与 x 轴和 y 轴的
交点分别为 $A(2x,0)$ 及 $B(0,2y)$，则点 $M(x,y)$ 就是该切线 AB 的中点. 于
是有 $y' = -\dfrac{2y}{2x}$，即 $y' = -\dfrac{y}{x}$，且 $y(2) = 3$，分离变量，有 $\dfrac{1}{y}\mathrm{d}y = -\dfrac{1}{x}\mathrm{d}x$，

积分得 $\ln y = \ln C - \ln x$，即 $y = \dfrac{C}{x}$. 由定解条件 $y|_{x=2} = 3$，有 $C = 6$，故

$y = \dfrac{6}{x}$ 为所求的曲线.

单元练习 B 解答

1. 填空题.

点拨 （1）此方程对应的齐次方程的特征方程为 $r^2 - 4 = 0$，其根为
$r_{1,2} = \pm 2$. 又因自由项 $f(x) = \mathrm{e}^{2x}$，$\lambda = 2$ 是特征方程的单根，故令

$y^* = Ax\mathrm{e}^{2x}$ 是原方程的特解，代入原方程可得 $A = \dfrac{1}{4}$，于是原方程的通解为

$y = C_1\mathrm{e}^{2x} + C_2\mathrm{e}^{-2x} + \dfrac{1}{4}x\mathrm{e}^{2x}$.

（2）原方程可变形为 $\dfrac{\mathrm{d}y'}{y'} = -\dfrac{3}{x}\mathrm{d}x$，两端积分，得 $\ln y' = -3\ln x + \ln C_1'$，

即 $y' = \dfrac{C_1'}{x^3}$，故所给方程的通解为 $y = -\dfrac{C_1'}{2}\dfrac{1}{x^2} + C_2 = \dfrac{C_1}{x^2} + C_2$

$\left(\text{其中 } C_1 = -\dfrac{C_1'}{2}\right).$

（3）由所给通解的表达式知，$r_{1,2} = 1 \pm i$ 是所求微分方程的特征方程的根，于是特征方程为 $r^2 - 2r + 2 = 0$，故所求微分方程为 $y'' - 2y' + 2y = 0$.

（4）将所给关系式改写成 $y' + \dfrac{1}{\sqrt{1-x^2} \cdot \arcsin x} y = \dfrac{1}{\arcsin x}$，由一阶线性微分方程的通解公式，得 $y = \mathrm{e}^{-\int \frac{1}{\sqrt{1-x^2} \cdot \arcsin x} \mathrm{d}x} \left(\displaystyle\int \dfrac{1}{\arcsin x} \mathrm{e}^{\int \frac{1}{\sqrt{1-x^2} \cdot \arcsin x} \mathrm{d}x} \mathrm{d}x + C\right)$，

即 $y = \dfrac{1}{\arcsin x}(x + C)$，代入初始条件 $x = \dfrac{1}{2}$，$y = 0$，得 $C = -\dfrac{1}{2}$，故所求曲线的方程为 $y\arcsin x = x - \dfrac{1}{2}$.

2. 选择题.

点拨　（1）因 $y_1 - y_3$ 与 $y_2 - y_3$ 是对应的齐次方程的解，且由 y_1，y_2，y_3 线性无关可推知 $y_1 - y_3$ 与 $y_2 - y_3$ 线性无关，而 y_3 是非齐次方程的特解，故

$$y = C_1(y_1 - y_3) + C_2(y_2 - y_3) + y_3 = C_1 y_1 + C_2 y_2 + (1 - C_1 - C_2)y_3$$

是非齐次方程的通解. 所以本题应选 D.

（2）因 $f'(x_0) = 0$，即 x_0 是 $f(x)$ 的驻点，又因为 $f(x)$ 是微分方程的解，故有

$$f''(x_0) = f'(x_0) + \mathrm{e}^{\sin x_0} = \mathrm{e}^{\sin x_0} > 0.$$

这说明 x_0 是 $f(x)$ 的极小值点，所以本题应选 C.

3. **解**　原方程可化为 $\dfrac{\mathrm{d}x}{\mathrm{d}y} - \dfrac{3}{y}x = -\dfrac{1}{x}y^3$，即 $x\dfrac{\mathrm{d}x}{\mathrm{d}y} - \dfrac{3}{y}x^2 = -y^3$，

令 $z = x^2$，则 $\dfrac{\mathrm{d}z}{\mathrm{d}y} = 2x\dfrac{\mathrm{d}x}{\mathrm{d}y}$，代入有 $\dfrac{\mathrm{d}z}{\mathrm{d}y} - \dfrac{6}{y}z = -2y^3$，解得

$$z = \mathrm{e}^{\int \frac{6}{y}\mathrm{d}y} \left[\int -2y^3 \mathrm{e}^{-\int \frac{6}{y}\mathrm{d}y} \mathrm{d}y + C\right] = y^6 \left(\int -\dfrac{2}{y^3}\mathrm{d}y + C\right) = Cy^6 + y^4.$$

故原方程的通解 $x^2 = Cy^6 + y^4$.

4. **解**　$f(x) = \cos x$ 属于 $\mathrm{e}^{\lambda x}[P_l(x)\cos \omega x + P_n(x)\sin \omega x]$ 型（其中 $\lambda = 0$，$\omega = 1$，$P_l(x) = 1$，$P_n(x) = 0$）. 对应齐次方程的特征方程为 $r^2 + 2r + 1 = 0$，解得 $r_{1,2} = -1$，对应齐次方程的通解为 $Y = (C_1 + C_2 x)\mathrm{e}^{-x}$，因为 $\lambda \pm i\omega = \pm i$ 不是特征方程的根，所以可设其特解为 $y^* = A\cos x + B\sin x$. 从而有

$$y^{*'} = -A\sin x + B\cos x, \quad y^{*''} = -A\cos x - B\sin x,$$

代入原方程，得

$$(-A\cos x - B\sin x) + 2(-A\sin x + B\cos x) + A\cos x + B\sin x = \cos x,$$

即 $-2A\sin x + 2B\cos x = \cos x$，比较系数，得 $A = 0$，$B = \dfrac{1}{2}$，故

$y^* = \dfrac{1}{2}\sin x$. 因此，原方程的通解为 $y = Y + y^* = (C_1 + C_2 x)\mathrm{e}^{-x} + \dfrac{1}{2}\sin x$，

从而

$$y' = C_2 \mathrm{e}^{-x} - (C_1 + C_2 x)\mathrm{e}^{-x} + \dfrac{1}{2}\cos x,$$

将初值条件 $y|_{x=0} = 0$，$y'|_{x=0} = \dfrac{3}{2}$ 代入以上两式，得

$$\begin{cases} C_1 = 0, \\ C_2 - C_1 + \dfrac{1}{2} = \dfrac{3}{2}, \end{cases} \quad \text{故 } C_1 = 0，C_2 = 1.$$

于是满足初始条件的特解为 $y = x\mathrm{e}^{-x} + \dfrac{1}{2}\sin x$.

5. **解** 将原方程化为 $y' = \dfrac{y^2 - xy}{x^2}$，即 $y' = \left(\dfrac{y}{x}\right)^2 - \dfrac{y}{x}$. 令 $u = \dfrac{y}{x}$，即

$y = ux$，则 $y' = u + xu'$，原方程化为 $u + xu' = u^2 - u$. 分离变量后积分得

$\displaystyle\int \dfrac{1}{u^2 - 2u}\mathrm{d}u = \int \dfrac{\mathrm{d}x}{x}$. 即 $\dfrac{1}{2}\big[\ln(u-2) - \ln u\big] = \ln x + \dfrac{1}{2}\ln C$. 代入 $u = \dfrac{y}{x}$，得原

方程的通解为 $\dfrac{y - 2x}{y} = Cx^2$. 由 $y(1) = 1$，得 $C = -1$，故所求特解为

$\dfrac{y - 2x}{y} = -x^2$，即 $y = \dfrac{2x}{x^2 + 1}$.

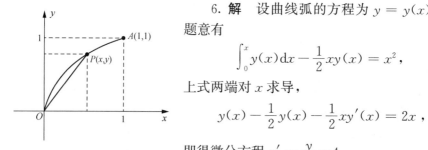

6. **解** 设曲线弧的方程为 $y = y(x)$，依题意有

$$\int_0^x y(x)\mathrm{d}x - \dfrac{1}{2}xy(x) = x^2,$$

上式两端对 x 求导，

$$y(x) - \dfrac{1}{2}y(x) - \dfrac{1}{2}xy'(x) = 2x,$$

即得微分方程 $y' = \dfrac{y}{x} - 4$.

令 $u = \dfrac{y}{x}$，有 $\dfrac{\mathrm{d}y}{\mathrm{d}x} = u + x\dfrac{\mathrm{d}u}{\mathrm{d}x}$，则微分方程可化为 $u + x\dfrac{\mathrm{d}u}{\mathrm{d}x} = u - 4$，即

$\dfrac{\mathrm{d}u}{\mathrm{d}x} = -\dfrac{4}{x}$，积分得 $u = -4\ln x + C$，因 $u = \dfrac{y}{x}$，故有 $y = x(-4\ln x + C)$. 又

因曲线过点 $A(1,1)$，故 $C = 1$. 于是得曲线弧的方程 $y = x(1 - 4\ln x)$.

7. **解** 设曲线的方程为 $y = f(x)$，其中 $y = f(x)$ 有二阶导数，则在点

$M(x, f(x))$ 处的切线方程为 $Y - f(x) = f'(x)(X - x)$，令 $X = 0$，知切线在 y 轴上的截距为 $Y = f(x) - xf'(x)$，据题意，有

$$\frac{1}{x}\int_0^x f(t)\mathrm{d}t = f(x) - xf'(x), \quad \text{即 } xf(x) - x^2 f'(x) = \int_0^x f(t)\mathrm{d}t.$$

两端求导，得 $f(x) + x f'(x) - 2x f'(x) - x^2 f''(x) = f(x)$，即 $x[f'(x) + xf''(x)] = 0$. 已知 $x > 0$，故有 $f'(x) + xf''(x) = 0$，令 $y' = p$，则 $y'' = p'$，且原方程化为 $p + x\dfrac{\mathrm{d}p}{\mathrm{d}x} = 0$，分离变量，得 $\dfrac{1}{p}\mathrm{d}p = -\dfrac{1}{x}\mathrm{d}x$，两端积分，得

$$\ln p = \ln C_1 - \ln x, \quad \text{即 } y' = p = \frac{C_1}{x}.$$

再对两端积分，得 $y = C_1\ln x + C_2$，即 $f(x) = C_1\ln x + C_2$.

一、选择题与填空题 (将正确答案的序号或正确答案填在题中横线上, 每小题 3 分, 共 30 分)

1. 已知 $f'(3) = 2$, 则 $\lim\limits_{h \to 0} \dfrac{f(3) - f(3+h)}{h} = $ _____.

A. -2 B. 0 C. 2 D. 不存在

2. 当 $x \to 0$ 时, $(e^{\tan^2 x} - 1) \arcsin x$ 是比 x^2 _____ 的无穷小.

A. 等价   B. 高阶   C. 同阶但不等价   D. 低阶

3. $x = 0$ 是函数 $f(x) = \dfrac{1}{x} \sin x$ 的 _____.

A. 振荡间断点   B. 跳跃间断点   C. 可去间断点   D. 无穷间断点

4. 曲线 $y = \arctan x$ 的图形在 _____.

A. $(-\infty, 0)$ 内是单调递增的, $(0, +\infty)$ 内是单调递减的

B. $(-\infty, 0)$ 内是单调递减的, $(0, +\infty)$ 内是单调递增的

C. $(-\infty, 0)$ 内是 (向上) 凸的, $(0, +\infty)$ 内是 (向上) 凹的

D. $(-\infty, 0)$ 内是 (向上) 凹的, $(0, +\infty)$ 内是 (向上) 凸的

5. 设 $f(x)$ 的一个原函数是 e^{-x^2}, 则 $\int f'(x) \mathrm{d}x = $ _____.

A. $-2xe^{-x^2} + C$ B. $-2xe^{-x^2}$ C. e^{-x^2} D. $e^{-x^2} + C$

6. 抛物线 $y = x^2 - 2x + 3$ 在 $x = $ _____ 处的曲率最大.

7. 曲线 $y = \ln(x + \sqrt{1 + x^2})$ 在点 $(0, 0)$ 处的切线方程为 _____.

8. 函数 $y = \ln \sin x$ 在 $\left[\dfrac{\pi}{4}, \dfrac{3\pi}{4}\right]$ 上满足罗尔定理的 $\xi = $ _____.

9. 设函数 $y = x^x$，则微分 $dy =$ _____．

10. $\displaystyle\int_{-\infty}^{+\infty} x e^{-x^2} dx =$ _____．

二、计算题（每小题 10 分，共 70 分）

1. 求极限 $\displaystyle\lim_{x \to 0} \frac{\displaystyle\int_0^x (t - \sin t) dt}{x (e^x - 1)^3}$．

2. 求极限 $\displaystyle\lim_{x \to 0} (1 + \sin 3x)^{\frac{1}{x}}$．

3. 计算不定积分 $\displaystyle\int \frac{\sqrt{1 + \ln x}}{x} dx$．

4. 计算定积分 $\displaystyle\int_{\frac{1}{2}}^{1} e^{\sqrt{2x-1}} dx$．

5. 设方程组 $\begin{cases} x = \arctan t, \\ 2ty - y^2 = 5, \end{cases}$ 确定了函数 $y = y(x)$，求 $\dfrac{dy}{dx}$．

6. 求由曲线 $y = \dfrac{1}{4} - \left(x - \dfrac{1}{2}\right)^2$ 与 x 轴所围成的平面图形绕 x 轴旋转一周所得旋转体的体积．

7. 红旗钢铁厂分批生产某型号钢板 q 吨，总成本函数为 $c(q) = 8 + kq^{\frac{3}{2}}$，其中 k 为待定系数．已知批量 q 为 9 吨时，总成本 c 等于 62 万元，问批量 q 是多少吨时，使每批产品的平均成本最低．

说明：试题应答在答题纸上作答，在其他地方作答无效

期末考试 高等数学 (1) 课程试卷 （ ） 卷　　答题纸　一　学年第一学期　第 1 页　共 1 页

题号	一	二	总分	审核
得分				

得分	
阅卷人	

一、选择题与填空题（将正确答案的序号或正确答案填在题中横线上，每小题 3 分，共 30 分）

1. _____ 2. _____ 3. _____ 4. _____

5. _____ 6. _____ 7. _____ 8. _____

9. _____ 10. _____

得分	
阅卷人	

二、计算题（每小题 10 分，共 70 分）

1.

2.

3.

4.

5.

6.

7.

一、选择题与填空题

1. A 2. B 3. C 4. D 5. A 6. 1 7. $y=x$ 8. $\dfrac{\pi}{2}$ 9. $x^x(\ln x+1)\mathrm{d}x$ 10. 0

二、计算题

1. 解：$\displaystyle\lim_{x\to 0}\frac{\int_0^x(t-\sin t)\mathrm{d}t}{x\,(\mathrm{e}^x-1)^3}=\lim_{x\to 0}\frac{\int_0^x(t-\sin t)\mathrm{d}t}{x^4}$ ·············· 4分

$\displaystyle=\lim_{x\to 0}\frac{x-\sin x}{4x^3}=\lim_{x\to 0}\frac{1-\cos x}{12x^2}$ ·············· 4分

$\displaystyle=\lim_{x\to 0}\frac{\sin x}{24x}=\frac{1}{24}$ ·············· 2分

2. 解：原式 $\displaystyle=\lim_{x\to 0}(1+\sin 3x)^{\frac{1}{\sin 3x}\cdot\frac{\sin 3x}{x}}$ ·············· 5分

$\displaystyle=\mathrm{e}^{\lim_{x\to 0}\frac{\sin 3x}{x}}=\mathrm{e}^3$ ·············· 5分

3. 解：$\displaystyle\int\frac{\sqrt{1+\ln x}}{x}\mathrm{d}x=\int(1+\ln x)^{\frac{1}{2}}\mathrm{d}(1+\ln x)$ ·············· 5分

$\displaystyle=\frac{2}{3}(1+\ln x)^{\frac{3}{2}}+C$ ·············· 5分

4. 解：令 $\sqrt{2x-1}=t$，则 $x=\dfrac{1}{2}(t^2+1)$，$\mathrm{d}x=t\mathrm{d}t$，

$x=\dfrac{1}{2}$ 时 $t=0$，当 $x=1$ 时 $t=1$. ·············· 3分

故 $\displaystyle\int_{\frac{1}{2}}^{1}\mathrm{e}^{\sqrt{2x-1}}\mathrm{d}x=\int_0^1 t\mathrm{e}^t\mathrm{d}t=\int_0^1 t\,\mathrm{d}\mathrm{e}^t=[t\mathrm{e}^t]_0^1-\int_0^1\mathrm{e}^t\mathrm{d}t$ ·············· 5分

$=\mathrm{e}-[\mathrm{e}^t]_0^1=1$ ·············· 2分

5. **解：** 方程两边直接对 t 求导，得

$$\begin{cases} \dfrac{\mathrm{d}x}{\mathrm{d}t} = \dfrac{1}{1+t^2}, \\[2mm] 2y + 2t\dfrac{\mathrm{d}y}{\mathrm{d}t} - 2y\dfrac{\mathrm{d}y}{\mathrm{d}t} = 0, \end{cases} \qquad \begin{cases} \dfrac{\mathrm{d}x}{\mathrm{d}t} = \dfrac{1}{1+t^2}, \\[2mm] \dfrac{\mathrm{d}y}{\mathrm{d}t} = \dfrac{y}{y-t}. \end{cases}$$

$$\dfrac{\mathrm{d}y}{\mathrm{d}x} = \dfrac{\frac{\mathrm{d}y}{\mathrm{d}t}}{\frac{\mathrm{d}x}{\mathrm{d}t}} = \dfrac{\frac{y}{y-t}}{\frac{1}{1+t^2}} = \dfrac{y(1+t^2)}{y-t}.$$ ⋯⋯ 6分

6. **解：** 抛物线与 x 轴交点为 $(0,0)$ 和 $(1,1)$， ⋯⋯ 4分
所求旋转体的体积为 ⋯⋯ 2分

$$V = \pi \int_0^1 \left(\frac{1}{4} - \left(x - \frac{1}{2}\right)^2\right)^2 \mathrm{d}x = \pi \int_0^1 (-x^2 + x)^2\, \mathrm{d}x = \pi \int_0^1 (x^4 - 2x^3 + x^2)\, \mathrm{d}x = \frac{\pi}{30}.$$ ⋯⋯ 8分

7. **解：** 由题意知，$q = 9$ 时，$c = 62$，得 $k = 2$. ⋯⋯ 2分
因此有 $c(q) = 8 + 2q^{\frac{3}{2}}$. ⋯⋯ 1分
平均成本为 $y = \dfrac{c(q)}{q} = \dfrac{8}{q} + 2q^{\frac{1}{2}}$. ⋯⋯ 3分
$y'(q) = -\dfrac{8}{q^2} + \dfrac{1}{\sqrt{q}}$. ⋯⋯ 2分
令 $y'(q) = 0$，解得 $q = 4$ 吨. ⋯⋯ 1分
可导函数在 $(0, +\infty)$ 内只有一个驻点，且在区间内部取得，由题意可知最低平均成本一定存在，所以 $q = 4$ 即 ⋯⋯ 1分
为所求.